普通高等院校机械类及相关学科规划教材

高分子材料成型加工基本原理及工艺

主　编　左继成　谷亚新
副主编　刘运学　王丽华　刘艳辉
主　审　贺　燕

北京理工大学出版社
BEIJING INSTITUTE OF TECHNOLOGY PRESS

内容简介

本书从实用的角度出发，介绍了高分子材料成型加工所涉及的基础知识，包括高分子材料加工性能、流变性能、物料的混合和分散等基本加工原理及概念；详细介绍了热塑性塑料挤出成型和注塑成型、热固性塑料压制成型、压延成型和塑料二次成型的成型原理及工艺；介绍了橡胶加工原理和成型工艺；介绍了塑料的其他成型技术、合成纤维的纺丝及后加工，以及高分子基复合材料的成型加工工艺；还介绍了主要加工设备的结构、工作原理及主要参数等。每章配有习题及思考题，以指导读者深入地进行学习。

本书既可作为高等学校高分子材料与工程专业的教材，也可作为从事高分子材料生产和研究人员的技术参考书。

图书在版编目（CIP）数据

高分子材料成型加工基本原理及工艺/左继成，谷亚新主编. —北京：北京理工大学出版社，2017.1（2023.12重印）

ISBN 978-7-5682-0364-7

Ⅰ.①高…　Ⅱ.①左…②谷…　Ⅲ.①高分子材料-塑料成型-成型加工　Ⅳ.①TQ320.66

中国版本图书馆CIP数据核字（2017）第005816号

出版发行／北京理工大学出版社有限责任公司
社　　址／北京市海淀区中关村南大街5号
邮　　编／100081
电　　话／（010）68914775（总编室）
　　　　　（010）82562903（教材售后服务热线）
　　　　　（010）68948351（其他图书服务热线）
网　　址／http：// www.bitpress.com.cn
经　　销／全国各地新华书店
印　　刷／廊坊市印艺阁数字科技有限公司
开　　本／787毫米×1092毫米　1/16
印　　张／17.5　　　　　　　　　　责任编辑／封　雪
字　　数／408千字　　　　　　　　 文案编辑／张鑫星
版　　次／2017年1月第1版　2023年12月第3次印刷　　责任校对／周瑞红
定　　价／41.00元　　　　　　　　 责任印制／李志强

图书出现印装质量问题，请拨打售后服务热线，本社负责调换

前　　言

本书是按照“卓越工程师”及应用技术型人才培养的指导思想，结合近几年教学工作经验、毕业生应具有的素质及就业趋势而编写的。在编写过程中，既注意本专业毕业生应掌握的基础理论、应具有的综合素质和专业知识的应用能力，又注意到部分学生深入学习的需要，故本书以高分子材料成型加工环境为背景，较全面介绍橡塑材料的成型加工所涉及的基础理论、基础知识和技术，并适当介绍高分子材料成型加工中的新理论、新设备、新工艺和新技术等，力求使不同层次的毕业生通过本书都能得到良好的学习。

本书由沈阳理工大学左继成和沈阳建筑大学谷亚新担任主编，沈阳建筑大学刘运学和沈阳理工大学刘艳辉担任副主编，沈阳化工大学葛铁军和沈阳理工大学贺燕担任主审。第 1 章和第 13 章由沈阳建筑大学刘运学编写；第 6 章由沈阳建筑大学谷亚新编写；第 4 章和第 5 章由沈阳建筑大学王丽华编写；第 11 章由沈阳化工大学葛铁军编写；第 12 章由沈阳理工大学贺燕编写；第 2 章、第 3 章和第 7 章由沈阳理工大学左继成编写；第 8 章、第 9 章和第 10 章由沈阳理工大学刘艳辉编写。全书由左继成统一整理定稿。

在编写过程中，援引了部分参考书的数据、图表等，在此向各位作者致谢。

在本书编写和审稿过程中，沈阳平和实业有限公司芦帅、延锋饰件系统（沈阳）有限公司和沈阳鑫逸洲保温材料有限公司工程技术人员提出了很多宝贵意见，对本书的顺利完成给予了大力支持和帮助，谨此感谢。

由于时间仓促及编者水平有限，书中难免存在不妥之处，请读者原谅，并提出宝贵意见。

编　者

目　　录

第1章　高分子材料的加工性能

1.1　高分子材料的加工性质

高分子材料不仅具有特有的力学、物理、化学性能，而且具有特殊的加工性质，如可挤压性、可模塑性、可纺性和可延性。利用这些性质，使高分子材料加工成各种各样的制品成为可能。

1.1.1　高分子材料的可挤压性

高分子材料的可挤压性是指高分子材料通过挤压作用，可获得形状和保持形状的能力。通常条件下，高分子材料在玻璃态下不能通过挤压成型，只有当高分子材料处于近黏流态及黏流态时才能通过挤压获得形变。具有可挤压性的高分子材料可进行注塑成型、压延成型和挤出成型，生产各种棒材、管材、条、薄膜、板材和片材等。

高分子熔体在挤出机和注塑机料筒中，以及在模具中都受到挤压作用，接近黏流温度的塑料在压延机辊筒间也受到挤压作用。在挤压过程中，高分子熔体主要受到剪切作用，故可挤压性主要取决于熔体的剪切黏度。如果材料在挤压过程中的黏度很低，虽然流动性很好，但保持形状的能力较差，如PS；相反，熔体的剪切黏度很高时，流动性较差，成型困难，获得形状能力差，如未增塑或增塑差的PVC。所以，通过挤压作用使高分子材料成型时，在加工条件下应使高分子材料获得适宜的黏度。

大多数高分子熔体的黏度与自身性质、加工温度、压力大小、剪切应力或剪切速率大小有关。同一高分子材料，其黏度随分子量增大而增大，随加工温度升高而降低，随压力增大而增大，随剪切应力或剪切速率增大而降低。所以，生产加工时，要根据具体情况选择适宜的分子量范围，并综合制定出合理的加工条件。

高分子熔体的可挤压性可由熔融指数判定。熔融指数是熔体流动指数的通称，简写符号为［MI］或［MFI］，它是评价热塑性塑料，特别是聚烯烃可挤压性的一种简单实用的方法。熔融指数的定义为：恒温下，某一恒定载荷作用时，10 min 内从毛细管中挤出高分子的质量（g）。测定熔融指数的仪器称为熔融指数测定仪或高分子熔体流动速率测定仪，其结构如图1－1

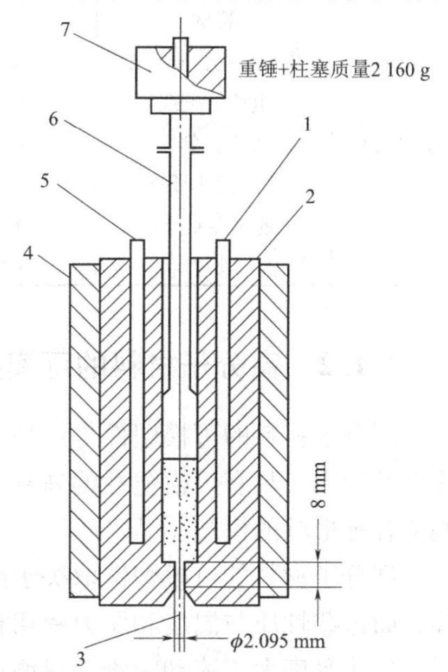

图1－1　熔融指数测定仪的结构

1—热电偶测温管；2—料筒；3—毛细管孔；4—保温层；5—加热器；6—柱塞；7—重锤

所示。测量时，当料筒温度恒定在给定温度时装料，待物料完全熔融后在柱塞上预置一定质量的砝码，然后测定给定时间内流过毛细管的高分子质量。

当载荷和温度恒定时，熔融指数［MI］与黏度 η 成反比：

$$[MI] = k\frac{1}{\eta} = k\phi \quad (1-1)$$

式中，$\phi = \frac{1}{\eta}$，称为高分子材料的流动度；k 为系数，与高分子的特性及测定条件有关。

根据 Flory 经验公式，高分子熔体黏度 η 与重均分子量 $\bar{M}_W$ 存在线性关系：

$$\lg\eta = A + B\bar{M}_W \quad (1-2)$$

式中，A 和 B 为常数，与高分子的特性及温度有关。

根据式（1-1）和式（1-2）可知，熔融指数高的，黏度低，分子量小，此类物料适于注塑成型；熔融指数低的，黏度高，分子量大，此类物料适于挤出成型。

熔融指数仪测熔融指数时，在荷重（重锤加柱塞的质量）为 2 160 g、出料孔直径为 2.095 mm 的条件下，熔体的剪切速率 $\dot{\gamma}$ 值仅为$10^{-2} \sim 10\ s^{-1}$，属于低剪切速率的流动，远低于注塑和挤出成型加工时的剪切速率（$10^2 \sim 10^4\ s^{-1}$），因此通常测定的熔融指数值不能完全说明注塑和挤出成型时高分子熔体的实际流动性能。但用熔融指数能方便地反映高分子熔体流动性的高低，对于成型加工中材料的选择和适用性有参考价值。研究者们根据实践总结出了部分加工方法适宜的熔融指数值，见表 1-1。

表 1-1　部分加工方法适宜的熔融指数值

加工方法	产品	所需材料的［MI］值	加工方法	产品	所需材料的［MI］值
挤出成型	管材	<0.1	注射成型	厚壁制件	1.0~2.0
	片材、瓶、薄壁管	0.1~0.5		薄壁制件	3.0~6.0
	电线、电缆	0.1~1.0	涂布	涂覆纸	9.0~15.0
	薄片、单丝	0.5~1.0	真空成型	制件	0.2~0.5
	多股丝或纤维	≈1			
	瓶（高光泽）	1.0~2.0			
	胶片	9.0~15.0			

1.1.2　高分子材料的可模塑性

高分子材料的可模塑性是指高分子材料在温度和压力作用下的形变能力和在模具中模制成型的能力。具有可模塑性的高分子材料可进行注射成型、模压成型和挤出成型等成型方法制造各种形状的模塑制品。

高分子材料的可模塑性取决于高分子材料的流变性、热性质、物理力学性质和化学稳定性，而这些性质与温度和压力密切相关。所以宏观上讲，可模塑性取决于温度和压力。温度低，熔体黏度大，流动困难，成型性差，且因弹性发展，制品形状稳定性差；温度高，熔体的流动性大，易成型；但温度过高，制品收缩率大，而且高分子会降解。压力低，熔体流动性差，易造成缺料使制品成型不全；压力高，熔体流动性好；压力过高将引起溢料，并增大制品的内应力。合理的模塑条件可由模塑面积图获得，如图 1-2 所示。只有当温度和压力

落在 A 区（阴影区）时，才能得到质量良好的制品。

图 1－2 是通过实验获得的，故利用图 1－2 确定的模塑条件可靠准确。但制作图 1－2 需大量的实验，较麻烦。实际生产中，广泛采用螺旋流动实验来判断高分子材料的可模塑性。螺旋流动实验是通过阿基米德螺旋槽模具来实现的。阿基米德螺旋槽模具的结构如图 1－3 所示，模具的型腔是一条标有刻度的阿基米德螺旋线形沟槽，模具中央设置浇口。

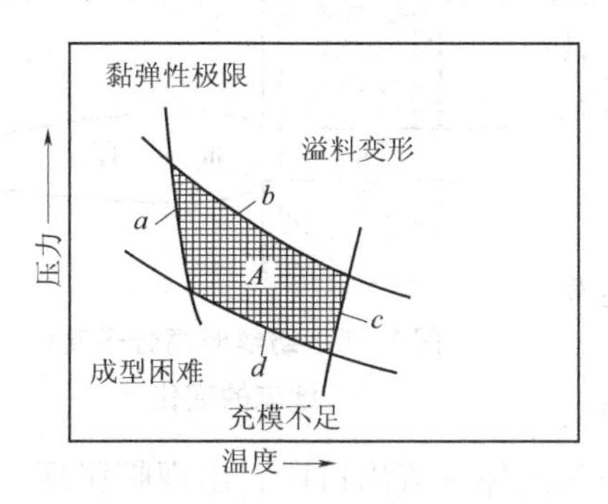

图 1－2　模塑面积图

A—成型区域；a—表面不良线；
b—溢料线；c—分解线；d—缺料线

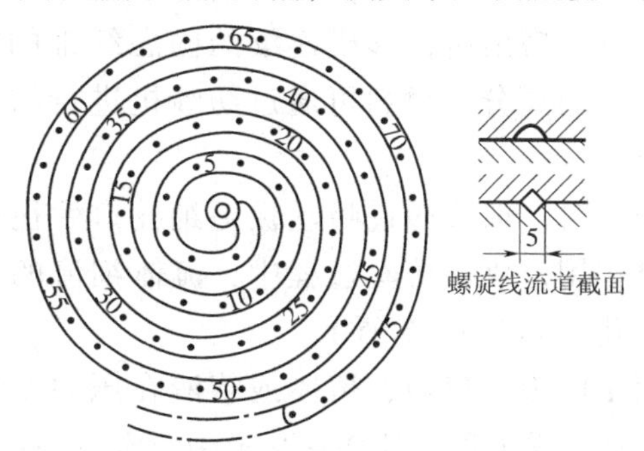

图 1－3　阿基米德螺旋槽模具的结构

高分子熔体在注射压力推动下，由中部浇口注入模具中，进入模具中的熔体与模壁接触时，由于模壁温度（T_w）低于熔体温度（T），模壁的热传导作用会使熔体由外向内冷却形成硬化层（图 1－4），当模壁四周硬化层的厚度增加到槽的中心部位时，熔体的流动就停止，并硬化为一条螺线。通过最终螺线长度可判断高分子材料的流动性，螺线越长，表示高分子材料的流动性越好，高分子材料在该条件下的可模塑性越好。

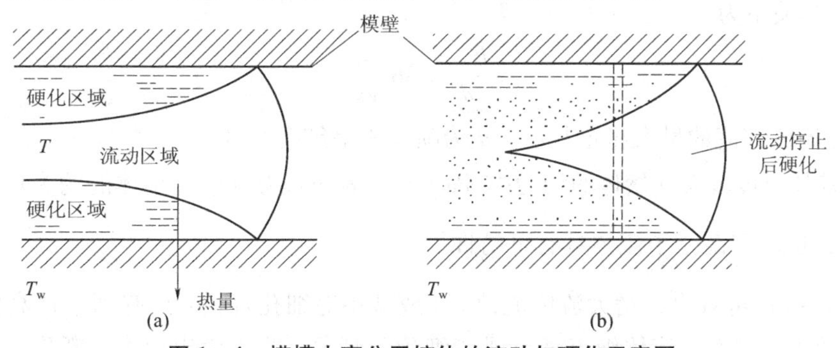

图 1－4　模槽中高分子熔体的流动与硬化示意图

（a）高分子熔体的流动；（b）高分子熔体的硬化

Holmes 等人归纳总结出螺线长度 L 与加工条件、高分子流变性和热性能的定量关系：

$$\left(\frac{L}{d}\right)^2 = C\left(\frac{\Delta p d^2}{\Delta T}\right)\left(\frac{\rho \Delta H}{\lambda \eta}\right) = C\left(\frac{\Delta p d}{\eta v}\right)\left(\frac{\Delta H}{\Delta T}\right)\left(\frac{\rho v d}{\lambda}\right) \tag{1-3}$$

式中，d 为螺槽横截面的有效直径；ΔT 为熔体与螺槽壁间的温度差（$T-T_w$）；Δp 为压力降；ρ 为固体高分子材料的密度；ΔH 为高分子材料的熔体状态和固体状态之间的热焓差；λ 为固体高分子材料的导热系数；η 为熔体黏度；v 为熔体平均线速度；C 为常数，由螺线槽横截面的几何形状决定。

式（1－3）表明，熔体与模壁间的温差 ΔT（即冷却速度）越大，能够进入螺槽的高分子熔体的量就越少，螺线越短；螺线长度随着挤压熔体的压力增大和螺槽截面的尺寸增大而增加；随高分子黏度增加、导热性增大和热焓量减少，螺线长度减小。

1.1.3 高分子材料的可纺性

高分子材料的可纺性是指高分子熔体或溶液从喷丝板毛细孔挤出后，形成连续的固态纤维的能力。具有可纺性的高分子材料可通过纺纱机进行纺丝成型制造纤维。

纺丝时，细流通过喷丝板毛细孔口后往往受到牵引拉伸作用，故在纺丝过程中，流体细流的直径逐渐发生变化，如图 1－5 所示。

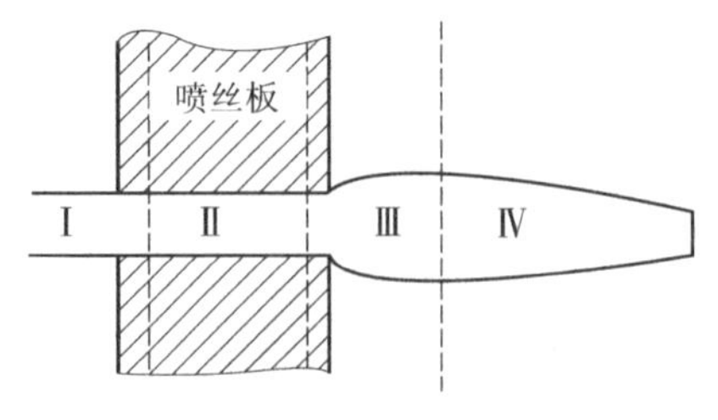

图 1－5 纺丝时高分子流体细流的变化

第Ⅰ段为入口段，熔体或溶液在压力作用下进入喷丝孔道；第Ⅱ段为流体在孔道中恒定流动；第Ⅲ段为流体细流出口段，出现膨胀现象，其膨胀程度与流体通过喷丝板的流速 v 和后方牵引力大小有关，流体通过喷丝板的流速 v 大、牵引力大，膨胀就小甚至消失；第Ⅳ段为细流受牵引力作用发生形变和纺丝细流固化成纤维的阶段。

作为纺丝材料，首先要求流体从喷丝板毛细孔流出后能形成稳定细流（图 1－5 中第Ⅲ段加上第Ⅳ段的前端）。细流的稳定性用细流最大稳定长径比$\frac{L_{max}}{d}$表示。$\frac{L_{max}}{d}$值越大，细流稳定性越好，材料的可纺性越好。$\frac{L_{max}}{d}$与流体通过喷丝板的流速 v、流体黏度 η 和流体表面张力 γ_F 有关，其关系为

$$\frac{L_{max}}{d}=36\frac{v\eta}{\gamma_F} \tag{1-4}$$

式中，L_{max}为流体细流的最大稳定长度；d 为喷丝板毛细孔直径。

高分子流体黏度较大（熔体的约为10^4 Pa·s），表面张力较小（熔体的约为 0.025 N/m），故$\frac{\eta}{\gamma_F}$值很大，这表明高分子流体具有可纺性。

从式（1－4）可看出，增大流体流速 v（或减小毛细孔直径 d）有利于提高细流的稳定性。但流体流速 v 过大，流体细流将出现“细颈”现象，再大就出现细流断裂。这是因为具有可纺性的高分子材料还必须具有较高的流体强度，流体强度随流体黏度的增大而增加；流体流速 v 过大时，细流在毛细孔内受剪切剧烈，黏度下降过甚，流体强度随之严重下降，于是出现“细颈”甚至断裂。

1.1.4 高分子材料的可延性

高分子材料的可延性是指无定形或半结晶固体高分子在一个方向或两个方向上受到压延或拉伸时的形变能力。具有可延性的高分子材料，可通过压延或拉伸工艺生产薄膜、片材和纤维。

高分子材料的可延性取决于高分子材料产生塑性形变的能力和应变硬化作用。固体高分

子材料在 $T_g \sim T_m$（或 T_f）温度区间内受到大于屈服强度的拉力作用时，大分子链先解缠绕和滑移，产生宏观的塑性形变。塑性形变达到一定程度后，高分子中的结构单元（链段、大分子和微晶）因拉伸而开始取向，取向度逐渐增大。随着取向度的增大，大分子间作用力增大，高分子黏度随之升高，高分子材料表现出“硬化”倾向，形变也趋于稳定而不再发展。所以，塑性形变能力大、应变硬化作用小的高分子材料，可延性高。

温度对高分子材料的可延性影响很大。温度高，材料的塑性变形能力大，可延性高。通常把在室温至 T_g 附近的拉伸称为“冷拉伸”，在 T_g 以上的拉伸称为“热拉伸”。一般，非晶高分子材料在 T_g 附近进行冷拉伸，半结晶高分子材料在稍低于 T_m 以下的温度下进行热拉伸。

高分子材料的可延性通常用拉伸实验测出的应力 - 应变曲线判定。高分子材料拉伸时的典型应力 - 应变曲线如图 1 -6 所示。

由图 1 -6 可知，$0 \sim a$ 段为直线，高分子材料在拉伸初期发生普弹形变，杨氏模量高，形变很小；$a \sim b$ 段为曲线，出现形变加速倾向，由普弹形变转为高弹形变，说明高分子材料抵抗形变能力逐渐降低；b 点称为屈服点，对应的应力称为屈服应力 σ_y。从 b 点开始，在 σ_y 的持续作用下，材料的形变由弹性形变转为塑性形变，高分子材料中由链段发生形变和位移发展为大分子链的解缠绕和滑移；$b \sim c$ 段为曲线，高分子材料因为形变引起发热，温度升高使材料变软、形变加速，称为应变软化。同时，高分子材料的截面形状出现较短、突然变细的区域，把这种现象称为“细颈”现象，如图 1 -7 所示。“细颈”现象的出现说明高分子材料在屈服应力的作用下，结构单元（链段、大分子和微晶）发生拉伸取向；$c \sim d$ 段，高分子材料在恒定的应力作用下被拉长，细颈不断发展，结构单元的取向继续发展；d 点为硬化开始点，此时结构单元的取向发展达到一定程度，链段因排列规整而结晶，致使大分子间作用力开始增加；$d \sim e$ 段，随结构单元取向程度的不断增大，大分子间作用力随之增大，从而引起高分子黏度升高，材料的弹性模量增加，抵抗形变的能力增大，引起应变的应力随之增大，使高分子材料表现为“硬化”倾向，同时形变也趋于稳定，把这种现象称为“应变硬化”；e 点时，形变达到极限，材料不能承受应力的作用而产生破坏，此时的最大形变值称为断裂伸长率 ε_b，对应的应力 σ_b 称为抗张强度（或极限强度）。

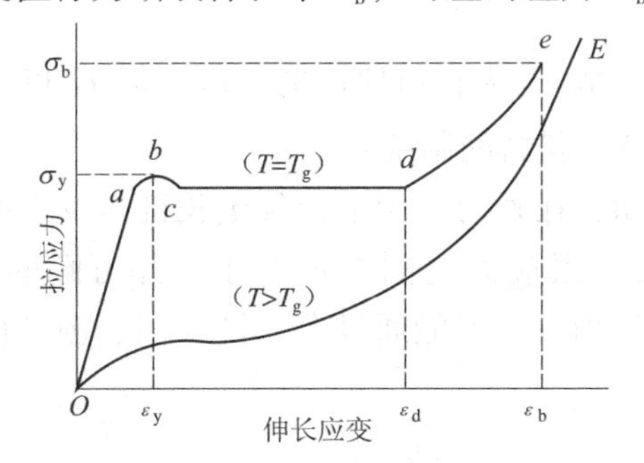

图 1 -6　高分子材料拉伸时的典型应力 - 应变曲线

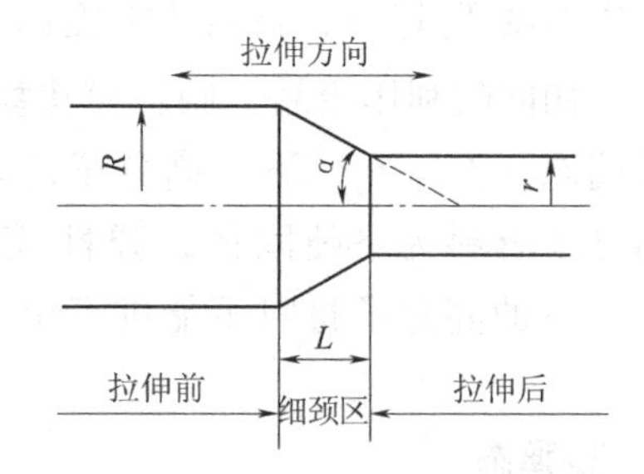

图 1 -7　高分子材料拉伸时的细颈现象

1.2　高分子材料成型加工与聚集态（物理状态）的关系

线性高分子材料根据形变与温度的关系（图 1 -8）可分为三种聚集态（物理状

态)：玻璃态、高弹态和黏流态，而且这三种聚集态通过温度变化可转变且可逆（图1-9)。

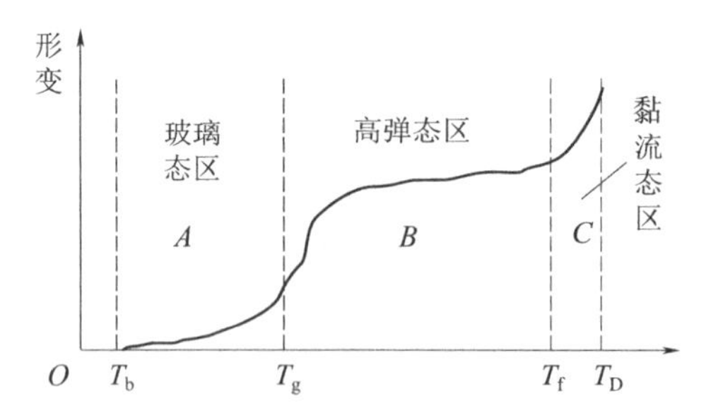

图1-8　线性高分子材料温度-形变曲线

T_b—脆化温度；T_g—玻璃化转变温度；T_f—黏流温度；T_D—分解温度

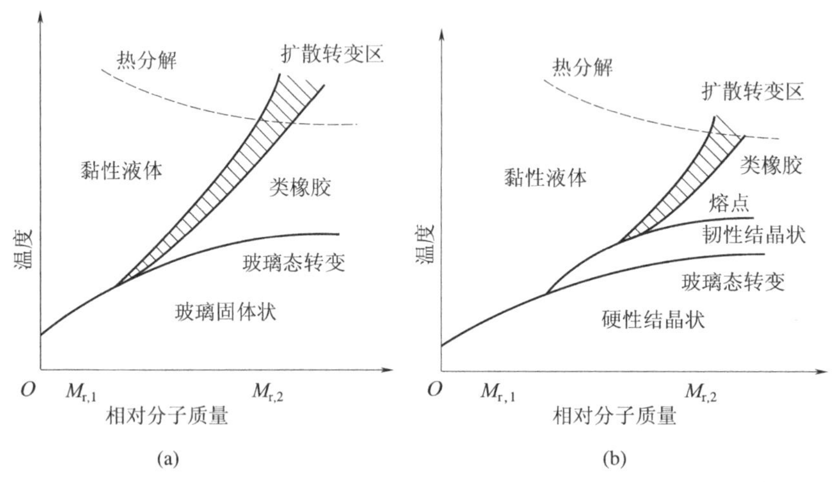

图1-9　温度与高分子物理状态的转变关系

（a）非晶型；（b）部分结晶型

1. 玻璃态

脆化温度 T_b 以下，材料非常脆而不能使用，故 T_b 为材料使用的下限。但 T_b 以下可破碎加工，如回收利用废品，制备粉状物料（如EVA粉料的制备)。

玻璃态（$T_b \sim T_g$）下，高分子链段不能运动，在外力作用下，仅键长键角发生微小形变，高分子材料为坚硬固体，弹性模量高，在极限应力范围内形变小，并可瞬间恢复。故玻璃态下的高分子材料不能进行引起大形变的加工，但能通过车、铣、削、刨进行机械加工。

2. 高弹态

高弹态［$T_g \sim T_{f(m)}$］下，高分子链段能运动，但分子链不能解缠绕和相对移动。对于非晶高分子材料，在 T_g 以上呈类橡胶状，弹性模量低，在极限应力范围内形变大且可逆，但形变恢复对时间具有依赖性。在 $T_g \sim T_f$ 温度区间内靠近 T_f 一侧，黏性很大，可进行真空成型、中空吹塑成型、压力成型、压延和弯曲成型。成型后在保持外力作用下把制品温度迅速冷却到 T_g 以下，使形变保持下来。

对于结晶或部分结晶高分子材料，在 T_g 以上呈韧性结晶状，在熔点 T_m 附近转变为具有高弹性的类橡胶状，可在 $T_g \sim T_m$ 温度区间内近熔点 T_m 处进行拉伸成型，如薄膜拉伸、纤维拉伸。

3. 黏流态

黏流态［$T_{f(m)} \sim T_D$］下，高分子链段和高分子链都能运动，高分子为黏性流体，弹性模量低，形变大，部分形变不可逆（链段运动引起的形变可逆，分子链整体运动引起的形变不可逆）。在 $T_{f(m)}$ 以上不高的温度范围内，弹性模量与高弹态的相差不大，高分子流体流动性差，高分子材料表现出类橡胶流动行为，形变中有较大的可逆形变，可进行压延成型、挤出成型、吹塑成型。在 $T_{f(m)}$ 以上高的温度范围内，弹性模量很低，高分子材料表现出完全黏性流动行为，形变主要为不可逆，可进行注射成型、熔融纺丝和贴合成型。在 $T_{f(m)}$ 以上更高的温度时，高分子流体黏性大大降低，注射时容易引起溢料，挤出的制品易出现形状扭曲和收缩，纺丝时纤维易发生断裂等现象，甚至引起高分子分解而降低制品质量和性能，所以在远高于 $T_{f(m)}$ 时不能进行成型加工。

线性高分子材料的三种聚集态与成型加工的关系，如图 1－10 所示。

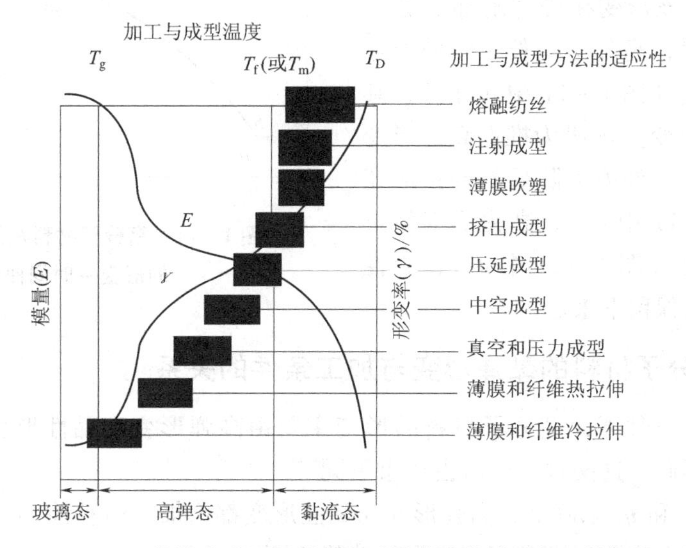

图 1－10　线性高分子材料的三种聚集态与成型加工的关系

1.3　高分子材料在加工过程中的黏弹行为

除冷拉伸，高分子材料的加工温度多在 T_g 以上。在 T_g 以上，高分子材料不但表现出弹性行为，而且同时具有黏性行为。所以，加工过程中，高分子材料的形变和流动是弹性和黏性的综合，即黏弹性。

1.3.1　高分子材料在加工过程中的黏弹形变

经典黏弹理论认为：加工过程中，线性高分子材料的总形变 γ 由普弹形变 γ_E、推迟高弹形变 γ_H 和黏性形变 γ_V 组成，是三者之和。

$$\gamma=\gamma_E+\gamma_H+\gamma_V=\frac{\sigma}{E_1}+\frac{\sigma}{E_2}\left(1-e^{-\frac{E_2}{\eta_2}t}\right)+\frac{\sigma}{\eta_3}t \tag{1-5}$$

式中，σ 为作用外力所产生的应力；t 为外力作用时间；E_1 和 E_2 分别为普弹形变模量和高弹形变模量；η_2 和 η_3 分别为高弹形变黏度和黏性形变黏度。

普弹形变是大分子键长和键角或晶体中处于平衡状态的粒子在外力作用下发生形变和位移所引起的，外力解除后立刻恢复，为可逆形变。高弹形变是大分子链段在长时间外力作用下发生形变和位移所引起的，外力解除后不会立刻恢复，而是随时间延续逐渐恢复，为时间依赖性的可逆形变。黏性形变是外力作用下大分子链之间发生解缠绕和相对位移所引起的，外力解除后永不恢复而保留下来，为不可逆形变。

外力作用时，普弹形变 γ_E、推迟高弹形变 γ_H 和黏性形变 γ_V 不是先后发生，而是同时发生，只是普弹形变 γ_E 完成得快，推迟高弹形变 γ_H 和黏性形变 γ_V 完成得慢。高分子材料在外力作用下的形变－时间曲线如图 1－11 所示。

由图 1－11 可以看出，t_1 时刻，高分子受瞬间外力作用，产生很小的普弹形变（图 1－11 中 ab 段），该形变在外力解除后会立刻恢复。t_1 到 t_2 段，高分子受长时间外力作用，产生很大形变（图 1－11 中 ac 段），其中，ab 段为普弹形变，bc 段为推迟高弹形变和黏性形变的叠加。外力解除后，普弹形变立刻恢复（图 1－11 中 cd），高弹形变经过一定时间缓慢恢复（图 1－11 中 de），黏性形变不恢复而永久保留下来。

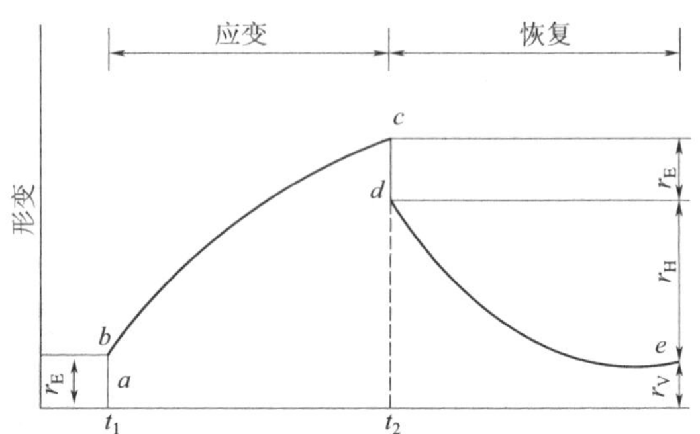

图 1－11　高分子材料在外力作用下的形变－时间曲线

1.3.2　高分子材料的黏弹形变与加工条件的关系

在通常的加工条件下，高分子材料的形变主要由高弹形变和黏性形变（或塑性形变）组成。加工条件不同，这两种形变所占比重不同。

温度升高，η_2 和 η_3 都降低，高弹形变和黏性形变都增加，但黏性形变随温度升高成比例地增大，而高弹形变随温度升高其增大的趋势逐渐减小。

当加工温度高于 T_m（或 T_f）时，高分子材料处于黏流态，此时的形变以黏性为主。黏流态时，高分子黏度低，流动性大，易成型，又因黏性形变不可逆，提高了制品长期使用过程中的因次稳定性（形状和几何尺寸稳定性的总称），所以很多加工技术都是在黏流态实现的，如注射、挤出、薄膜吹塑和熔融纺丝等。

黏流态高分子的形变并不是纯黏性的，也表现出一定的弹性，如流动中大分子因伸展而储存了弹性能，当引起流动的外力消除后，伸展的大分子恢复卷曲就产生了高弹形变，它会使熔体流出口模时出现液流膨胀，严重时引起熔体破裂现象。这种弹性能如果储存于制品中，会引起制品的形状和尺寸的改变，降低制品的因次稳定性，有时还使制品内出现内应力。因此，黏流态下加工高分子材料时，也要注意弹性效应的影响。

当加工温度低于 T_f（或 T_m）时，高分子材料处于类橡胶状，既具有黏性又具有很大弹性，高分子形变中弹性成分大，黏性成分少，有效形变值小，因此在 T_f 以下加工制品不易。

但从总形变计算式中可看出，增大外力或延长外力作用时间，黏性形变能迅速增加。此时的黏性形变发生于高分子材料固体内，是大分子链之间在强外力作用下发生解缠绕和相对位移所引起的，属于强制性的。习惯上把高分子材料固体内的黏性形变称为塑性形变。由于塑性形变为不可逆形变，所以在 T_f 以下用强外力使高分子材料固体产生塑性形变也是一种加工技术，如中空容器的吹塑、真空成型、压力成型、弯曲成型以及薄膜和纤维拉伸等都是塑性形变成型。在类橡胶态下，高分子材料的模量虽比玻璃态下时低，形变值大，但由于有很大弹性，高分子材料仍具有抵抗形变和恢复形变的能力，要产生不可逆形变需要有较大外力作用。

塑性形变成型后的制品，当温度升到 T_f 附近及以上时，塑性形变就会弹性恢复，从而使制品收缩。利用此性质，可制作密封包装薄膜和聚丙烯腈（腈纶）膨体纤维。制作密封包装薄膜时，先把物品装进经塑性拉伸薄膜袋内，并封口但不完全封死，然后在 T_g 以上适当温度热处理薄膜，使其产生弹性恢复作用把袋内的气体排出，最后把封口封死。制聚丙烯腈膨体纤维时，先在 T_g 以上二次拉伸腈纶，并骤冷保持可逆形变，然后在 T_g 以上适当温度进行热处理，使其产生不同的收缩而达到膨胀的目的。

1.3.3　高分子材料黏弹形变的滞后效应

从上面的讨论可知，加工过程中高分子材料的形变都是外力和温度共同作用下，大分子构象改变和重排的结果。大分子的长链结构和大分子运动的逐步性质，决定大分子在外力作用时与外力相适应的任何形变都不可能在瞬间完成。高分子材料于一定温度下，从外力作用开始，大分子的形变经过一系列的中间状态过渡到与外力相适应的平衡态的过程是一个松弛过程，过程所需时间称为松弛时间 t^*，其数值为应力松弛到最初应力值 $\frac{1}{e}$（即36.79%）所需的时间，即

$$t^* = \frac{\eta_2}{E_2} \tag{1-6}$$

松弛时间与温度有关，温度高，大分子热运动加剧，分子间作用力小，大分子改变构象和重排的速度快，松弛过程短，松弛时间短。

由于松弛过程的存在，高分子材料的形变必然落后于应力变化，高分子对外力响应的这种滞后现象称为“滞后效应”或“弹性滞后”。“滞后效应”在高分子材料成型加工过程中普遍存在。例如，塑料注射成型制品的变形和收缩，当注射制件脱模时大分子的形变并非已经停止，在储存和使用过程中，制件中大分子的进一步形变使制件变形；制品收缩的原因主要是熔体成型时骤冷使大分子堆积得较松散之故，在储存和使用过程中，大分子重排运动的发展，使堆积逐渐紧密，致使密度增加体积收缩，能结晶的高分子则因逐渐形成结晶结构而使成型制品体积收缩。变形和体积收缩都降低制品的因次稳定性，严重的变形和收缩还会在制品中形成内应力，甚至引起制品开裂，降低制品的综合性能。

减小产品使用中“滞后效应”的方法是热处理，使“滞后效应”在产品使用前完成。在 $T_g \sim T_f$ 温度范围对成型制品进行热处理，缩短大分子形变的松弛时间，加速结晶高分子的结晶速度，使制品的形状能较快地稳定下来。某些制品在热处理过程中辅以溶胀作用（即在水或溶剂中处理或将制品置于溶剂蒸气中处理），更能缩短松弛时间。如在纤维拉伸

定型的热处理中，吹入瞬时水蒸气，能较快地消除纤维中内应力，提高纤维使用的稳定性。通过热处理不仅可以使制品中内应力降低还能改善高分子的物理机械性能。对于那些链段刚性较大、成型过程中易冻结内应力的高分子（如聚碳酸酯、聚苯醚、聚苯乙烯）进行热处理是非常必要和重要的。

习题及思考题

1. 高分子材料的加工性质是什么？每种加工性质赋予了高分子材料具有何种成型方法及能成型何种制品？
2. 高分子材料各种聚集态具有什么特性？与成型加工具有怎样的关系？
3. 高分子材料黏弹形变具有什么特性？与加工条件具有怎样的关系？
4. 塑料注射成型制品的变形和收缩的原因是什么？应如何改善？
5. 何为弹性滞后？如何减少弹性滞后？

第2章　高分子流体的流变性

流变的含义包括流动和形变。流动与形变是两个范畴的概念，流动是液体的属性，而形变是固体（晶体）的属性。液体流动时，表现出黏性行为，产生永久形变，形变不可恢复并消耗能量。固体形变时，表现出弹性行为，其产生的弹性形变在外力撤除时能够瞬间恢复，形变产生时储存能量，形变恢复时释放能量，材料具有弹性记忆效应。

高分子流体在外力作用下，同时产生流动和形变，既有黏性又有弹性，形变中发生黏性损耗，流动时有弹性记忆效应，黏、弹性结合，流、变性并存。所以，对高分子流体的研究，不能单纯研究其流动或形变，而是必须把二者结合起来，即流变性。

高分子材料的流变性与原料组成、成型加工工艺，以及加工模具和加工机器等因素都有关系。所以，流变性是高分子材料成型加工过程中最基本的工艺特征。研究高分子材料的流变性及其与各种因素的关系，能为设计和控制材料配方及加工工艺提供依据，保证制品获得最佳外观和内在质量；还可为高分子材料加工模具和加工设备设计提供必要的数学模型和材料的流变性。

高分子材料流变时，除涉及流变性外，还伴有热效应，流变行为十分复杂。所以，准确获得高分子流体的流变行为比较困难，还存在一定的争执和疑难问题。

2.1　高分子流体流动的基本概念

2.1.1　高分子流体的流动类型

高分子流体在成型时，由于流速、外力作用形式、流道几何形状和热量传递情况等成型条件的不同，可表现出不同的流动类型。

1. 层流和湍流

流体流动时，运动的质点始终沿着流体主体运动方向做直线运动，质点之间互不混合，整个流体一层一层地平行流动，这种流动状态称为层流。流体流动时，运动的质点除了沿着流体主体运动方向向前运动外，各质点的运动速度在大小和方向上都随时发生变化，于是质点间彼此碰撞并互相混合，这种流动状态称为湍流。

判定层流和湍流的指标是雷诺准数 Re（$Re \leqslant 2\,300$ 为层流，$Re > 4\,000$ 为湍流）。高分子流体黏度高，如低密度聚乙烯的黏度为 30～1 000 Pa·s，而且加工过程中的流速较低，剪切速率一般不超过$10^4\ s^{-1}$。因此高分子流体在成型条件下的雷诺准数 Re 很少大于 10，呈现出层流状态。但是在特殊场合，如熔体从小浇口注射进大型腔，因剪切应力过大等原因，会出现弹性湍流，引起熔体的破碎。

2. 稳定流动与不稳定流动

凡在输送通道中流动时，流体的流动状态（压力 p、温度 T、速度 v）只随位置变化，而不随时间变化，在任何部位一切影响流动的因素也不随时间变化，这种流动称为稳定流动。稳定流动并非是流体在所有部位的速度以及物理状态都相同，而是指在同一部位，它们均不随时间变化。例如正常操作的挤出机中，塑料熔体沿螺槽向前流动属稳定流动，任何一处的流速、压力和温度分布等参数均不随时间变化，但各处间的流速、压力和温度却不同。

凡在输送通道中流动时，流体的流动状态随时间变化，影响流动的各种因素也随时间而变化，此种流动称为不稳定流动。例如在注射模塑的充模过程中，塑料熔体的流动属于不稳定流动，模腔内熔体的流动速度、温度和压力等均随时间变化。

3. 等温流动和非等温流动

等温流动是指流体各处温度保持不变的流动，各处温度相同。在等温流动情况下，流体与外界可以进行热量传递，但输入和输出热量保持相等。若各处温度不等，这样的流动称为非等温流动。

在成型加工的实际条件下，高分子流体的流动一般均呈现非等温状态。一方面是成型工艺要求将流程各区域控制在不同的温度下；另一方面是黏性流动过程中伴有摩擦生热和冷却效应。这些都使流体在流道径向和轴向存在一定的温度差。例如塑料注塑时，熔体进入低温模具后就开始冷却降温，为非等温流动。

4. 拉伸流动和剪切流动

流体质点速度仅沿流动方向发生变化，而在垂直流动方向不发生变化的流动，称为拉伸流动，如图 2－1（a）所示。流体质点速度仅在垂直流动方向发生变化，而在流动方向不发生变化的流动，称为剪切流动，如图 2－1（b）所示。

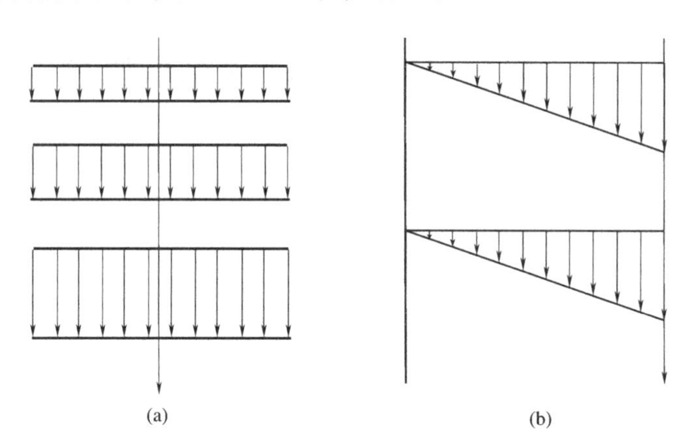

图 2－1　拉伸流动和剪切流动的速率分布（长箭头所指为流体流动方向）

（a）拉伸流动；（b）剪切流动

高分子流体在挤出机的料筒和口模、注塑机的喷嘴和浇道，以及在喷丝板毛细管孔道中的流动主要是剪切流动。初生纤维离开喷丝板，吹塑法或拉幅法生产薄膜时，由于牵引拉伸都产生拉伸流动。

5. 压力流动、拖曳流动和收敛流动

流体在管道中因受压力作用而产生的流动，称为压力流动。压力流动时，高分子流体只受剪切作用，并且因黏度高，通常情况下都是稳态流动。注射和挤出成型时，高分子熔体在流道内的流动属于压力梯度引起的剪切流动。

管道或口模在流体流动时，以一定速度和规律运动。这时流体的部分流动是管道或口模拖曳产生的，由拖曳产生流动称为拖曳流动，也是一种剪切流动。高分子熔体在挤出机螺杆槽与料筒壁所构成的矩形通道中的流动，在挤出线缆包覆物环形口模中的流动是典型的拖拽流动。运转辊筒表面对高分子熔体压延也为拖曳流动。

流体在截面尺寸逐渐变小的锥形管或其他形状管道中的流动，称为收敛流动。收敛流动时，流体不仅受到剪切作用，而且还有拉伸作用。

6. 一维流动、二维流动和三维流动

一维流动中，流体内质点的速度仅在一个方向上发生变化，即在流道截面上任何一点的速度只需用一个垂直于流动方向的坐标表示。高分子流体在等径圆管和间隙很小的圆环形口模中的层状流动，是一维流动，其速度分布仅是管径的函数。高分子流体在很宽的平板狭缝口模中的层状流动也可看作一维流动，其速度分布仅是口模厚度的函数。

二维流动中，流体内质点的速度仅在纵横两个方向上发生变化，即在流道截面上任何一点的速度用两个垂直于流动方向的坐标表示。高分子流体在矩形口模或椭圆形口模中的层状流动，是二维流动，流体速度在口模高度和宽度方向都发生变化。

三维流动中，流体内质点的速度不仅在通道纵横两个方向变化，而且也沿流动方向变化，即流体速度要用三个相互垂直的坐标表示。高分子流体在锥形或收缩形通道中的流动，是三维流动。

2.1.2 剪切速率和速度梯度

1. 应力、应变和应变速率

在外力作用下，材料内部必然产生与外力相平衡的内力。单位面积（或单位长度）上的内力，称为应力，单位为 Pa 和 MPa。随高分子流体受力方式的不同，高分子流体中产生的应力通常有三种形式：剪切应力 τ、拉伸应力 σ 和流体静压力 p。

在外力作用下，材料的形状和尺寸发生变化，形状和尺寸的相对变化率，称为应变 γ，无单位。

单位时间内的应变称为应变速率 $\dot{\gamma}$，单位 s^{-1}。

$$\dot{\gamma}=\frac{d\gamma}{dt} \tag{2-1}$$

2. 剪切速率和速度梯度

如图 2－2 所示，面积足够大、水平放置的两块平板间充满着高分子流体，下板固定不动，上板在力 F 作用下以恒速 u 移动，则两板间的高分子流体随之移动。紧靠上板的高分子流体，因附在板面上，具有与上板相同的速度；而紧靠下板的高分子流体，因附在板面上而静止不动。这样两板间高分子流体中形成上大下小的速度分布，两板间高分子流体可看成是由许多平行于平板的液层组成，层与层之间存在着速度差，即各层之间存在相对运动。

令间距为 dy 的两液层的速度分别为 $v+dv$、v，则速度差 dv 与距离差 dy 的比值 $\frac{dv}{dy}$，称为速度梯度。其含义是：垂直液流方向上，单位距离内的速度差。

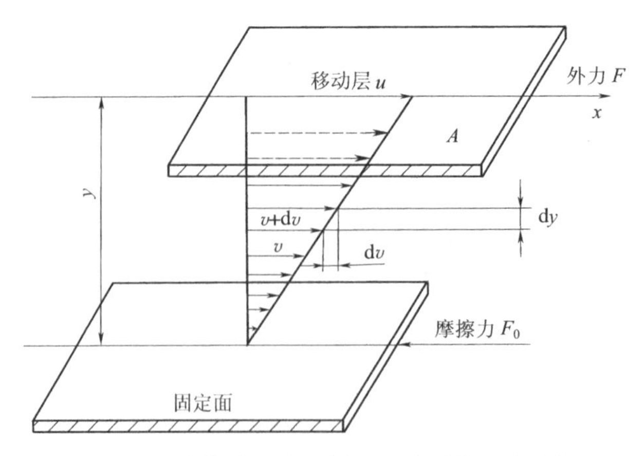

图 2-2　流体在两个平板间层流时的流速分布

液层沿 x 轴移动的距离 $\mathrm{d}x$ 与所用时间 $\mathrm{d}t$ 的比值$\frac{\mathrm{d}x}{\mathrm{d}t}$，即为液层移动速度 v，则

$$v=\frac{\mathrm{d}x}{\mathrm{d}t} \tag{2-2}$$

于是，速度梯度

$$\frac{\mathrm{d}v}{\mathrm{d}y}=\frac{\mathrm{d}\left(\frac{\mathrm{d}x}{\mathrm{d}t}\right)}{\mathrm{d}y}=\frac{\mathrm{d}\left(\frac{\mathrm{d}x}{\mathrm{d}y}\right)}{\mathrm{d}t} \tag{2-3}$$

式中，$\frac{\mathrm{d}x}{\mathrm{d}y}$是一个液层相对于另一个液层移动的距离，它是剪应力 $\tau=\frac{F}{A}$作用下该层产生的剪切应变，即剪切应变为

$$\gamma=\frac{\mathrm{d}x}{\mathrm{d}y} \tag{2-4}$$

而剪切应变速率（简称剪切速率）为

$$\dot{\gamma}=\frac{\mathrm{d}\gamma}{\mathrm{d}t} \tag{2-5}$$

所以，$\frac{\mathrm{d}v}{\mathrm{d}y}=\frac{\mathrm{d}\gamma}{\mathrm{d}t}=\dot{\gamma}$。这说明速度梯度和剪切速率等同，二者可相互替代。

2.2　高分子流体的流变行为

2.2.1　牛顿流体及其流变行为

加工过程中，高分子流体主要表现为黏度 μ(或 η) 的变化，所以高分子流体的黏度是高分子材料加工过程中的最主要参数。对于特定流体，黏度是剪切速率（或剪切应力）和温度的函数，即

$$\mu(\text{或 }\eta)=f(\dot{\gamma}\text{ 或 }\tau,\ T) \tag{2-6}$$

温度恒定时，黏度只是剪切速率（或剪切应力）的函数，即

$$\mu(\text{或 }\eta)=f(\dot{\gamma}\text{ 或 }\tau) \tag{2-7}$$

恒定温度下，根据黏度与剪切应力或剪切速率的关系，高分子流体分为两大类：牛顿流体和非牛顿流体。恒定温度下，黏度与剪切速率（或剪切应力）无关而恒定不变的流体，称为牛顿流体。恒定温度下，黏度随剪切速率（或剪切应力）变化的流体，称为非牛顿流体。

恒定温度下，牛顿流体的流动方程为

$$\tau = \mu \frac{\mathrm{d}v}{\mathrm{d}y} = \mu \frac{\mathrm{d}r}{\mathrm{d}t} = \mu\dot{\gamma} \tag{2-8}$$

式中，μ 是只与温度有关的比例常数，称为牛顿黏度，简称为黏度，单位为帕斯卡秒 Pa · s。

μ 是流体自身所固有的性质，其大小表征流体抵抗外力引起流动形变的能力。μ 越大，抵抗形变的能力越大。μ 与高分子的分子结构、分子量和流体所处温度有关。一般而言，柔性链的 μ 小，刚性链的 μ 大；平均分子量小的 μ 小，平均分子量大的 μ 大；温度高时 μ 小，温度低时 μ 大。

对于牛顿流体，μ 只与温度有关 [$\mu = f(T)$]。所以，一定温度下，牛顿流体是剪切应力和剪切速率成正比例关系的流体；在某一恒定温度下，牛顿流体的剪切应力 - 剪切速率图，是一条过原点的直线，直线的斜率就是 μ，如图 2 - 3（a）所示；牛顿流体在某一恒定温度下的黏度 - 剪切速率图，是一水平直线，直线的截距就是 μ，如图 2 - 3（b）所示。

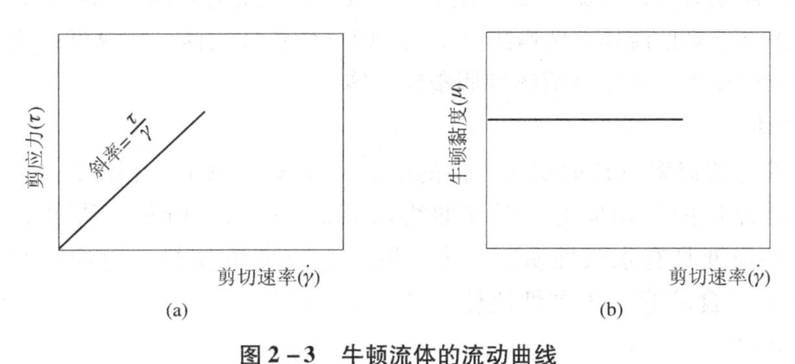

图 2 - 3　牛顿流体的流动曲线

（a）剪切应力 - 剪切速率；（b）黏度 - 剪切速率

不同温度下，剪切应力与剪切速率关系曲线及黏度与剪切速率（或剪切应力）关系曲线，统称为流体的流动曲线。根据高分子流体的流动曲线可以确定加工温度和载荷等工艺条件。

2.2.2　非牛顿流体及其流变行为

在一定温度下，非牛顿流体的流变方程为

$$\tau = \eta_a \frac{\mathrm{d}v}{\mathrm{d}y} = \eta_a \frac{\mathrm{d}r}{\mathrm{d}t} = \eta_a \dot{\gamma}_a \tag{2-9}$$

式中，η_a 定义为表观黏度（即非牛顿黏度），η_a 不是一个常数，它不仅随温度变化，而且随剪切应力或剪切速率变化，是温度、剪切应力或剪切速率的函数 [$\eta_a = f(\dot{\gamma}_a$ 或 τ，$T)$]；$\dot{\gamma}_a$ 定义为表观剪切速率，是按牛顿流体测得的值。恒温下，非牛顿流体的表观黏度与剪切速率的关系如图 2 - 4 所示。

由于非牛顿流体的表观黏度 η_a 随剪切应力或剪切速率变化，故在恒定温度下，非牛顿流体的剪切应力－剪切速率图是向上或向下弯曲的曲线，如图 2－5 所示。

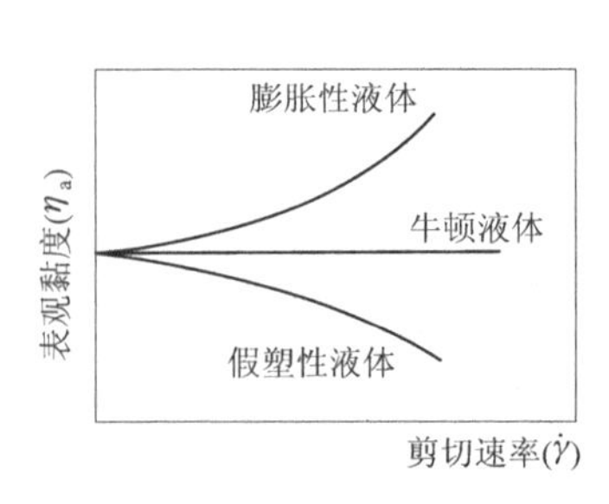

图 2－4　非牛顿流体的表观黏度与剪切速率的关系

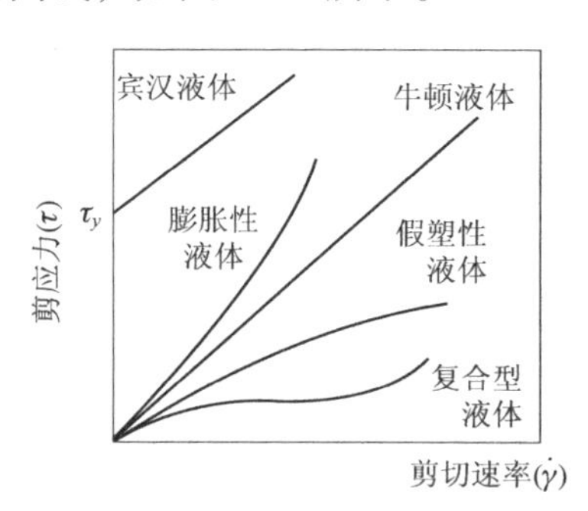

图 2－5　不同类型流体的剪切应力与剪切速率的关系

真正属于牛顿流体的只有低分子化合物的液体或溶液，如水和甲苯等。而高分子流体，尤其是高分子熔体，除聚碳酸酯、偏二氯乙烯－氯乙烯共聚物等少数几种高分子与牛顿流体相近外，绝大多数都表现为非牛顿流体。

1. 非牛顿流体的类型及其流变性质

在高分子流体范畴内，根据应变中有无弹性效应和应变对时间的依赖性，通常将非牛顿流体分为三种类型：黏性流体、黏弹性流体、有时间依赖性流体。按黏性行为不同，非牛顿流体又可分为宾汉流体、膨胀性流体和假塑性流体。

1）黏性流体

黏性流体的剪切速率只是剪切应力值的函数，即 $\dot{\gamma}=f(\tau)$。在图 2－6（a）所示的应力作用下，黏性流体的剪切应变－时间曲线如图 2－6（b）所示。从图 2－6（b）可看出：黏性流体的应变具有永久性质，应力撤除后，应变不恢复；总应变是不可逆形变。某些涂料、油漆、食品等属于黏性流体。

2）黏弹性流体

黏弹性流体的剪切速率是剪切应力值和剪切应变值的函数，即 $\dot{\gamma}=f(\tau,\gamma)$。在图 2－6（a）所示的应力作用下，黏弹性流体的剪切应变－时间曲线如图 2－6（c）所示。从图 2－6（c）可看出：黏弹性流体的应变中包含弹性应变成分，应力撤除后，弹性应变恢复；总应变是不可逆形变和可逆形变的叠加。绝大多数高分子流体，尤其是高分子熔体为黏弹性流体。

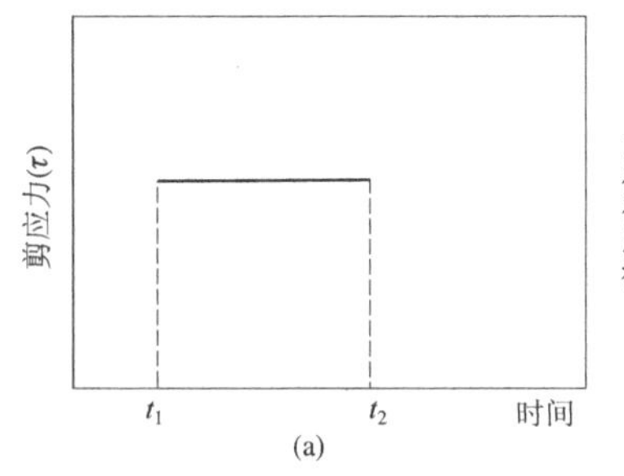

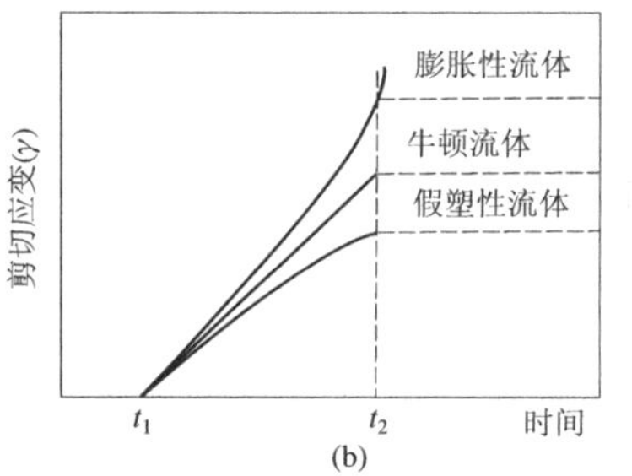

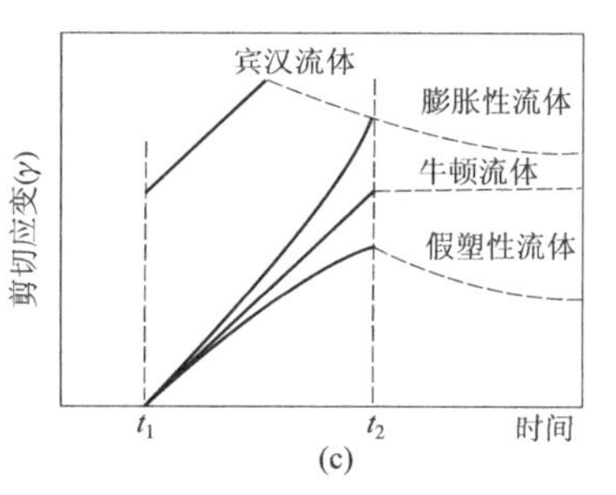

图 2－6　牛顿流体和非牛顿流体流动时的应变与时间关系

（a）应力－时间曲线；（b）黏性流体；（c）黏弹性流体

图 2 - 7 所示为黏弹性高分子流体加工时的流动曲线，从图 2 - 7 中可看出：应变中既有黏性部分又有弹性部分；弹性部分应变在应力解除后部分恢复。图 2 - 7（b）中，a 为成型加工时的形变（此时，$T > T_g$）；b 为成型后可逆形变全部恢复（此时，$T > T_g$）；c 为成型后的实际情况，可逆形变部分恢复（此时，T = 室温或 $T < T_g$）。

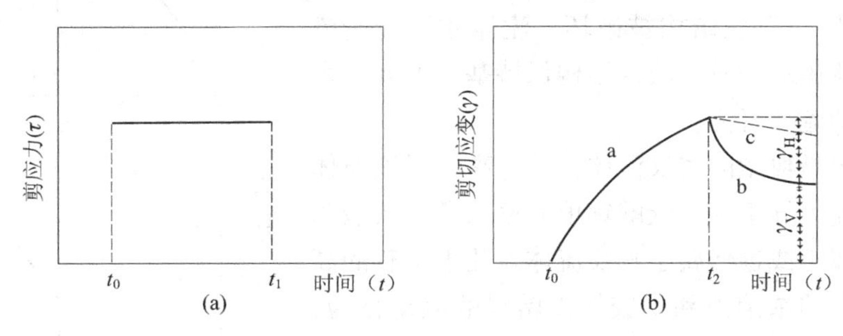

图 2 - 7　黏弹性高分子流体加工时的流动曲线

（a）应力 - 时间曲线；（b）应变 - 时间曲线

3）有时间依赖性流体

有时间依赖性流体的剪切速率是剪切应力值、剪切应变值和时间的函数，即 $\dot{\gamma} = f(\tau, \gamma, t)$。这类流体有两种类型：触变性流体（剪切速率不变情况下，流体黏度随时间延长而减小）和震凝性流体（剪切速率不变情况下，流体黏度随时间延长而增加）。有时间依赖性高分子流体的流变曲线如图 2 - 8 所示。在高分子加工过程中，极少见到此类流体。

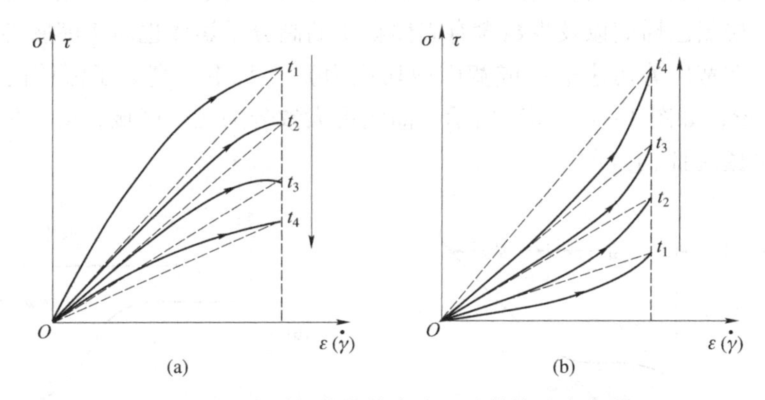

图 2 - 8　有时间依赖性高分子流体的流变曲线

（a）触变性流体；（b）震凝性流体

4）宾汉流体

宾汉流体的流动曲线 $\tau - \dot{\gamma}$ 为不过原点的直线，如图 2 - 5 所示。这表明：宾汉流体存在一个屈服剪切应力 τ_y，在低于 τ_y 的剪切应力作用下，流体并不产生应变，只有当应力大于 τ_y 时，流体才表现出和牛顿流体相似的流变行为。

宾汉性高分子流体流动时，应力 - 时间曲线和应变 - 时间曲线如图 2 - 9 所示。从图 2 - 9 中可看出：当剪应力小于屈服应力 τ_y 时，流体不流动；在等于 τ_y 的剪切应力作用开始的瞬间，立刻就有形变突变，然后形变随时间呈直线上升，表现出和牛顿流体相似的流变行为。

宾汉性流体屈服应力的存在，表明这种液体具有某种结构。当应力值小于 τ_y 时，这种结构能承受有限应力的作用而不引起应变。通常认为，引起这种行为的原因是宾汉性流体在静止时内部具有凝胶结构所至，只有当外力大于 τ_y 时，凝胶结构被破坏，流体才能开始流动；当宾汉性流体流动时，液体结构保持基本不变，表现出牛顿流体的流变行为。

牙膏、油漆是典型的宾汉流体。某些高分子填充体系，如炭黑填充聚异丁烯、碳酸钙填充聚乙烯、碳酸钙填充聚丙烯等属于或近似属于宾汉流体。几乎所有的高分子在良溶剂中的浓溶液和凝胶性糊塑料的流动行为，都很接近宾汉流体。

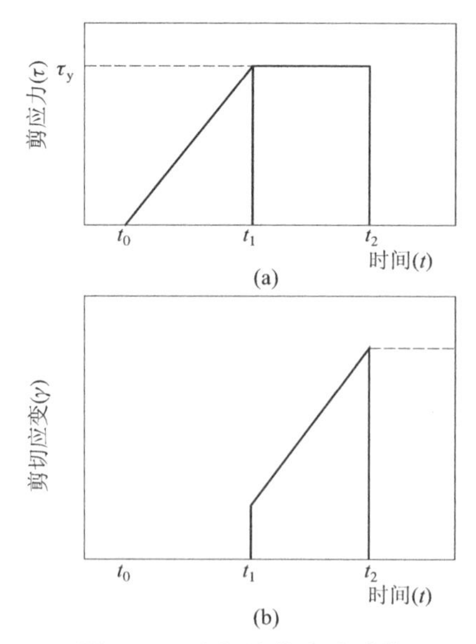

图 2－9　宾汉流体流动时的应变与时间关系

（a）应力－时间曲线；

（b）应变－时间曲线

5）假塑性和膨胀性高分子流体

假塑性流体的流动曲线 $\tau-\dot{\gamma}$ 为向下弯曲的曲线，如图 2－5 所示。这表明：假塑性流体的黏度随剪切速率或剪切应力增大而降低，呈剪切变稀现象。绝大多数高分子流体在成型条件下，呈现假塑性行为。

膨胀性流体的流动曲线 $\tau-\dot{\gamma}$ 为向上弯曲的曲线，如图 2－5 所示。这表明：膨胀性流体的黏度随剪切速率或剪切应力增大而增大，呈剪切增稠现象。大多数固含量高的悬浮液属于膨胀性流体，聚氯乙烯糊以及少数含有固体物质的高分子熔体也属于膨胀性流体。

研究表明：在宽广剪切速率（或宽广剪切应力）变化下，高分子流体的典型 $\lg\tau-\lg\dot{\gamma}$ 曲线为反“S”形，如图 2－10（a）所示。曲线可大致分为三个区域，第一牛顿区Ⅰ、非牛顿区Ⅱ和第二牛顿区Ⅲ。

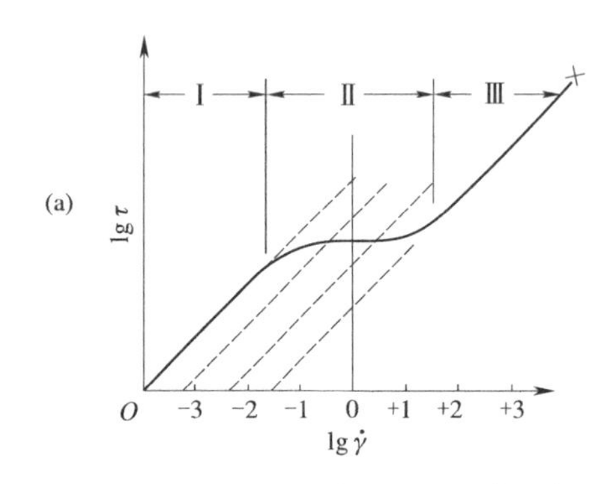

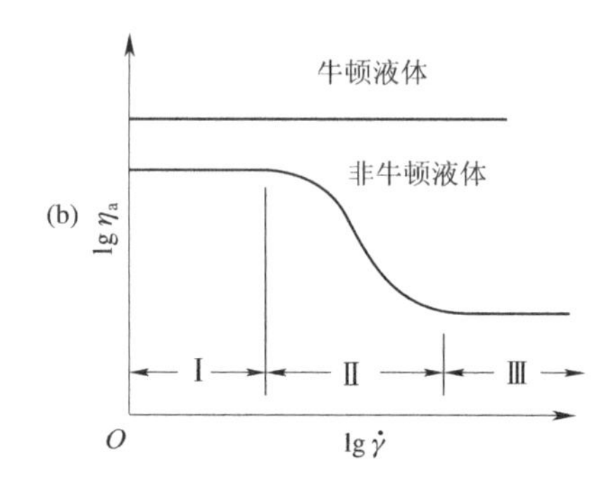

图 2－10　宽广剪切速率范围高分子流体 $\lg\tau-\lg\dot{\gamma}$ 曲线和 $\lg\eta_a-\lg\dot{\gamma}$ 曲线

（1）第一牛顿区Ⅰ。在低剪切速率下，即 $\dot{\gamma}\to 0$ 时，$\lg\tau-\lg\dot{\gamma}$ 呈线性关系，直线斜率 n 为 1，材料流动性质与牛顿性流体相仿，黏度趋于常数。该区的黏度称零剪切黏度 η_0，直线的延伸线与 $\lg\dot{\gamma}=0$ 的垂线交点所对应的剪切应力 τ 值就是零剪切黏度 η_0。零剪切黏度 η_0 是物料的一个重要材料常数，它与材料的平均分子量、黏流活化能有关，是材料最大松弛时间的反映。部分高分子熔体的零剪切黏度 η_0 见表 2－1。流延成型、塑料糊和胶乳的刮涂和浸渍以及涂料的涂刷都是在低剪切速率范围内进行的。

表 2－1　部分高分子熔体的零剪切黏度 η_0

高分子	温度 T/K	$\overline{M}_W$	η_0/（Pa·s）	高分子	温度 T/K	$\overline{M}_W$	η_0/（Pa·s）
HDPE	463	10^5	2×10^4	PMMA	473	10^5	5×10^4
LDPE	443	10^5	3×10^2	PB	373	2×10^5	4×10^4
PP	493	3×10^5	3×10^3	IR	373	2×10^5	10^4
PIB	373	10^5	10^4	PET	543	3×10^4	3×10^2
PS	493	2.5×10^5	5×10^3	PA6	543	3×10^4	10^2
PVC	463	4×10^5	4×10^4	PC	573	3×10^4	10^3
PVAC	473	10^5	2×10^2				

对于第一牛顿区现象出现的原因有多种看法，一种看法认为：在低剪切速率或低剪切应力时，高分子液体的结构状态没因流动而发生明显变化，流动过程中大分子的构象分布，或大分子线团尺寸的分布以及大分子网格结构或晶粒的尺寸均与物料在静态时相同，因此黏度保持为常数。另一种看法认为：在低剪切速率或低剪切应力时，高分子熔体中大分子的热运动十分强烈，削弱或破坏大分子应变对应力的依赖性，以至黏度不变化。

（2）非牛顿区Ⅱ。当剪切速率超过某一个临界值后，$\lg\tau-\lg\dot{\gamma}$ 呈非线性关系，曲线斜率 n 随剪切速率不断变化，材料流动性质出现非牛顿性。在这一区，表观黏度先随剪切速率的增大而降低，出现剪切变稀现象，有类似塑性流动的行为，称这种流动为假塑性流动。大多数高分子加工都是在剪切变稀阶段进行的。

当剪切速率再超过某一个临界值后，表观黏度随剪切速率的增大而增大，呈剪切增稠效应。细心的研究者发现，当剪切变稠时，流体表观“体积”略有膨胀，故称膨胀性流体。大多数固态含量较大的悬浮液为膨胀性流体。

对于剪切变稀现象看法为：对于高分子熔体而言，剪切速率增大时，大分子逐渐从网格结构中解缠和滑移，熔体的结构出现明显的改变，高弹形变相对减少，分子间范德华力减弱，因此流动阻力减小，熔体黏度随剪切速率增大而逐渐降低。也可以理解为在外力作用下，原有的分子链构象发生变化，分子链沿流动方向取向，从而降低了高分子的流动阻力，使高分子熔体黏度下降。对于高分子溶液或分散体来说，增大剪切应力或剪切速率会使渗透到大分子线团或粒子内部的溶剂分离出来，造成大分子线团或粒子尺寸缩小，大分子线团或粒子间分布更多的溶剂，从而使整个系统的流动阻力得到减小，因此液体的表观黏度降低。

对于剪切增稠现象看法为：对于高分子液体而言，当剪切速率或剪切应力增大到一定程度时，液体中有新的结构生成，引起阻力增加，以致液体的表观黏度随剪切速率或剪切应力增加而增大，这一过程并伴有体积的膨大。对于悬浮液而言，悬浮液在静止时，体系中的固态粒子堆砌得很紧密，粒子间空隙小并充满液体。当作用于悬浮液上的剪切应力不大或剪切速率很低时，固态粒子在液体的润滑作用下产生相对滑动，并能保持原有粒子间隙不变，整个悬浮体系沿受力方向移动，故悬浮液有恒定的表观黏度，表现出牛顿流体流动行为。当剪切速率和剪切应力进一步增加时，粒子移动较快，粒子间碰撞机会增多，流动阻力增大，表观黏度增加，同时粒子间隙增大，悬浮体系的总体积增加。

（3）第二牛顿区Ⅲ。当剪切速率非常高，$\dot{\gamma}\to\infty$时，$\lg\tau-\lg\dot{\gamma}$ 又呈线性关系，直线斜率 n 为1，材料流动性质与牛顿流体类似，黏度又趋于另一个定值 η_{∞}，η_{∞}称无穷黏度。这一区域在通常高分子加工中很难达到，因为在此之前，流动已变得极不稳定，甚至被破坏。

对于第二牛顿区现象出现的解释有多种。一种看法认为：剪切速率很高时，高分子中网格结构的破坏和高弹形变已达到极限状态，继续增大剪切应力或剪切速率对高分子的流体结构已不再产生影响，流体黏度已下降到最低值；另一种看法认为：剪切速率很高时，高分子流体中大分子构象和双重运动的应变来不及适应剪切应力或剪切速率的变化，以至流体的流动行为表现出牛顿性流体的特征，黏度保持不变。

假塑性和膨胀性高分子流体的 $\lg\eta_a-\lg\dot{\gamma}$ 关系曲线如图 2－10（b）所示。当 $n=1$ 时，曲线为平行于 $\lg\dot{\gamma}$ 坐标轴的水平直线；当 $n<1$ 和 $n>1$ 时，曲线是弯曲的。

2. 高分子流体的典型流动方程

1）假塑性和膨胀性高分子流体的典型流动方程

假塑性和膨胀性高分子流体的流动方程很多，具有代表性的有以下4个。

（1）Ostwald－De Waele 指数方程。实验发现，许多高分子浓溶液和熔体，在通常加工过程的剪切速率范围内（$\dot{\gamma}=10^0\sim10^3\,\mathrm{s}^{-1}$），剪切应力与剪切速率满足如下经验公式：

$$\tau=K\left(\frac{\mathrm{d}v}{\mathrm{d}r}\right)^n=K\left(\frac{\mathrm{d}\gamma}{\mathrm{d}t}\right)^n=K\gamma^n \quad 或 \quad \eta_a=\frac{\tau}{\dot{\gamma}_a}=\frac{K\gamma^n}{\dot{\gamma}_a}=K'\dot{\gamma}^{n-1} \tag{2-10}$$

该式称为 Ostwald－De Waele 指数方程。

式中，K 和 n 均为常数，称为非牛顿参数。其中，K 称为流动稠度（单位为 Pa · s），它与温度有关，等于 $\dot{\gamma}=1$ 时的 τ 值。n 称为材料的流动指数或非牛顿指数，它等于 $\lg\tau-\lg\dot{\gamma}$ 双对数坐标中曲线的斜率，n 值不仅与高分子品种有关，还与相对分子量、温度、剪切速率都有关。对于特定的高分子而言，n 值只在较窄的温度范围内为常数，部分高分子的 n 值见表 2－2，$K'=K\left(\frac{3n+1}{4n}\right)^n$。

表 2－2　部分高分子的 n

高分子	牌号	T/℃	n		
			$\dot{\gamma}=10^2\sim10^3\,\mathrm{s}^{-1}$	$\dot{\gamma}=10^3\sim10^4\,\mathrm{s}^{-1}$	$\dot{\gamma}=10^4\sim10^5\,\mathrm{s}^{-1}$
LDPE	112A	160	0.32	0.32	0.32
		180	0.35	0.35	0.35
		200	0.38	0.37	0.37
HIPS		200	0.26	0.26	0.26
		220	0.26	0.24	0.26
		240	0.27	0.27	0.27
POM	M60	180	0.56	0.36	0.16
		200	0.60	0.37	0.18
		220	0.61	0.38	0.20
ABS	IMT－100	220	0.34	0.27	0.18
		240	0.38	0.31	0.20
		260	0.41	0.33	0.23

续表

高分子	牌号	T/℃	n		
			$\dot{\gamma}=10^2\sim10^3\ s^{-1}$	$\dot{\gamma}=10^3\sim10^4\ s^{-1}$	$\dot{\gamma}=10^4\sim10^5\ s^{-1}$
PMMA	372	220	0. 2	0. 2	0. 19
		240	0. 25	0. 25	0. 24
		260	0. 3	0. 3	0. 3
HDPE	2000J	220	0. 52	0. 4	0. 25
		240	0. 53	0. 42	0. 3
		260	0. 54	0. 43	0. 31
PP	J340	220	0. 27	0. 26	0. 11
		240	0. 3	0. 26	0. 13
		260	0. 31	0. 26	0. 15
PBT	301 - G30	240	0. 59	0. 52	0. 41
		260	0. 60	0. 57	0. 45
		280	0. 63	0. 57	0. 47
PA1010		240	0. 61	0. 42	0. 24
		260	0. 72	0. 51	0. 28
		280	0. 77	0. 62	0. 36
PA6		240	0. 84	0. 5	0. 29
		260	0. 90	0. 59	0. 33
		280	0. 97	0. 64	0. 37
PA66		240	0. 8	0. 61	0. 35
		260	0. 90	0. 68	0. 42
		280	0. 93	0. 79	0. 54
PS	666D	200	0. 28	0. 28	0. 27
		220	0. 30	0. 30	0. 29
		240	0. 31	0. 31	0. 30
PSF	S - 100	340	0. 5	0. 35	0. 17
		360	0. 55	0. 38	0. 20
		380	0. 63	0. 43	0. 24
PC	6709	290	0. 81	0. 77	0. 74
		310	0. 84	0. 79	0. 75
		330	0. 80	0. 70	0. 6

对于牛顿流体，$n=1$，$K=\mu$，可见牛顿流体流动方程是 Ostwald - De Waele 指数方程的特殊形式。

对于假塑性流体，$n<1$。n 偏离 1 程度越大，表明材料的假塑性越强。n 与 1 之差，反映了材料非线性性质的强弱，一般橡胶材料的 n 值比塑料更小。同一种材料，在不同的剪切速率范围内，n 值并不是常数。通常剪切速率越大，材料的非牛顿性越显著，n 值越小。n

值可以作为材料非线性强弱的量度，因为所有影响材料非线性性质的因素也必对 n 值有影响。温度下降、剪切速率升高、分子量增大、填料量增多等，都会使材料非线性性质增强，从而使 n 值下降。软化剂、增塑剂的填入则使 n 值上升。

对于膨胀性流体，$n>1$。

假塑性流体和膨胀性流体的流动方程的指数函数还有另外一种形式：

$$\dot{\gamma}=k\tau^{m} \quad 或 \quad \eta_{\mathrm{a}}=\frac{\tau}{\dot{\gamma}_{\mathrm{a}}}=k^{-\frac{1}{m}}\frac{\dot{\gamma}^{\frac{1}{m}}}{\dot{\gamma}_{\mathrm{a}}}=k'^{\left(-\frac{1}{m}\right)}\dot{\gamma}_{\mathrm{a}}^{\frac{1-m}{m}} \tag{2-11}$$

式中，k 和 m 为常数。k 为流动度或流动常数，k 越小表明流体越黏稠，流动越困难。$k'=k\left(\frac{4}{3+m}\right)$。$m$ 与 n 的意义一样。k、m、K 和 n 的关系为

$$\left(\frac{1}{k}\right)^{n}=K \quad 或 \quad k^{n}=\frac{1}{K} \tag{2-12}$$

$$m=\frac{1}{n} \tag{2-13}$$

对于假塑性高分子流体，$m>1$，一般在 1.5～4；当剪切速率增高时，某些高分子的 m 值可达5。对于膨胀性流体，$m<1$。

（2）Carreau 方程。高分子流体在高剪切速率下表现出假塑性行为，而在低剪切速率下表现出牛顿性行为。为了既能反映高剪切速率下材料的假塑性行为，又反映低剪切速率下出现的牛顿性行为，Carreau 提出如下公式描写材料黏度的变化规律：

$$\eta_{\mathrm{a}}=\frac{a}{(1+b\dot{\gamma})^{c}} \tag{2-14}$$

式中，a、b、c 为三个待定参数，可通过实验曲线确定。

（3）Cross 方程。在宽剪切速率范围内，高分子流体的 $\lg\tau-\lg\dot{\gamma}$ 双对数曲线形状为如图 2－10 所示的反“S”形。为了全面描述反“S”形流动曲线所反映的材料流动性的转折，Cross 提出如下方程：

$$\eta_{\mathrm{a}}=\eta_{\infty}+\frac{\eta_{0}-\eta_{\infty}}{1+K\dot{\gamma}^{m}} \tag{2-15}$$

（4）Vinogradov－Malkin 普适黏度方程。Vinogradov 和 Malkin 测量聚乙烯、聚丙烯、聚苯乙烯、聚异丁烯、天然橡胶、丁苯橡胶、有机玻璃等一大批高分子熔体的流变性质时发现，在一定温度下这些高分子熔体的约化黏度函数 $\frac{\eta}{\eta_0}$ 与约化剪切速率 $\dot{\gamma}\cdot\eta_0$ 的实验值几乎都落在同一条曲线附近。处理这些实验值后得到一条光滑的回归曲线。曲线方程归纳为

$$\eta(\dot{\gamma})=\frac{\eta_{0}}{1+A_{1}(\eta_{0}\cdot\dot{\gamma})^{a}+A_{2}(\eta_{0}\cdot\dot{\gamma})^{2a}} \tag{2-16}$$

式中，A_1、A_2 为普适常数，其值取决于黏度和剪切速率单位，当黏度单位为 Pa·s，剪切速率单位为 s^{-1}时，$A_1=1.386\times10^{-2}$，$A_2=1.462\times10^{-3}$；a 为普适指数，$a=0.355$。

2）宾汉性流体的流变方程

宾汉性流体的流变方程为

$$(\tau-\tau_{y})=\eta_{\mathrm{p}}\dot{\gamma} \tag{2-17}$$

式中，η_p 称为宾汉黏度或塑性黏度。

2.2.3 热塑性和热固性高分子流体的流变行为的不同

在通常加工条件下，加热对热塑性高分子是一种物理作用，其目的是使高分子达到黏流态（或软化）便于成型，材料在加工过程中所获得的形状必须通过冷却来定型（硬化）。虽然，由于多次加热和力的作用会引起材料内在性质发生一定变化（如高分子降解或局部交联等），但并不改变材料整体可塑性的基本特性，特别是材料的黏度在加工条件下基本没有发生不可逆的改变。

但热固性高分子则不同，加热不仅可使材料熔融，具有使材料能在压力作用下产生流动和形变的物理作用，并且还具有能使含有活性基团的组分发生交联反应而硬化的化学作用。一旦热固性材料硬化后，黏度变得无限大，并失去了再次软化、流动和热变形的能力，所以，热塑性高分子和热固性高分子的流动行为显著不同，如图 2－11 所示。

由图 2－11 可看出，热固性高分子熔体的剪切黏度 η 不仅是剪切速率 $\dot{\gamma}$ 的函数，而且还是温度 T 和硬化程度 a 的函数：

$$\eta = f(\dot{\gamma},\ T,\ a) \tag{2-18}$$

式（2－18）仅是定性表达式。热固性高分子加工过程中化学反应非常复杂，由反应引起的物理和化学变化也复杂，故很难用定量关系描述热固性高分子熔体的流变行为。

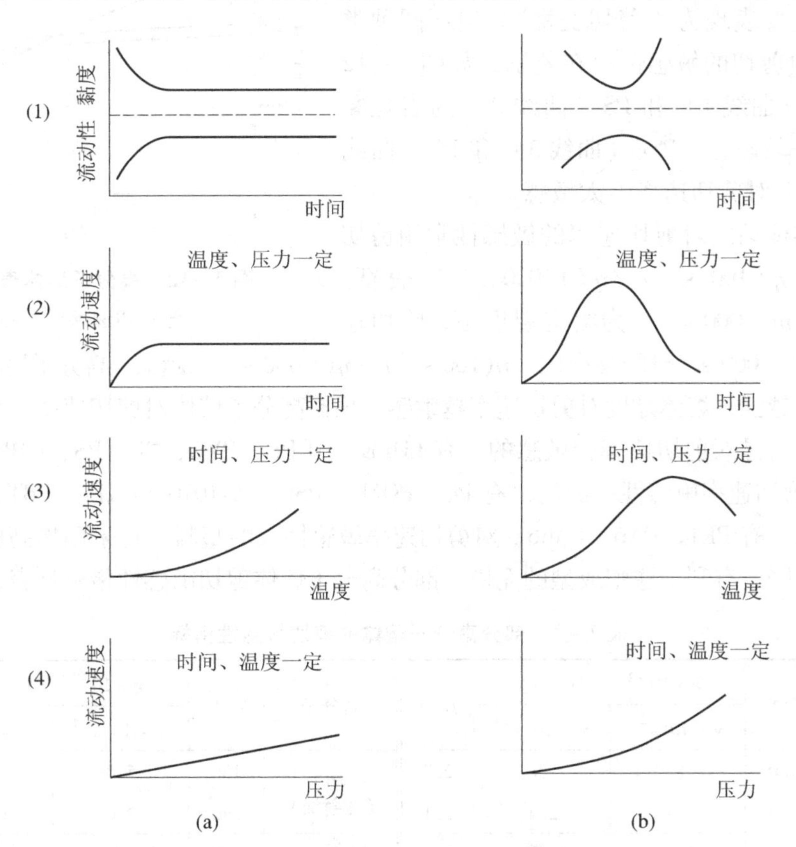

图 2－11 热塑性高分子流体和热固性高分子流体的流动行为对比

（a）热塑性；（b）热固性

2.3 影响高分子流体剪切黏度的主要因素

剪切黏度是高分子材料流变性质中最重要的材料函数，也是人们在表征高分子材料流变性时首先进行测量并讨论得最多的参数。高分子流体在给定剪切速率下的黏度主要由两个方面决定：一是高分子流体内部的自由体积，二是大分子长链间的缠结。自由体积大，分子间距大，分子间作用力就小，大分子链段活动容易，高分子流体黏度就小。分子间缠结程度大，大分子形成网络密度大，分子间作用力增大，大分子链段活动不容易，高分子流体黏度就大。凡能引起自由体积增加的因素都能使高分子流体黏度降低，凡能减少大分子间缠结作用的因素都能使高分子流体黏度降低。

大量的实验数据表明，影响高分子流体剪切黏度的因素可归纳为：实验条件和生产工艺条件（温度 T、压力 p、剪切速率 $\dot{\gamma}$ 或剪切应力 τ 等），物料的结构及成分（配方成分），大分子的结构参数（平均分子量、分子量分布、长链支化度等）。

2.3.1 剪切的影响

在通常加工条件下，大多数高分子熔体都表现为假塑性流动，剪切速率或剪切应力对高分子熔体黏度的影响主要表现为“剪切变稀”。但不同种类高分子熔体对剪切的敏感性存在差别，如图 2－12 所示：LDPE（曲线 1）和 PS（曲线 2）的表观黏度对剪切速率较敏感，PSF（曲线 3）和 PC（曲线 4）的表观黏度对剪切速率不太敏感。

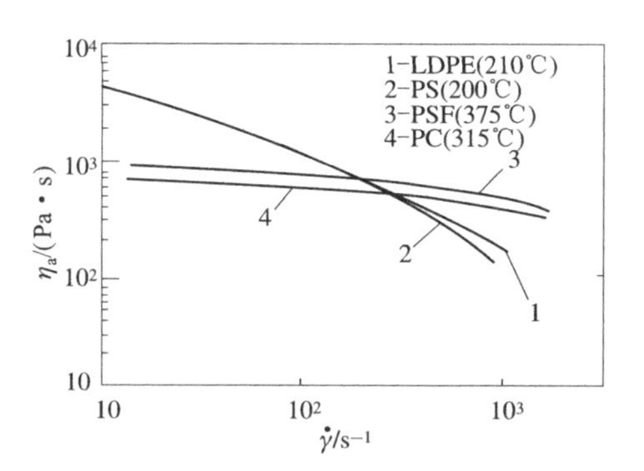

图 2－12 高分子熔体表观黏度与剪切速率的关系

高分子熔体黏度对剪切速率的敏感性常用剪切敏感性指标 $\eta(100\ s^{-1})/\eta(1\ 000\ s^{-1})$ 表征。$\eta(100\ s^{-1})/\eta(1\ 000\ s^{-1})$ 为给定温度下，剪切速率为 100 s^{-1} 和 1 000 s^{-1} 时的黏度比。$\eta(100\ s^{-1})/\eta(1\ 000\ s^{-1})$ 越大，高分子熔体黏度对剪切速率的依赖性越强，熔体黏度对剪切速率越敏感。根据高分子熔体对剪切速率的敏感性将高分子分为三种：一是对剪切速率较敏感的，有 LDPE、HDPE、PVC、PP、PS、HIPS、ABS、PMMA；二是对剪切速率敏感性一般的，有 PC、POM 、PSF、PA1010、PA11、PBT；三是对剪切速率不敏感的，有 PET、PA6、PA66。对剪切速率敏感性大的塑料，可采用提高剪切速率的方法使其黏度下降，有利于注塑成型的充模。部分高分子熔体剪切敏感性指标见表 2－3。

表 2－3 部分高分子熔体的剪切敏感性指标

高分子	T/℃	$\eta\times10^{-2}$/（Pa · s）		η_1/η_2	高分子	T/℃	$\eta\times10^{-2}$/（Pa · s）		η_1/η_2
		$\dot{\gamma}=10^2s^{-1}$	$\dot{\gamma}=10^3s^{-1}$				$\dot{\gamma}=10^2s^{-1}$	$\dot{\gamma}=10^3s^{-1}$	
共聚甲醛（注射级）	180	8	3	2.7	LDPE（注射级）	150	5.8	2.0	2.9
	220	5.1	2.4	2.1		190	2.0	0.75	2.7
PA6（注射级）	240	2.9	1.75	1.6	PP（挤出级）	190	21	3.8	5.5
	280	1.1	0.8	1.4		230	14	3.0	4.7

续表

高分子	T/℃	$\eta\times10^{-2}$/ (Pa · s)		η_1/η_2	高分子	T/℃	$\eta\times10^{-2}$/ (Pa · s)		η_1/η_2
		$\dot{\gamma}=10^2 s^{-1}$	$\dot{\gamma}=10^3 s^{-1}$				$\dot{\gamma}=10^2 s^{-1}$	$\dot{\gamma}=10^3 s^{-1}$	
PA66（注射级）	270	2.6	1.7	1.5	PP（注射级）	190	8	1.8	4.4
	310	0.55	0.47	1.2		230	4.3	1.2	3.6
PA610（注射级）	240	3.1	1.6	1.9	HIPS	200	9	1.8	5.0
	280	1.3	0.8	1.6		240	4.3	1.1	3.9
PA11（注射级）	210	5.0	2.4	2.1	PC	230	80	21	3.8
	250	1.8	1.0	1.8		270	17	6.2	2.7
HDPE（挤出级）	150	38	5.0	7.6	软质 PVC	150	62	9.0	6.9
	190	27	4.0	6.8		190	31	6.2	5.0
HDPE（注射级）	150	11	3.1	3.5	硬质 PVC	150	170	20	8.5
	190	8.2	2.4	3.4		190	60	10	6.0
LDPE（挤出级）	150	34	6.6	5.1	聚苯醚	315	25.5	7.8	3.3
	190	21	5.1	4.1		344	9.4	3.0	3.1

加工时，如果高分子熔体的黏度在很宽的剪切速率范围内都是可用的，那么剪切速率应最好选择在黏度对 $\dot{\gamma}$ 较不敏感的范围内。因为此时 $\dot{\gamma}$ 的波动不会引起黏度的显著改变，不会造成制品表观质量和内在质量的显著差别。例如，在图 2－13 中，当剪切速率为 100～400 s^{-1}时，剪切速率很小的波动都会使高分子的黏度大幅变化，产品质量的均一性难以保证，若选择在 400～600 s^{-1}以上范围进行加工则较适当。

2.3.2　温度的影响

温度升高，高分子链段和分子链的无规则热运动加剧，分子间间距增大，材料内部自由体积增大，因而链段更易于活动，熔体黏度下降，如图 2－14 所示。通常温度升高 10℃，熔体黏度降低 1/3～1/2。从图 2－14 可看出，不同种类的高分子对温度的敏感性存在差别。对温度敏感的高分子，可通过调整温度来改变成型工艺参数，以获得较佳的工艺条件和高质量的制品。但在利用熔体黏度对温度敏感性获得较佳的工艺条件时必须考虑：当成型温度波动时，将引起黏度显著变化，造成操作不稳定，影响制品质量；温度过高会引起高分子降解，而且增加能耗。

很多研究结果证明：在黏流温度以上，热塑性高分子熔体黏度随温度升高而呈指数关系降低。在 $T_g+100°C$ 以上温度，热塑性高分子熔体黏度与温度的关系可用 Andrade 方程（即 Arrhenius 方程）描述：

$$\ln\eta=\ln A+\frac{E_\eta}{RT} \tag{2-19a}$$

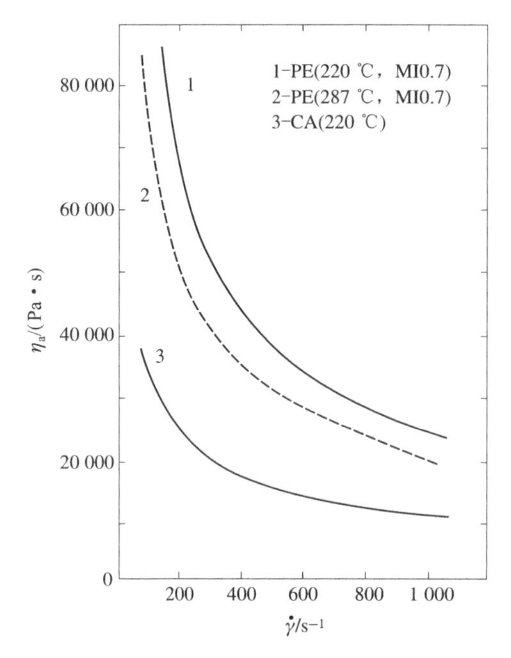

图 2－13　高分子熔体表观黏度对剪切速率的敏感性

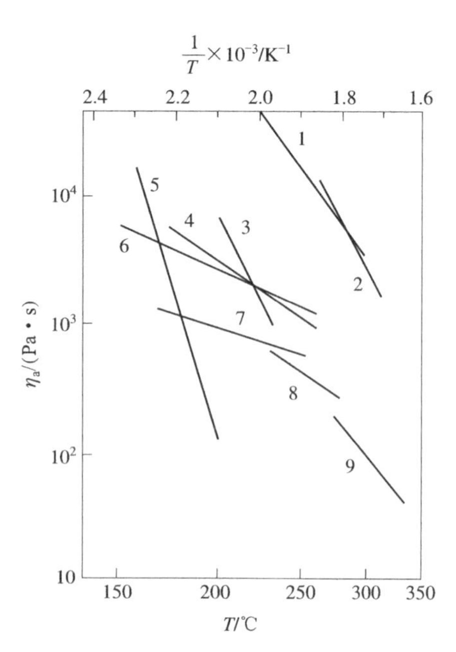

图 2－14　高分子熔体表观黏度与温度的关系

1—PS；2—PC；3—PMMA；4—PP；5—CA；6—HDPE；7—POM；8—PA；9—PET

或

$$\begin{cases}\ln\eta_{\dot{\gamma}} = \ln A + \dfrac{E_{\dot{\gamma}}}{RT}\ (\dot{\gamma}\ 恒定) \\ \ln\eta_{\tau} = \ln A + \dfrac{E_{\tau}}{RT}\ (\tau\ 恒定)\end{cases} \tag{2－19b}$$

式中，A 为相当于温度 $T\to\infty$ 时的黏度常数；R 为气体常数（8.314 J/mol · K）；E_η 为高分子的黏流活化能；$E_{\dot{\gamma}}$ 和 E_τ 分别为 $\dot{\gamma}$ 和 τ 恒定时的黏流活化能，部分高分子熔体的黏流活化能见表 2－4。

表 2－4　部分高分子熔体的黏流活化能

高分子	$\dot{\gamma}/s^{-1}$	E_γ/（kJ · mol⁻¹）	高分子	$\dot{\gamma}/s^{-1}$	E_γ/（kJ · mol⁻¹）
POM（190 ℃）	$10^1\sim10^2$	26.4～28.5	PMMA（190 ℃）	$10^1\sim10^2$	159～167
PE（190℃，MI2.1）	$10^2\sim10^3$	28.9～34.3	PC（250 ℃）	$10^1\sim10^2$	167～188
PP（250 ℃）	$10^1\sim10^2$	48.1～60.1	NBR	10^1	22.6
PS（190 ℃）	$10^1\sim10^2$	92.1～96.3	NR	10^1	1.1

在给定 $\dot{\gamma}$ 或 τ 条件下，由于 A、R、E_η 均为常数，故黏度 η 仅与温度 T 有关。在不大的温度范围内，以 $\ln\eta$ 对 $\dfrac{1}{T}$ 作图可得到一条直线，直线的斜率为 $\dfrac{E_\eta}{R}$。

E_η 的大小反映出高分子熔体黏度对温度的依赖性，E_η 越大，熔体黏度对温度越敏感。例如 HDPE 的 E_η 约为 29 kJ/mol，PS 的 E_η 约为 94 kJ/mol，当两种高分子都同时升高到 210 ℃时，PS 的流度提高了 66%，而 HDPE 的流度只提高了 17%。据此，对那些 E_η 较大的高分子，只要不超过分解温度，提高加工温度会大大增大流动性。从图 2－14 和表 2－4 可以看出：PS、PC、PMMA、PET、CA 比 PP、PA、PE、POM、NR 等对温度更为敏感，CA 对温度非常敏感，NR 对温度不敏感。

高分子熔体黏度对温度的依赖性可以用温度敏感性指标 $\eta(T_1)/\eta(T_2)$ 表征。$\eta(T_1)/\eta(T_2)$ 为给定剪切速率下相差 40 ℃ 的两个温度 T_1 和 T_2 的黏度比。$\eta(T_1)/\eta(T_2)$ 越大，高分子熔体黏度对温度的依赖性越强，熔体黏度对温度越敏感。部分高分子熔体黏度对温度的敏感性指标见表 2－5。

表 2－5 部分高分子熔体黏度对温度的敏感性指标（剪切速率：$10^3\times s^{-1}$）

高分子	温度 T_1/℃	黏度 η_1/（Pa · s）	温度 T_2/℃	黏度 η_2/（Pa · s）	η_1/η_2
LDPE	150	4	190	2.3	1.7
HDPE	150	3.1	190	2.4	1.3
软质 PVC	150	9	190	6.2	1.45
硬质 PVC	150	20	190	10	2.0
PP	190	1.8	230	1.2	1.5
PS	200	1.8	240	1.1	1.6
POM 共聚物	180	3.3	220	2.4	1.35
PC	230	21	270	6.2	3.4
PMMA	200	11	240	2.7	4.1
PA6	240	1.75	280	0.8	2.2
PA66	270	1.7	310	0.49	3.5

在 $T_g \sim T_g+100°C$ 温度区间，非晶态高分子黏度－温度关系用 WLF 方程描述：

$$\lg\eta_T=\lg\eta_g-\frac{17.44(T-T_g)}{51.6+(T-T_g)} \quad 或 \quad \lg\eta_T=\lg\eta_s-\frac{8.86(T-T_s)}{101.6+(T-T_s)} \tag{2-20}$$

式中，η_g、η_s 分别为 T_g、T_s 时的黏度。通常，T_s 比 T_g 高出 40 ℃～50 ℃。

2.3.3 压力的影响

高分子成型时的压力一般为 10～300 MPa，压力对高分子熔体流动性的主要影响是：压力增高，材料流动性下降，黏度上升，如图 2－15 所示。这归结为：在高压下，高分子材料内部的自由体积减小，分子链活动性降低，分子间作用力增加，以致熔体的黏度随之增大。

增压增黏这一事实说明，单纯通过增大压力来提高高分子熔体的流量是不恰当的。此外，过大的压力还会造成功率的过大消耗和设备的更大磨损。

高分子材料在正常的加工温度范围内，增压对黏度的影响和降温对黏度的影响有相似性。加工过程中通过改变压力或温度，都能获得同样的黏度变化，这种关系称为温度－压力等效性。多数高分子，压力增加 100 MPa 时，熔体黏度的变化相当于温度降低 30℃～50℃ 的效果。熔体黏度恒定时温度与压力的等效关系如图 2－16 所示。一般在维持黏度恒定的情况下，高分子熔体的温度与压力等效值 $\left(\frac{\Delta T}{\Delta p}\right)_\eta$ 为（0.3～0.9）℃/MPa，并且这一数值与分子量无关。部分高分子熔体的温度与压力等效值 $\left(\frac{\Delta T}{\Delta p}\right)_\eta$ 见表 2－6。

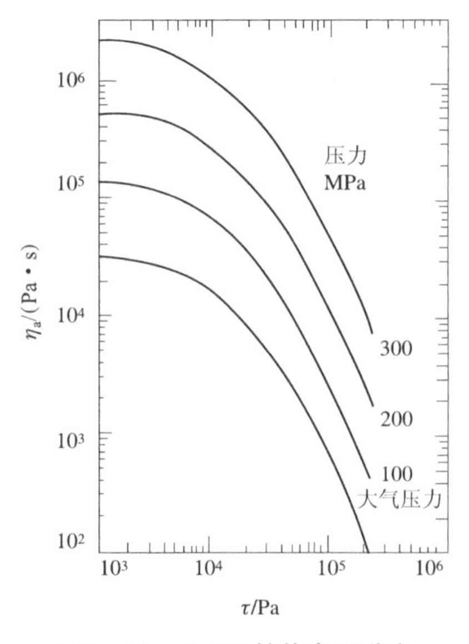

图 2-15 LDPE 熔体表观黏度对压力的依赖性

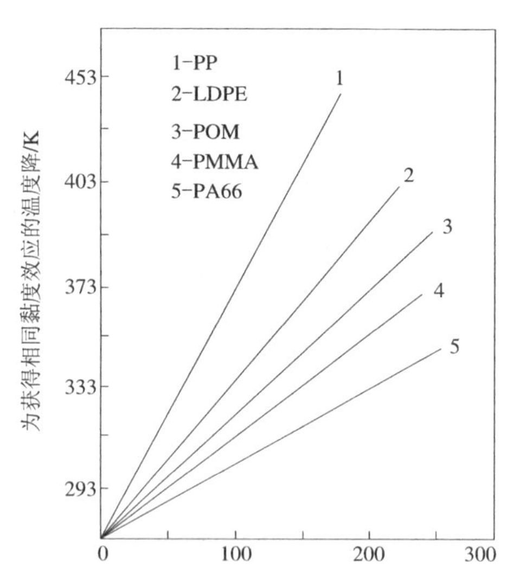

图 2-16 熔体黏度恒定时温度与压力的等效关系

表 2-6 部分高分子熔体的温度与压力等效值

高分子	$(\Delta T/\Delta p)_\eta$ (℃·MPa^{-1})	高分子	$(\Delta T/\Delta p)_\eta$ (℃·MPa^{-1})	高分子	$(\Delta T/\Delta p)_\eta$ (℃·MPa^{-1})
PVC	0.31	PS	0.40	LDPE	0.53
PA66	0.32	HDPE	0.42	硅烷聚合物	0.67
PMMA	0.33	共聚甲醛	0.51	PP	0.86

由于温度和压力具有等效性，压力对高分子熔体黏度的影响也可以用 WLF 方程来定量描述，但方程中的 T_g 用 $T_g(p)$ 替换。增压相当于降温，但从另一角度考虑，增压相当于抬高了玻璃化温度。研究表明，当压力小于 100 MPa 时，高分子玻璃化温度 T_g 随压力升高呈线性增高：

$$T_g(p)=T_g(p=0.1\ \text{MPa})+\xi\cdot p \qquad (2-21)$$

对大多数高分子材料，压力增大 100 MPa，T_g 升高 15℃~30℃。$T_g(p)$ 的变化规律可以查图，也可以用下面的公式近似计算：

$$T_g(p)=T_g(p=0.1\ \text{MPa})+(15\sim30)\times10^{-2}\cdot p \qquad (2-22)$$

式中，p 的单位为 MPa。

2.3.4 高分子结构因素和组成的影响

1. 链刚柔性的影响

链的柔性越大，缠结点就越多，链的解缠和滑移就越困难，高分子流动时非牛顿性就越强，对剪切速率就越敏感，提高剪切速率有利于增大流动性，如 PE、PVC、PP。

链的刚性越大，分子间吸引力就越大，熔体黏度对温度的敏感性越大，提高加工温度有利于增大流动性，如 PC、PS、PET。

2. 平均分子量的影响

高分子分子量增大，不同链段偶然位移相互抵消的机会增多，因而分子链重心移动减慢，要完成流动过程就需要更长的时间和更多的能量。所以高分子的黏度随分子量增加而增大。线性柔性链高分子浓溶液或熔体的零剪切黏度 η_0 与平均分子量之间的关系符合 Fox - Flory 公式：

$$\eta_0 = K\bar{M}_W^{\alpha} \tag{2-23}$$

或

$$\lg\eta_0 = \lg K + \alpha\lg\bar{M}_W \tag{2-24}$$

式中，K 为取决于高分子性质和温度的实验常数；α 为与分子量有关的指数。当 $\bar{M}_W > M_c$（临界分子量，5 000 ~ 15 000）时，$\alpha = 3.4 \sim 3.5$；当 $\bar{M}_W < M_c$ 时，$\alpha = 1 \sim 1.8$。因此，当 $\bar{M}_W > M_c$ 时，η_0 随重均分子量的 3.4 ~ 3.5 次方关系增加，分子量越高非牛顿流动行为越强烈；当 $\bar{M}_W < M_c$ 时，η_0 随重均分子量的 1 ~ 1.8 次方关系增加，说明低分子量时缠结对流动的影响不显著，高分子熔体表现为牛顿性流动。

将 Fox - Flory 公式代入 WLF 方程，可得到高分子熔体的黏度与分子量的关系式：

$$\lg\eta = \alpha\lg\bar{M}_W - \frac{17.44(T - T_g)}{51.6 + (T - T_g)} + C \tag{2-25}$$

常数 C 因高分子不同而不同。

高分子熔体黏度对分子量的依赖性与剪切速率有关，如图 2 - 17 所示。从图 2 - 17 中可看出：当 $\bar{M}_W < M_c$ 时，高分子熔体黏度几乎不随剪切速率（或剪切应力）变化；当 $\bar{M}_W > M_c$ 时，高分子熔体黏度随剪切速率（或剪切应力）增加显著降低，且分子量越高黏度降低越甚。研究表明：出现非牛顿流动的临界剪切速率 $\dot{\gamma}_c$ 随分子量的增大而降低，如图 2 - 18 所示。究其原因可以认为：分子量大，其变形松弛时间长，流动中发生取向的分子链不易恢复原形，较早地出现流动阻力减少的现象；又因为分子量大，高分子内部缠结点较多，容易在较小的剪切速率下发生解缠结和再缠结的动态过程。

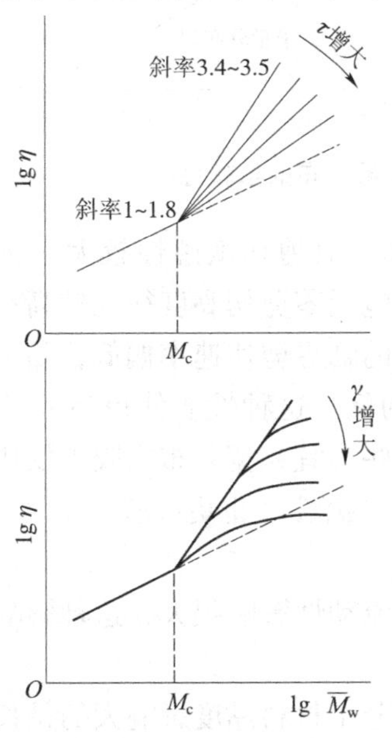

图 2 - 17　剪切作用下高分子分子量对熔体黏度的影响

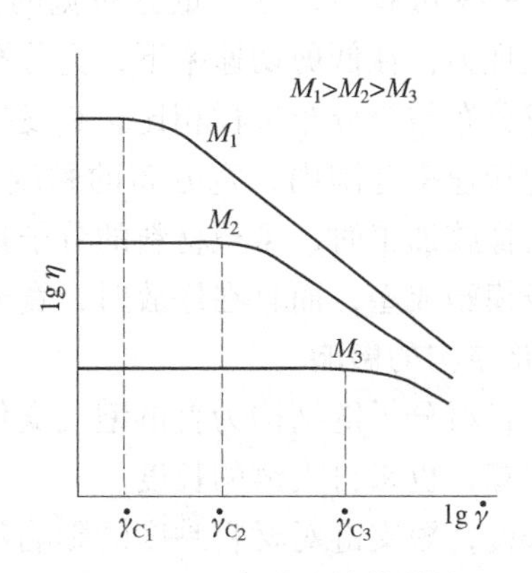

图 2 - 18　高分子熔体黏度对分子量的依赖性

平均分子量高，制品的物理机械性能就高，但流动黏度过高，加工困难。为降低黏度，需提高温度，但受高分子热稳定性的限制。因此，常加入低分子物质（溶剂或增塑剂）和降低高分子分子量的方法来减小高分子的黏度，以改善其加工性能。

从纯粹加工的角度来看，降低分子量肯定有利于改善材料的加工流动性，橡胶行业采用大功率炼胶机破碎、塑炼胶料即为一例。但分子量降低后必然影响材料的强度和弹性，因此需综合考虑。不同的材料，因用途不同，加工方法各异，对分子量的要求不同。总体来看，橡胶材料的分子量要高一些（为$10^5\sim10^6$），纤维材料的分子量要低一些（约10^4），塑料居其中。而塑料中，用于注射成型的树脂分子量应小些，用于挤出成型的树脂分子量可大些，用于吹塑成型的树脂分子量可适中。

3. 分子量分布的影响

在平均分子量 $\bar{M}$ 相等情况下，分子量分布$\dfrac{\bar{M}_W}{\bar{M}_n}$对熔体黏度的主要影响规律是：熔体的黏度随分子量分布增宽而迅速下降，其流动行为表现出更多的非牛顿性，如图 2－19 所示。随分子量分布增宽，熔体黏度对温度变化敏感性降低；随分子量分布增宽，物料的黏流温度 T_f 下降。这是因为随分子量分布增宽，低分子量级分的增塑作用增强，分子链发生相对位移容易，故使物料的黏度降低，开始发生流动的温度跌落。所以，宽分子量分布的高分子熔体的流动性及加工行为均有改善。但分子量分布过宽时，低分子量的级分会降低材料的力学性能。

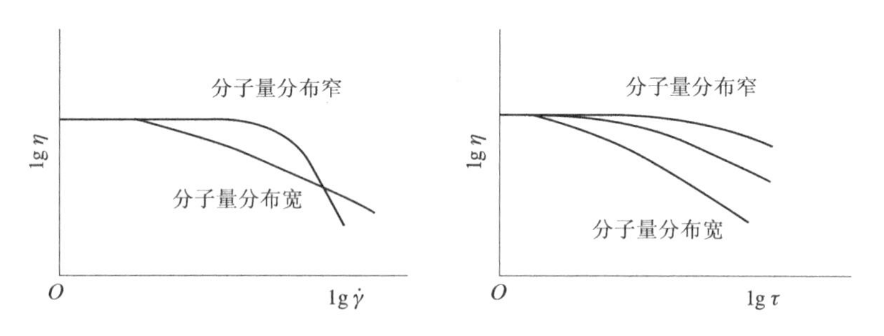

图 2－19　高分子熔体黏度对分子量分布的依赖性

从图 2－19 可看出，分子量分布宽的高分子熔体，对剪切敏感性较大，非牛顿行为显著，主要表现为：在低剪切速率下，宽分布的黏度，包括零剪切黏度往往较高；但随剪切速率增大，宽分布与窄分布试样相比，其发生剪切变稀的临界剪切速率偏低，黏－切敏感性较大；到高剪切速率范围内，宽分布的黏度比窄分布的低。这种性质使得高分子材料在加工时，特别是橡胶加工时，希望材料的分子量分布稍宽些为宜，宽分布橡胶不仅比窄分布橡胶更易挤出或模塑成型，而且在停放时，宽分布橡胶的“挺性”也更好些。

4. 支化结构的影响

高分子材料分子链结构为直链型或支化型，对其流动性影响很大，这种影响既来自支链的形态和多寡，也来自支链的长度。

一般来说，短支链对材料黏度的影响甚微。对高分子材料黏度影响大的是长支链的形态和长度。若支链虽长，但其长度还不足以使支链本身发生缠结，这时分子链的结构往往因支化而显得紧凑，使分子间距增大，分子间相互作用减弱，与分子量相当的线型高分子相比，支化高分子的黏度要低些。若支链相当长，支链分子量 M_b 达到或超过临界缠结分子量的三倍（$M_b \geqslant 3M_c$），支链本身发生缠结，这时支化高分子的流变性质变得复杂：在高剪切速率下，与分子量相当的线性高分子相比，支化高分子黏度较低，非牛顿性较强；在低剪切速率下，与分子量相当的线性高分子相比，支化高分子的零剪切黏度或者要低些，或者要高些。

5. 添加剂的影响

大多数高分子材料加工时均需使用添加剂。在众多添加剂中，除去交联剂、硫化剂、固化剂等对材料流动性有质的影响以外，对流动性影响较显著的有两大类：填充补强材料、软化增塑材料。

常用的填充补强材料有：碳酸钙、赤泥、陶土、高岭土等无机材料，或炭黑、短纤维等增强（补强）材料。填充补强材料加入到高分子材料后都使体系黏度上升，弹性下降，硬度和模量增大，流动性变差。

常用的软化增塑剂有：各种矿物油、一些低聚物等。软化增塑剂的作用则是减弱物料内大分子链间的相互牵制，使体系黏度下降，非牛顿性减弱，流动性得以改善。

1）炭黑的影响

炭黑是橡胶工业中大量使用的增强（补强）材料。橡胶制品添加炭黑后，拉伸强度能够提高几倍到几十倍。大量炭黑的添加也对橡胶材料的流动性产生显著影响，主要影响有：增黏效应，使体系黏度升高；使体系非牛顿流动性减弱，流动指数 n 值升高。单纯从炭黑的角度看，影响体系流动性的因素有炭黑的用量、粒径、结构性及表面性质，其中尤以用量和粒径为甚。炭黑粒子为活性填料，其表面可同时吸附几条大分子链，形成类缠结点，这些缠结点阻碍大分子链运动和滑移，使体系黏度上升。所以，在一定范围内，炭黑用量越多，粒径越细，结构性越高，类缠结点密度越大，黏度也越大。

White 等人曾对炭黑增强橡胶体系的增黏效应进行了研究，提出如下方程：

$$\frac{\eta-\eta^0}{\eta^0}=A(\dot{\gamma}^2)\left(\frac{\varphi\cdot K}{d_p}\right)+B(\dot{\gamma}^2)\left(\frac{\varphi\cdot K}{d_p}\right)^2 \tag{2-26}$$

式中，η 为炭黑混炼胶黏度；η^0 为生胶或塑炼胶黏度；φ 为添加炭黑的体积分数；d_p 为炭黑粒径；K 为炭黑吸油值；$A(\dot{\gamma}^2)$ 和 $B(\dot{\gamma}^2)$ 为待定多项式，一般写成两项之和：

$$\begin{aligned}A(\dot{\gamma}^2)&=a_1-a_2(\dot{\gamma}^2)^{\frac{1}{2}}\\B(\dot{\gamma}^2)&=b_1-b_2(\dot{\gamma}^2)^{\frac{1}{2}}\end{aligned} \tag{2-27}$$

White 等人曾对 56 组丁苯橡胶实验数据进行拟和，得到 $A(\dot{\gamma}^2)$ 和 $B(\dot{\gamma}^2)$ 的结果为

$$\begin{aligned}A(\dot{\gamma}^2)&=3.4-0.015\,(\dot{\gamma}^2)^{\frac{1}{2}}\\B(\dot{\gamma}^2)&=6-0.024\,(\dot{\gamma}^2)^{\frac{1}{2}}\end{aligned} \tag{2-28}$$

代入式（2-27）便得到描述炭黑对混炼丁苯橡胶黏度影响的计算公式。

2）无机惰性填料的影响

无机惰性填料填充到高分子材料中主要起增体积以降低成本的作用。它的加入使体系黏度增大，流动性下降，并且体系存在屈服现象。

高分子填充体系存在的屈服现象表明：在填充体系中，填料粒子与高分子形成某种结构，具有一定强度。只有当外力达到足够破坏该结构时，材料才能流动。这种结构可能源于

形状不规则填料颗粒间很强的胶作用，也可能由于某种“胶”性物质把填料颗粒黏成聚集体，形成某种胶合键，只有当胶合键破坏，材料才能流动，还可能源于填料颗粒界面间的微量水分形成的“水合力”。

图 2－20 所示为 ZnO 加入量对聚合度为 560 的聚乙烯醇缩丁醛流动性的影响情况。从图 2－20 可以看出：ZnO 加入量为 20% ~25% 时，流度 $\phi\left(=\frac{1}{\eta}\right)$ 最低，体系黏度最大，屈服应力 τ_y 也最大；但 ZnO 加入量超过 30% 后，流度 ϕ 随 ZnO 加入量增加而迅速增大，体系黏度急剧减小，甚至低于纯高分子体系，屈服应力 τ_y 随 ZnO 加入量增加而迅速降低。这说明，体系内形成的某种结构先随 ZnO 加入量增加而增多增强，到 20% ~25% 时达到极限，随后加入的 ZnO 不参与结构的形成，而起软化增塑作用。

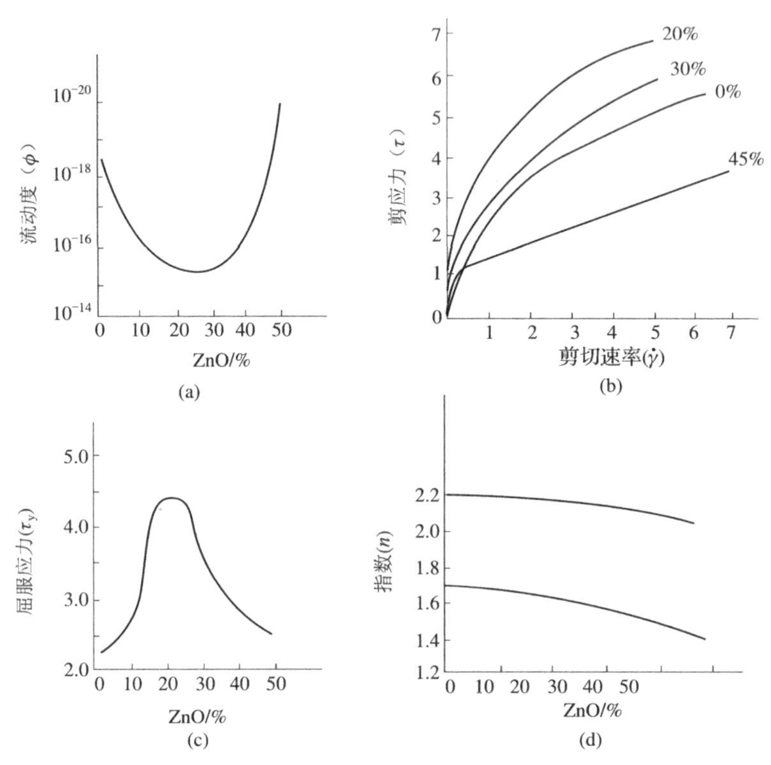

图 2－20　ZnO 填料对聚乙烯醇缩丁醛流动性的影响情况

（a）流动度；（b）剪应力；（c）屈服应力；（d）指数

3）软化增塑剂的影响

软化增塑剂主要用于黏度大、熔点高、难加工的高填充高分子体系，以期降低熔体黏度和熔点，改善流动性。一般认为，软化增塑剂加入后，可增大分子链之间的间距，屏蔽大分子中极性基团，减少分子链间相互作用力。另外，低分子量的软化增塑剂掺在大分子链间，使发生缠结的临界分子量提高、缠结点密度下降，体系的非牛顿性减弱。

关于软化增塑剂对体系黏度的影响，Kraus 提出如下公式：

$$\eta=\eta^0\phi_V{}^{3.4} \tag{2-29}$$

式中，η^0 为未加软化增塑剂的体系黏度；η 为加入软化增塑剂的体系黏度；ϕ_V 为体系中高分子材料所占的体积分数。也有人建议用式（2－30）描述软化增塑剂体系的黏度：

$$\eta = \eta^0 e^{K\varphi} \tag{2-30}$$

式中，K 为软化增塑效果系数；φ 为软化增塑剂的体积分数。

由式（2-29）和式（2-30）可见，在一定范围内，软化增塑剂用量越大，增塑效果越强，体系黏度越小。

4）润滑剂的影响

高分子体系中添加少量润滑剂的主要作用是：减小高分子与加工设备的金属表面之间的摩擦；减小高分子在加工设备和模具表面的黏附。所以，润滑剂的加入能够降低熔体的黏度，可以改善加工流动性。

6. 溶剂的影响

溶剂能削弱高分子分子间的作用力，使分子间距增大，缠结减少，体系黏度降低，流动性增大。

图2-21所示为聚异丁烯溶液浓度对黏度的影响情况。从图2-21可看出，出现非牛顿流动的临界剪切速率随体系中溶剂含量增加而增大。

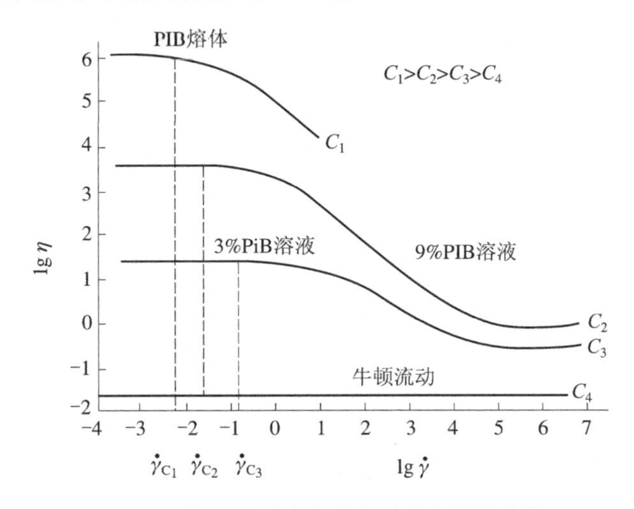

图2-21　聚异丁烯溶液浓度对黏度的影响情况

Einstein 指出，在高分子浓度不很高时，高分子溶液黏度 η 与高分子体积分数 ϕ_V 之间的关系为

$$\frac{\eta}{\eta_s} = 1 + 2.5\phi_V \tag{2-31}$$

式中，η_s 为溶剂黏度。

Cuth 和 Simaha 提出，高浓度高分子溶液黏度 η 与高分子体积分数 ϕ_V 之间的关系为

$$\frac{\eta}{\eta_s} = 1 + 2.5\phi_V + 1.41\phi_V^2 \tag{2-32}$$

实验证明，此式可推至增塑溶胶和悬浮液。

习题及思考题

1. 流变性的含义，为什么对高分子流体的研究要研究其流变性？

2. 高分子流体在成型加工过程中有哪些流动类型?

3. 高分子流体层流时，速度梯度与剪切速率为何等同?

4. 什么是牛顿流体和非牛顿流体，试用流变方程和流动曲线说明不同类型的非牛顿流体。

5. 假塑性高分子流体出现第一流动区现象的原因是什么?

6. 什么是剪切变稀和剪切增稠现象，二者产生的原因是什么?

7. 结合图简述在宽广剪切速率范围内高分子熔体的流动特性的变化。

8. 热塑性和热固性高分子流体的流变行为有何不同?

9. 温度、压力、剪切速率或剪切应力、高分子结构和组成对高分子流体剪切黏度有何影响?

第3章 高分子流体在管和狭缝中的流动

在高分子材料成型加工过程中，高分子流体要经过各种几何形状的通道。如注射成型时，高分子熔体在柱塞（或螺杆）的推挤下前进，通过喷嘴经浇道、浇口注入模具型腔中；又如挤出成型时，高分子熔体被转动的螺杆和料筒的共同作用下，沿着螺旋槽前进，经口模挤出。高分子流体在通道内流动过程中，由于流体黏性阻力和通道摩擦阻力的作用，高分子流体沿通道出现压力降和流速的变化。同时，通道的截面形状和尺寸的改变也会引起流体中压力、流量、流速及其分布的变化，剪切应力和剪切速率的大小及其分布也会发生变化。流体在通道中的这些变化对设备所需的功率、设备的生产能力、高分子的成型性能和制品的质量都产生影响。所以，了解高分子流体在通道中的变化，有助于加工工艺的选择、制品产量与质量的控制以及模具的设计等。

虽然，高分子成型过程中所采用的通道形式很多，但常见的是圆管形和狭缝形两种。高分子流体在这两种通道中的流动计算已经成熟，其他复杂通道中的计算是以这两种通道的计算为基础再加以修正。

高分子流体的黏度很高，服从非牛顿流体的幂指数规律，并通常情况下为稳态层流。为了简化分析和计算过程，对服从指数定律并在通常情况下为稳态层流流动的高分子流体，假设它的流动符合以下三个条件：

（1）流体为不可压缩，流动是等温过程；

（2）流体在通道壁面不产生滑动，即壁面速度为零；

（3）流体的黏度不随时间变化，并在流动的全过程中其他性质也不发生变化。

实践证明，这几个假设在工程上是可行的，按其分析和计算所引起的偏差较小。

3.1 高分子流体在圆管内的压力流动

3.1.1 牛顿性高分子流体在圆管中的压力流动

圆形管道是很多成型加工设备和检测设备中最常用的流道形式，如注射成型系统的喷嘴、浇道和浇口，挤出机的机头通道以及纤维纺丝的喷丝板孔道等大多为圆形通道。又如，毛细管流变仪、熔融指数仪、乌氏黏度计中的流体通道也是圆形通道。

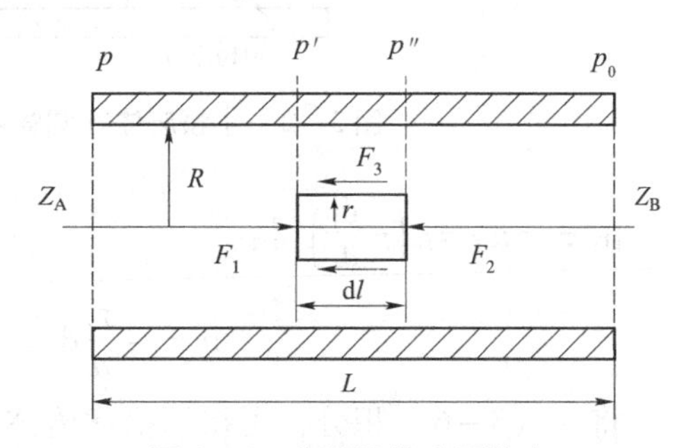

图3-1 牛顿流体在圆管中稳定流动的受力分析

如图3-1所示，半径为R、长度为L的水平放置圆管，牛顿性高分子流体在外力作用下在该圆管中由左向右稳定流动，流体左端受到的压力为p，

右端受到的压力为 p_0，显然 $p_0 < p$。在管中任取距管中心半径为 r、长度为 dl 的液柱单元。液柱单元受到三个力的作用，分别用 F_1、F_2、F_3 表示。F_1 是推动液柱单元由左向右移动的力，由作用在液柱单元左端的压力 p'提供；F_2 是液柱右端的液体对液体柱单元的阻力，由作用在液柱单元右端的压力 p''提供；F_3 是液柱外侧表面上的阻力，由剪切作用产生，定义剪切应力为 τ_r。

稳定流动时，作用在液柱单元上的合力为零，即

$$\sum F = F_1 + F_2 + F_3 = 0 \tag{3-1}$$

而，$F_1 = \pi r^2 p'$，$F_2 = -\pi r^2 p''$，$F_3 = -2\pi r\tau_r dl$，令 $dp = p' - p''$，代入整理得：

$$\tau_r = \frac{r}{2} \cdot \frac{dp}{dl} \tag{3-2}$$

式中，$\frac{dp}{dl}$称为压力梯度，表示沿 dl 长度液柱上压力的变化。在管子全长范围，对式（3－2）进行积分得：

$$\tau_r = \frac{r}{2} \cdot \frac{p - p_0}{L} = \frac{r}{2} \cdot \frac{\Delta p}{L} \tag{3-3}$$

式中，$\frac{p - p_0}{L} = \frac{\Delta p}{L}$为管子全长上的压力梯度。

式（3－3）说明，流体在圆管内稳定流动时，流体中的剪切应力 τ_r 是半径 r 的线性函数。在管中心处（$r=0$），τ_r 最小，$\tau_0 = 0$；在管壁处（$r=R$），τ_r 最大，最大值为

$$\tau_w = \tau_R = \frac{R}{2} \cdot \frac{\Delta p}{L} \tag{3-4}$$

由式（3－3）和式（3－4）可得出距管中心任意半径 r 处的剪切应力 τ_r 与管壁处最大剪切应力 τ_w 的关系：

$$\tau_r = \tau_w \frac{r}{R} \tag{3-5}$$

式（3－5）说明，流体在圆管中稳态流动时，剪切应力在流体中的分布与管径成正比的直线关系，如图 3－2 所示。

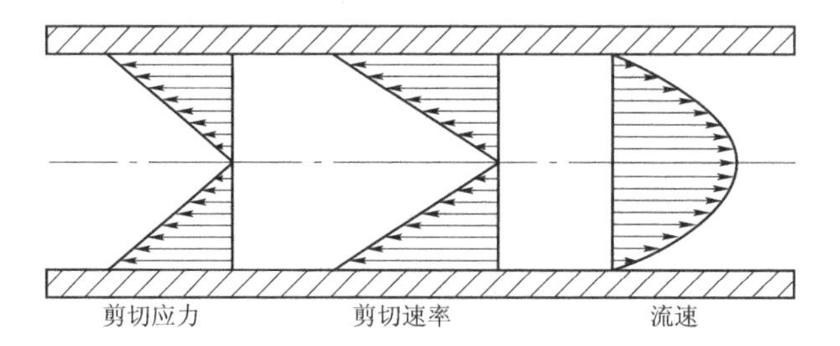

图 3－2　牛顿流体在圆管中稳定流动时的剪切分布和流速分布

由 $\tau_r = \mu\dot{\gamma} = \mu\left(-\frac{dv}{dr}\right)$得：

$$dv = -\frac{\tau_r}{\mu}dr = -\frac{\tau_w}{\mu} \cdot \frac{r}{R}dr = -\frac{\Delta p}{2\mu L}r dr \tag{3-6}$$

将式（3－6）积分，可得到描述流体沿管径方向速度分布方程：

$$v_r = \int_0^v dv = -\frac{\Delta p}{2\mu L}\int_R^r r dr = \frac{\Delta p(R^2 - r^2)}{4\mu L} \tag{3-7}$$

当 $r=R$ 时，即管壁处，流体的流速 $v_R=0$。$r=0$ 时，即管心处，流体的流速：

$$v_0=\frac{R^2\Delta p}{4\mu L} \tag{3-8}$$

把式（3－8）代入式（3－7）得：

$$v_r=v_0\left[1-\left(\frac{r}{R}\right)^2\right] \tag{3-9}$$

式（3－9）表明，牛顿性高分子流体在圆管中流动的速度分布为抛物线形，管中心处的速度最大，管壁处速度为零，圆管中的等速线为一些同心圆，如图 3－2 所示。

流体在管中流动时的体积流量（简称流率）：

$$Q=\int_0^R 2\pi r v_r \mathrm{d}r=\frac{\pi\Delta p}{2\mu L}\int_0^R (R^2-r^2)r\mathrm{d}r=\frac{\pi R^4\Delta p}{8\mu L} \tag{3-10}$$

流体平均速度：

$$\bar{v}=\frac{Q}{\pi R^2}=\frac{R^2\Delta p}{8\mu L}=\frac{v_0}{2} \tag{3-11}$$

式（3－11）表明，平均速度是中心速度的一半。

由式（3－10）得流体黏度：

$$\mu=\frac{R\Delta p}{2L}\cdot\frac{\pi R^3}{4Q}=\frac{\dfrac{R\Delta p}{2L}}{\dfrac{4Q}{\pi R^3}}=\frac{\tau_w}{\dfrac{4Q}{\pi R^3}} \tag{3-12}$$

显然，$\dfrac{4Q}{\pi R^3}$为管壁处流体受到的剪切速率 $\dot{\gamma}_w$，即

$$\dot{\gamma}_w=\frac{\tau_w}{\mu}=\frac{4Q}{\pi R^3} \tag{3-13}$$

任意半径上的流体受到的剪切速率为

$$\dot{\gamma}_r=\frac{\tau_r}{\mu}=\frac{\tau_w\dfrac{r}{R}}{\dfrac{\tau_w}{\dfrac{4Q}{\pi R^3}}}=\frac{4Q}{\pi R^3}\cdot\frac{r}{R}=\dot{\gamma}_w\frac{r}{R}=\frac{2v_0}{R}\cdot\frac{r}{R} \tag{3-14}$$

3.1.2　非牛顿性高分子流体在圆管中的压力流动

非牛顿性高分子流体在圆管中任意半径 r 处的剪切应力及其分布的推导方法和牛顿性高分子流体的相同，推导的结果也和牛顿性高分子流体的相同。

圆管中任意半径 r 处流体受到的剪切应力：

$$\tau_r=\frac{r}{2}\cdot\frac{\Delta p}{L}=\tau_R\frac{r}{R} \tag{3-15}$$

管壁处流体受到的最大剪切应力：

$$\tau_w=\tau_R=\frac{R}{2}\cdot\frac{\Delta p}{L} \tag{3-16}$$

非牛顿性高分子流体的黏度不是常数，故其在圆管中稳定层流时不能用式（3－7）～

式（3－14）来计算速度分布、平均速率和剪切速率等，但从理论上很难推导出这些计算方程。于是人们在牛顿性高分子流体公式中引入非牛顿指数 n 进行修正，便得到计算非牛顿性高分子流体在圆管中稳定层流时的经验公式。

管心处流体的流速：

$$v_0 = \left(\frac{nR}{n+1}\right)\left(\frac{R\Delta p}{2\eta L}\right)^{\frac{1}{n}} \tag{3-17}$$

距管心半径 r 处的流体速度分布方程：

$$v_r = \left(\frac{n}{n+1}\right)\left(\frac{\Delta p}{2\eta L}\right)^{\frac{1}{n}}\left(R^{\frac{n+1}{n}} - r^{\frac{n+1}{n}}\right) = v_0\left[1-\left(\frac{r}{R}\right)^{\frac{n+1}{n}}\right] \tag{3-18}$$

对于 $n<1$ 的非牛顿性高分子流体在圆管中稳定层流时的速度分布为非线性，而且曲线也变平坦，如图 3－3 所示。

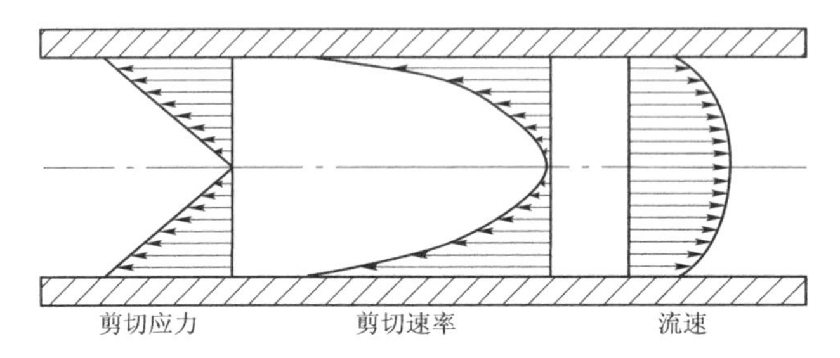

图 3－3　非牛顿流体在圆管中稳定流动时的剪切分布和流速分布

流体在图管中稳定层流时的体积流量：

$$Q = \int_0^R 2\pi r v_r \mathrm{d}r = \left(\frac{n+1}{3n+1}\right)\pi R^2 v_0 = \left(\frac{n\pi R^3}{3n+1}\right)\left(\frac{R\Delta p}{2\eta L}\right)^{\frac{1}{n}} \tag{3-19}$$

流体平均速度：

$$\overline{v} = \frac{Q}{\pi R^2} = \left(\frac{n+1}{3n+1}\right)v_0 \tag{3-20}$$

管壁处流体受到的剪切速率：

$$\dot{\gamma}_{\mathrm{w}} = \left(\frac{3n+1}{n}\right)\frac{Q}{\pi R^3} = \left(\frac{3n+1}{4n}\right)\frac{4Q}{\pi R^3} \tag{3-21}$$

定义 $n=1$ 时的剪切速率为非牛顿流体的表观剪切速率 $\dot{\gamma}_{\mathrm{a}}$，则非牛顿性高分子流体通过圆管时管壁处的表观剪切速率为

$$\dot{\gamma}_{\mathrm{a}} = \frac{4Q}{\pi R^3} \tag{3-22}$$

则式（3－21）可简写为

$$\dot{\gamma}_{\mathrm{w}} = \left(\frac{3n+1}{4n}\right)\dot{\gamma}_{\mathrm{a}} \tag{3-23}$$

定义非牛顿性高分子流体的表观黏度：

$$\eta_{\mathrm{a}} = \frac{\tau_{\mathrm{w}}}{\dot{\gamma}_{\mathrm{a}}} \tag{3-24}$$

定义非牛顿性高分子流体的真实黏度：

$$\eta = \frac{\tau_w}{\dot{\gamma}_w} \tag{3-25}$$

任意半径上的剪切速率：

$$\dot{\gamma}_r = \left(\frac{n+1}{n}\right)\left(\frac{v_0}{R}\right)\left(\frac{r}{R}\right)^{\frac{1}{n}} \tag{3-26}$$

对于 $n<1$ 的非牛顿高分子流体在圆管中稳定层流时的剪切速率分布为非线性，如图 3－3 所示。

由式（3－18）和式（3－20）可得出圆管中任意半径处的速度与平均速度的关系：

$$\frac{v_r}{\overline{v}} = \left(\frac{3n+1}{n+1}\right)\left[1-\left(\frac{r}{R}\right)^{\frac{n+1}{n}}\right] \tag{3-27}$$

根据式（3－27），取不同的 n 值，以 $\frac{v_r}{\overline{v}}$ 对 $\frac{r}{R}$ 作图，可得到图 3－4 所示的流动速度分布曲线。

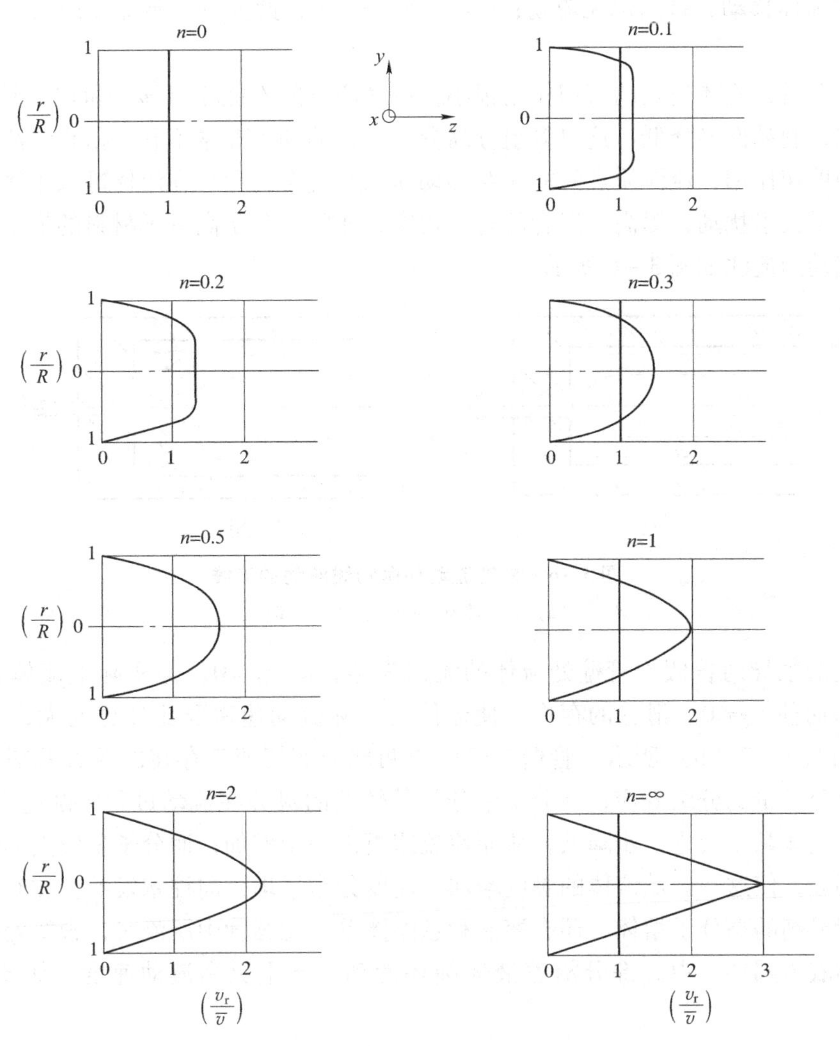

图 3－4　n 值不同时圆管中稳定流动流体的速度分布

当 $n=1$ 时，流体为牛顿性，速度分布曲线为抛物线形；当 $n>1$ 时，流体为膨胀性，速度分布曲线较陡峭，n 值越大，越接近于锥形；当 $n<1$ 时，流体为假塑性，速度分布曲线较平坦，n 值越小，管中心部分的速度分布越平坦，曲线形状类似于柱塞，称这种流动为“柱塞流动”。

非牛顿流体在圆管中柱塞流动的速度分布如图 3-5 所示。令 r^* 为柱塞流动区域半径。这样，柱塞流动的流动成分就可分成两个区域和一个过渡边界。$r>r^*$ 区域为剪切流动，此区域中流体受到的剪切应力大于流体流动的屈服应力，即 $\tau>\tau_y$；$r<r^*$ 区域为完全柱塞流动，此区域中流体受到的剪切应力小于流体流动的屈服应力，即 $\tau<\tau_y$，因此这部分流体具有类似固体的行为，能像一个塞子一样在管中沿受力方向整体移动，且内部无流动；$r=r^*$ 处，$\tau=\tau_y$，此处是一种流动向另一种流动转变的界面。

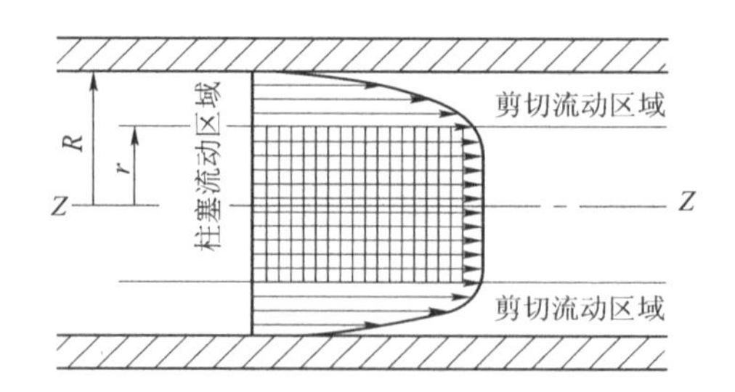

图 3-5　非牛顿流体在圆管中柱塞流动的速度分布

柱塞流动时，流体受到的剪切作用很小，流体质点间不能相对移动和相互混合，整个体系均匀性差，制品性能降低，这对多组分高分子材料的加工非常不利。抛物线流动时，流体受到较大的剪切作用，流体质点间能相对移动而相互混合，而且在流体进入小管处因有旋涡流动存在，增大了扰动，提高了混合的均匀程度，非常有利于高分子材料的加工。柱塞流动和抛物线流动的流线如图 3-6 所示。

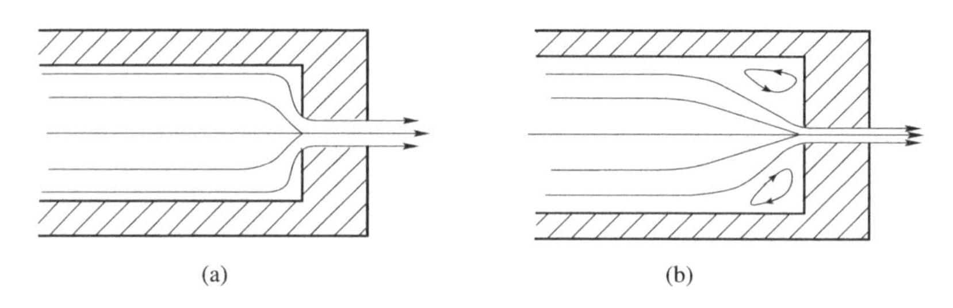

图 3-6　柱塞流动和抛物线流动的流线

（a）柱塞流动；（b）抛物线流动

在公式的推导时曾假设管壁处流体的流速为零，即 $v_R=0$。但实际上流体在管壁处可能产生滑移而使 $v_R\neq0$。滑移的存在，使流体的实际流动速率要比计算的大，实际的速度分布曲线如图 3-7（b）所示。管壁与管中心两部分剪切速率存在的显著差别，会使流动过程中产生分子量的分级效应，高分子中分子量较低的级分在流动过程中渐趋于管壁附近，这一区域的流体黏度会进一步降低，从而使流速更进一步增加；而分子量较大的级分则趋向管的中心部分，使这一区域流体的黏度增加，速度分布平坦，向柱塞发展。加有减少高分子黏附管壁润滑剂的高分子熔体，还有溶液和悬浮体系，在圆管中层流时，管壁处会形成一定厚度的低黏液体圆环，中心部分沿着液体圆环滑动，产生更高流动速度，如图 3-7（c）所示。

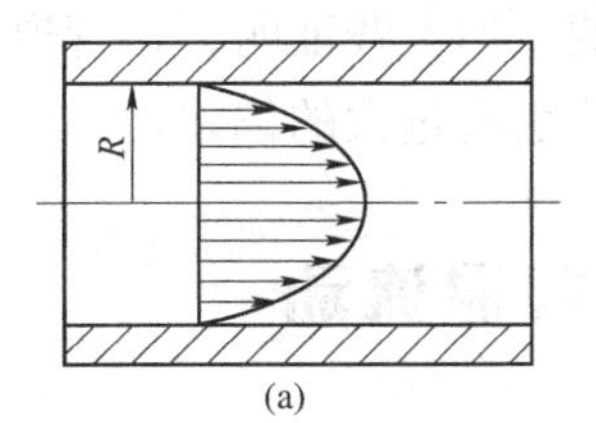

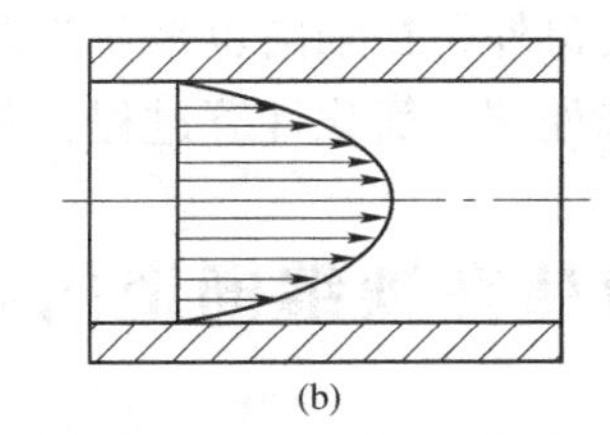

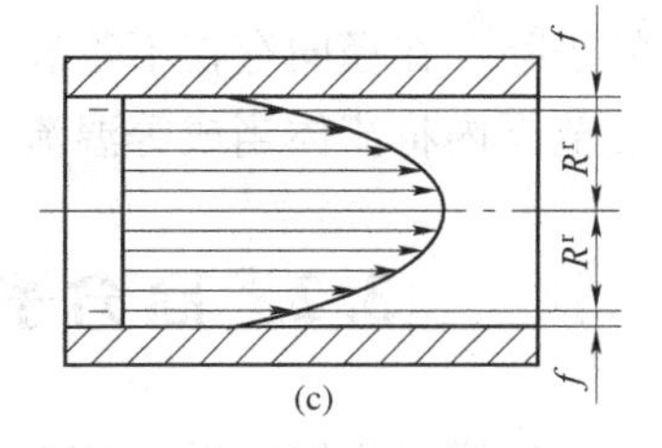

图 3－7　不同情况下圆管中高分子流体层流的速度分布

（a）无滑移；（b）有滑移；（c）有低分子液体圆环

3.1.3　圆管中的非等温流动

前面公式推导时，假设流动过程为等温流动。但在实际加工过程中，高分子流体在设备管道中的流动是非等温的。一方面，从加工工艺考虑，为适应材料性能的变化以及避免高分子因长时间高温而分解，所以通常必须把加工设备的各区域控制在不同的温度；另一方面，高分子流体在流动过程中摩擦生热，致使流动中流体出现平均温度升高的现象；同时设备向外部传导热量而使流体温度降低。所以，实际的流体温度是不等温的，等温流动只是一种理想状态。

高分子流体在流动中产生摩擦热的程度与剪切应力和剪切速率的大小有关。管中心流速最大，但速度分布较管壁附近区域平坦，这里的剪切应力和剪切速率较低，摩擦热较小。随半径增大，流体中的剪切应力和剪切速率增加，摩擦热随之增加，在靠近管壁附近达到最大值。所以，由摩擦热产生的温度升高在管壁处最大，在管中心部分最小。

圆管内流体沿流动方向存在压力降，因而流体沿流动方向体积逐渐膨胀。膨胀作用因消耗流体中部分能量而产生冷却效应，从而使流体温度降低。由于受到管壁的限制和管壁处存在较大的摩擦力，流体膨胀率必然是中心最大而管壁处最小。所以，中心部分的冷却效应比管壁附近区域大。

摩擦和冷却效应共同作用的结果是：流体中心区域温度降低，管壁附近区域温度升高。层流时，圆管中高分子流体的温度分布可用 Toor 半经验公式表示：

$$\frac{T-T_W}{T_0-T_W}=\left[1+\left(\frac{2n}{n+1}\right)\overline{\alpha T}\right]\left[1-\left(\frac{r}{R}\right)^{\frac{3n+1}{n}}\right]-\left[\frac{(3n+1)^2}{2n\ (n+1)}\overline{\alpha T}\right]\left[1-\left(\frac{r}{R}\right)^2\right] \quad (3-28)$$

式中，T 为距管中心任意半径 r 处的温度；T_W、T_0 分别为管壁温度、管中心温度；$\overline{\alpha T}$表示管横截面上温度与热膨胀系数乘积 αT 的平均值。

由式（3－28）所确定的无因次温度比 $\frac{T-T_W}{T_0-T_W}$与无因次半径比$\frac{r}{R}$的关系可用图 3－8 表示。从图 3－8 可看出，假塑性越强的高分子流体，冷却效应使中心区域温度降低更甚。

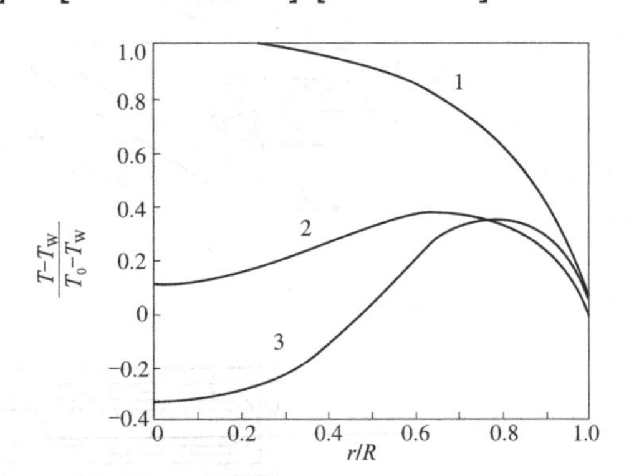

图 3－8　$\overline{\alpha T}$值不同时圆管中流动流体的径向温度分布

1. $n=1$　$\overline{\alpha T}=0$；2. $n=1$　$\overline{\alpha T}=0.3$；3. $n=0.25$　$\overline{\alpha T}=0.3$

虽然管壁附近摩擦热较大，但通过壁面的热传导使部分热量被排除，致使管壁上流体的温度有所下降。所以温度最高处不在 $r=R$ 处，而在 $r=(0.6\sim0.8)R$ 的区域。

管子除了在径向存在不等温的现象外，在轴向也是非等温的。但实践证明，在管道的有限长度范围内将流体当成等温流动来处理，简化计算过程，并不引起过大的偏差。

3.2 高分子流体在狭缝通道内的等温流动

狭缝通道是指厚度远比宽度小得多的通道，最典型的代表是挤出板材或薄片的平直口模。周长比口模间隙大得多的环形口模，也可当成狭缝通道处理，如吹塑管形薄膜和挤出大尺寸圆管的口模。

图 3－9 所示为平行板狭缝通道中高分子流体的受力分布和速度分布。仿照圆管中流动计算公式推导方法可推导出平行板狭缝间的剪切应力、剪切速率、流速分布和流率等计算公式。

距中平面任意位置 h 处的流体受到的剪切应力：

$$\tau_h = h\left(\frac{\Delta p}{L}\right) \tag{3-29}$$

由式（3－29）可知，剪切应力 τ_h 是距中平面的距离 h 的函数。在中平面处（$h=0$），$\tau_0=0$；在壁上（$h=\pm H$），剪切应力有最大值：

$$\tau_H = H\left(\frac{\Delta p}{L}\right) \tag{3-30}$$

距中平面任意位置 h 处的流体流速：

$$v_h = \left(\frac{n}{n+1}\right)\left(\frac{\Delta p}{\eta L}\right)^{\frac{1}{n}}\left(H^{\frac{n+1}{n}} - h^{\frac{n+1}{n}}\right) \tag{3-31}$$

中平面处流体的流速：

$$v_0 = \left(\frac{nH}{n+1}\right)\left(\frac{H\Delta p}{\eta L}\right)^{\frac{1}{n}} \tag{3-32}$$

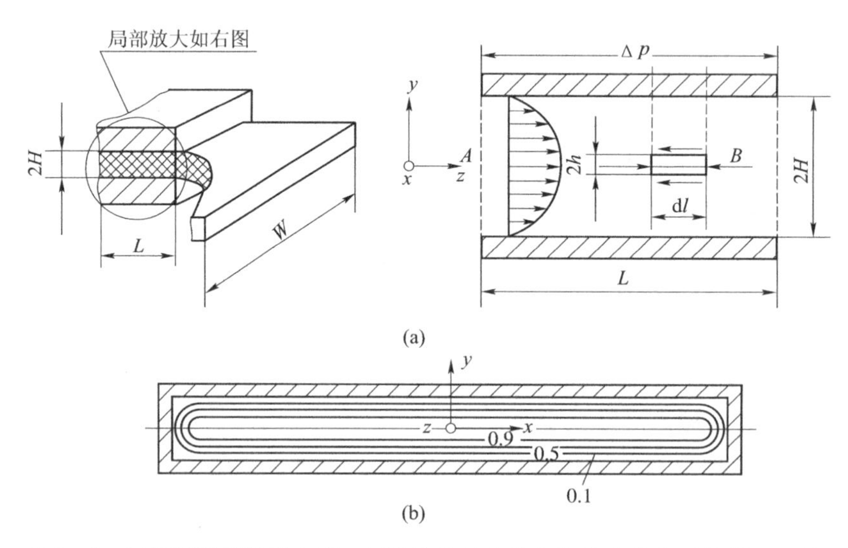

图 3－9　平行板狭缝通道中高分子流体的受力分布和速度分布（$W/2H>10$）

把式（3－32）代入式（3－31）得：

$$v_h = v_0\left[1-\left(\frac{h}{H}\right)^{\frac{n+1}{n}}\right] \tag{3-33}$$

流体的流率：

$$Q = \int_0^H 2Wv_h\mathrm{d}h = 2\left(\frac{n+1}{2n+1}\right)v_0WH = \left(\frac{2n}{2n+1}\right)WH^2\left(\frac{H\Delta p}{\eta L}\right)^{\frac{1}{n}} \tag{3-34}$$

流体平均速度：

$$\bar{v} = \frac{Q}{2WH} = \left(\frac{n+1}{2n+1}\right)v_0 \tag{3-35}$$

模壁上（$h=\pm H$）流体受到的剪切速率：

$$\dot{\gamma}_H = \left(\frac{2n+1}{2n}\right)\left(\frac{Q}{WH^2}\right) = \left(\frac{n+1}{n}\right)\left(\frac{v_0}{H}\right) \tag{3-36}$$

把 $n=1$ 代入式（3－36），便得到非牛顿性高分子流体通过平直口模时模壁处的表观剪切速率：

$$\dot{\gamma}_a = \frac{3Q}{2WH^3} \tag{3-37}$$

对于内外径为 R_i、R_o 的圆环狭缝，当狭缝厚度（R_o-R_i）远小于狭缝宽度 $2\pi R_i$，即 $2\pi R_i \gg (R_o-R_i)$ 时，式（3－29）～式（3－36）仍适用。

当 $R_o \gg R_i$ 时，按同心圆筒间的流动进行计算；当平行板狭缝通道的宽度 W 与厚度 $2H$ 接近时，按矩形通道计算，这两种流动计算查阅有关资料。

3.3　高分子流体在环隙通道内的轴向拖曳流动

线缆的包覆挤出成型时（图 3－10），金属导线被连续牵引着，以一定速度 v_z 沿 z 向移动，高分子熔体在圆管口模的环隙中在螺杆压力作用下沿 z 向流动。

导线表面（$r=R_i$）处，流体流速 $v_{R_i}=v_z$；口模壁（$r=R_o$）处，流体的流速 $v_{R_o}=0$；距轴心 z 的距离 r 处，流体的流速：

$$v_r = \frac{R_o^{\frac{n-1}{n}}}{R_i^{\frac{n-1}{n}}-R_o^{\frac{n-1}{n}}}\left[\left(\frac{r}{R_o}\right)^{\frac{n-1}{n}}-1\right]v_z \tag{3-38}$$

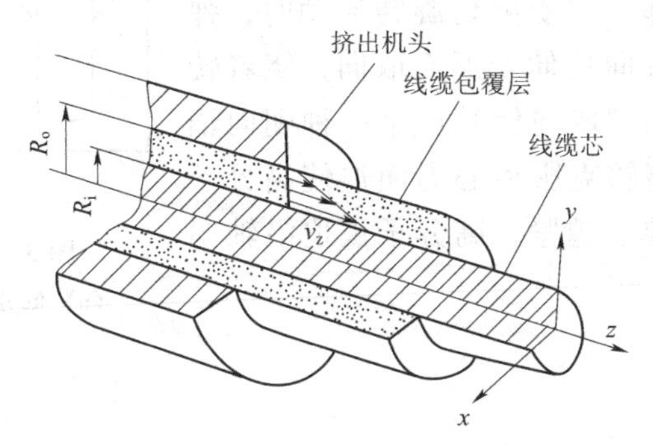

图 3－10　挤出线缆包覆物口模中的拖曳流动

流体的流率：

$$Q=2\pi R_o(R_o-R_i)v_z\left\{\left(\frac{1}{a+2}\right)\left[\frac{1-A^{a+2}}{(1-A)\ (A^a-1)}\right]-\left[\frac{A+1}{2\ (A^a-1)}\right]\right\} \tag{3-39}$$

式中，$A=\frac{R_i}{R_o}$，$a=\frac{n-1}{n}$。

注意，$n=1$ 时，$a=0$，$A^{\alpha}-1=0$，所以式（3－38）和式（3－39）并不适用牛顿性流体。牛顿性流体的速度分布和流率为

$$v_r=\left(\frac{\ln r-\ln R_o}{\ln R_i-\ln R_o}\right)v_z \tag{3-40}$$

$$Q=2\pi R_o(R_o-R_i)\ v_z\left[-\frac{2A^2\ln A-A^2+1}{4\ (1-A)\ \ln A}\right] \tag{3-41}$$

3.4 高分子流体在流动过程中的弹性行为

3.4.1 高分子流体的弹性原理

高分子流体不仅具有较高的黏性，而且具有弹性。弹性使高分子流体在受剪切应力或拉伸应力时产生两个效应：形变恢复效应和法向力效应。

（1）形变恢复效应。弹性使高分子流体吸收部分外力，把它变成弹性能而储存起来。一旦外力去除，储存的弹性能会产生可恢复的形变。

（2）法向力效应。高分子流体流动过程中，受剪切应力作用时会使分子链在剪切方向取向。取向使流体在剪切面法向上产生法向应力。

这两个效应对高分子材料加工成型有很大的影响，主要表现有包轴效应、端口效应、离模膨胀和熔体破裂等现象。

3.4.2 包轴效应

一根转轴在高分子液体中快速旋转时，流体会沿轴上升，这种现象就是爬杆现象或包轴效应，又称魏森贝格（Weissenbert）效应，如图 3－11（b）所示。高分子液体是黏弹性液体，在受剪切旋转流动时，弹性的大分子链沿着圆周方向拉伸变形而取向，绕着转轴形成弹性环，弹性环的解取向使其产生一种朝向轴心的法向力，该法向力能够克服离心力而迫使高分子包住转轴，随着越包越厚、越紧，高分子被迫沿轴向上爬升。

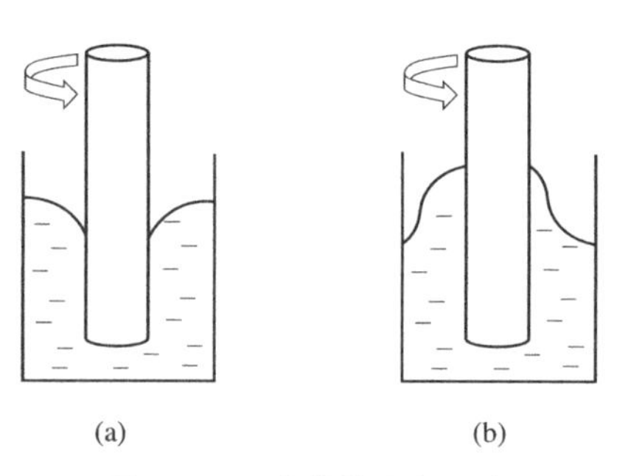

图 3－11 液体的爬杆现象

（a）低分子液体；（b）高分子液体

3.4.3 端口效应

1. 端口压力降

被挤压的高分子流体从大直径通道进入小直径通道时，会出现明显的压力降，这种现

象称为入口效应。如图 3－12 所示，若料筒中某点与口模出口之间的总压力降为 Δp，则 Δp 可分成三部分：口模入口压力降 Δp_{en}、口模内压力降 Δp_{di} 和口模出口压力降 Δp_{ex}，即

$$\Delta p=\Delta p_{en}+\Delta p_{di}+\Delta p_{ex} \tag{3-42}$$

口模入口压力降 Δp_{en} 被认为是三个原因造成的。

（1）高分子流体从料筒进入口模时，流体黏性流动的流线在入口处收敛引起能量损失，从而造成压力降。

（2）在入口处，高分子流体产生弹性变形，因弹性能储存而消耗能量，造成压力降。

（3）高分子流体流经入口处，剪切速率的剧烈增加引起流动骤变，为达到稳定的流速分布而造成压力降。

口模内压力降 Δp_{di}，是稳态层流的黏性能量损失的结果。这种压力损失转换成摩擦热，使高分子流体温度升高。

口模出口压力降 Δp_{ex}，是高分子流体在出口处的压力与大气压之差。就牛顿流体而言，Δp_{ex} 为零；而对非牛顿流体，$\Delta p_{ex}>0$，并且随剪切速率的增加而增大。

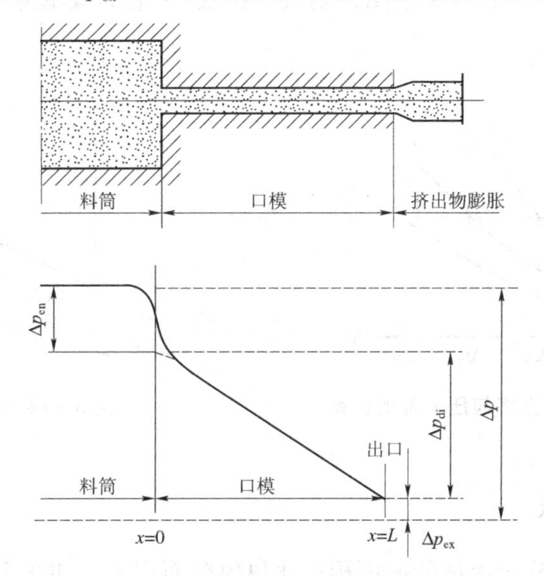

图 3－12　高分子流体口模挤出过程中的压力分布

2. 端口修正

在测量高分子流体通过口模或毛细管的剪切应力时，由于口模或毛细管的直径小而无法设置取压点，所以取压点不在口模或毛细管上，而在近口模式毛细管入口处的料筒末端。应用公式 $\tau_R=\dfrac{R}{2}\cdot\dfrac{\Delta p}{L}$ 计算口模或毛细管管壁处剪切应力时，所测得的 Δp 中包含 Δp_{en} 和 Δp_{ex}，若不考虑端口效应就会使计算结果偏大。此时，可采用 Begely 法（巴格勒法）进行修正，Begely 法修正公式：

$$\tau'_R=\frac{R}{2}\cdot\frac{\Delta p}{L+L_e}=\frac{\Delta p}{2\left(\dfrac{L}{R}+\dfrac{L_e}{R}\right)}=\frac{\Delta p}{2\left(\dfrac{L}{R}+e\right)}=\frac{\Delta p-\Delta p_e}{2\left(\dfrac{L}{R}\right)} \tag{3-43}$$

Begely 修正方法的实质是将端口的压力降看成流体流过长度为 L_e 的管子所引起的压力降，L_e 称为端口的当量长度。实践证明，当量长度 L_e 为管径 D 的 1 ~5 倍；分子量越大，分子量分布越宽，L_e 越大。在没有确实数据情况下，可取 $L_e=6R$ 或 $L_e=3D$。当 $\frac{L}{R}>40$ 时，L_e 很小可不修正。

e 和 Δp_e 的求法：

（1）在挤出实验机上，用长径比 $\frac{L}{D}$ 不同的系列毛细口模，改变螺杆转速测出每个口模模壁的表观剪切速率 $\dot{\gamma}_a$ 与压力降 Δp 的关系，然后作出 $\dot{\gamma}_a$ 与 Δp 的关系图（图 3 -13），在图上找出恒定 $\dot{\gamma}_a$ 下的 Δp 值，然后再作出 $\Delta p-\frac{L}{D}$ 直线关系图（图 3 -14），则直线在 Δp 轴上的截距为 Δp_e，直线在 $\frac{L}{D}$ 轴上的截距为 e。

（2）在挤出实验机上，用长径比 $\frac{L}{D}$ 不同的系列毛细口模，恒定螺杆转速下测出一系列 Δp 和 $\frac{L}{D}$ 的值，作出 $\Delta p-\frac{L}{D}$ 直线关系图，则直线在 Δp 轴上的截距为 Δp_e，直线在 $\frac{L}{D}$ 轴上的截距为 e，如图 3 -14 所示。

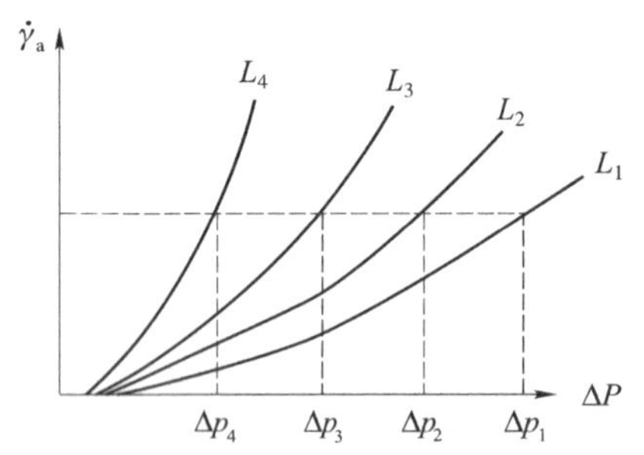

图 3 -13　表观剪切速率与压力降的关系

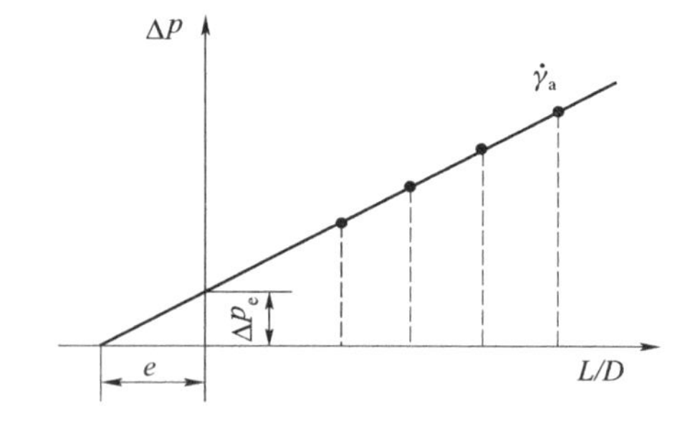

图 3 -14　Begely 修正图

3.4.4　离模膨胀

从口模中挤出的高分子流体的截面积远比口模截面积大，如图 3 -15 所示，这种现象称为 Barus（巴勒斯）效应，也称为离模膨胀效应或记忆效应。

离模膨胀的程度用膨胀比 B 表示。膨胀比 B 定义为：流体离开口模出口后，自然流动（无拉伸）时最大直径 d 与口模直径 D 之比，即

$$B=\frac{d}{D} \qquad (3-44)$$

通常，$B=1\sim3$。分子量越高，分子量分布越宽，非牛顿性越强，B 值越大。

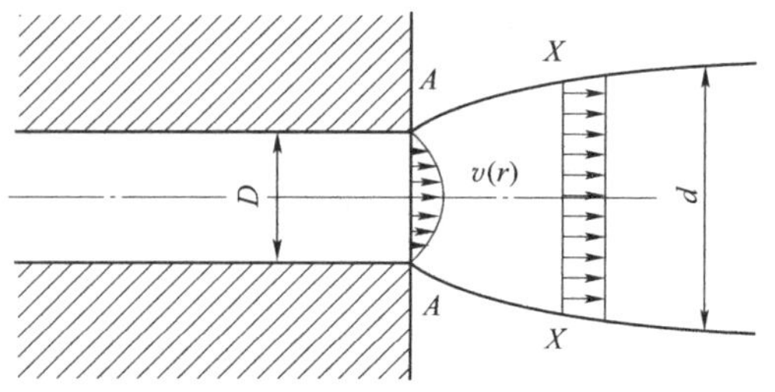

图 3 -15　高分子流体挤出口模时的流动状态

1. 离模膨胀产生的原因

目前公认，至少可以通过以下三个方面定性解释离模膨胀产生的原因。

（1）取向效应。高分子流体在口模内流动过程中处于高剪切状态，大分子在流动方向取向伸直，出模后因无剪切而发生解取向，引起横向胀大。

（2）弹性效应（或记忆效应）。当高分子流体由大截面的流道进入小直径口模时，在入口处流线收敛，沿流动方向产生速度梯度，于是高分子受到拉伸而产生了拉伸弹性变形。这部分形变在经过模孔的过程中来不及完全松弛，到了出口时，流体的约束被解除，径向阻力消失，弹性变形获得恢复，由伸展状态回缩为卷曲状态，引起离模膨胀。

（3）正应力效应。黏弹性流体在口模内的剪切变形，使之在垂直剪切方向上存在正应力，出模后因正应力的约束解除而引起流体在垂直流动方向的膨胀。

2. 影响离模膨胀的因素

关于离模膨胀和挤出成型条件之间的关系，从实验角度总结出以下几个方面。

（1）当口模的长径比一定时，在发生流体破裂前，膨胀比 B 随剪切速率增加而增大，如图 3 – 16 所示。剪切速率大，取向程度高、正应力大，膨胀的程度就大。

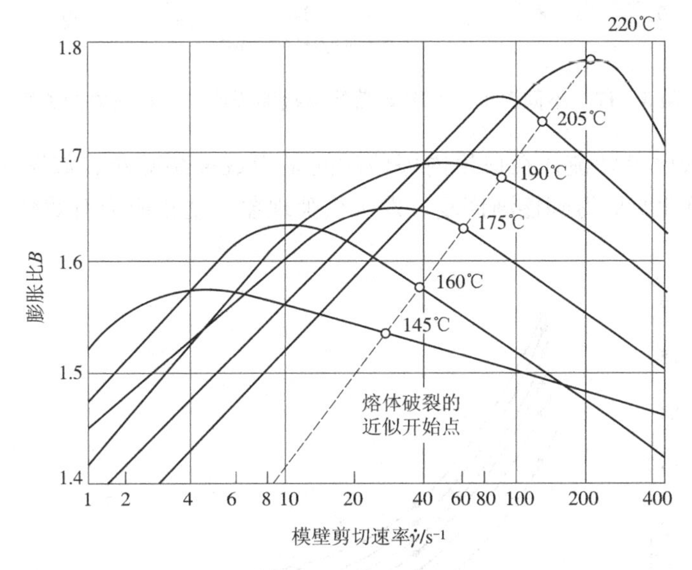

图 3 – 16　不同温度下 LDPE 熔体离模膨胀比与剪切速率的关系

（2）在剪切速率低于发生流体破裂的临界剪切速率 $\dot{\gamma}_c$ 的情况下，离模膨胀比 B 随温度升高而降低。但最大膨胀比 B_{max} 随温度升高而增加，如图 3 – 16 所示。温度升高，松弛时间、弹性效应减小，膨胀的程度随之减小。有些特殊材料，如聚氯乙烯，其膨胀比 B 随温度升高而增大。

（3）在低于发生流体破裂的临界剪切应力 τ_c 之下，离模膨胀比 B 随剪切应力 τ 的增加而增大，如图 3 – 17 所示。在 τ_c 之下时，随剪应力增大，正应力增加，膨胀的程度就增加。

（4）当剪切速率恒定时，离模膨胀比 B 随口模长径比 $\frac{L}{D}$ 的增大而降低，如图 3 – 18 所示。$\frac{L}{D}$ 增大，停留时间延长，松弛程度大，正应力有效减小，膨胀的程度就减小。从图 3 – 18 还可看出，在 $\frac{L}{D}$ 超过某一数值时，B 为常数。

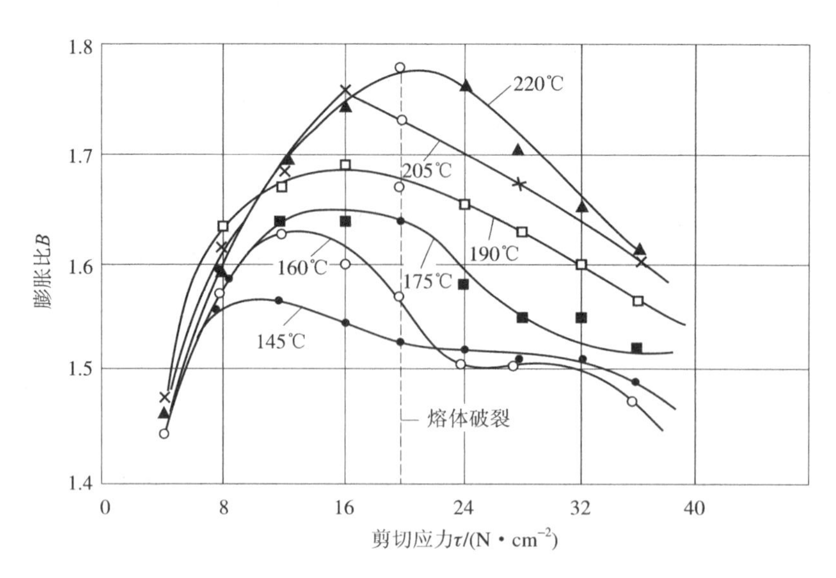

图 3-17　不同温度下 LDPE 熔体离模膨胀比与剪切应力的关系

（5）离模膨胀比 B 随流体在口模内停留时间呈指数关系减小，如图 3-18 所示。这是由于在停留期间弹性变形得到逐渐恢复，发生松弛现象，使正应力有效减小的缘故。

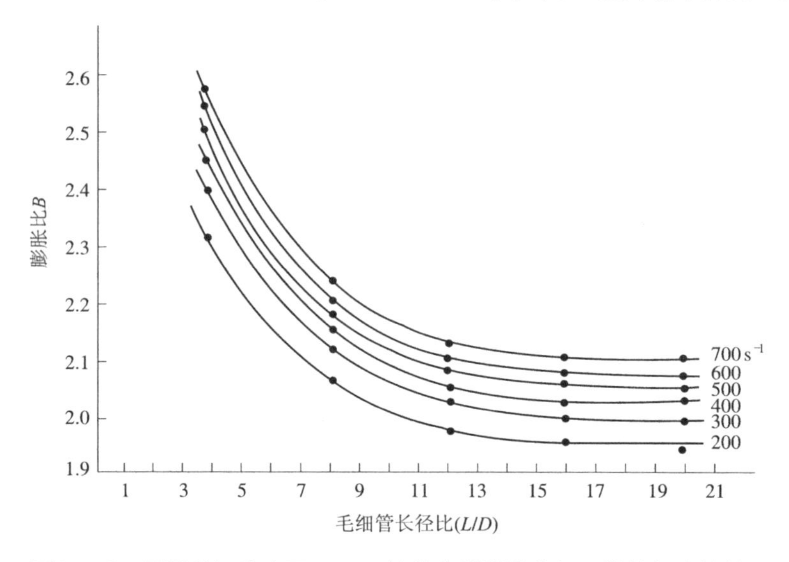

图 3-18　不同剪切速率下 HDPE 熔体离模膨胀比与口模长径比的关系

（6）离模膨胀随高分子的品种和结构不同而异。图 3-19 所示为 200 ℃测得的各种高分子熔体离模膨胀的结果。高分子的分子量会影响离模膨胀，但由于分子量分布和分子结构不同，其影响相当复杂。一般来说，分子量分布对离模膨胀比的影响较大，宽分子量分布的高分子有较大的离模膨胀。

（7）离模膨胀与口模入口的几何结构无关。实验测得平板形、锥形和圆筒形入口，在一定剪切速率下的 B 与 $\frac{L}{D}$ 关系，三者重合为一条曲线。

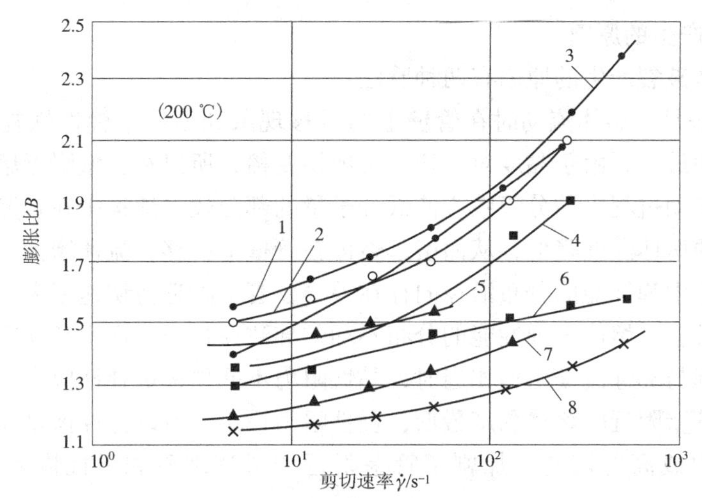

图 3－19　不同高分子熔体离模膨胀比与剪切速率的关系

1—HDPE；2—PP 共聚物；3—PP 均聚物；4—结晶型 PS；5—LDPE；
6—抗冲改性 PVC；7— 抗冲改性 PS；8—抗冲改性 PMMA

离模膨胀对制品的横向尺寸有很大影响，故在设计口模尺寸时要充分考虑各种影响因素与膨胀程度的关系，才能使设计出的口模保证制品能达到预定的尺寸。

3.4.5　熔体破裂

高分子熔体在挤出或注塑加工时，当熔体剪切速率较低时，则挤出物具有光滑的表面和均匀的形状；当剪切速率达到某值时，挤出物表面失去光泽变得粗糙，类似橘子皮；当剪切速率再增加时，挤出物表面更加粗糙不平，在挤出物的周向出现波纹，这种现象称为“鲨鱼皮症”；剪切速率再继续增加时，挤出物表面出现众多的不规则的结节、扭曲或竹节纹，甚至解离和断裂成碎片或柱段，这种现象称为熔体破裂。图 3－20 所示为 PMMA 熔体在 170℃挤出时，挤出物形态随剪切应力变化的情况。

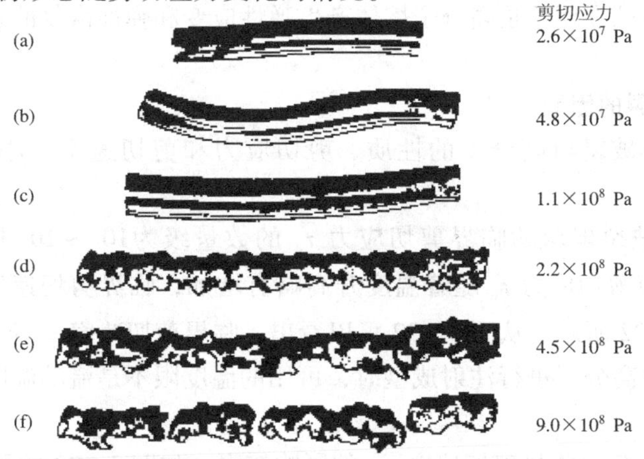

图 3－20　PMMA 熔体在 170℃下挤出时挤出物形态与剪切应力的关系

(a) 为稳定流动，挤出物正常；(b) 为不稳定流动，挤出物弯曲，表面粗糙；
(c) 为不稳定流动，挤出物周向出现细微的皱纹，呈现鲨鱼皮症；
(d)、(e)、(f) 为不稳定流动，挤出物严重扭曲甚至解离，属于熔体破裂

1. 熔体破裂产生的原因

目前，对熔体破裂产生的原因有两种看法：

（1）一种看法是，熔体流动时在管壁上的滑移现象和熔体中弹性恢复所引起的。在管壁附近熔体受剪切最大，由于黏度对剪切呈现剪切变稀，所以在管壁附近熔体必具有较低的黏度，同时熔体流动过程中的分级效应使低分子量的部分较多地集中在管壁附近，这两种作用都使管壁附近的熔体黏度降低，从而引起熔体在管壁上滑移，流速增大。剪切速率分布的不均匀性还使熔体中弹性能的分布沿径向存在差异，管壁附近剪切速率大，高分子的弹性形变和弹性能储存较多。熔体中弹性能的分布不均匀导致在径向上产生弹性应力，当产生的弹性应力一旦增加到与黏性流动阻力相当时，黏性阻力不能再平衡弹性应力的作用，随即发生弹性恢复作用。管壁附近的熔体黏度最低，黏性阻力最小，所以弹性恢复在管壁附近较容易发生。高剪切应力或高剪切速率加剧了管壁附近的滑移现象和弹性恢复，从而引起熔体破裂。

（2）另一种看法是，口模内熔体各处所受剪切作用的不同所引起的。熔体在口模入口区域和口模孔内流动时，受到的剪切作用不一样，因而引起熔体在离开口模后产生不均匀弹性恢复。另一方面，在入口端收敛角以外区域存在着旋涡流动（图3－21），这部分熔体与其他部分的熔体相比较，受到的剪切作用不同。当旋涡中的熔体周期性进入口模时，引起流线中断，当它们流过口模时，就可能引起极不一致的弹性恢复，如果这种弹性恢复力很大，以致能克服黏性阻力时，就能引起挤出物出现畸变和断裂。高剪切应力或高剪切速率加剧了剪切作用的不同和弹性恢复的不一致，从而引起熔体破裂。

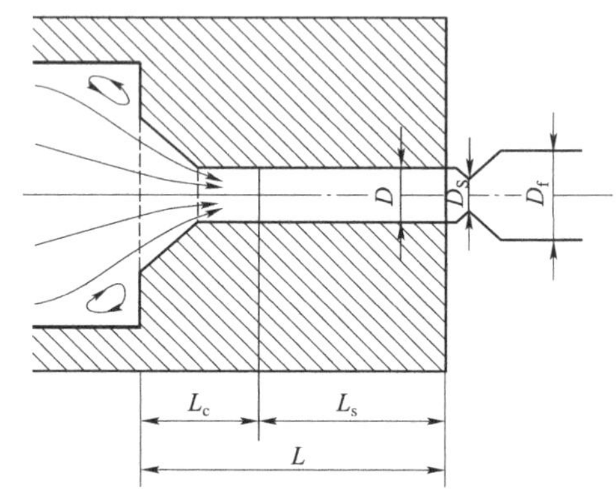

图3－21　高分子熔体在口模入口和出口区域的流动

综上所述，熔体破裂现象是高分子熔体产生弹性应变和弹性恢复的总结果，是一种整体现象。

2. 影响熔体破裂的因素

分析表明，熔体破裂与高分子的性质、剪切应力和剪切速率大小、流道形状等因素有关。

（1）发生熔体破裂现象的临界剪切应力 τ_c 的数量级为10^5～10^7 Pa，一般为（0.4～3.7）$\times10^5$ Pa。临界剪切应力 τ_c 随着温度升高略有增加，临界剪切速率 $\dot{\gamma}_c$ 随温度升高而显著增大，如图3－22所示。从图3－22可以看出，临界剪切速率 $\dot{\gamma}_c$ 比临界剪切应力 τ_c 对温度更为敏感，故对高分子进行注射成型时，可用的温度限不是流动温度，而是产生熔体破裂的温度。

（2）口模的入口角对临界剪切速率 $\dot{\gamma}_c$ 的影响较大，如图3－23所示。将入口角从180°改为30°，临界剪切速率 $\dot{\gamma}_c$ 提高了10倍多。故在设计口模模唇时，应有一个合适的入口角，用流线型的结构是防止高分子熔体滞留并防止挤出物不稳定的有效方法。

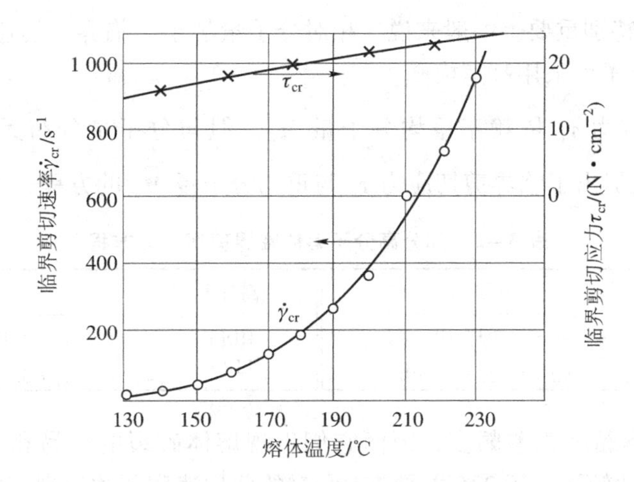

图 3－22　温度对 PE 熔体临界剪切应力和剪切速率的影响

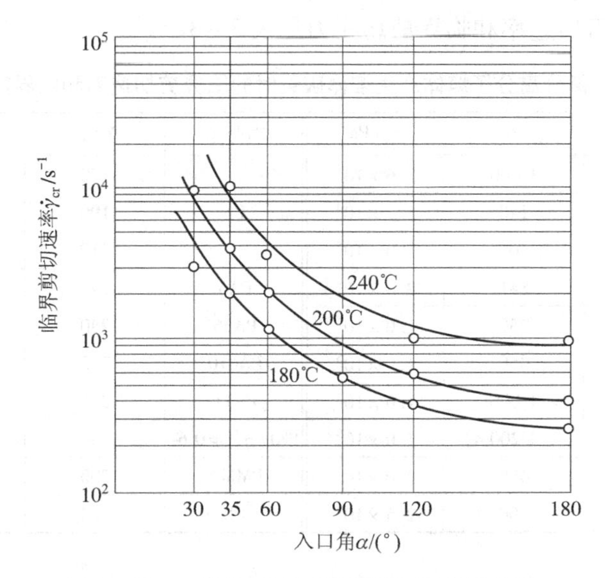

图 3－23　口模入口角对临界剪切速率的影响

（3）临界剪切速率 $\dot{\gamma}_c$ 随着口模长径比 L/D 的增加而增大。

（4）口模工作表面的粗糙度对熔体破裂的发生无影响，但受到口模制造材料的影响，见表 3－1。

表 3－1　口模材料对临界剪切应力的影响

口模材料	τ_c/Pa	实验条件	口模材料	τ_c/Pa	实验条件
黄铜 PA66＋炭黑 紫铜 PA＋50%玻纤	1.55×10^5 1.55×10^5 1.50×10^5 1.40×10^5	LDPE MFR2.0 熔体温度 150℃ 口模	铜镍合金 低碳钢 磷青铜 银钢	1.35×10^5 1.35×10^5 1.20×10^5 9.2×10^4	入口角 180° $R=0.5$ mm $L=6.35$ mm

（5）临界剪切速率 $\dot{\gamma}_c$ 随重均分子量$\overline{M}_w$ 的增加而降低，随分子量分布变宽而增加。即相对分子量大的高分子，在较低的剪切速率时就会发生熔体破裂。对于高速模塑来说，临界

剪切速率 $\dot{\gamma}_c$ 值显得特别重要。一般来说，相对分子量越小，临界剪切速率 $\dot{\gamma}_c$ 越大。因此，相对分子量低的高分子可采用高速模塑。

（6）临界剪切应力 τ_c 依赖于重均分子量 $\overline{M}_w$，但与分子量分布无关。弗拉肖波洛斯（Vlachopoulos）等人提出了临界剪切应力 τ_c 与重均分子量 $\overline{M}_w$ 的方程，见表 3－2。

表 3－2　部分高分子熔体临界剪切应力方程

高分子	τ_c 方程	高分子	τ_c 方程
PS PP	$\tau_c = 7.96 + 1.164 \times 10^6/\overline{M}_w$ $\tau_c = 8.92 + 1.435 \times 10^6/\overline{M}_w$	HDPE LDPE	$\tau_c = 8.10 + 1.061 \times 10^6/\overline{M}_w$ $\tau_c = 5.52 + 0.430 \times 10^6/\overline{M}_w$

（7）高分子熔体黏度相差颇多，因而它们出现熔体破裂的难易和严重程度很不一致。例如，PA66 的牛顿性较强，于 275 ℃要在$10^5 s^{-1}$的剪切速率下才出现熔体破裂，而 PE 这样的非牛顿性熔体于 250 ℃在剪切速率为$10^2 \sim 10^3 s^{-1}$时就发生熔体破裂。部分高分子熔体产生熔体破裂时的临界剪切速率和临界剪切应力见表 3－3。

表 3－3　部分高分子熔体产生熔体破裂时的临界剪切速率和临界剪切应力

高分子	T/℃	$\dot{\gamma}_c/s^{-1}$	τ_c/Pa	高分子	T/℃	$\dot{\gamma}_c/s^{-1}$	τ_c/Pa
HDPE	190	1 000	3.6×10^5	PS	170	50	8.0×10^4
LDPE	158	140	5.7×10^4		190	300	9.0×10^4
	190	405	7.0×10^4		210	1 000	1.0×10^5
	210	841	8.0×10^4	PA6	240	—	9.6×10^5
PP	180	250	1.0×10^5	PA66	280	—	8.6×10^5
	200	350	1.0×10^5	PA610	240	—	9.0×10^5
	240	1 000	1.0×10^5	PA11	210	—	7.0×10^5
	260	1 200	1.0×10^5	PET[η] =0.67	—	—	$(1 \sim 1.6) \times 10^5$
PVC	188	400	2.0×10^5	PMMA	200	260	4.0×10^5
	210	100	2.5×10^5	PB	100	7	2.0×10^4

3.4.6　鲨鱼皮症

鲨鱼皮症的主要特征是挤出物表面出现许多细微的皱纹，非常毛糙，类似于鲨鱼皮。随不稳定流动的差异，这些皱纹从人字形、鱼鳞状到鲨鱼皮状不等，或密或疏。但这些波纹并不影响挤出物的内部材料结构。它与流体破裂有关，但不同于流体破裂。

线性低密度聚乙烯易于发生鲨鱼皮症。吹塑薄膜时，若挤出线速度快，薄膜会失去光泽，透明度差继而出现不规则波纹。当挤出速度继续增加时，会出现有序而有周期性的鲨鱼皮症状。

1. 鲨鱼皮症产生的原因

引起鲨鱼皮症的主要原因是：高分子熔体在管壁上滑移和挤出管口时模口对挤出物的拉伸作用。弹性的高分子熔体在管中流动时速度梯度在管壁附近最大，因而管壁附近高分子的分子形变程度较管子中心部分大。熔体中弹性形变发生松弛时，就必然引起熔体在管壁上产生周期性滑移。另一方面，模口对挤出物的拉伸作用时大时小，随着这种周期性变化，挤出物表层移动速度也时快时慢，从而形成了各种形状的皱纹。

2. 影响鲨鱼皮症的因素

鳖鱼皮症主要与以下四个因素有关。

（1）口模径向尺寸大，拉伸、滑移交替频率大，易产生鲨鱼皮症。而且鲨鱼皮的皱深和波长随着口模增大而增加。

（2）温度低时，黏度高，模口对挤出物拉伸作用大，故温度低易产生鲨鱼皮症。因此，升高温度是挤塑成功的有效方法。

（3）口模壁面的表面粗糙度越低，表面经涂覆处理，可减少鳖鱼皮症。壁面光滑可减小模口对挤出物的拉伸。

（4）相对分子量分布窄的高分子比分布宽的更易出现鲨鱼皮症。

3.5　高分子流体流动性测量仪简介

用于测量高分子流变性质的仪器称为流变仪或黏度计。随着高分子流变学理论和测量技术的发展，流变仪以及相关的流变模拟软件也日益完善，已能够将各种边界条件下可测量的物理量（如压力、扭矩、转速、频率、线速度、流量、温度等）与描述高分子流变性但不能直接测量的物理量（如应力、应变、应变速率、黏度、模量等）关联起来。目前应用最广泛的流变仪主要有毛细管黏度计、旋转黏度计、转矩流变仪和落球黏度计等，以毛细管黏度计、旋转黏度计和转矩流变仪最为常用。

3.5.1　毛细管流变仪

毛细管流变仪是目前发展得最成熟、最典型、应用最广的流变仪。其主要优点在于：操作简单，测量准确，测量范围广阔（$\dot{\gamma}=10^{-2}\sim10^{4}\mathrm{s}^{-1}$）。根据所测流体类型不同，毛细管流变仪分为两种形式：吸液式毛细管流变仪和挤压式毛细管流变仪。吸液式毛细管流变仪用于高分子溶液，黏度测量范围为$10^{-3}\sim10^{2}$ Pa·s，乌氏黏度计就是吸液式毛细管流变仪。挤压式毛细管流变仪用于高分子熔体，黏度测量范围为$10^{-1}\sim10^{7}$ Pa·s，挤压式毛细管中物料的流动与挤出、注射过程中物料流动形式相仿，因而具有实用价值，而且在测试过程中还能观察到熔体的出口膨胀和高剪切速率下的熔体破裂现象。挤压式毛细管流变仪根据测量原理不同分为恒速型（测压力）和恒压型（测流速）两种，通常的高压毛细管流变仪多为恒速型，熔融指数仪属于恒压型毛细管流变仪的一种。

1. 挤压式毛细管流变仪的基本构造

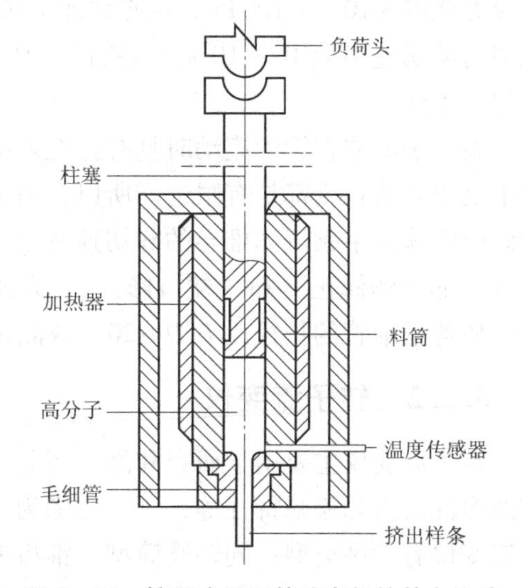

图 3－24　挤压式毛细管流变仪的基本构造

挤压式毛细管流变仪的基本构造如图 3－24 所示，其核心部分为一套精致的毛细管，口径为 0.508～1.523 mm，长径比通常为 $L/D=10/1$、20/1、30/1、40/1 等。料筒由恒温加热器控制温度，料筒内物料上部的可移动柱塞，可液压加载，也可砝码加载。物料受热变为熔体后，在柱塞高压作用下，从毛细管挤出，由此测量物料的黏弹性。

2. 挤压式毛细管流变仪的测量原理和方法

1）牛顿性流体的测量

对于牛顿性流体，毛细管管壁处的剪切速率 $\dot{\gamma}_w$ 和剪应力 τ_w 分别为

$$\dot{\gamma}_w = \frac{4Q}{\pi R^3} = \frac{4}{R}\bar{v} \tag{3-45}$$

$$\tau_w = \frac{R}{2} \cdot \frac{\Delta p}{L} \tag{3-46}$$

式中，R 为毛细管的半径，cm；L 为毛细管的长度，cm；$\bar{v}$ 为柱塞移动速度，cm/min；Δp 为柱塞上的压力或毛细管两端的压差，Pa；Q 为流体体积流量，cm^3/s。根据这两个公式，只要测出流量 Q 或柱塞移动速度 $\bar{v}$ 和压差 Δp，便可直接求出牛顿性流体在毛细管管壁处的剪切速率 $\dot{\gamma}_w$ 和剪应力 τ_w，进而根据 $\mu = \frac{\tau_w}{\dot{\gamma}_w}$ 计算出黏度。改变温度，则可得到黏度与温度的关系。

2）非牛顿性流体的测量

首先把流经毛细管的流体视为牛顿性流体，恒温下改变 ΔP，测量流率 Q 或柱塞移动速度 $\bar{v}$，按式（3-44）和式（3-45）求出毛细管管壁处的表观剪切速率 $\dot{\gamma}_a$ 和剪切应力 τ_w，将一组 τ_w 和 $\dot{\gamma}_a$ 在双对数坐标纸上绘制流动曲线图，按 $\lg\dot{\gamma}_a = \lg k' + m\lg\tau_w$ 关系从曲线上求得非牛顿指数 m 和流动常数 k_0，再按 $k = \frac{m+3}{4}k'$、$n = \frac{1}{m}$ 和 $\eta_a = \frac{\tau_w}{\dot{\gamma}_a}$ 关系求出非牛顿指数 n、流动度 k 和表观黏度 η_a；改变温度，则可得到表观黏度 η_a 与温度的关系及黏流活化能 E_η；改变毛细管长颈比，则可得到离模膨胀比 B 与口模的关系；加大 ΔP 实现高压挤出，可观察到熔体破裂等不稳定流动现象。

改变柱塞移动速度和毛细管长径比，可以使毛细管的剪切速率范围为$10^{-1} \sim 10^6 s^{-1}$、剪切应力范围为$10^{-1} \sim 10^6$ Pa。在通常加工条件下，挤出成型的剪切速率为 $10 \sim 10^3 s^{-1}$，注射成型的剪切速率为$10^3 \sim 10^4 s^{-1}$。所以，从挤压式毛细管流变仪得到的流动数据更接近实际的加工条件。

高分子流体在管中流动时具有弹性效应、壁面滑移和流动过程的压力降等特性，况且实验中毛细管的长度都是有限的。所以，由上述推导测得的实验结果会有一定的偏差。为此，对假设流体为牛顿流体推导的剪切速率 $\dot{\gamma}_w$ 和适用于无限长圆形毛细管的剪切应力 τ_w 必须进行“非牛顿修正”和“端口修正”，方能得到毛细管管壁上的真实剪切速率和真实剪切应力。如若毛细管的长径比 $L/D > 20$，或测试数据仅用于实验对比时，也可以不做修正要求。

3.5.2 转子流变仪

转子流变仪主要用于研究和测定高分子流体在狭缝间的黏性和流动行为，研究高分子流体的弹性行为和松弛特性等，测量范围为 $\dot{\gamma} = 10^{-3} \sim 10^5\ s^{-1}$。根据转子几何构造的不同，转子流变仪有三种类型：同轴圆筒型、锥板型、平行板型。同轴圆筒流变仪主要用于高分子浓溶液，锥板型和平行板型流变仪主要用于高分子熔体，而平行板更适合黏度很高的及固体高

分子塑性行为的研究。

1. 转筒流变仪

同轴圆筒流变仪有转筒流变仪和转轴流变仪两种，两者结构和工作原理是相同的。如图 3－25 所示，转筒流变仪外部为一平底圆筒，圆筒内为一个与它同轴的圆柱体；在圆筒和圆柱间形成一个环形狭缝，高分子液体盛于狭缝中；圆筒和圆柱做相对旋转。转筒流变仪和转轴流变仪不同之处在于：转筒流变仪是筒旋转，转轴流变仪是轴旋转。下面以转筒流变仪为例来介绍同轴圆筒流变仪的测定原理。

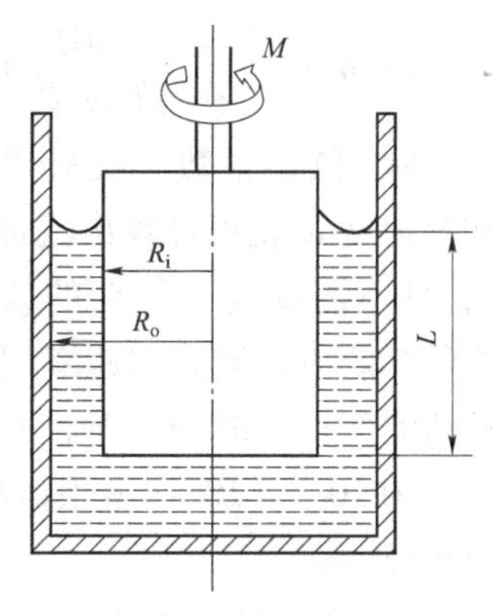

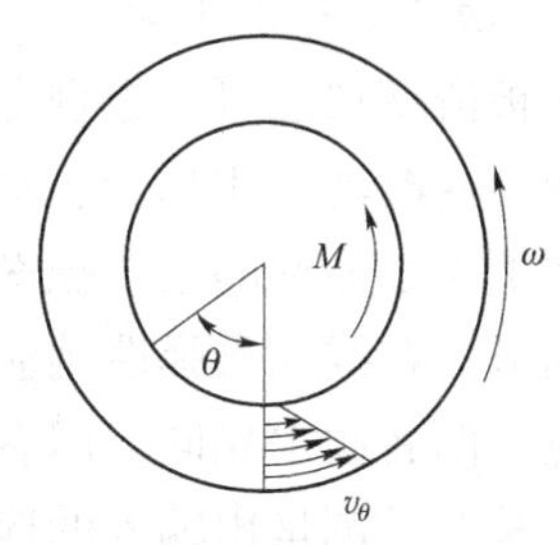

图 3－25　转筒流变仪的结构和速度分布

圆筒由精确的无级调速机构带动旋转。圆柱则悬挂于一测力装置上，并通过弹簧和仪器相连。当圆筒以恒定角速度 ω 旋转时，狭缝间的液体受到剪切作用而流动，液体的黏性带动圆柱转动，当圆柱的转矩 M 与弹簧力相平衡时就停止转动。这时，测出圆柱的转矩 M 和圆筒的转速 ω 就可分别计算出狭缝中不同位置上的剪切应力、剪切速率和液体黏度（或表观黏度）。

平衡时，距轴心 r（$R_i \leqslant r \leqslant R_o$），液体深度为 L 处的剪切应力 τ 和剪切速率 $\dot{\gamma}$ 为

$$\tau = \mu \frac{dv}{dr} = \mu r \frac{d\omega}{dr} = \frac{M}{2\pi r^2 L} \tag{3-47}$$

$$\dot{\gamma} = \frac{2\omega R_i^2 R_o^2}{r^2 (R_o^2 - R_i^2)} \tag{3-48}$$

则液体黏度（或表观黏度）：

$$\mu\ (\text{或 } \eta_a) = \frac{M}{4\pi L\omega}\left(\frac{1}{R_i^2} - \frac{1}{R_o^2}\right) \tag{3-49}$$

对于非牛顿流体，通过改变圆筒的角速度 ω，可测出不同剪切速率下的表观黏度和剪切应力（或剪切速率）及剪切应力和剪切速率的关系。

2. 锥板流变仪

锥板流变仪核心结构由一个外锥角 θ 很小的圆锥体和一块同轴圆板组成，被测液体充入其间，锥体和圆板相对旋转，如图 3－26 所示。与同轴圆筒流变仪一样，转动部分可以是平板，也可以是锥体。

1）黏度测量

当圆板以一定角速度 ω 旋转时，带动流体随之运动，流体作用锥体使其产生一个扭矩 M。经推导可得出，距轴心 r 处，流体的剪切速率、剪切应力为

$$\dot{\gamma} = \frac{r\omega}{r\tan\theta} = \frac{\omega}{\theta} \tag{3-50}$$

$$\tau_r = \frac{3M}{2\pi r^2} \tag{3-51}$$

于是，流体的黏度（或表观黏度）为

$$\mu\ (或\ \eta_a) = \frac{\tau_R}{\dot{\gamma}} = \frac{3\theta M}{2\pi\omega R^2} = \frac{1}{b}\cdot\frac{M}{\omega} \quad (3-52)$$

式中，b 为仪器常数。故只要测定实验时的转矩 M 和角速度 ω 就可计算出流体的黏度（或表观黏度），且不需要进行复杂的修正。由于高分子流体的爬杆效应，当剪切速率超过 100 s^{-1}时，流体容易从流变仪狭缝中上升，故锥板流变仪通常只用于 $\dot{\gamma}$ 在10^{-3} ~ 10 s^{-1}范围内高分子流体流变行为的研究。

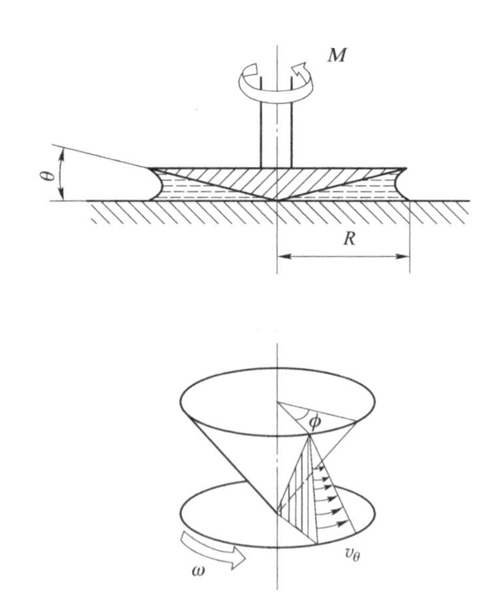

图 3－26　锥板流变仪结构示意及速度分布

2）动态黏弹性测量

锥板流变仪还可用于测量小振幅下的动态力学性能，这时转子不做定向转动，而是在控制系统调制下做小振幅的正弦振荡，振荡频率 ω 可以进行调节。在线性黏弹性响应范围内，若从转子输入正弦振荡的应变，可测得正弦振荡的应力响应，两者频率相同，但有一个相位差 δ（$0<\delta<\pi/2$）。

实验时，测量出输入的应变振荡振幅 γ_0、输出的应力响应振荡振幅 σ_0、相位差 δ，然后根据公式计算出一定振荡频率下物料的储能模量 $G'(\omega)$、损耗模量 $G''(\omega)$、损耗角正切 $\tan\delta$、复数模量 $G^*(\omega)$ 和复数黏度 $\eta^*(\omega)$，改变频率可求得上述物理量与振荡频率 ω 的函数关系。

3. 平行板流变仪

平行板流变仪核心结构由一对同轴圆板组成，被测液体充入其间，上下两圆板相对旋转，如图 3－27 所示。平行板流变仪可以看作是转筒流变仪在 R_i 和 R_o 无穷大时的情况，它不但可以测定黏度很高的高分子塑性行为，还可以测定弹性体、橡胶的动态力学性能和橡胶硫化参数，门尼黏度计和硫化仪都属于平板式流变仪。

3.5.3　落球式黏度计

落球式黏度计是测定高分子溶液黏度的常用仪器之一，其结构如图 3－28 所示。采用落球式黏度计测量时，不易得到剪切应力和剪切速率等基本流变数据，而且球在运动过程中，流体中各部分的剪切速率值不均匀，故数据处理很困难。所以，落球式黏度计很少用来测定熔体的黏度，用于非牛顿液体也难以全面分析。

对于牛顿液体，球附近的最大剪切速率 $\dot{\gamma}_{max}$ 值约为

$$\dot{\gamma}_{max} = \frac{3v}{2r} \quad (3-53)$$

式中，v 为球下降的速度；r 为球的半径。

测试时，先在内径为 21 ~ 22 mm 的玻璃管中加待测液体过 a 线，待液体和玻璃管恒温一定时间后，将一和液体温度相同、直径为 3.175 mm 的小钢球从玻璃管口放入。小球靠重力下落，越过 a 线至 b 线的时间是液体的黏度函数，液体的黏度按下式计算。

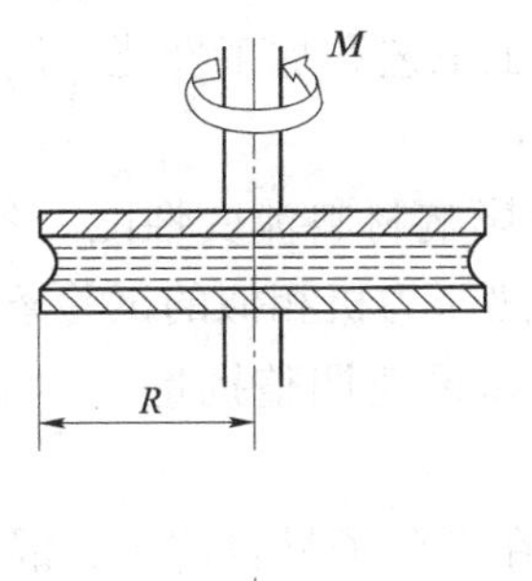

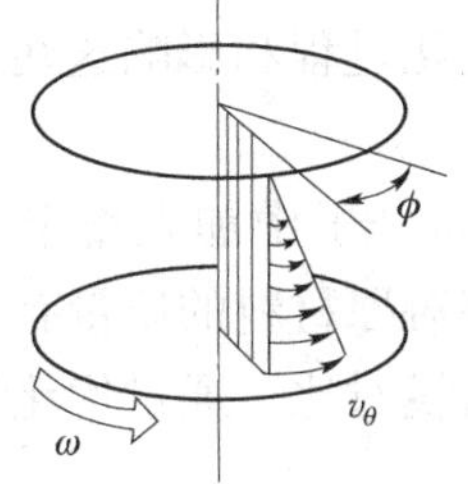

图3-27 平板流变仪的结构及速度分布

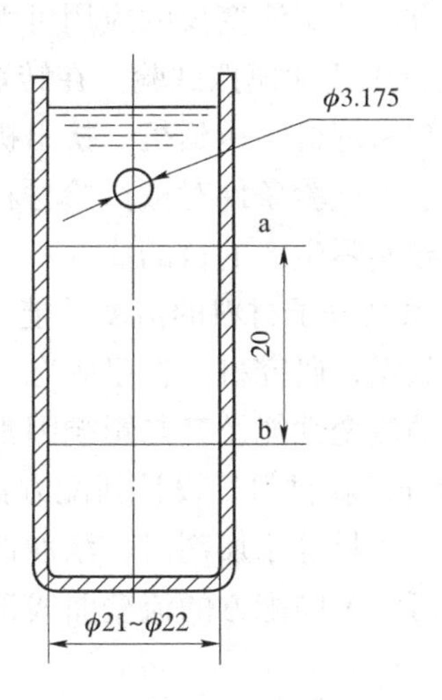

图3-28 落球式黏度计的结构和工作原理示意

$$
\begin{aligned}
\eta_0 &= \frac{2gr^2\ (\rho_r-\rho)}{9S}\left[1-2.104\left(\frac{d}{D}\right)+2.09\left(\frac{d}{D}\right)^3-0.95\left(\frac{d}{D}\right)^5\right]t \\
&= \frac{gd^2\ (\rho_r-\rho)}{18S}\left[1-2.104\left(\frac{d}{D}\right)+2.09\left(\frac{d}{D}\right)^3-0.95\left(\frac{d}{D}\right)^5\right]t
\end{aligned}
\tag{3-54}
$$

式中，r 为钢球半径；d 为钢球直径；ρ_r 为钢球密度；ρ 为待测液体密度；D 为玻璃管内径；S 为玻璃管上 a 线至 b 线的距离，通常为 20 mm；t 为钢球从 a 线运动到 b 线所需时间。

钢球在液体中下落时，液体中的剪切速率通常在$10^{-2}\,s^{-1}$以下，高分子熔体在这样的剪切速率下一般可认为是牛顿流体，因此测得的黏度是零剪切黏度 η_0。由于剪切速率难以准确计算，故不能研究黏度与剪切速率的关系，但可作为毛细管流变仪及旋转流变仪测量流动曲线时低剪切速率区域的补充。

3.5.4 转矩流变仪

转矩流变仪是一种多功能的组合型测量仪器，它由微机控制，并配置小型密炼器、小型螺杆挤出机及各种口模。转矩流变仪优点在于可模拟实际加工过程，其测量结果更具有工程意义。

测量时，被测试物料放入混合装置中，动力系统对混合装置外部进行加热并驱使混合装置的混合元件（螺杆、转子）转动，微处理机按照测试条件给予给定值，保证转矩流变仪在实验控制条件下工作。物料受混合元件的剪切、捏挤作用以及摩擦热、外部加热作用，发生一系列的物理、化学变化。在不同的变化状态下，测试出物料对转动元件产生的阻力转矩、物料温度、压力等参数。微处理机再将时间、物料的温度和压力、混合元件转速和转矩等测量数据进行处理，得出图形式的实验结果。

利用转矩流变仪可以测量高分子材料在凝胶、熔融、交联、固化、发泡、分解等作用状态下的塑化曲线，如转矩－时间曲线、温度－时间曲线以及转矩－转速曲线，以此了解成型加工过程中的流变行为及其规律，摸索高分子材料的加工工艺和加工性能，用作研究新材料和设计新配方。转矩流变仪的应用可大体分为四个方面：

（1）进行工艺性模拟试验。在转矩流变仪上通过对影响材料流变性能的各种参数测量，可以创造出与密炼机、压延机、挤出机、螺杆注射机、热压力机相似的试验条件。故可通过转矩流变仪了解试验条件对被试验材料的影响，以此可以迅速调整批量生产中的工艺条件，从而达到指导实际生产的目的。

（2）测量高分子材料的流变性能（或流变行为）。在高分子材料塑炼、混炼过程中，利用各种测试数据，研究材料在呈固态、半固态、熔态的变化过程和影响这些状态的因素，以此了解材料的流变性能及其与影响因素的关系。

（3）为开发新材料、设计新配方提供科学依据。在高分子中加入稳定剂、增塑剂、润滑剂、填料、颜料等添加剂时，添加剂的品种和数量，都对原材料的质量有很大影响。使用转矩流变仪可将不同配方的流变曲线记录下来，与标准曲线对比，通过优化筛选确定理想的配方。

（4）替代挤压式毛细管流变仪。当测试单元用挤出机和毛细口模时，可完成挤压式毛细管流变仪的功能。

这里仅介绍密炼器的测量原理及测量方法。如图 3－29 所示，密炼器由上顶栓、可拆卸“∞”形截面的混炼室和一对相向旋转的转子组成。

测试时，待温度达到设定值后把待测物料加入混炼室中，随后把上顶栓落下并加上标准载荷，然后启动动力系统让转子旋转。在测试过程中，被转子高度剪切的物料产生非线性的黏弹性响应，被测试物料反抗转子的阻力与物料黏度成正比，转子受到的反抗阻力借助扭矩测定出来。密炼器可给出的实验结果有：转矩－时间变化曲线、温度－时间变化曲线、机械能－时间变化曲线、转矩－转速变化曲线等。通过这些数据可了解物料的熔融塑化行为、高分子的热稳定性和剪切稳定性，评价高分子的分子结构和黏温特性等。

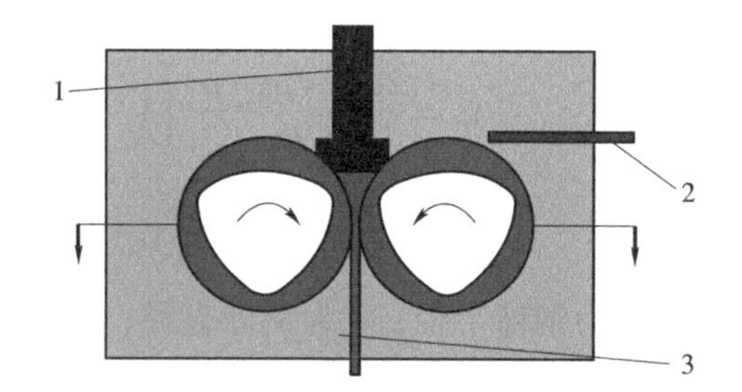

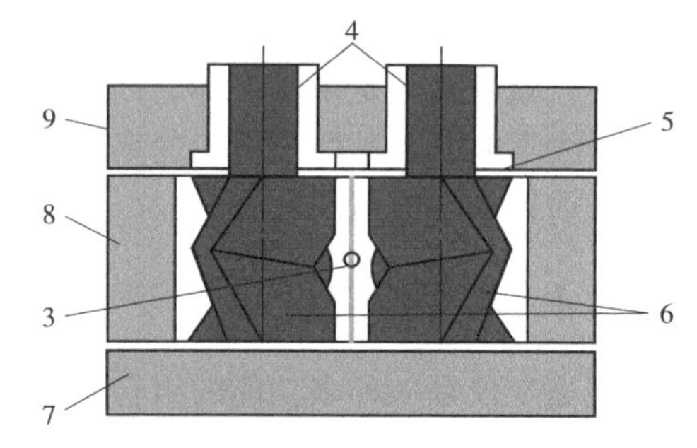

图 3－29　密炼器

1—上顶栓；2—温控热电偶；3—熔体热电偶；4—转轴；5—轴瓦；6—转子；7—前板；8—中间腔；9—后板

图 3－30 所示为硬质 PVC 配方在密炼器内的塑化曲线，反映了 PVC 熔融塑化过程中转矩、温度和机械能随时间的变化情况。转矩随时间变化，一方面反映了加工过程的黏度变化，另一方面反映了物料混合均匀程度的变化。混炼 5 min 时转矩下降到最低，说明此时 PVC 已塑化良好，各组分已混合均匀，此时可以停止混炼而出料。此后，虽然转矩仍然下降，但只是物料温度升高所致。

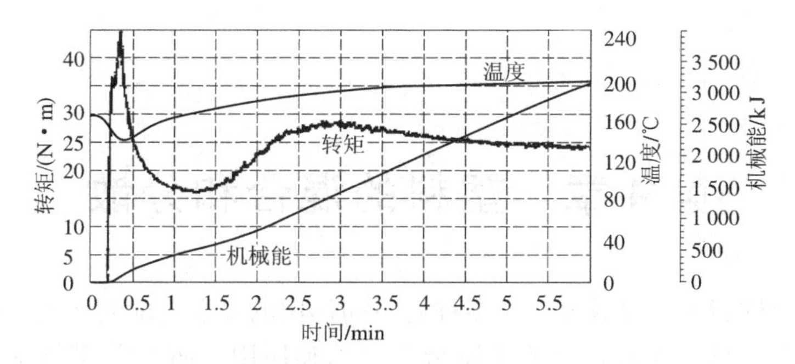

图 3－30　硬质 PVC 配方在密炼器内的塑化曲线

图 3－31 所示为聚乙烯交联行为的转矩变化曲线，混炼室内加入了聚乙烯与 1%～3% 的过氧化物，在不同温度下测定转矩随时间变化情况。从图 3－31 中可发现，随交联温度提高，转矩曲线变化剧烈且转矩绝对值上升，这说明高温下交联效率高，转矩大反映交联密度大，且高温下发生交联的时间短；温度低，交联程度下降，交联时间延长；温度低于 160 ℃，基本不发生交联反应。

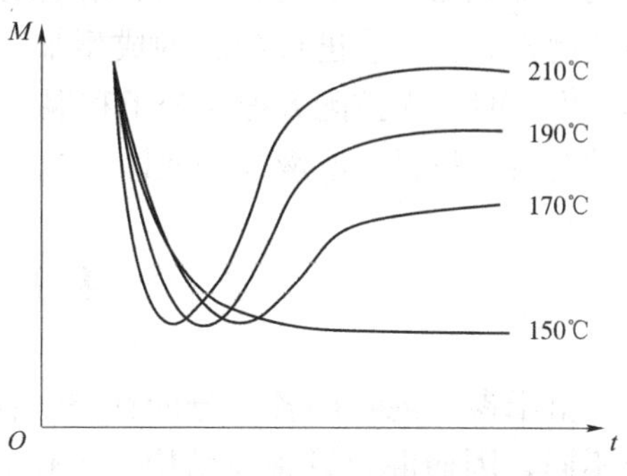

图 3－31　聚乙烯交联行为的转矩变化曲线

习题及思考题

1. 推导牛顿流体在简单圆管中的流动方程，并画出简单圆管中牛顿流体的剪应力分布和速度分布图。

2. 高分子流体在简单圆管中流动时，为什么流体中心区域温度降低，管壁附近区域温度升高？

3. 何谓入口效应？其造成的原因是什么？

4. 测量高分子流体通过口模或毛细管的剪切应力时，为什么要端口修正？应如何修正？

5. 离模膨胀机理是什么？影响因素如何影响离模膨胀？

6. 流体破裂和鲨鱼皮症造成的原因是什么？影响因素如何影响流体破裂和鲨鱼皮症？

7. 毛细管流变仪和转筒流变仪测定高分子液体流变性的原理是什么？

第 4 章　塑料的混合和分散

塑料是以合成树脂为主要成分，与多种起不同作用的配合剂配制而成的可塑性材料。在塑料制品的生产中，只有少数高分子（树脂）是单独使用，而绝大部分高分子都要与各种助剂（如热稳定剂、光稳定剂、增塑剂、润滑剂等），填料及其他种类高分子混合，进行塑料的制备后，才能进行制品的成型加工。塑料制品成型方法不同，对物料的形态要求也不同，生产时，先按配方把高分子和混入的物质混合均匀，并按成型方法要求制成一定几何形状的粉料、粒料、溶液或分散体。

4.1　混 合 设 备

由于参与混合的各组分的种类、性能不同，混合过程所处的阶段不同，对混合物的要求不同，因而混合设备在结构、工作原理、性能和操作控制上有很大不同，故出现了各式各样的具有不同性能特征的混合设备。一般按照操作方式将混合设备分为间歇式和连续式两大类。

4.1.1　间歇式混合设备

间歇式混合设备混料的全过程分三个步骤：投料、混合和卸料。间歇式混合设备适用于小批量、多品种的生产，可分为初混设备和混炼设备。

1. 初混设备

高分子（树脂）在非熔融状态下进行混合时所用的设备称为初混设备。常用的间歇式初混设备有捏合机、高速混合机、螺带式混合机等。

1）捏合机

捏合机是广泛用于塑料和橡胶工业的混合设备，适用于固固物料（非润湿性）和固液物料（润湿性）的混合，尤其适用于高黏度、弹塑性物料的混合，如在固态树脂中加入较多液态添加剂的加热混合。

（1）捏合机的结构组成。捏合机主要由转子、混合室和驱动装置组成，其主要结构是一个具有鞍形底钢槽的混合室和一对相向旋转的转子。转子的形状变化很多，最普通的是 S 形和 Z 形。典型的 Z 形捏合机结构如图 4－1 所示，其主转子转速为 20～40 r/min，副转子转速为 10～20 r/min。混合室钢槽采用不锈钢衬里，槽体装有加热、冷却的夹套。另外，捏合机上也可装抽真空装置以除去挥发物或空气。

（2）捏合机的工作原理。捏合机是靠转子转动对物料进行混合。小型捏合机采用较高转速，而大型捏合机为防止搅拌过程中升温过高而采用低速搅拌。混合时，物料借助于相向转动的一对转子（两个转子的速度可以不同）沿混合室的侧壁上翻而后在混合室的中间下落，再次为两转子所作用，这样周而复始，物料受到重复折叠和撕捏作用，

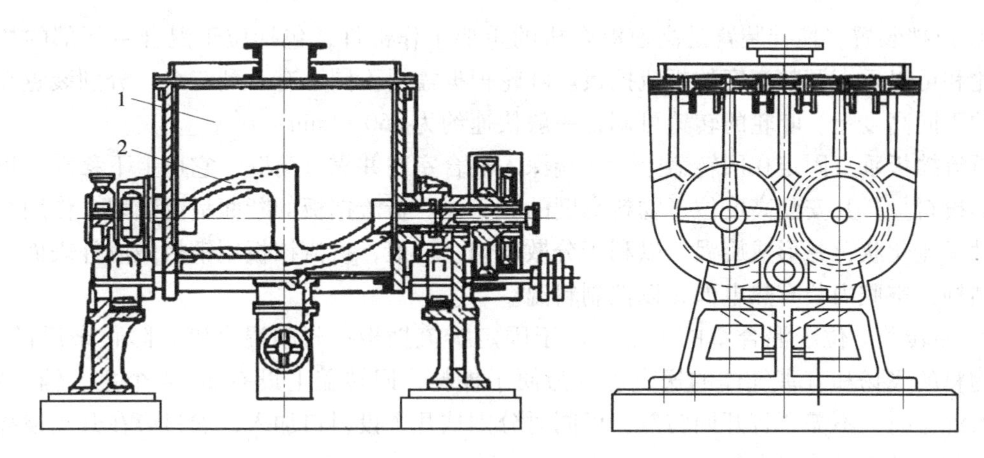

图 4－1　Z 形捏合机的结构

1—混合室；2—Z 形转子

从而得到均匀的混合。捏合机的混合，一般需要较长时间，半小时至数小时不等。

捏合机除可用外附夹套进行加热和冷却外，还可在转子的中心开设通道通冷、热载体，这样就可使温度的控制比较准确、及时。必要时，捏合机还可在真空封闭或惰性气体保护下工作，以排出水分与挥发物及防止空气中的氧对物料的影响。捏合机的卸料一般是靠混合室的倾斜来完成的，也有在槽底部开设卸料孔来完成的。

对于固态物料的混合，捏合机的混合效率虽较螺带式混合机高，但仍存在混合时间长，均匀性差等缺点，目前已较多的被高速混合机所代替。

2）高速混合机

高速混合机是使用较为广泛的混合设备，适用于固固物料和固液物料的混合，更适合配制粉料，可用于塑料的混色、配料，各种母粒的预混，共混材料的预混及填料表面处理等。

（1）高速混合机的结构。

高速混合机主要由排料装置、混合室、搅拌装置、驱动装置和加热系统组成，其主要结构是一个附有加热或冷却夹套的圆筒形混合室和高速转动的叶轮，如图 4－2 所示。

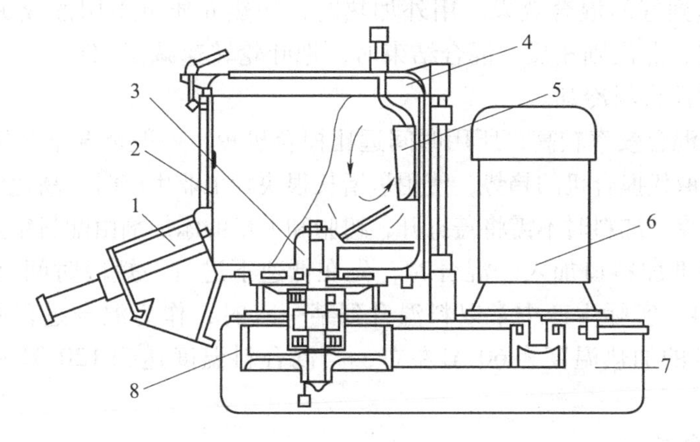

图 4－2　高速混合机的结构

1—排料装置；2—混合室；3—快速叶轮；4—回转盖；

5—折流挡板；6—驱动电动机；7—机座；8—V 轮传动装置

① 搅拌装置。搅拌装置是高速混合机的重要工作部件，包括位于混合室下部的快速转动叶轮和可以垂直调整高度的折流挡板。叶轮根据需要不同可有一到三个，分别装置在同一转轴的不同高度上。叶轮的转速可调，一般快速约为 860 r/min。

折流挡板垂直固定在回转盖上，下端深入混合室内并靠近筒壁，它可上下移动，以适应不同的投料量，其安装高度位于物料高度的 2/3 处。折流挡板的断面呈流线型，作用是使物料运动呈流化状，并形成旋涡，以利于分散均匀。一般，折流挡板用钢板做成外表面光滑的空腔结构，空腔内装有热电偶，以控制料温。

② 回转盖。位于混合室的上部，用于固定折流挡板；封闭混合室，防止杂质的混入、粉状物料的飞扬和有害气体的逸出等。为便于投料，回转盖上设有 2 ~ 4 个主、辅投料口，在多次混合时，不需要打开回转盖，可同时分别从几个投料口加入，加料应在开动搅拌后进行，以防止叶轮被物料卡住。

③ 排料装置。位于混合室底部前侧。排料阀门的开启或关闭一般由气压控制。

（2）高速混合机的工作原理。

如图 4 – 3 所示，混合时，高速旋转的叶轮借助表面与物料的摩擦力和侧面对物料的推力使物料沿叶轮切向运动。同时，因离心力的作用，物料被抛向混合室壁下部，受壁阻挡后，从混合室底部沿壁旋转上升，旋升至折流挡板处，因挡板的作用，物料停止上升而被抛向叶轮中心，然后再上升和下降，不停地循环运动。这样，快速运动着的粒子与混合室壁面及粒子间相互剧烈碰撞、摩擦；同时，折流挡板的旋涡状流态化作用，使物料又受到快速的重复折叠和剪切撕捏作用。这些作用可使团块和颗粒破碎，促进组分的均匀混合。

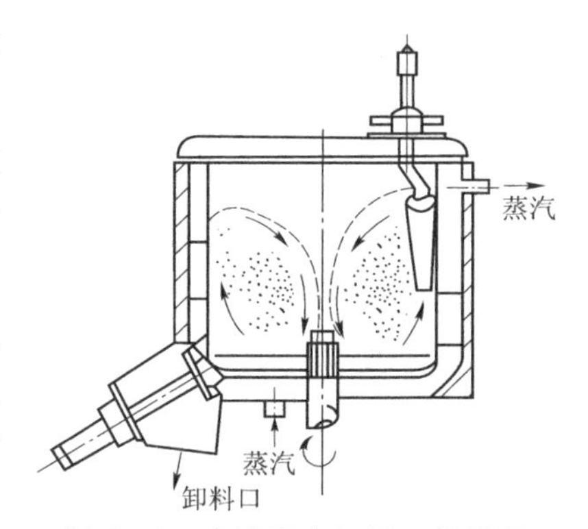

图 4 – 3　高速混合机的工作原理

在混合过程中，强烈的剪切摩擦作用，使物料的温度迅速升高，因此实际生产中，除了在气温较低情况下，开始混合时需要加热外，正常混合过程中无须外加热，依靠混合室内的摩擦热同样可以达到好的混合效果。用外加热时，加热介质可采用油或蒸汽。油浴升温较慢，但温度较稳定，蒸汽则相反。混合结束时，把叶轮转速减至 150 r/min 左右，并在夹套中通冷却水，可对混合料冷却。

高速混合机的混合效率较高，所用时间远比捏合机短，一般情况下每锅只需 8 ~ 10 min，因此近年来有逐步取代捏合机的趋势，使用量增长很快。工业生产时，高速混合机的每次加料量为几十至几百千克，加料时不需将盖打开，树脂和大量的添加剂由配料室风送入混合机，其余少量添加剂由顶部加料口加入。混合时，先在低速下进行一短段时间（0.5 ~ 1.0 min），然后进入高速混料。实际生产中常以料温升到某一点时，作为混合过程的终点，如 RPVC 管料混合时，设定的加热温度为 60 ℃左右，当混合料温度达到 120 ℃ ~ 130 ℃时就可结束混合。

3）螺带式混合机

螺带式混合机适用于固固物料和固液物料的混合，主要用于粉状或粒状物的混合，或粉状、粒状物料与少量液态添加剂的混合，如物料的混色、填充混合物的预混、PVC 的干混等。

（1）螺带式混合机的结构组成。螺带式混合机主要由 U 形容器、搅拌叶片和驱动装置组成，其主要结构是由一个附有加热或冷却夹套的U形长筒体混合室和螺带状转子，如图4-4所示。根据螺带的个数可分为单螺带混合机和双螺带混合机；根据螺带轴线的方向可分为卧式螺带混合机、立式螺带混合机和斜式螺带混合机。

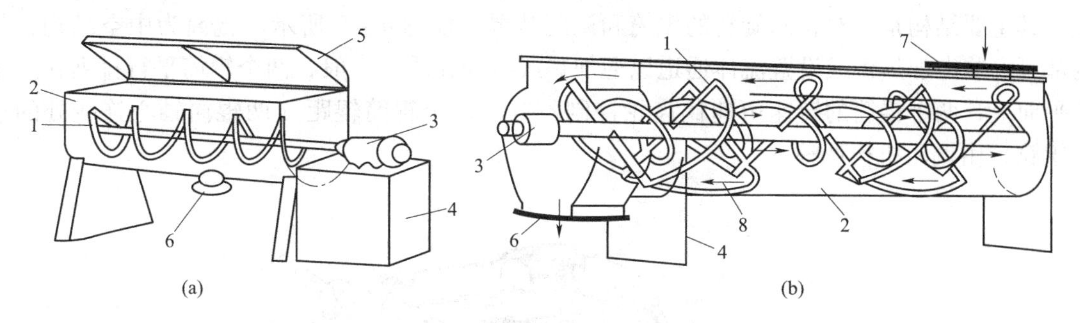

图4-4　螺带式混合机的结构

（a）卧式单螺带混合机；（b）卧式双螺带混合机

1—螺带；2—混合室；3—驱动装置；4—机架；5—上盖；6—卸料口；7—进料口；8—物料流动方向

（2）单螺带混合机的工作原理。卧式单螺带混合机是最简单的螺带混合机。螺带旋转时，螺带推力棱面带动与其接触的物料沿螺旋方向移动，并上、下翻滚，这样就形成了螺带推力棱面一侧部分物料发生螺旋状的轴向移动，而螺带上部与四周的物料又补充到螺带推力面的背侧（拖曳侧），于是发生了螺带中心处物料与四周物料的位置更换。随着螺带的旋转，推力棱面一侧的物料渐渐堆积，物料的轴向移动现象减弱，仅发生上、下翻转运动，故卧式单螺带混合机主要是靠物料的上下运动达到径向分布混合的，而轴线方向物料的分布作用很弱，因而混合效果并不理想。

（3）双螺带混合机的工作原理。混合室内有回转半径不同、螺旋方向相反的两根螺带。螺轴转动时，两根螺带同时搅动物料上、下翻转，由于两根螺带外缘回转半径不同，对物料的搅动速度便不同，显然有利于径向分布混合。同时，外螺带将物料从右端推向左端，而内螺带（外缘回转半径小的螺带）又将物料从左端推向右端，使物料形成了轴向的往复运动，产生了轴向的分布混合。所以，与单螺带混合机相比，双螺带混合机对物料的搅动作用较为强烈，除了具有分布混合作用外，尚有部分分散作用，可使部分物料结块破碎。

螺带式混合机的容量可自几十升至几千升不等，混合作用较为柔和，产生的摩擦热很少，一般不需冷却。螺带式混合机除了作为一般混合设备外，还可作为冷却混合设备。目前，螺带式混合机已很少用于物料的混合，而多用在物料高速混合后的冷却，作冷混机用。

2．混炼设备

将高分子熔融塑化，并同时将各种混入物质进一步均匀分布和分散在高分子熔体中所用的设备称为混炼设备。间歇式混炼设备中最主要代表是开炼机和密炼机，二者具有优异的分布和分散混合性能，有些情况是连续混合设备所不能替代的，故至今仍应用于塑料的混合。但它们的缺点也是很明显的：工作不连续，热效率低，能耗大，过程不易精确控制，每次循环采用的控制条件可能不完全相同而引起混合质量不稳定，操作人员劳动强度大，工作条件差。

1）开炼机

开炼机又称双辊炼塑机或炼胶机，它具有良好的混炼性能，混合时间和混合强度可以调节，直至达到混合质量要求，且在混合过程中能很方便地检查混合状态。这种机器结构简单，操作方便，应用普遍，但开炼机结构庞大，塑炼效率低，操作条件差，散热量大，能量利用不合理，不同批次混炼物料的质量有差别。

（1）开炼机的结构组成。开炼机主要由辊筒、调距机构、驱动装置及紧急停车装置组成，其主要结构是一对相向旋转的辊筒和调距装置，如图4－5所示。辊筒为中空结构，其内部可安装电加热棒或设置流体通道以通加热或冷却介质。一般，两个辊筒平行排列在一个水平面上，两个辊筒的转速由速比齿轮控制不等，两个辊筒辊距（两辊筒轴心连线处的最小辊隙）由调距机构调整。

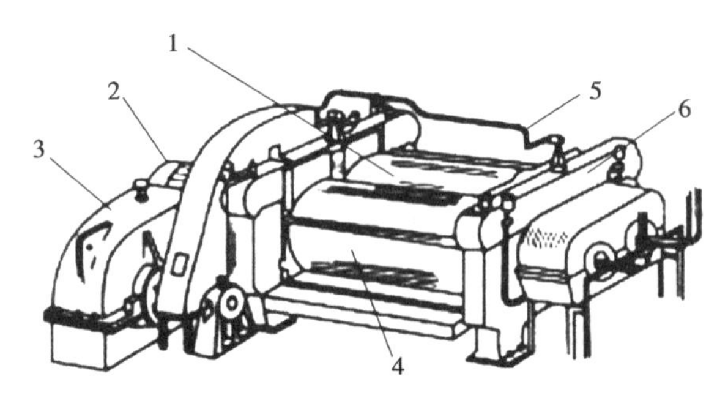

图4－5　开炼机的结构

1—后辊；2—电动机；3—减速器；4—前辊；
5—紧急停车开关；6—机架

（2）开炼机的工作原理。开炼机工作时，物料加到相向转动两辊筒的辊隙上，摩擦力的作用使物料被拖拽入两辊筒的间隙而流动，由于辊缝是逐渐减小的，因此当物料向前行进时，辊筒对物料的压力越来越大，物料受到强烈的挤压，同时因两辊筒转速不等，物料又受到强烈的剪切。挤压使物料增密、压实，并增大剪切效果。剪切使物料受撕扯和磨碾。在开炼机辊筒间隙的反复挤压和剪切作用下，物料中大的固体颗粒和团块被逐步破碎细化，各组分相互运动逐渐分布混合均匀。

（3）开炼机的主要技术参数。主要有辊筒直径与长度、辊筒线速度与速比。

① 辊筒直径与长度。辊筒直径与长度是表征开炼机规格的主要参数，是选开炼机的重要依据。一般随开炼机辊径增大、辊筒工作长度加长，开炼机的塑炼能力提高。国产开炼机的辊筒直径与工作长度匹配有160 mm×320 mm、230 mm×630 mm、400 mm×1 000 mm、450 mm×1 100 mm、550 mm×1 500 mm。

② 辊筒线速度与速比。辊筒线速度是指辊径上的切线速度。辊筒速比是指两辊筒的线速度之比，一般指后辊的线速度与前辊的线速度之比。

辊筒线速度的大小，与开炼机塑炼能力直接相关。一般辊筒线速度越大，塑炼能力也越高。目前，国内开炼机辊筒线速度最高为32 m/min。

辊筒速比值大于1，通常为1.2～1.3。两辊筒线速度有差别，可增强剪切作用，提高混炼效果。

③ 生产能力。指开炼机在单位时间内塑炼物料的量，用字母Q表示，单位kg/h。

$$Q=\frac{60a_0\rho V}{t} \tag{4-1}$$

式中，V为一次投料量，L；ρ为物料密度，g/cm^3；t为一次塑炼物料的时间，min；a_0为设备利用系数，一般取值范围为 0.85 ~0.9。

生产能力直接反映开炼机塑炼物料能力，也是选开炼机的主要依据参数。

④ 一次投料量。指开炼机一次投入所能塑炼物料的量，是开炼机允许投料的合理容量。通常物料全部包覆前辊时，两辊间同时存有适量积料是合理的。一次投料量是影响生产能力的主要因素。一次投料量过多时，物料不能及时进入辊隙，塑炼时间延长，生产能力降低；一次投料量过少时，辊隙间物料充不满，塑炼作用降低，也使塑炼时间延长，生产能力降低。合理的容量为

$$V = KDL \tag{4-2}$$

式中，V 为一次投料量，L；K 为经验系数，一般取值范围为 0.006 5 ~0.008 5 L/cm²；D 为辊筒直径，cm；L 为辊筒工作长度，cm。

2） 密炼机

与开炼机相比，密炼机的混炼室是密闭的，混合过程中物料不会外泄，也较易加入液体添加剂，混炼效率高，工作环境好，劳动强度低，易实现自动控制。但缺点是能耗大，排料和清理困难。

（1） 密炼机的结构。密炼机主要由密炼室、转子、上顶栓及驱动装置组成，其主要结构是一对相向旋转的螺旋形突棱的转子和一个附有加热和冷却系统的“∞”形截面密炼室，如图 4－6 所示。

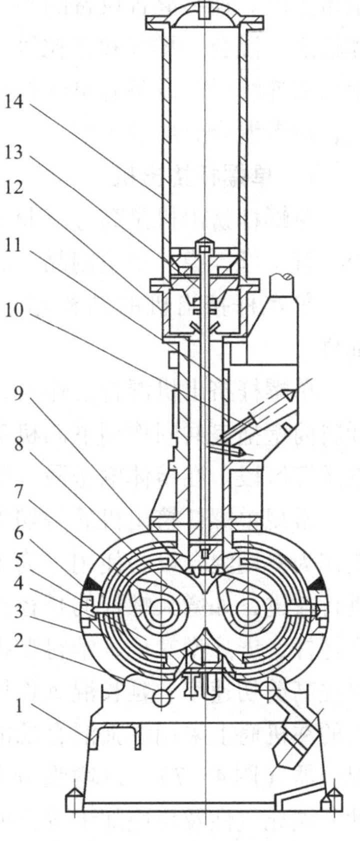

图 4－6　密炼机的结构

1—底座；2—卸料门锁紧装置；3—卸料装置；4—下机体；5—下密炼室；6—上机体；7—转子；8—上密炼室；9—压料装置；10—加料装置；11—翻板门；12—填料箱；13—活塞；14—气缸

（2） 密炼机的工作原理。密炼机工作时，物料由密炼机上部的加料口加入，上顶栓将物料压入混炼室，工作过程中，上顶栓在气压作用下始终压住物料，使混炼作用更强烈。两个转子的侧面顶尖以及顶尖与密炼室内壁之间的距离都很小，故物料在转子作用下受到强烈的摩擦、剪切、捏挤，物料中较大的团块被逐步破碎细化，各组分相互运动逐渐分布混合均匀。

（3） 密炼机的主要技术参数。其主要有总容量和工作容量、上顶栓对预混料的压力、生产能力、转子转速。

① 总容量和工作容量。总容量是指密炼机密炼室的实际容积。工作容量指密炼机一次装料量（或称额定容量），在总容量的 55% ~75% 范围内选取。工作容量的大小表示密炼机的塑炼能力的高低，工作容量大，混炼能力强。对于总容量一定的密炼机而言，工作容量选取过大时，一次投料量过多，会造成物料塑炼不充分；而选取过小时，密炼室投料后，空间较大，物料运动阻力小，塑炼效果减弱。

② 上顶栓对预混料的压力。在一定范围内增加上顶栓压力可以使物料混炼作用增强，有利于缩短塑炼时间，相应提高密炼机的生产能力。

一般上顶栓压力为 0.1 ~0.6 MPa，最高压力已发展到 1 MPa。上顶栓压力的取值，可根据加工物料的软硬来选，

一般硬料比软料取值大。

③ 生产能力。指单位时间内塑炼物料的质量，用字母 Q 表示，单位 kg/h。

$$Q=\frac{60a_0\rho V}{t} \tag{4-3}$$

式中，V 为一次投料量，L；ρ 为物料密度，g/cm^3；t 为塑炼周期，min；a_0 为设备利用系数，一般取值范围为 0.8 ~0.9。

④ 转子转速。转子转速高，剪切速率大，塑炼时间可缩短，但摩擦生热快。一般转子转速为 20 ~60 r/min，最高已发展到 120 r/min。

4.1.2 连续式混合设备

连续混合设备是塑料制备和塑料改性中用得最多、最广泛的设备。连续混合设备的主要特点是混合过程连续，效率高，混合性能好，过程易于控制、易操作，环境友好，适用于大批量生产。连续混合设备的整个混合过程包括加料，固态物料的输送，物料的塑化熔融，熔体输送、混合、排气和造粒等。其中混合主要是在物料的熔融和熔体输送中进行和完成的。常用的连续混合设备有单螺杆挤出机和双螺杆挤出机等，前者结构简单、价格便宜、操作方便，后者混合分散效果好。

1. 单螺杆挤出机

单螺杆挤出机是高分子材料加工中用得最广泛的设备之一，主要用于挤出造粒，成型板、管、丝、膜、中空制品、异型材等，也有用来完成某些混合任务。

单螺杆挤出机的结构组成见第 5 章的 5.1.1。螺杆和料筒是单螺杆挤出机的混炼部件。

单螺杆挤出机混合工作时，初混物料在重力作用下自料斗落入螺槽中，在螺杆斜棱推挤和料筒壁拖曳共同作用下向机头方向前进，期间物料要经历固体输送、压缩熔融、熔体混合输送等区段。在熔体输送段，熔体以环状层流形式流动，故物料在这里进行了混合。

常规单螺杆挤出机的剪切力相对较小，熔体环状层流较弱，故其分散混合能力有限，不能作为专用混合设备使用。为了克服单螺杆挤出机混合效果差的缺点，在螺杆和机筒结构上进行改进，如增大螺杆的长径比，在螺杆上加混合元件和剪切元件开发出分离型螺杆、分流型螺杆、屏障型螺杆、销钉型螺杆、组合螺杆等专门结构的混炼螺杆（见第 5 章图 5 -5），以提高剪切速率、延长混炼作用时间和加强对物料的分割和扰动，从而提高混合分散效果；有的在机筒上采用增强混合功能结构，如机筒销钉结构；也有在螺杆和机头间设置所谓静态混合器（图 4 -7），以增强分布混合。通过这些措施，使单螺杆挤出机已广泛用于共混改性、填充改性及反应加工等方面。

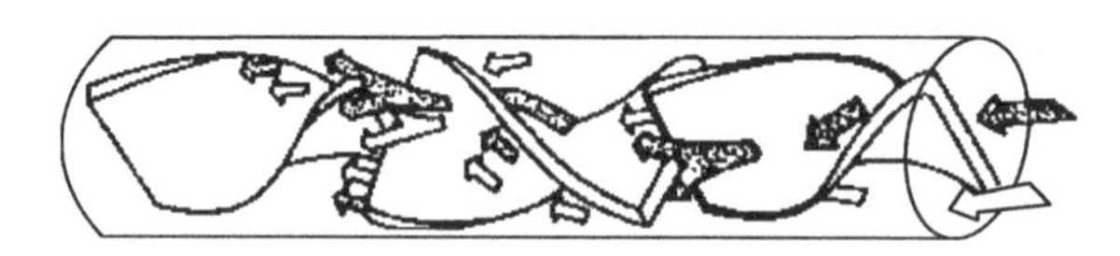

图 4 -7 静态混合器示意图

2. 双螺杆挤出机

双螺杆挤出机是极为有效的混合设备，可用作粉状塑料的熔融混合、填充改性、纤维增强改性、共混改性以及反应性挤出等。

双螺杆挤出机的结构组成见第 5 章的 5.1.2。

双螺杆挤出机混合工作时，初混物料在重力作用下自料斗落入两螺杆间，即被转动的两根螺杆啮合卷入机筒，并绕着螺杆向前移动，在移动过程中受热和受剪切而逐渐升温和熔融。在双螺杆挤出机内，物料无论在固态，还是在熔态都受到强烈的啮合和剪切，故物料的混合作用强，塑化质量好。

3. 行星螺杆挤出机

行星螺杆挤出机是一种多螺杆挤出机，具有混炼和塑化双重作用。

1）行星螺杆挤出机的结构

行星螺杆挤出机由传动系统、挤压系统、加料系统和控温系统组成。其结构如图 4－8 所示。

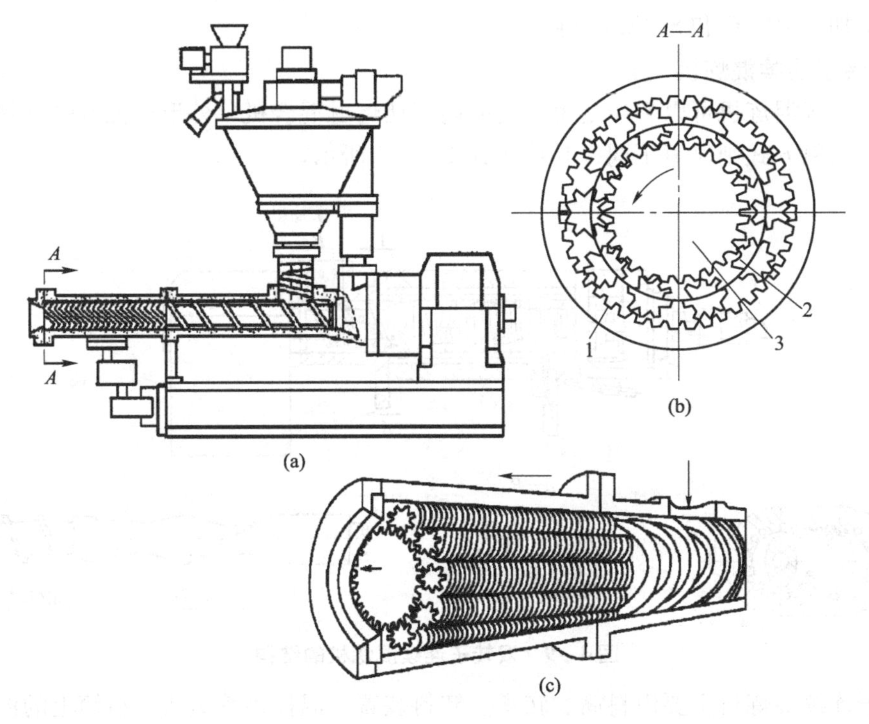

图 4－8　行星螺杆挤出机的结构

（a）整体示意图；（b）A—A 截面图；（c）挤出系统剖视图

1—机筒；2—中心螺杆；3—行星螺杆

行星螺杆挤出机的螺杆一般由三段组成：第一段为加料段，与常规单螺杆相同；第二段为行星螺杆段，由主螺杆加 6～18 根与之啮合的小螺杆和带有内齿的机筒组成，类似于行星轮系，与普通挤出机的混炼段不同的是，其螺杆的螺纹断面为渐开线形，螺旋角为 45°，当主螺杆转动时，行星螺杆被带动，它们除自转外，还绕主螺杆做公转，形成多道间隙；第三段因用途而设定，或再设一段单螺杆，或与另一台挤出机组成双阶。

2）行星螺杆挤出机的工作原理

松散物料经加料器压缩，强制送入挤出机加料段后受到摩擦和预热。当物料在后方物料推挤下进入行星段时，在主螺杆、行星螺杆以及机筒的啮合作用下，被压成 0.2～0.4 mm

厚的薄片，螺旋向前输送，且表面不断更新。在输送过程中，物料在加热装置的热量、挤压剪切和摩擦产生的热量作用下很快塑化。随着上述过程的进行，物料被进一步混炼。塑化混合均匀后即可出料，出料方式视用途和第三段结构而定，可直接造粒，也可为压延机喂料或直接挤出制品。

3）行星螺杆挤出机的特点

（1）物料和螺杆、机筒间换热面积大，传热良好，因而有高的塑化效率。

（2）全部啮合螺杆的总啮合次数高（最高可达 3×10^5 次/min），大大增加了对物料的捏合、挤压、剪切和搅拌次数，故具有良好的分布、分散混合能力。

（3）良好的自洁作用和排气性能。

（4）物料停留时间短。在相同挤出量下（如挤出量为 100 kg/h），普通单螺杆挤出机为 40 ~ 70 s，双螺杆挤出机为 30 ~ 60 s，而行星螺杆挤出机仅为 20 ~ 40 s，故能加工热敏性塑料，常用于加工 RPVC 和 SPVC 塑料。

4. 双转子连续混炼机

双转子连续混炼机可以看作是第三代的高剪切熔融混合机，外形很像双螺杆挤出机，但加料方式和出料方式则显著不同，其结构如图 4 –9 所示。

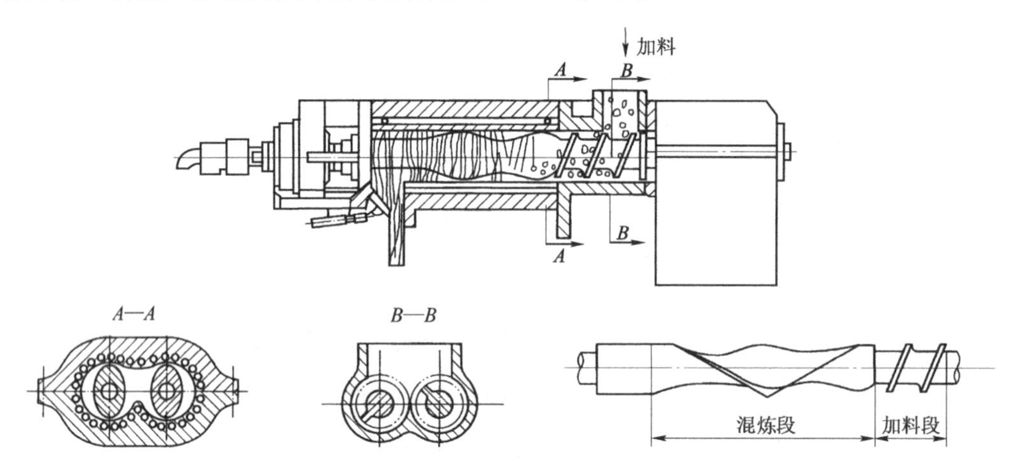

图 4 –9 双转子连续混炼机的结构

双转子连续混炼机主要由料筒、转子、卸料装置、温控系统组成。料筒上的混炼腔为两个相互贯通的、横截面为圆形的孔。料筒上还开设冷却水孔，并备有电加热器。转子由加料段、混炼段和出料段组成，两个转子相向旋转，但速度不同。转子加料段如同两根非啮合型的双螺杆，物料在螺纹推动下前进，达到混炼段。混炼段的转子则更像一对密炼机的转子，其表面有两对旋转方向相反、螺旋角各不相同的螺纹，物料在混炼腔受到挤压、剪切、捏合而被粉碎、塑化熔融和混合。出料段通常为圆柱体或为螺纹段。卸料装置由卸料阀和调节装置所组成，通过卸料调节装置，可以控制卸料阀的开启度，进而控制物料在混炼段的停留时间和混炼时间。

4.1.3 混合机组

将间歇式混合机和连续式螺杆挤出机组合到一起，形成连续工作的混合机组，既继承了间歇式混合机的性能优异、混合效率高的优点，又具有连续混合机能连续工作的特性。如

FMVX 混合机组，它由一个连续喂料系统加一台带有上顶栓的异向旋转双转子密炼机和一台单螺杆挤出机组合而成，如图 4－10 所示。其中混炼的主要功能由密炼机完成，单螺杆挤出机的作用是进一步补充混炼和稳定挤出。该机组既具有密炼机良好的混炼效果，同时通过单螺杆挤出机的串联又实现了物料的连续输送和塑化。

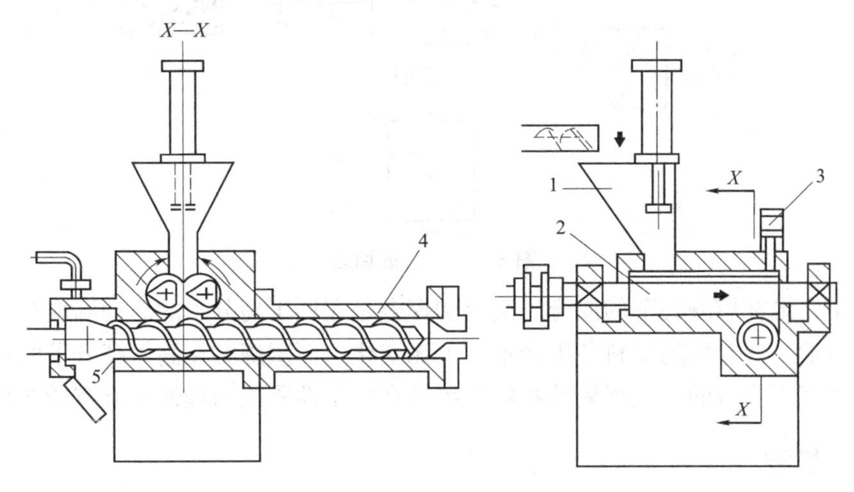

图 4－10　混合机组

1—料斗；2—混炼室；3—压料杆；4—螺杆；5—清料口

4.2　混合机理

所谓混合，包含混合和分散两方面的含义。混合是将各组分相互分布在各自所占的空间中，即两种或多种组分所占空间的最初分布情况发生变化，其原理如图 4－11 所示。分散是指混合中一种或多种组分的物理特性发生了一些内部变化的过程，如颗粒尺寸减小或溶于其他组分中，分散原理如图 4－12 所示。混合和分散操作，一般是同时进行和完成的，即在混合过程中，由于机械搅拌、研磨、粉碎作用，被混物料的粒子尺寸不断减小，从而达到均匀分散。

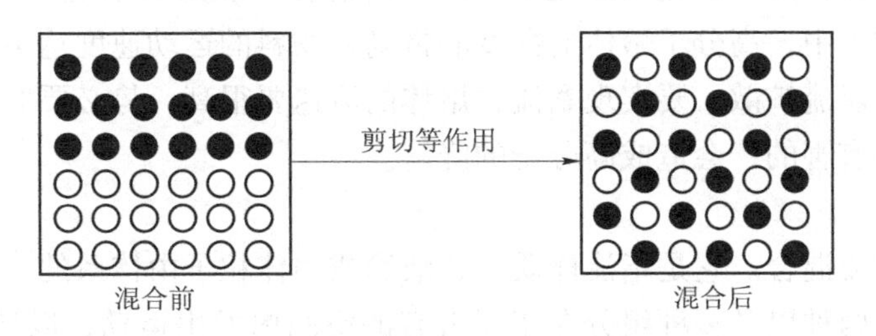

图 4－11　混合原理

塑料制备过程中，常见的混合过程有：混合、捏合和塑炼。混合，是指粉状高分子与粉状添加剂混合，或粉状物料与少量液体添加剂的混合，如 RPVC 管料的制备，是粉状 PVC 与粉状碳酸钙、热稳定剂及少量液体增塑剂在高速混合机内的混合。捏合，是指粉状高分子和较多量液体添加剂的混合，如软质 PVC 料的制备，是粉状 PVC 和 30% 以上增塑剂在捏合机中的混合。塑炼，是指高分子熔体间，或高分子熔体与液体及固体添加剂间的混合，如聚

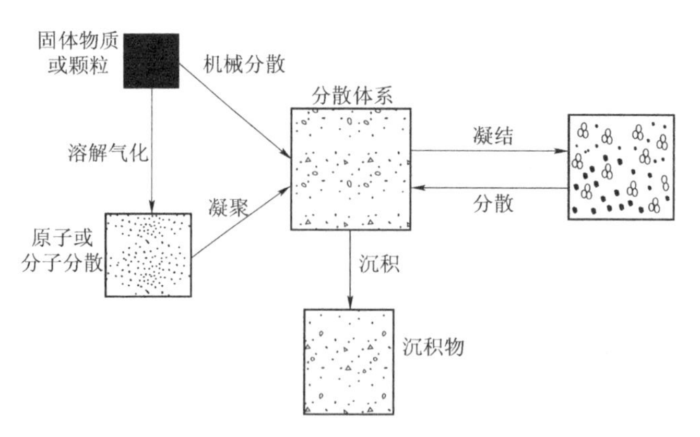

图 4-12 分散原理

苯乙烯和聚丁二烯在熔融态下的混合。混合和捏合是在低于高分子的流动温度和较缓和的剪切速率下进行的，混合后的物料各组分本质上无变化，而塑炼是在高于高分子的流动温度和较强的剪切速率下进行的，塑炼后的物料各组分在化学性质或物理性质上有所变化。

4.2.1 扩散

按照 Brodkey 混合理论，混合涉及三种扩散形式：分子扩散、涡流扩散和体积扩散。

1. 分子扩散

分子扩散是由浓度梯度驱动自发进行的一种过程，各组分的微粒由浓度较大的区域迁移到浓度较小的区域，从而达到各组分的均布。分子扩散在气体和低黏度液体中占支配地位。在气体间的混合过程中，分子扩散能自发地、较快地进行。在液体间或液体与固体间的混合过程中，分子扩散作用也较显著（虽然比气相扩散慢得多）。但在固体间、高分子熔体间及固体与高分子熔体间，分子扩散极慢，因此高分子熔体间及高分子熔体与固体添加剂间的混合不是靠分子扩散来实现的，但若参与混合的组分之一是液体低分子物（如抗氧剂、发泡剂、颜料等助剂），则分子扩散可能也是一个重要因素。

2. 涡流扩散

涡流扩散即紊流扩散。在化工过程中，流体的混合一般是靠系统内产生紊流来实现的，但在高分子材料加工中，高分子熔体的黏度非常高，物料的运动速度达不到产生紊流所需的速度，故很少发生涡流扩散。要实现紊流，熔体的流速要很高，势必要对高分子施加极高的剪切速率，但这是有害的，会造成高分子的降解。

3. 体积扩散

体积扩散即对流混合。它是指流体质点、液滴或固体粒子由体系的一个空间向另一个空间位置的运动，或两种以及多种组分在相互占有的空间内发生运动，以达到各组分的均布。在高分子材料加工中，这种混合占支配地位。对流混合通过两种机理发生，一种是体积对流混合，另一种是层流对流混合。体积对流混合是通过塞流对物料进行体积重新排列，而不需要物料连续变形，这种重复的重新排列可以是无规的，也可以是有序的，如在固体掺混机中混合是无规的，而在静态混合器中的混合则是有序的。而层流对流混合是通过层流而使物料变形，它发生在熔体之间的混合。层流混合中，物料要受到剪切、伸长（拉伸）和挤压（捏合）作用。固体粒子之间的混合无层流混合发生。

4.2.2 混合过程发生的主要作用

混合的目的就是使原来两种或两种以上各自聚集的物料从一种物料分布到另一种物料中去，以便得到组成均匀的混合物。然而，对于高分子体系来说，在没有分子扩散和分子运动的情况下，混合问题就变为一种物料发生形变和重新分布的问题，而且如果最终物料颗粒之间不是互相孤立的，分散的颗粒就有一种凝聚的趋势。因此，高分子材料要混合分散得好，必须要有外加的作用力（通常为剪切）来克服颗粒分散后所发生的凝聚。

除了“剪切”外，在高分子材料混合过程中，还存在“分流、合并和置换”“挤压（压缩）”“拉伸”“折叠”“集聚”等作用，而这些作用并非在每一混合过程中同等程度地出现，它们的出现及其占有的地位因混合最终目的、物料的状态、温度、压力、速度等的不同而不同。

1. 剪切

剪切的作用是把高黏度分散相的粒子或凝聚体分散于其他分散介质中。它有三种形式：一是介于两块平行板间的物料由于板的平行运动而使物料内部产生永久变形的“黏性剪切”；二是刀具切割物料的“分割剪切”；三是由以上两种剪切合成的，如石磨磨碎东西时的“磨碎剪切”。图4－13说明了平行平板混合器黏性剪切原理。两种等黏度的流体被封闭在两块平行平板之间。初始［图4－13（a），$t=0$ 时刻］，黑色组分作为离散的立方体物料块存在；当上板受力沿受力方向移动时，流体内产生剪切作用，于是物料块变形，被拉长，［图4－13(b)～图4－13(d)］，在这个过程中体积没有变化，只是粒子被拉长、截面变细（黑色条纹厚度减小），向倾斜方向伸长，从而使表面积增大，分布区域扩大，渗进别的物料中可能性增加，因而达到混合均匀的目的。如果施加的剪切足够，黑色条纹厚度下降到分辨度之下，则体系呈现均匀的灰色。

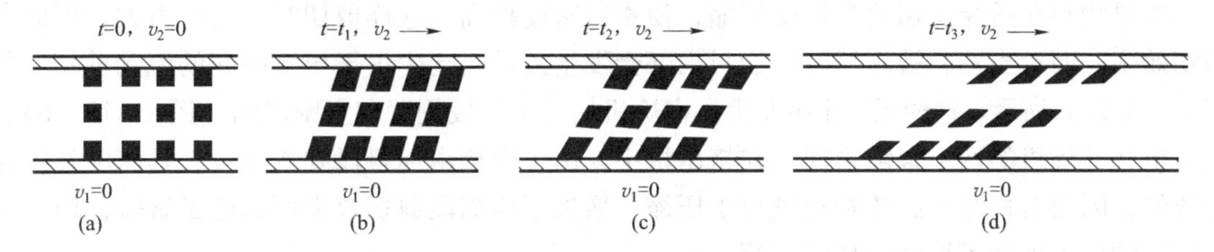

图4－13 平行板间的黏性流体和粒子（黑色块代表）之间剪切混合原理

高分子材料在挤出机内的混合主要是靠剪切作用完成的，螺杆旋转时物料在螺槽和料筒间所受到的剪切作用可以设想为在两个无限长的平行板之间进行的。

剪切的混合效果与剪切力的大小和力的作用距离有关，如图4－14所示。剪切力（F）越大和剪切作用力的距离（H）越小，混合效果越好，受剪切作用的物料被拉长变形越大（L大），越有利于与其他物料的混合。利用剪切力的混合作用，特别适用于塑性物料，因为塑性物料的黏度大，流动性差，又不能粉碎以增加分散程度。应用剪切作用时，由于两个剪切力的距离一般总是很小的，因此物料在变形过程中，就能很均匀地分散在整个物料中。

在混合过程中，水平方向的作用力仅使物料在自身的平面（层）流动；如果作用力 F 与平面具有一定角度，在垂直方向产生分力，则能造成层与层间的物料流动，从而大大增强混合效果。在实际混合操作中最好能使物料连续承受互为90°角度的两个方向剪切力的交替

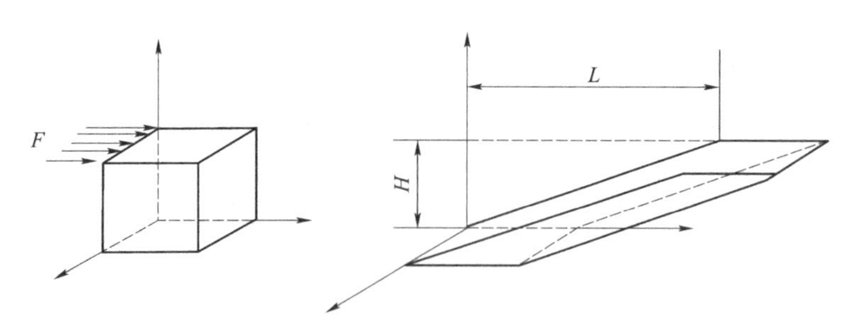

图 4－14　剪切力作用下立方体的变形

作用，以提高混合效果。通常在实际生产中，主要不是直接改变剪切力的方向，而是变换物料的受力位置来达到这一目的。例如，开炼机混炼时，就是通过机械或人力翻动的办法来不断改变物料的受力位置，从而更快更好地完成混合。

2. 分流、合并和置换

利用器壁，对流动进行分流，即在流体的流道中设置突起状或隔板状的剪切片，进行分流。分流后，有的在流动下游再合并为原状态，有的在各分流束内引起循环流动后再合并，有的在各分流束进行相对位置交换（置换）后再合并，还有以上几种过程同时作用的情况。

在进行分流时，若分流用的剪切片数为 1，则分流数为 2，剪切片数为 n 时，分流数为 $(n+1)$。如果用于分流的剪切片设置成串联，其串联阶数为 m，则分流数 N 为

$$N=(n+1)^m \tag{4-4}$$

分流后经置换再合并时，希望在分流后相邻流束合并时尽可能离得远一些，而分流后相距较远的流束合并时尽可能接近些，也就是说分流时任取两股流束的相对距离和合并时同样的两股流束的相对距离的差别应尽可能大。

3. 挤压（压缩）

如果物料在承受剪切前先经受压缩，使物料密度提高，这样剪切时，剪应力大，可提高剪切效率。而且当物料被压缩时，物料内部会发生流动，产生由于压缩引起的流动剪切，如图 4－15（a）所示。这种压缩作用发生在密炼机的转子突棱侧壁和室壁之间［图 4－15（b）］，也发生在开炼机的两个辊隙之间。在挤出机中，由于螺槽由加料段到均化段，其深度是由深变浅的，因而对松散的固体物料进行了压缩，增加了压缩段剪切效果而加速了熔融，均化段对熔体的压缩加强了熔体的环状层流。

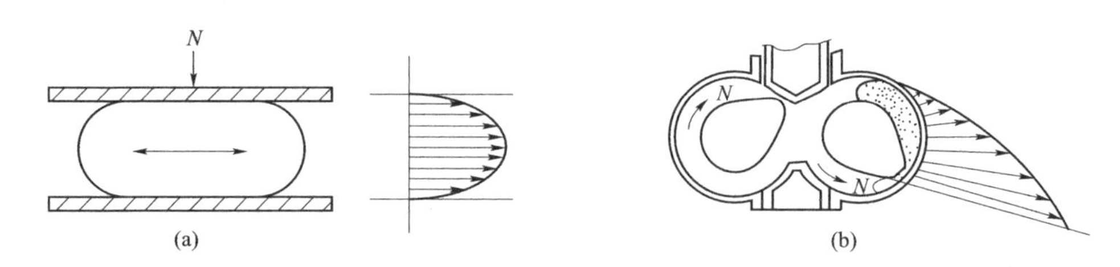

图 4－15　挤压（压缩）

（a）两板间挤压；（b）密炼机转子与室壁间的挤压

4. 拉伸

拉伸可以使黏性物料产生变形，减少料层厚度，增加界面面积，有利于混合，如图 4－16 所示。拉伸比剪切产生的分散混合更有效。

5. 折叠

将已形成的层状界面层进行折叠，如图 4－17 所示。它与置换不同，图 4－18 中的置换是将切断的界面层上下叠加，而折叠则是弯曲后折叠。

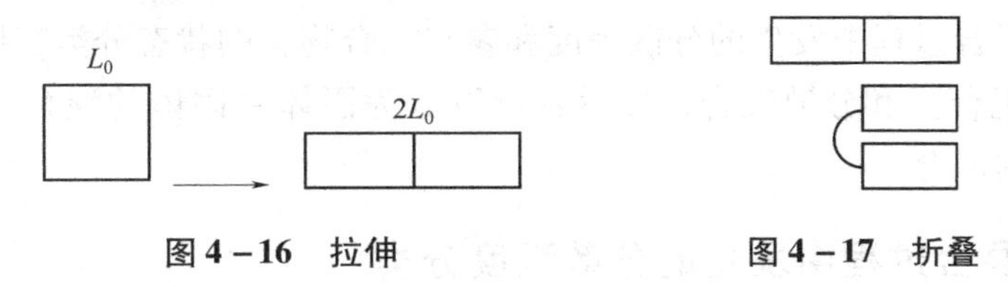

图 4－16　拉伸　　　　**图 4－17　折叠**

6. 各种作用的联合

在实际混合过程中，往往存在着各种作用的联合作用，如图 4－18 所示。其中图 4－18（a)是压缩、剪切、置换的共同作用，使条纹厚度减小的示意图。混炼分散操作是由这三个作用反复进行完成的，故压缩、剪切、置换称为混炼三要素。混炼分散过程中，物料分布由“置换”来完成，“剪切”为进行“置换”起辅助作用，“压缩”则是提高物料的密度，为提高“剪切”作用速率而起辅助作用。而图 4－18（b）则是拉伸与折叠的共同作用使界面增加的示意图。

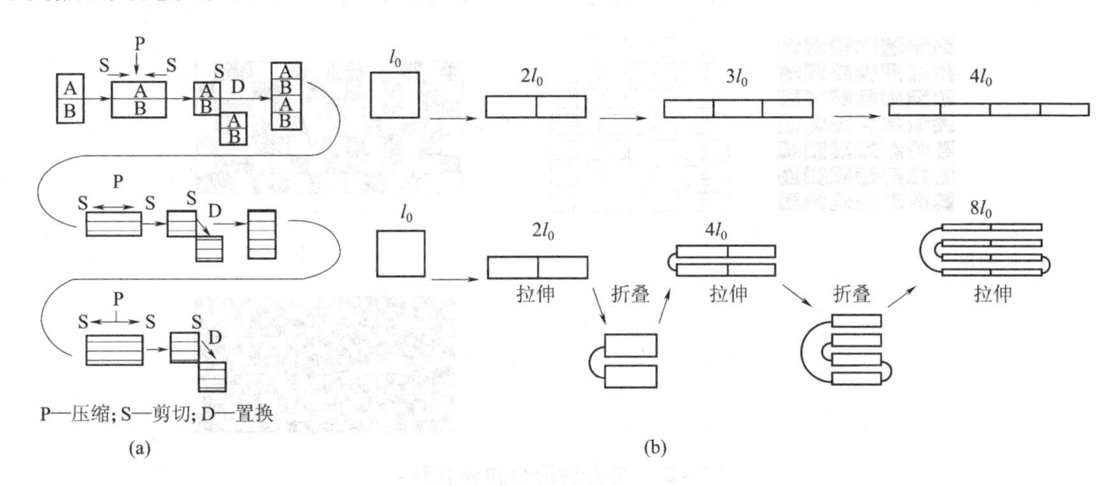

图 4－18　各种混合作用的共同作用

（a）压缩、剪切、置换的共同作用（混炼三要素）；（b）拉伸与折叠的共同作用

7. 聚集

混合过程中，已破碎的分散相在热运动和微粒间相互吸引力的作用下，重新聚集在一起。达到平衡后，分散相得到该条件下的平衡粒径，如图 4－19 所示。对分散的粒度和分布来说，这是混合的逆过程。所以，在分散混合过程中应采取必要措施尽量减少这种聚集的发生，如用偶联剂、分散剂或相容剂增加分散相与高分子的相容性，降低分散相颗粒凝聚力。

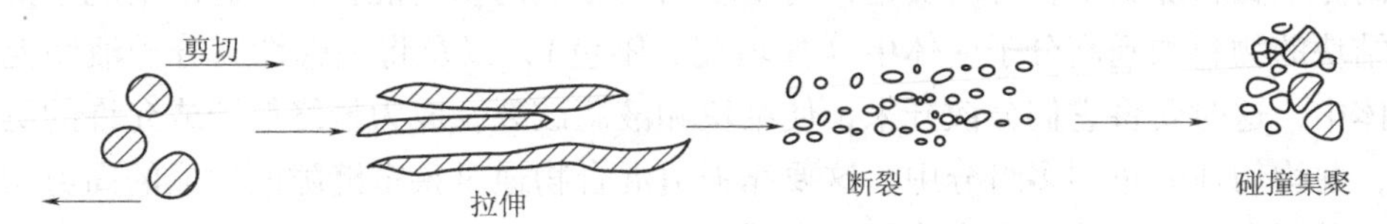

图 4－19　分散混合过程示意图

4.3 混合的分类

混合主要按混合过程中发生的分散程度和参与混合物料的状态分类，按前者可以分为非分散混合（简单混合）和分散混合；按后者可以分为固体－固体的混合、液体－液体的混合和液体－固体的混合。

4.3.1 按混合过程中发生的分散程度分类

1. 非分散混合

在混合中仅增加粒子在混合物中空间分布均匀性而不减小粒子初始尺寸的过程称为非分散混合或简单混合，如图4－20所示。在滚筒类或螺带类混合机中的混合一般是简单混合。这种混合基本是通过对流来实现的，可以通过包括塞流和不需要物料连续变形的简单体积排列和置换来完成。它又分为分布性混合和层状混合。分布性混合主要发生在固体与固体、固体与液体、液体与液体之间，它可能是无序的，如发生在将固体与固体混合的混合机中；也可能是有序的，如发生在将熔体与熔体混合的静态混合器中，层状混合发生在液体与液体之间。

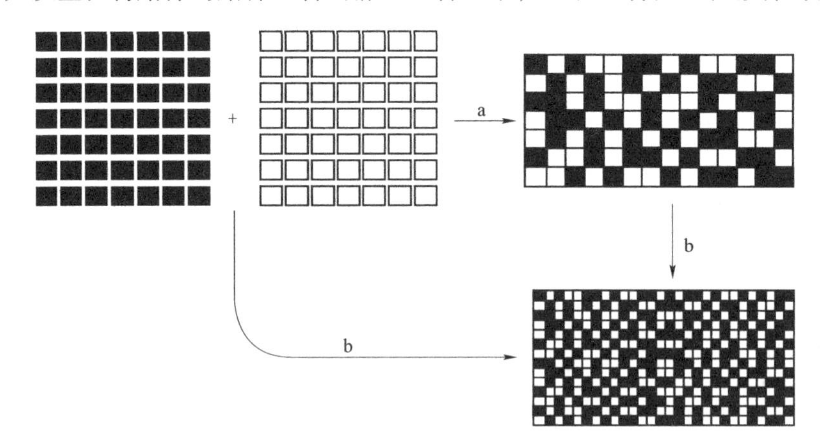

图4－20 非分散混合和分散混合

a—非分散混合；b—分散混合

2. 分散混合

在混合过程中发生粒子尺寸减小到极限值，同时增加相界面和提高混合物组分均匀性的混合过程，称为分散混合。这种混合主要是靠剪切应力和拉伸应力作用来实现的。在开炼机、密炼机、螺杆挤出机等混合设备中的混合是分散混合。在高速混合机中的混合前阶段是非分散混合，而后阶段则是分散混合。

在高分子材料加工中，有时要遇到将呈现出屈服点的物料混合在一起的情况，如将固体颗粒或结块的物料加到高分子流体中（如填充、染色），以及将黏弹性高分子液滴混合到高分子熔体中，这时要将它们分散开来，使结块和液滴破裂，成为最终粒子或允许的更小颗粒或液滴，并均匀地分布到多组分中，这要靠强迫混合物通过狭窄缝隙而形成的高剪切区来完成，故分散混合是通过剪切应力作用减小平均粒子尺寸的过程。

剪切应力随物料的黏度增加而增大。温度越高，物料的黏度越低，因此分散混合应在较低的温度下进行。剪切应力的大小还与粒子或结块的尺寸有关，在混合初始，粒子或结块较大，受剪切面积大，受到的剪切应力大，易于破裂；随着大粒子或结块尺寸的减小及黏度降低，所受的剪切应力变小，分散困难；当粒子或结块的尺寸及黏度达到某一临界值时，分散就完全停止。

分散混合过程是一个复杂的过程，可以发生各种物理－机械和化学的作用，如图 4－21 所示。

（1）较大的配合剂团聚体和高分子团块被破碎为适合于混合的较小粒子；

（2）在剪切热和传导热的作用下，高分子塑化熔融，高分子相的黏度降低；

（3）粉状或液状的较小粒子组分克服高分子的内聚能，渗入到高分子黏流体内；

（4）较小粒子组分分散，即在剪切应力的作用下，配合剂聚结体或团聚体的尺寸减小到形成聚结体之前初始粒子的最小尺寸；

（5）粒子发生位移，从而提高物料的熵或无规程度、随机性或均匀性，固相粒子最终分布均化；

（6）高分子和活性填充剂之间产生力－化学作用，使填充物料形成强化结构。

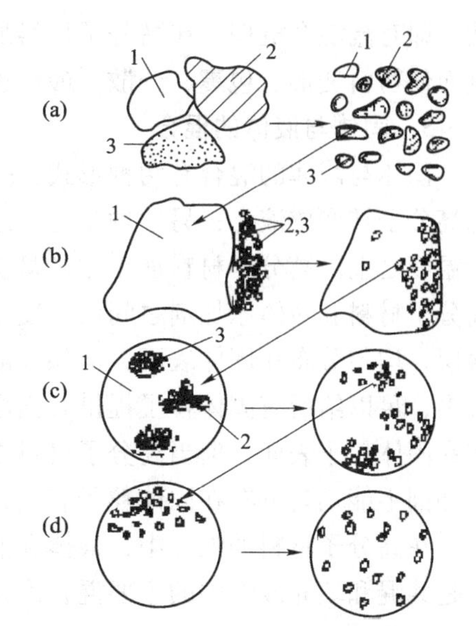

图 4－21　分散混合过程中体系发生变化的示意图

（a）高分子团块与添加剂的粉碎过程；
（b）添加剂混入高分子黏流体中；
（c）添加剂进一步分散过程；
（d）分布均化过程
1—高分子；
2，3—粒状或粉状固体添加剂

4.3.2　按参与混合物料的状态分类

1. 固体与固体的混合

在高分子材料的加工中，固体与固体的混合主要是固体高分子材料与其他固体组分的混合，如粉状、粒状或片状的高分子材料与粉状添加剂的混合。固体间的混合机理为体积扩散，它通过塞流对物料进行体积重新排列，而不需要物料连续变形。这种混合通常是无规分布性混合。

固体与固体的混合过程受很多因素影响，如固体粒子的粒径大小及粒径分布、密度、硬度、脆性等。固体粒子的粒径越小，得到的混合物越密实，但两种固体的粒径太小，粒子之间越容易相互吸附而结块，因而不易混合均匀；小粒径的粒子可以进入大粒子的间隙中，但如果两种固体粒子的粒径相差较大，小粒子仅会进入部分大粒子间隙中，则难以混合；如果将粒径相近、但密度不同的固体粒子相混合，容易形成分离，不易混匀；将硬的固体粒子与易碎的固体粒子相混合时，易将后者破碎，形成更小的粒子，对分散混合有利，但太硬的固体粒子会严重磨损混合设备。

2. 液体与液体的混合

液体与液体的混合有两种情况，一种是参与混合的液体是低黏度的单体、中间体或小分子添加剂；另一种情况是参与混合的是高黏度的高分子熔体。这两种情况的混合机理和动力学是不同的，前一种的混合机理主要靠流体内产生的紊流扩散机理，后一种的混合为体积扩散，即对流混合机理。在高分子材料加工中，发生在熔体之间的是层流对流混合，即通过层流而使物料变形、包裹、分散，最终达到混合均匀。

3. 固体与液体的混合

固体与液体的混合有两种形式，一种是液态添加剂与固态高分子材料的掺混，而不把固态高分子转变成液态；另一种是将固态添加剂混到高分子熔体中，而固态添加剂的熔点在混合温度之上。高分子材料加工中的填充改性（加入固态填充剂）属于后种混合。如果固体高分子材料和液体添加剂之间没有发生特定的内部反应，混合由剪切机理进行，液体被分成薄层，均匀分布在固体表面，但如果液体很少，难以均匀分布在固体表面。当液体添加剂足够多，足以给所有固体粒子提供表面层且能填满固体粒子之间的空隙时，液体较容易均匀分布在固体粒子表面，但当高分子材料或填充剂结构疏松时，会吸收大量的液体添加剂，液体添加剂不能均匀分布在固体粒子表面，混合就不均匀。

在高分子材料的加工中，液体和液体的混合、液体与固体的混合是最主要的混合形式，也是共混和填充改性中的主要混合形式。

4.4 混合状态（或效果）的表征

混合状态（或效果）是指物料经过混合所达到的分散掺和的均匀程度，即各组分分布均不均匀和微粒大小如何。这不仅直接影响制品质量，而且决定生产中混合终点的控制。对混合状态的描述有直接描述和间接描述两种方法。

4.4.1 混合状态的直接描述

该法是直接对混合物取样，对其混合状态进行检测，观察混合物的形态结构、各组分微粒的大小及分布情况。所用检测分析方法有视觉观察法、聚团计数法、光学显微镜法、电子显微镜法和光电法。直接描述法的衡量指标是均匀程度和分散程度。

1. 均匀程度

均匀程度是指混入物所占物料的比率与理论或总体比率的差异，即分散相浓度分布是否均匀，浓度变化大小如何。图 4－22（a）中，分散相浓度变化大，在混合物不同部位取样，分散相的含量相差很大，左上部多，右部少，故均匀程度差；而图 4－22（b）中，分散相浓度变化小，在混合物不同部位取样，分散相的含量基本上一致。

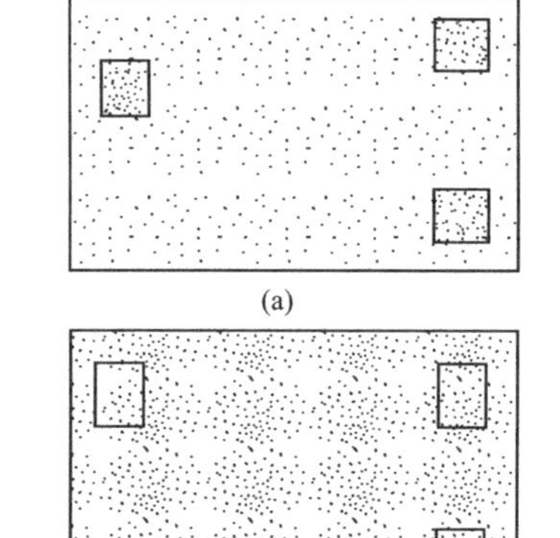

图 4－22 不同均匀程度的混合情况

（a）浓度变化大；（b）浓度变化小

定量描述均匀程度的参量很多，其中较简单的是不均匀系数 k_c。

$$k_c = \frac{100}{C_0}\sqrt{\frac{\sum_1^i (C_i - C_0)^2 N_i}{N-1}} \tag{4-5}$$

式中，C_i 为试样中某一组分的浓度,%（重量）；C_0 为同一组分在理想的均匀混合情况下的浓度,%（重量）；i 为试样组数；N_i 为每组中同一浓度 C_i 的试样数；N 为取样次数。

k_c 可以由其中一个组分（通常以 C_0 最小组分）的重量%来决定，或分别对每一组分计算 k_c 而确定。取样大小对 k_c 影响很大，试样的重量应取的较小（1 g左右）；若要获得可靠的结果，则取样的数目应尽量多一些，工业上作生产控制时，取样次数 $N \geqslant 10$。不均匀系数 k_c 越小，说明混合均一性越好。应该指出，随着混合物质量的改善，k_c 将减小，但不会等于零，而是趋向于某一恒定值，该值由统计规律确定。

物料塑化后，混合物结构的均匀性也可利用类似的方法，用结构的不均匀系数表示，这时式（4-5）中的 C_i 和 C_0 改用由混合物结构来决定的参数，如弹性、流动性等。

如果从混合物中任意位置取样，分析结果（各组分的比率）与总体比率接近时，则该试样的混合均匀程度高。但取样点很少时，不足以反映全体物料的实际混合情况，应从混合物不同位置取多个试样进行分析，其组成的平均结果则具有统计性质，较能反映物料的总体均匀程度，平均结果越接近总体比率，混合的均匀程度越高。

均匀程度相同的混合情况也是十分复杂的，如图4-23所示。图4-23中黑白表示甲、乙两种物料，这一混合物中甲、乙两组分各占总体含量的一半。图4-23（a）是理想的混合，为高度均匀分布的情况，但实际生产是达不到的；而图4-23（b）和图4-23（c）所示的分布情况在实际生产很可能出现。图4-23表明，三种情况中两组分各占总体含量虽然相同，但分散程度相差甚远。因此，在判定物料的混合状态时，还必须考虑各组分的分散程度。

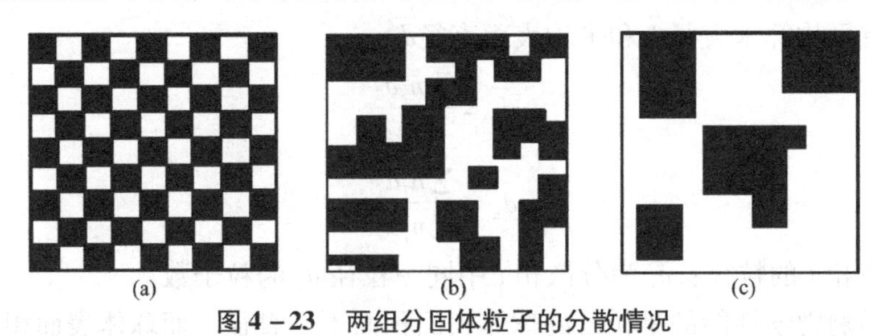

图4-23　两组分固体粒子的分散情况

（a）理想混合；（b）、（c）实际混合

2. 分散程度

分散程度概念包含两层含义，一是指混合体系中各个混入组分的粒子在混合后的破碎程度，破碎程度大，粒径小，其分散程度就高。反之，粒径大，破碎程度小，则分散得不好；二是指混合后原始物料的相互分散，不再像混合前那样同类物料完全聚集在一起。按前一种，图4-24中（a）和（b）分散程度差，而图4-24（c）和（d）分散程度好。但按后一种，图4-24中（a）和（c）分散程度差，而图4-24（b）和图4-24（d）分散程度好。显然综合评价，图4-24（d）分散程度最好。

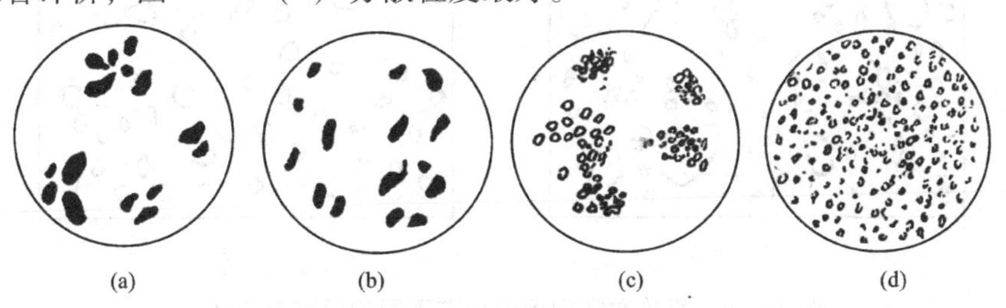

图4-24　分散程度示意图

（a）、（b）粗粉碎的；（c）、（d）细粉碎的

描述分散程度最简单的方法，是用相邻的同一组分之间的平均距离（条痕厚度 r）来衡量，假设一混合物在剪切作用之下，引起各组分混合时，得到规则条状或带状的混合物，如图 4－25 所示，其中 r 可以由混合物单位体积 V 内各组分的接触表面积 S 来计算：

$$r=\frac{V}{S/2} \tag{4-6}$$

图 4－25　两组分混合时条痕厚度与接触面积

从式（4－6）可看出，r 与 S 成反比，而与 V 成正比，即接触表面积 S 越大，则距离越短，分散程度越好；混合物单位体积 V 越小，距离越短，分散程度亦越好。一般混合组分的粒子越细，其表面积越大，越有利于得到较高的均匀分散程度，因此在混合过程中，尽量不断减小粒子体积，增加接触面积。通常相邻的同一种组分间的平均距离可以用取样的办法，即同时取若干样品测定。

混合物的性能与分散相的粒径大小有密切关系，一般要求粒径在 3 μm 以下，5 μm 以上的粒子会使混合物的力学性能下降，除纳米级的粒子外，过小的粒子（如 0.3 μm 以下）不一定对混合物的力学性能有好处。故有时也用平均粒径定量描述分散程度的优劣。

平均粒径有平均算术直径 $\bar{d}_n$ 和平均表面直径 $\bar{d}_a$。

$$\bar{d}_n=\frac{\sum n_i d_i}{\sum n_i} \tag{4-7}$$

$$\bar{d}_a=\frac{\sum n_i d_i^3}{\sum n_i d_i^2} \tag{4-8}$$

式中，d_i 为分散相 i 的粒径；n_i 为分散相 i 中同一粒径 d_i 的粒子数。

因为直接影响力学性能的是粒子的球体表面积而不是直径，而球体表面积与直径成三次方关系，故平均表面直径 $\bar{d}_a$ 比平均算术直径 $\bar{d}_n$ 更好地反映出分散程度与力学性能之间的关系。但即使平均表面直径 $\bar{d}_a$ 相同的共混物，其中分散度的大小也可能完全不同，如图 4－26 所示。图 4－26（a）中分散相粒径有的很大，有的很小，粒径分布宽；图 4－26（b）中分散相粒径相差不大，粒径分布窄。而这两种情况的平均粒径却有可能十分接近，但两者的性能会有很大差别。一般来说，粒径分布窄且对称的好。

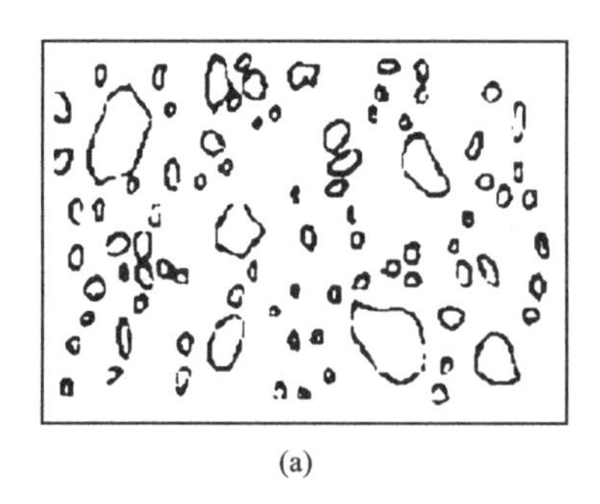
(a)

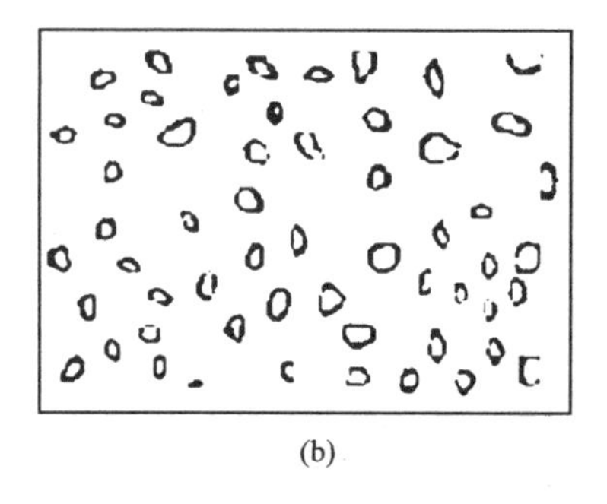
(b)

图 4－26　平均粒径相近但分布不同的两种混合情况

（a）粒径分布宽；（b）粒径分布窄

4.4.2　混合状态的间接判定

混合状态的间接判定是指不检查混合物各组分的混合状态，而检测制品或试样的物理性能、力学性能和化学性能等，间接地判断多组分体系的混合状态，因为这些性能与混合物的混合状态密切相关。

高分子共混物的玻璃化温度与两种高分子组分分子级的混合均匀程度有直接关系。若两种高分子材料完全达到分子级的均匀混合，呈均相体系，则只有一个玻璃化温度，而且这个玻璃化温度值由两组分的玻璃化温度和各组分在共混物中所占的体积分数所决定。如果两组分高分子共混体系完全没有分子级的混合，共混物就可测得两个玻璃化温度，而且分别等于两种高分子材料独立存在时的玻璃化温度。当两组分高分子有一定程度的分子级混合时，共混物虽仍有两个玻璃化温度，但这两个玻璃化温度相互靠近了，其靠近程度取决于共混物的分子级混合程度，靠近程度越大，分子级混合程度越大。因此，只要测出共混物的玻璃化温度及其变化情况，就可推测其分子级的混合程度。

填充改性物的力学性能除了与高分子材料的种类、数量和填充剂的种类、数量以及偶联剂的使用与否和种类等一系列因素有关外，也与填充剂和高分子材料的混合状态有关，一般高分子材料与填充剂混合得越均匀，混合物的力学性能越好，因此可以通过测定混合物试样或制品的力学性能来间接判定混合状态。

4.5　塑料的混合与塑化工艺

塑料的混合与塑化统称为塑料的配制，又称配料，是塑料成型前的准备过程，一般包括原料的准备、物料的混合、塑化、粉碎或粒化等工序，其中物料的混合和塑化是最主要的工艺过程。粉状和粒状塑料配制工艺流程如图4－27所示。

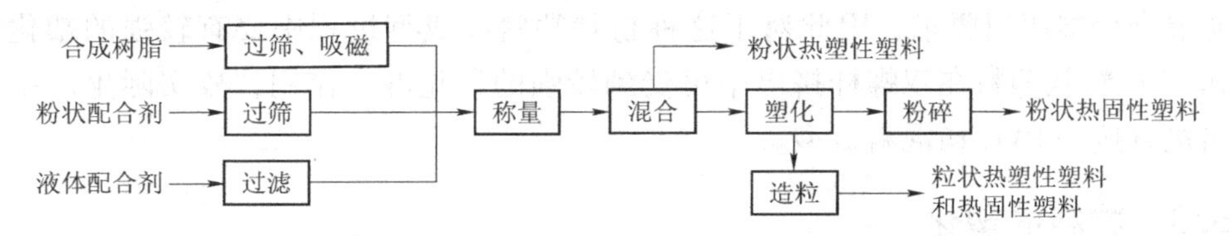

图4－27　粉状和粒状塑料配制工艺流程

4.5.1　原料的准备

原料的准备工作包括预处理、配料计量和输送等。各种组分物料按配方进行称量前，一般先根据称量和混合的要求对某些物料进行预处理。如对某些粉状物料进行过筛吸磁处理，去除可能存在的大粒子或杂质；对固体物料进行干燥，去除多余的水分；对某些块状物料粉碎加工，以有利于混合分散；对液体配合剂进行预热，以加快其分散速率；对某些小剂量的配合剂，如稳定剂、色料等，为提高分散均匀性，防止凝聚，事先把它们研磨成浆料或母料后，再投入到混合物中。

物料按要求预处理后，按配方进行称量。对用量大的粉状、粒状物料，一般用气流或机械输送到高位料仓储存，使用时依靠重力下放到自动电子秤称量后投放到投料料斗中。对用量大的液体物料常用计量泵输送到高位槽储存，使用时再通过计量泵输送到混合设备。添加量较少物料一般采用人工投料。

4.5.2 物料的混合

物料的混合一般是指高分子材料与各种粉末、粒状或液体配合剂（或助剂）的简单混合，是在高分子材料的黏流温度 T_f 以下和较低剪切作用下进行的。在这一混合过程中，只是增加各组分微粒空间的无规则排列程度，而不减小粒子的尺寸，是非分散混合，一般是一个间歇操作过程。

塑料配制时，混合后的物料有非润性物料和润性物料两种形式。这两种物料的混合设备和混合工艺有所不同。在大批量生产时，非润性物料和少量液体参与的润性物料较多使用高速混合机制得。较多液体参与的润性物料多使用对物料有较强撕捏作用的捏合机制得。另外，也有用转鼓式混合机和螺带式混合机混合物料。

非润性物料混合工艺为：开动混合设备后，按树脂、稳定剂、着色剂、填充剂、增塑剂、润滑剂等先后顺序逐一加入到混合设备中，最后一种料加完混合一定时间后，设备夹套加热，使物料升温至规定温度，使润滑剂熔化便于与高分子物质等均匀混合，热混合达到终点时，停止混合。

润性物料混合工艺为：开动混合设备后，把树脂加入到混合设备中，升温至 100 ℃以内搅拌一段时间，去除树脂中的水分以利于较快地吸收增塑剂，然后把经加热过的增塑剂喷射到搅拌翻动的树脂中，接着再加入由稳定剂、着色剂加少量增塑剂所调配而成的浆（母）料，最后加入填充剂、润滑剂等其他助剂，继续混合到质量符合要求为止。

物料的初混合终点一般凭经验来控制，初混物应疏松不结块，表面无油脂，手捏有弹性。取样分析时混合物任何部分的各组分比例都应该是一样的。

经初混合的物料，在某些场合下可直接用于成型，如某些热塑性的粉状塑料。但一般单凭一次初混合很难达到要求，因此对于这种粉状塑料在成型过程中要有较强的塑化混合作用，例如 PVC 粉状塑料在双螺杆挤出中可受到较强的塑化混合作用，故实际生产中常用双螺杆挤出机直接挤 PVC 初混料成型。

4.5.3 物料的塑化

这是物料在初混合基础上的再混合过程，是在高于高分子流动温度和较强剪切作用下进行的。塑化的目的是使物料在温度和剪切力的共同作用下熔融，获得剪切混合的作用，驱出其中的水分和挥发物，使各组分的分散更趋均匀，得到具有一定可塑性的均匀物料，是分散混合过程，亦称塑料的塑炼。

塑化常用的设备主要是开炼机、密炼机和挤出机。开炼机塑化时，物料与空气接触较多，冷却快而使物料的黏度增加，致使剪切应力增大，提高塑化效果。开炼机塑化过程中要不断翻动物料，改变剪切方向，以使混合更均匀。翻炼的方法为打卷（90°交叉），打三角包（60°交叉）。塑化后的物料为片状，可直接切粒。

密炼机塑化室内的剪切作用远大于开炼机的剪切作用，但当塑化一段时间后，物料升温很大，物料黏度因而下降，剪切应力随之下降。如果转子恒速转动，当电流稳定或扭矩恒定一定时间，可停车卸料。密炼机塑化的物料为团状物，为便于粉碎和切粒，需通过开炼机压成片状物。

挤出机塑化是连续操作过程，塑化后的物料一般为条状或片状物。挤出机塑化时，常与造粒辅机组成塑化造粒机组，同时实现塑化和造粒工艺。

不同的塑料品种和组成，塑化工艺要求和作用也就不同。热塑性塑料的塑化，基本上是一个物理作用，但如果混合塑化的工艺条件控制不当，塑化时也会发生树脂降解、交联等化学变化，给成型过程和制品性能带来不良的影响。因此对不同的塑料应有其相宜的塑化条件，一般需通过实践来确定主要的工艺控制条件，如温度、时间和剪切应力。热固性塑料的塑化主要也是一个物理过程，但塑化时树脂发生一定程度的化学反应。例如，酚醛压塑粉的配制，在塑化阶段既要使树脂与填料等配合剂浸润和混合，也要使树脂缩聚反应推进到一定的程度，这样才能使混合后的物料达到成型前应具有的可塑度。

塑化的终点可以通过测定试样的均匀性和分散程度或试样的撕裂强度来决定，但实际生产上是凭经验来决定的。如开炼机塑化，可用小刀切开塑炼片，观察其截面，以不出现毛粒、色泽均匀为宜；密炼机塑化效果则往往通过密炼机转子运转时电流负荷的变化来判断，也可以通过密炼塑化功率曲线的变化规律来精确控制物料的塑化。PVC 塑料在密炼机中塑化过程的功率曲线如图 4－28 所示，该图表明混炼 5 min 时转矩下降到最低，说明此时 PVC 已塑化良好，各组分已混合均匀，此时可以停止混炼而出料。

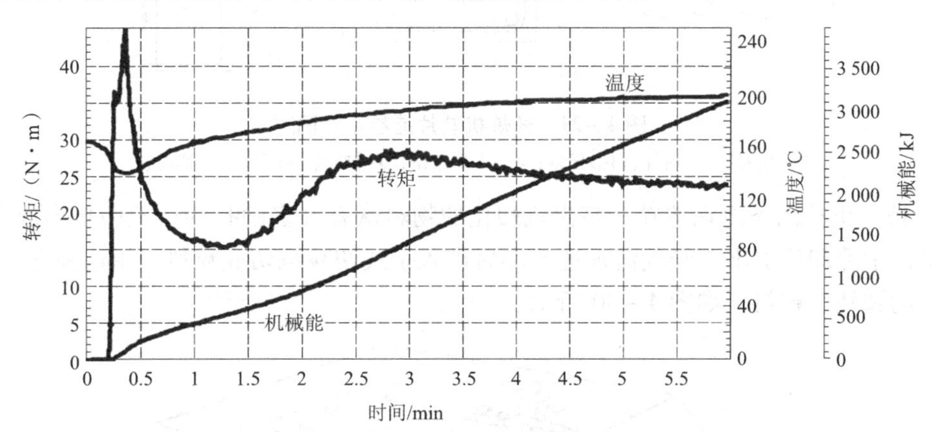

图 4－28　PVC 塑料在密炼机中塑化过程的功率曲线

4.5.4　粉碎和造粒

为了便于储存、运输和成型加工时的喂料操作，必须将塑化后的物料进行粉碎或造粒，制成粉状或粒状塑料。一般挤出、注射成型多数要求用粒状料，热固性塑料的模压成型多要求用粉状料。

粉碎和造粒都是将塑化后的物料尺寸减小，减小固体物料尺寸的基本途径通常是压缩、冲击、摩擦和切割等。

1. 粉碎

粉状塑料一般是将塑化后的片状物料先用切碎机切碎，然后再用粉碎机粉碎而得到。通用的切碎机主要由一个带有一系列叶刀的水平转子和一个带有固定刀的柱形外壳所组成。而粉碎机是靠转动而带有波纹或沟纹的表面将夹在其中的碎片磨切为粉状物。某些热固性粉状塑料，如酚醛压塑粉则选用具有冲击作用和摩擦作用的粉碎机和研磨机来完成粉碎。

2. 粒化

塑料多数是韧性或弹性物料，要获得粒状塑料，常用具有切割作用的造粒设备。造粒的方法根据塑化工艺的不同有以下三种。

（1）开炼机轧片造粒。开炼机塑化或密炼机塑化的物料经开炼机轧成片状物，先被上、下圆辊切刀纵切成矩形断面的窄条，然后经过风冷或水冷后进入平板切粒机，最后被回转刀模切成方块状的粒料，如图 4－29 所示。

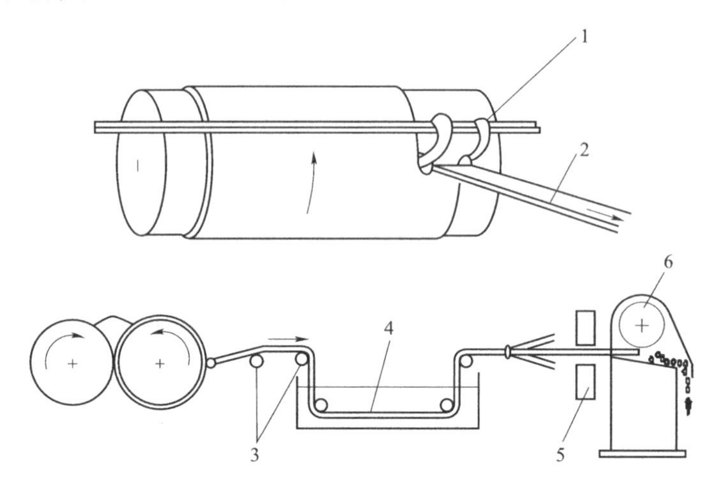

图 4－29 开炼机轧片造粒示意图

1—割刀；2—料片；3—导辊；4—冷却水槽；5—吹风干燥器；6—切粒机

（2）挤出机挤出条冷切造粒。挤出机塑化的物料从有许多圆孔的口模中挤出成为料条。料条从水槽中冷却后引出，经气流加速干燥后进入条式切粒机切成粒料，用这种方法可制得 1 ~ 5 mm 的圆柱形粒料，如图 4－30 所示。

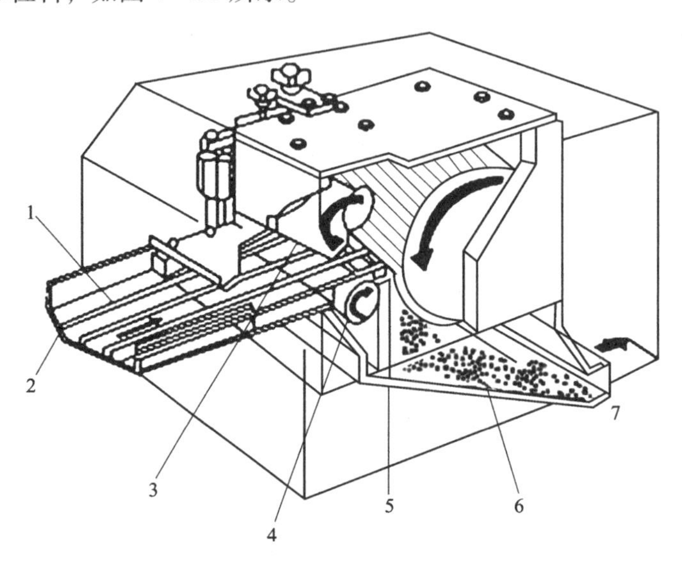

图 4－30 条式切粒机示意图

1—胶条进入；2—喂料口；3—上喂料辊；4—下喂料辊；

5—后刀片；6—粒料；7—到粒料筛选/收集系统

（3）挤出热切造粒。此法是用装在挤出机机头前的旋转切刀切断由多孔口模挤出的热料条。切粒需在冷却介质中进行，以防粒料互相黏结。冷却较多是用高速气流或喷水，也有将切粒机构浸没在循环流动的水中，即水下热切法，此种方法制得的为球状粒料。

习题及思考题

1. 粉料制备中常用哪些混合设备？说出两种混合设备的主要组成及其工作原理。

2. 哪些设备通常用于塑料的初混合？哪些设备用于塑料的塑炼？塑料塑炼的目的是什么？

3. 高速混合机的工作原理是什么？

4. 开炼机和密炼机的工作条件、工作原理和混炼效果有何不同？

5. 开炼机的主要技术参数有哪些？物料的塑炼效果与哪些因素有关？

6. 密炼机的主要结构组成有哪几部分？各自作用是什么？

7. 举例说明两种连续式混炼机的类型，比较其优缺点。

8. 物料的混合有哪些形式？高分子混合以哪种为主？并简述高分子物料的混合机理。

9. 评价高分子混合效果的标准是什么？如何评定物料的混合效果？

10. 什么是“非分散混合”和“分散混合”？两者各主要通过何种物料运动形式和混合操作来实现？

11. 什么叫塑料的混合和塑化，其主要区别在哪里？

12. 对热塑性塑料进行粒化的方法有哪些？

13. 什么叫润性物料和非润性物料？简述其混合工艺？

14. 试述对混合程度的直接描述和间接描述有何异同点？

15. 简述塑料的配制过程。

第5章　热塑性塑料挤出成型

挤出成型又叫挤压模塑或挤塑，是借助螺杆和柱塞的挤压作用，使受热熔化的塑料在压力推动下，强行通过口模而成为具有恒定截面的连续制品的一种成型方法。挤出法几乎能成型所有的热塑性塑料，也可加工某些热固性塑料，生产管材、型材、板材（或片材）、棒材、薄膜、单丝、线缆包覆物，以及塑料与其他材料的复合材料等。挤出工艺与其他成型技术组合后还可用于生产中空制品、双轴拉伸薄膜和涂覆制品等塑料产品。此外，挤出设备还可用于塑料的塑化造粒、着色和共混等。

根据塑料塑化的方式不同，挤出工艺可分为干法和湿法两种。干法挤出的塑化是依靠加热将固体物料变成熔体，塑化和成型在同一设备中进行，挤出物的定型仅为简单的冷却操作；湿法挤出的塑化是用溶剂将固体物料充分软化，塑化和挤出必须分别用两套设备各自独立完成，而挤出物的定型处理需要靠脱出溶剂操作来实现。湿法挤出虽有物料塑化均匀性好和可避免物料过度受热分解的优点，但由于有塑化操作复杂和需要处理大量易燃有机溶剂等严重缺点，目前生产上已很少使用，仅用于硝酸纤维素和少数醋酸纤维素塑料的成型。

按照加压方式不同，挤出工艺可分为连续和间歇两种。前一种所用挤出设备为螺杆式挤出机；后一种为柱塞式挤出机。螺杆式挤出机是借助于螺杆旋转产生的压力和剪切力，使物料充分塑化和均匀混合后，再通过口模而成型，即连续完成混合、塑化和成型等一系列工序。柱塞式挤出机主要是借助柱塞的推挤压力，将事先塑化好的物料挤出口模而成型，物料挤完后柱塞退回，待加入新的塑化料后再进行下一次操作，故生产是不连续的，而且对物料没有搅拌、混合作用，还得预先塑化，因此生产上较少采用。但由于柱塞能对物料施加很高的推挤压力，故适用于熔融黏度很大及流动性极差的塑料，如聚四氟乙烯和超高分子量聚乙烯等的挤出成型。

与其他成型方法相比，挤出成型具有操作简单、工艺易控、生产效率高、适应性强、用途广泛等特点，因此挤出成型在塑料加工领域中起着举足轻重的作用，目前约50%的塑料制品通过挤出成型。

5.1　挤出设备

挤出成型设备是由挤出机、机头和口模、附属设备等几部分组成的，其中挤出机是挤出成型的关键设备。挤出机有螺杆式挤出机和柱塞式挤出机两大类。根据螺杆根数的不同，螺杆挤出机分为单螺杆挤出机、双螺杆挤出机和多螺杆挤出机，其中单螺杆挤出机是生产应用最多的挤出设备，也是最基本的挤出机。近年来，双螺杆挤出机得到了很大发展，广泛应用于共混、填充、增强改性和反应挤出等工艺过程。目前，硬PVC粒料、管材、异型材、板材的加工几乎都采用双螺杆挤出机。本节重点介绍单螺杆挤出机和双螺杆挤出机的结构及特点。

5.1.1　单螺杆挤出机

单螺杆挤出机的结构如图 5－1 所示，主要由传动系统、挤出系统、加热和冷却系统、控制系统等几部分组成，其中挤出系统是挤出成型的关键部分，主要包括加料装置、料筒、螺杆、机头和口模等几个部分。

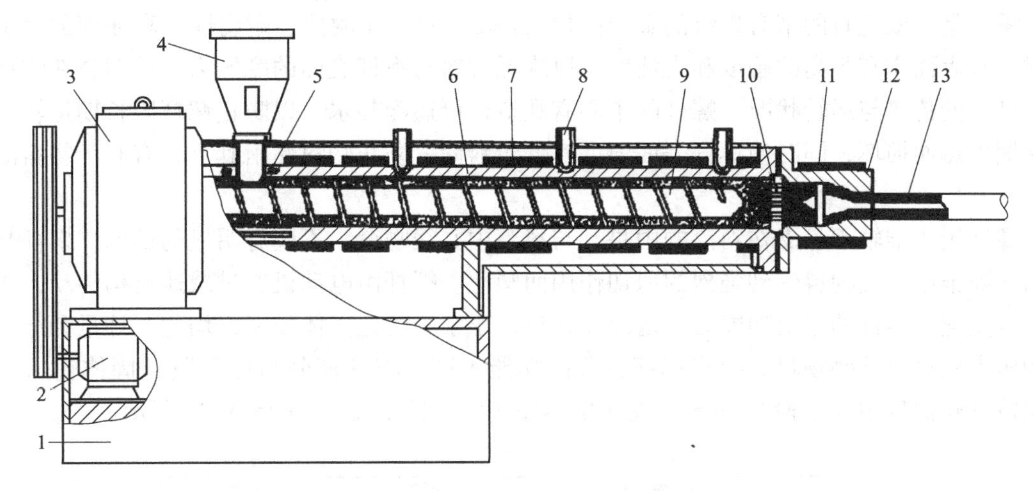

图 5－1　单螺杆挤出机的结构

1—机座；2—电动机；3—传动装置；4—料斗；5—料斗冷却区；6—料筒；7—料筒加热器；8—热电偶控温点；9—螺杆；10—过滤网及多孔板；11—机头加热器；12—机头；13—挤出物

1. 加料装置

加料装置是保持向挤出机料筒连续、均匀供料的装置，形如漏斗，有圆锥形和方锥形，俗称料斗。料斗的底部与料筒连接处是加料孔，在加料孔的周围有冷却夹套，用以防止高温料筒向料斗传热，避免料斗内塑料升温发黏而引起加料不均和料流受阻。有些料斗还设有可防止塑料从空气中吸收水分的预热或干燥装置和真空减压装置，以及带有能克服粉状塑料产生“架桥”现象的振动器及能够定时定量自动上料或加料的装置。对于一些流动性较差的松散物料，可采用强制加料器，如图 5－2 所示。

2. 料筒

料筒又称机筒，是一个受热受压的金属圆筒。物料的塑化和压缩都是在料筒中进行的。料筒的结构形式直接影响传热的均匀性、稳定性和整个挤出系统的工作性能。挤出成型时的工作温度一般在 160 ℃～300 ℃，在料筒的外周设有分段加热和冷却的装置，以便对塑料温度控制，加热装置一般分 3～4 段，常用电阻或电感加热器。冷却装置一般采用风冷装置或水冷装置，冷却的目的是防止塑料过热或停车时须对塑料进行快速冷却，以避免塑料的降解。料筒要承受很高的压力（可达 60 MPa），故要求具有足够的强度和刚度，内壁光滑。料筒一般采用耐磨、耐腐蚀、高强度的合金钢或碳钢内衬合金钢来制造。料筒的长度一般为其直径的 15～30 倍。

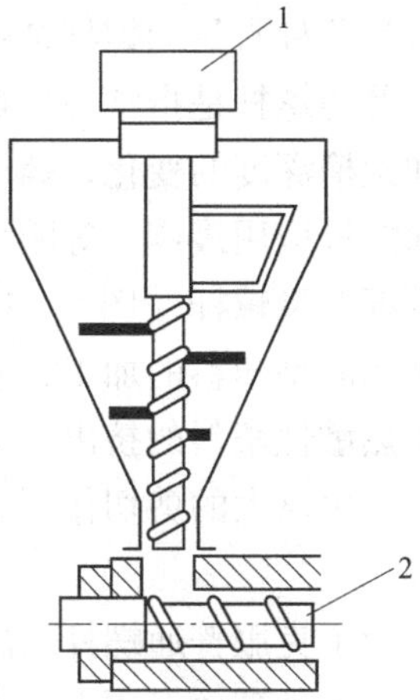

图 5－2　强制加料器

1—螺杆传动装置；2—挤出机螺杆

3. 螺杆

螺杆是挤出机最主要的部件，它直接关系到挤出机的应用范围和生产效率。螺杆的转动对料筒内塑料产生挤压作用，使塑料发生移动，得到增压，获得摩擦生热，并在移动过程中得到混合和塑化。

1）螺杆的结构

螺杆是一根笔直的带有螺纹的金属圆棒（图5－3），用耐热、耐腐蚀、高强度的合金钢制成，其表面应有很高的硬度和光洁度，以降低塑料与螺杆表面的摩擦力，使塑料在螺槽内保持良好的传热与运转状况。螺杆的中心有孔道，可通冷却水，以防止螺杆因长期运转与塑料摩擦生热而损坏，同时使螺杆表面温度略低于料筒，防止物料黏附其上，有利于物料的输送。

螺杆用止推轴承悬支在料筒的中央，与料筒中心线吻合，不应有明显的偏差。螺杆与料筒的间隙很小，使物料受到强烈的剪切作用而塑化。螺杆由电动机通过减速机构传动，要求能无级变速。螺杆的主要功能为输送固体物料，压紧和熔化固体物料，均化、计量和产生足够的压力以挤出熔融物料。根据螺杆各段的功能不同，将螺杆分为加料段（固体输送区）、压缩段（熔融区或熔融段）和均化段（熔体输送区或计量段），如图5－3所示。

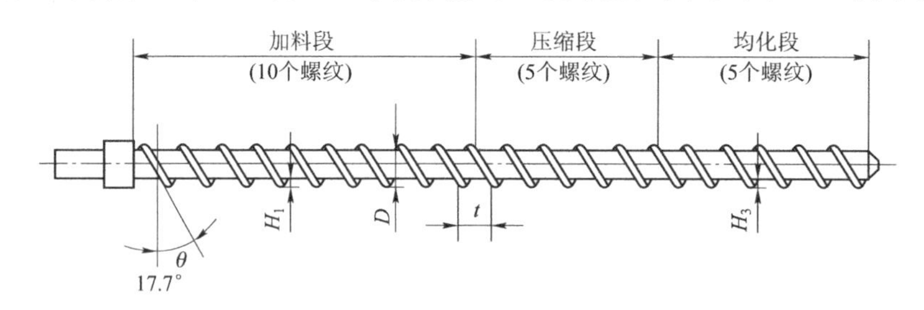

图5－3　螺杆示意图

D—螺杆外径；t—螺距；H_1—加料段螺槽深度；θ—螺旋角；H_3—均化段螺槽深度

2）螺杆的形式

为适应不同塑料的加工要求，螺杆的种类有很多，它们的结构形式差别很大，图5－4所示为几种常见的螺杆结构。螺杆一般分为普通螺杆和高效专用型螺杆。

普通螺杆是指常规全螺纹三段螺杆，其挤出过程完全依靠全螺纹的形式来完成。根据螺距和螺槽深度的变化，螺杆可分为等距变深螺杆、等深变距螺杆和变距变深螺杆，其中等距变深螺杆应用最广。等距变深螺杆按其螺槽深度变化的快慢（即压缩段的长短）又可分为等距渐变型螺杆［图5－4（a）］和等距突变型螺杆［图5－4（c）］。等距渐变形螺杆大多用于非晶型塑料的加工，它能对大多数物料提供较好的热传导，对物料的剪切作用较小，适用于热敏性塑料的挤出。等距突变形螺杆由于具有较短的压缩段，通常为（4～5）D，对物料能产生巨大的剪切作用，故适用于黏度低、具有明显熔点、耐热分解性好的塑料，如聚烯烃等。

为了克服普通螺杆熔融效率低、塑化混合不均匀等缺点，对普通螺杆结构进行改进，开发出了多种高效专用型螺杆，主要有屏障型螺杆、销钉型螺杆、波型螺杆、分配混合型螺杆、分离型螺杆和组合型螺杆等。它们的共同特点是在螺杆的末端（均化段）设置一些剪切混合元件（图5－5），以达到促进混合、熔化和提高产量的目的。高效专用型螺杆在提高

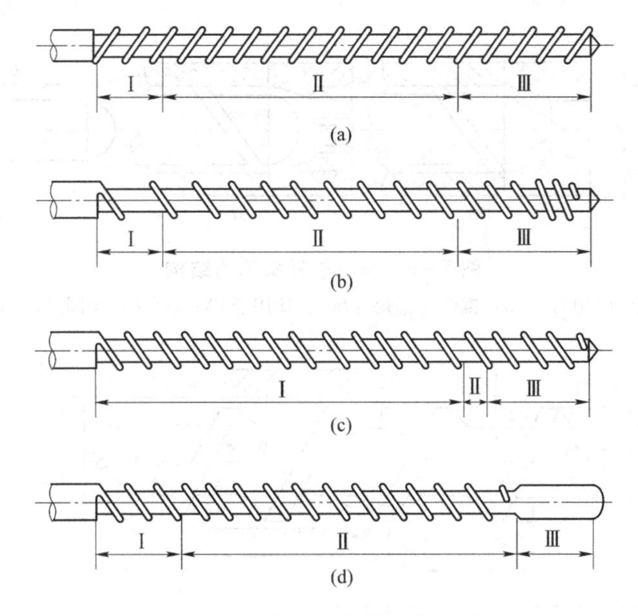

图5－4　常见螺杆的结构形式

（a）渐变形（等距不等深）；（b）渐变形（等深不等距）；（c）突变形；（d）鱼雷头螺杆

Ⅰ—加料段；Ⅱ—压缩段；Ⅲ—均化段

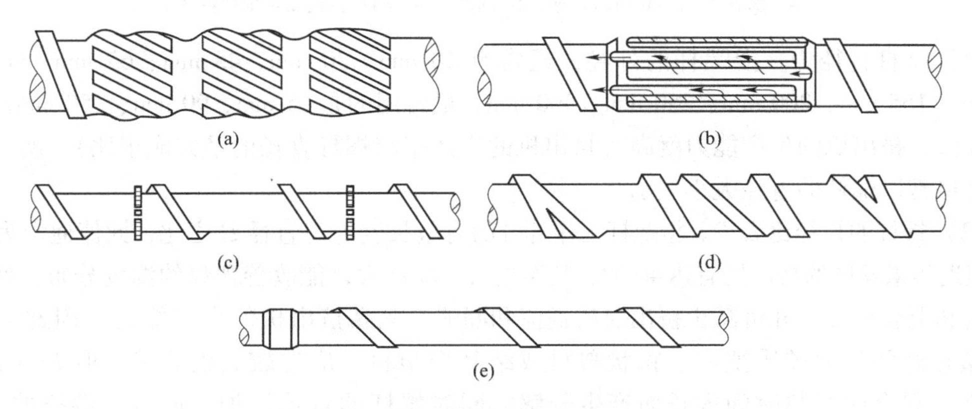

图5－5　几种新型高效螺杆混合部件的结构

（a）斜槽屏障；（b）直槽屏障；（c）销钉；（d）分离型屏障；（e）环型屏障

挤出产量，改善塑化质量，减少产量、压力和温度的波动，特别是提高混合均匀性和分散性方面具有优良的效果。

3）螺杆的头部形状

螺杆头部一般设计为锥形或半圆形，以防止物料在螺杆头部滞流过久而产生热分解，使物料能平稳地从螺杆进入机头。有的螺杆均化段是一段平行的杆体，常称为鱼雷头或平准头，具有搅拌和节制物料、消除料流脉动现象等作用，并能增大物料的压力，降低料层厚度，改善物料传热，进一步提高塑化效率。常见螺杆头部的结构如图5－6所示。

4）螺杆的几何结构参数

螺杆的几何结构参数有直径、长径比、压缩比、螺槽深度、螺旋角、螺杆与料筒的间隙等，如图5－7所示。螺杆的几何结构参数对螺杆的工作特性有重大影响。

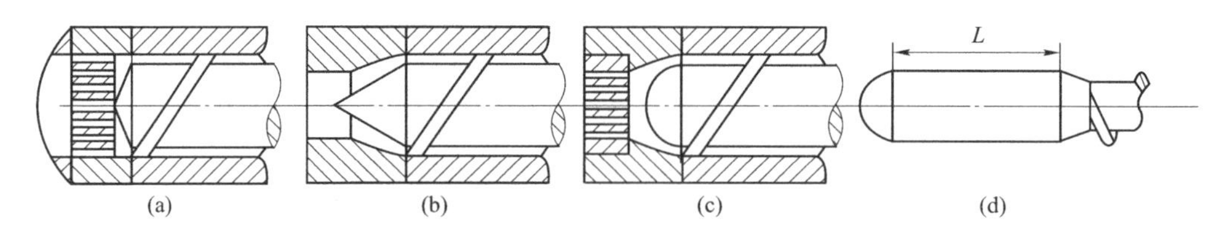

图5－6　常见螺杆头部的结构

（a）大圆锥（120°）；（b）锥体（锥角为60°，适用于PVC）；（c）半圆形；（d）鱼雷体

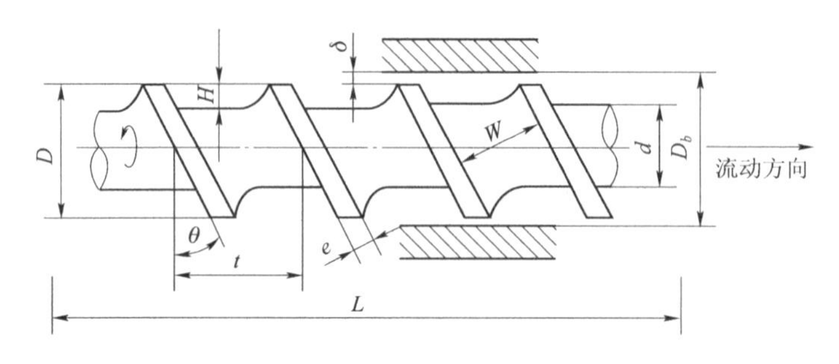

图5－7　螺杆几何结构的主要参数

D—螺杆外径；D_b—料筒内径；t—螺距；H—螺槽深度；W—螺槽宽度；

θ—螺旋角；e—螺纹棱宽度；δ—间隙；L—螺杆长度；d—螺杆根径

（1）螺杆直径 D。指螺杆的外径，通常有 20 mm、30 mm、45 mm、65 mm、90 mm、150 mm、165 mm、200 mm、250 mm、300 mm，最常用的是65 mm、90 mm、150 mm。螺杆的直径大，挤出机的生产能力就高（挤出机的生产率与螺杆直径的平方成正比），所以挤出机的规格常以螺杆的直径大小表示。

（2）螺杆的长径比 L/D。指螺杆工作部分的有效长度 L 与直径 D 之比，此值通常为 18～25，但近年来发展的挤出机有达40 的，甚至更大。L/D 大，能改善塑料的温度分布，使物料的塑化和混合更好，并可减少挤出时的逆流和漏流，提高挤出机的生产能力。因此，对于要求塑化时间长的硬质塑料、粉状塑料或结晶型塑料，应选较大的 L/D。但 L/D 太大，热敏性塑料会因受热时间太长而产生分解，同时螺杆的自重增加，使自由端挠曲下垂，造成螺杆与机筒的间隙不均匀，并给制造和安装带来困难，也增大了挤出机的功率消耗。

（3）螺杆的压缩比 A。指螺杆加料段第一个螺槽的容积与均化段最后一个螺槽的容积之比，它表示塑料通过螺杆的全过程被压缩的程度，A 的大小对制品的密实性和排除物料中所含空气的能力等影响很大。A 越大，塑料受到的挤压作用越强，排除物料中所含空气的能力就越大，制品致密性好，物理机械性能好，但 A 太大，螺杆本身的力学强度下降。压缩比一般在 2～5 之间，压缩比的大小取决于塑料的种类和形态，粉状塑料的相对密度小，夹带空气多，其压缩比应大于粒状塑料。表 5－1 所示为各种塑料所采用的螺杆压缩比。压缩比主要通过等距变深、等深变距和变深变距等方法来获得，其中等距变深是最常用的方法，其优点是加工制造容易，物料与机筒接触面积较大，传热效果较好。

表5-1 常用塑料适用的螺杆压缩比

物料	压缩比	物料	压缩比
硬PVC（粒）	2.5（2~3）	ABS	1.8（1.6~2.5）
硬PVC（粉）	3~4（2~5）	POM	4（2.8~4）
软PVC（粒）	3.2~3.5（3~4）	PC	2.5~3
软PVC（粉）	3~5	PPO	2（2~3.5）
PE	3~4	PA-6	3.5
PS	2~2.5（2~4）	PA-66	3.7
PMMA	3	PA-11	2.8（2.6~4.7）
PP	3.7~4（2.5~4）	PA-1010	3
PSF（片）	2.8~3	线形聚酯	3.5~3.7
PSF（膜）	3.7~4	纤维素塑料	1.7~2
PSF（管、型材）	3.3~3.6	PCTFE	2.5~3.3（2~4）

（4）螺槽深度H。螺槽深度影响塑料的塑化和挤出生产率，当H小时，对塑料可产生较高的剪切速率，有利于传热和塑化，但挤出生产率降低。因此，熔体黏度低和热稳定性较高的塑料（如PA等）宜用浅槽螺杆，而热敏性塑料（如PVC）宜用深槽螺杆。沿螺杆轴向各段的螺槽深度通常是不等的，加料段的螺槽深度H_1是个定值，一般$H_1>0.1D$，压缩段的螺槽深度H_2是个变化值；均化段的螺槽深度H_3是个定值，按经验$H_3=(0.02\sim0.06)D$，D较小者，H_3取大值，反之H_3取小值。

（5）螺旋角θ。θ是螺纹与螺杆横截面之间的夹角，随着θ的增大，挤出机的生产能力提高，但螺杆对塑料的挤压剪切作用减小。通常θ介于10°~30°，螺杆中沿螺纹走向，螺旋角大小有所变化。物料的形式不同，对加料段的螺旋角要求也不一样。根据挤出理论和实验证明：$\theta=30°$最适合细粉状物料，$\theta=15°$适于方块料，$\theta=17°$则适于圆柱料。在均化段，$\theta=30°$时，挤出生产率最高。出于螺杆机械加工的方便，取螺杆直径D等于螺距t，则$\theta=17.41°$，这是最常用的螺旋角。

（6）螺纹棱部宽e。e太小会增加漏流，导致产量降低，对低黏度的熔体更是如此；e太大会增加螺棱上的动力消耗，有局部过热的危险。一般取$e=(0.08\sim0.12)D$，在螺杆的根部取大值，并应用圆弧过渡。

（7）螺杆与料筒的间隙δ。即是机筒内壁与螺棱顶部的间隙，其大小影响挤出机的生产能力和物料的塑化。δ值大，生产效率低，且不利于热传导并降低剪切速率，不利于物料的熔融和混合。但δ过小时，强烈的剪切作用易引起物料出现热降解，并且由于物料的漏流和逆流太少，在一定程度上影响熔体的混合。一般取$\delta=0.1\sim0.65$ mm为宜，对大直径螺杆，取$\delta=0.002D$，小直径螺杆，取$\delta=0.005D$。

4. 传动系统

传动系统是带动螺杆转动的部分，通常由电动机、减速机构和止推轴承组成，同时应设有良好的润滑系统和迅速制动的装置。螺杆转速的稳定对于挤出成型过程至关重要。在挤出过程中，若螺杆转动速率有变化，即会引起塑料料流的压力波动，影响制品质量的均一性。所以，在正常操作条件下，不管螺杆的负荷是否发生变化，螺杆的转速都应保持恒定，以保证挤出量的稳定和制品质量的均匀性。但在不同的场合下，又要求螺杆能变速，以达到一台设备能适应挤出不同塑料或不同制品的要求。为此，传动部分一般采用交流整流电动机、直流电动机等装置，以达无级变速，一般螺杆转速为 10 ~ 300 r/min。

5. 机头和口模

机头是口模与料筒的过渡连接部分，口模是制品的成型部件，通常机头和口模是个整体，习惯上统称为机头，其结构组成如图 5 - 8 所示。机头的作用是将塑料熔体的螺旋运动变为平行直线流动，使物料进一步塑化均匀，将熔体均匀稳定地导入口模，并赋予必要的成型压力，使塑料成型和所得制品结构密实及形状准确。口模为具有一定截面形状的通道，塑料熔体在口模中流动时取得所需形状和尺寸，并被口模外的定型装置和冷却系统冷却硬化而定型。为了保证料流的稳定以及消除熔接缝，口模应有一定长度的平直部分。口模的类型有很多，如管材口模、扁平式口模、异型材口模等，挤出机可以通过更换口模来生产不同品种和不同规格的制品。

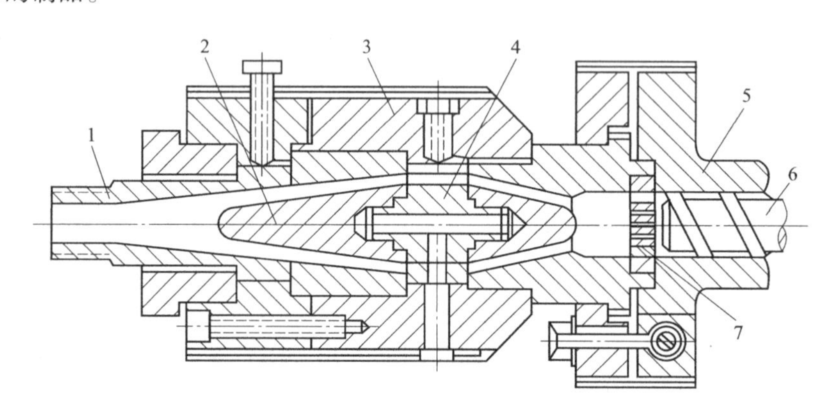

图 5 - 8 挤出机机头和口模的结构组成

1—口模；2—分流梭；3—机头；4—分流梭支架；5—挤出机；6—螺杆；7—多孔板

在机头和料筒之间有多孔板和过滤网。多孔板是一块多孔的金属圆板，孔眼的大小和板的厚度随料筒直径的增大而加大。过滤网为 2 ~ 3 层的铜丝网或不锈钢丝网，其作用是将黏流态物料从螺旋运动改变为平直运动，过滤黏流态料中可能混入的机械杂质和未熔化的或分解焦化的物料，同时增大料流压力，保证挤出制品致密，提高产品质量。挤出熔体黏度大或热敏性塑料（如硬质聚氯乙烯）时，一般不用过滤网。

机头中还设有校正和调整装置（如定位螺钉），以调整和校正模芯与口模的同心度、挤出物的尺寸和外形。按照物料挤出方向与螺杆轴线有无夹角，可以将机头分为直向机头和角向机头。直向机头的料流方向与挤出机螺杆轴线是一致的，主要用于挤出管材、片材和其他型材；角向机头的料流方向与螺杆轴线成一定的角度，多用于挤薄膜、线缆包覆物及吹塑制品等。

为了获得塑料成型前的必要压力，机头和口模的流道型腔应逐步连续地缩小，过渡到所要求的成型截面形状。机头内的流道应光滑，呈流线型，不能存在死角。这就需要设置分流器，也称为分流梭（俗称鱼雷头，其形状像鱼雷头部一样）。

6. 辅助系统

辅助系统主要包括：原料输送、干燥等预处理设备；定型和冷却设备，如定型装置、冷却水槽、空气冷却喷嘴等；用于连续地、平稳地将制品接出的可调速牵引装置；成品切断和辊卷装置及控制系统等。

5.1.2　双螺杆挤出机

1. 双螺杆挤出机的基本结构

双螺杆挤出机同样是由传动系统、挤出系统、加热和冷却系统、控制系统等几部分组成，各部件的作用与单螺杆挤出机相似。但双螺杆挤出机是两根并排安放的螺杆置于一个“∞”字形的机筒内，两根螺杆可以是啮合或非啮合、整体式或组合式、同向旋转或异向旋转等不同形式，料筒也有整体式或组合式两种形式。双螺杆挤出机的基本结构如图 5－9 所示。

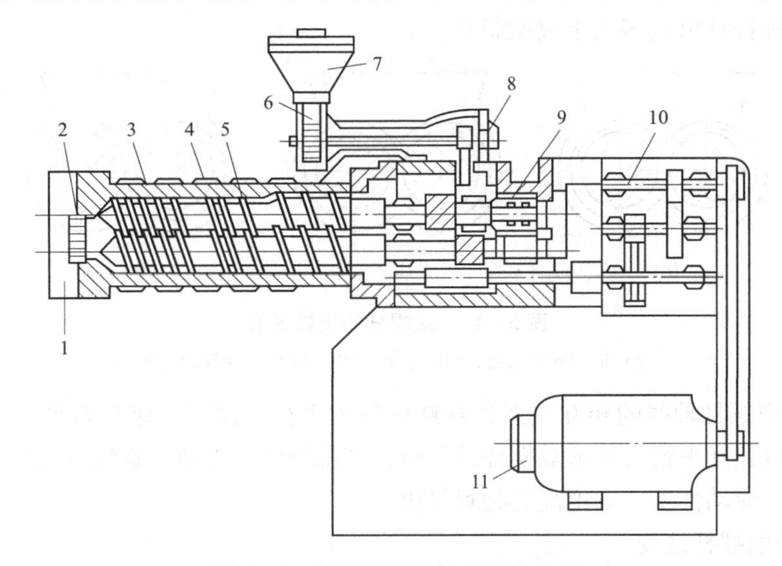

图 5－9　双螺杆挤出机的基本结构

1—机头连接器；2—多孔板；3—机筒；4—加热器；5—螺杆；6—加料器；7—料斗；
8—加料器电动机；9—止推轴承；10—专用减速箱；11—电动机

2. 双螺杆的形式

（1）按两根螺杆的相对位置，双螺杆分为啮合型与非啮合型，如图 5－10 所示。啮合型又按其啮合程度分为部分啮合和全啮合型。

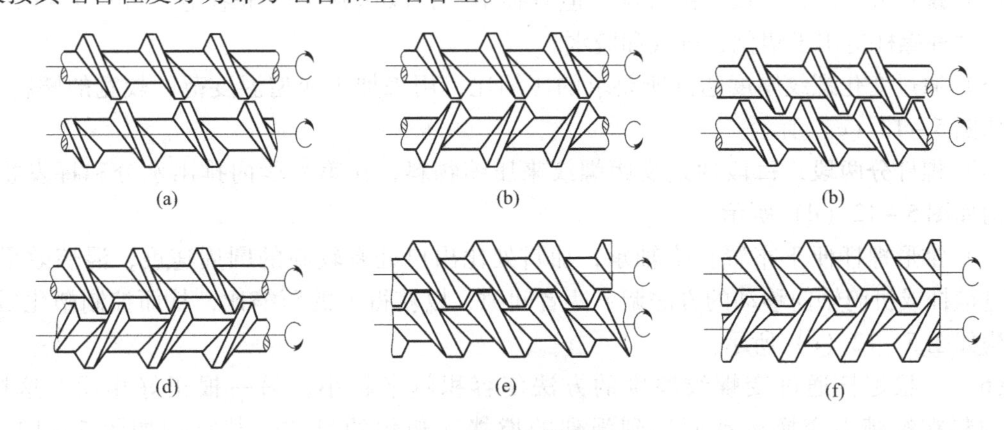

图 5－10　双螺杆的啮合形式

（a）同向非啮合；（b）异向非啮合；（c）同向部分啮合；
（d）异向部分啮合；（e）同向完全啮合；（f）异向完全啮合

全啮合型双螺杆的中心距 $S=r+R$（r 为螺杆根圆半径，R 为螺杆顶圆半径）。部分啮合型双螺杆的中心距满足 $2R>S>r+R$ 的关系。非啮合型双螺杆的中心距 $S\geqslant 2R$。

啮合异向旋转双螺杆挤出机广泛应用于挤出成型和配料造粒；啮合同向旋转双螺杆挤出机主要用于高分子材料的共混、填充和纤维增强复合改性；非啮合型双螺杆挤出机主要用于脱出挥发物、反应挤出、着色及玻纤增强等。

（2）按螺杆旋转方向的不同，双螺杆分为同向旋转与异向旋转两大类，如图 5－11 所示。异向旋转的双螺杆又分为向内、向外两种。同向旋转的双螺杆挤出机多用于混合物料，异向旋转的双螺杆挤出机多用于成型制品。

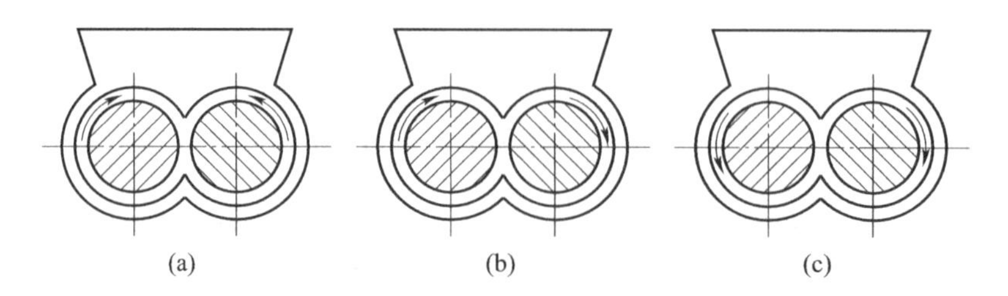

图 5－11　双螺杆的旋转形式

（a）向内异向旋转；（b）同向旋转；（c）向外异向旋转

（3）按两根螺杆轴线的相互关系，双螺杆分为平行双螺杆、锥形双螺杆。平行双螺杆的两根螺杆轴线相互平行。锥形双螺杆的两根螺杆轴线成一夹角，螺纹分布在锥面上。锥形双螺杆主要用于流动性差、黏度高的物料挤出。

3. 双螺杆的螺杆结构

双螺杆的螺杆有圆柱形、圆锥形和阶梯形。其螺纹断面形状有矩形、梯形等。压缩比可通过变距、变深、变螺纹厚度、变螺纹头数或几种方式综合在一起来获得。双螺杆的螺杆结构及其特点如下：

（1）螺杆分三段，各段有不同的螺距和不同的螺纹头数，如图 5－12（a）所示。这种螺杆可使物料经受强烈的搅拌、塑化、排气、输送等过程。

（2）螺杆分三段，每段等距等深，但直径不一，以达到所需压缩比，如图 5－12（b）所示。这种螺杆适用于塑化、排气和脱水。

（3）通过变化螺纹厚度达到所要求的压缩比，用来加工成型温度范围较宽的塑料。其结构如图 5－12（c）所示。

（4）螺杆分两段，每段通过变距螺纹来压缩物料，在第一段内排出水分和挥发物质。其结构如图 5－12（d）所示。

（5）锥形螺杆便于布置止推轴承，加料处比出口处有较高的圆周速度，混炼效果好；可通过螺杆或机筒轴向移动的方法调节两者间隙，以获得大的压缩比，从而控制塑化质量。其结构如图 5－12（e）所示。

（6）一根螺杆通过变螺纹厚度的方法使容积越来越小，另一根正好相反，这样可以使物料在螺槽中变换运动而达到强烈的搅拌和塑化的目的。其结构如图 5－12（f）所示。

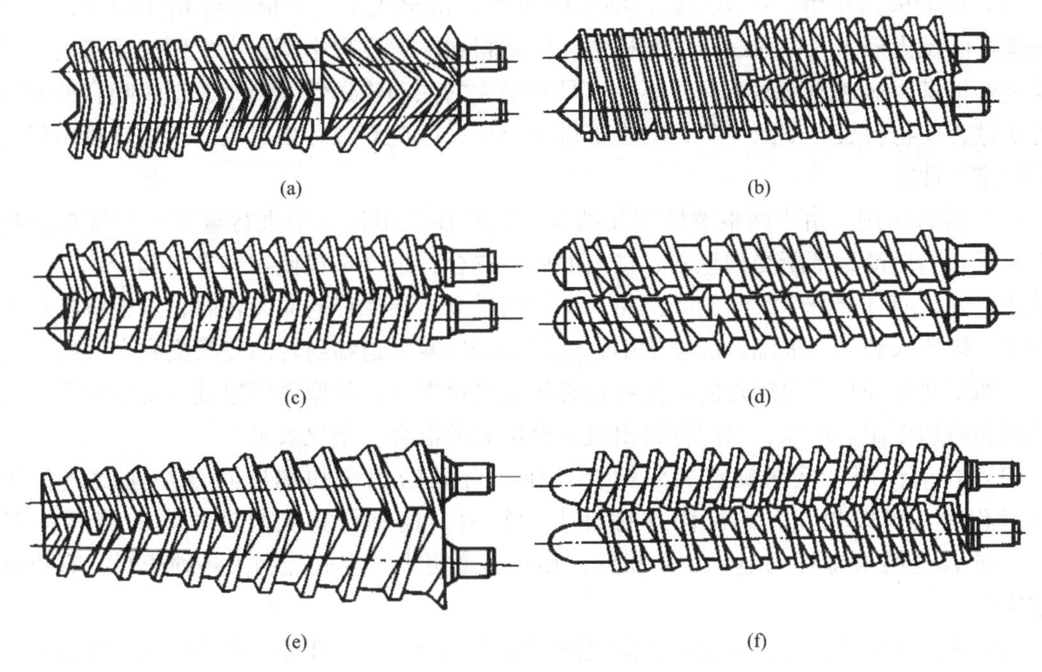

图 5－12　几种双螺杆的结构及特点

4. 双螺杆挤出机的主要参数

双螺杆挤出机的主要参数有，螺杆公称直径、螺杆长径比、螺杆转速、螺杆与料筒间隙、螺槽深度等。

（1）螺杆公称直径指螺杆的外径。对于变径（或锥形）螺杆而言，一般用小端外径（最小）和大端外径（最大）两个参数来表示，如65/130；也有只用小端直径表示螺杆直径的规格。目前，我国双螺杆的直径系列范围为 45～400 mm。双螺杆直径越大，其加工能力也越大。

（2）螺杆长径比。指螺杆有效长度与外径之比。一般整体式双螺杆的长径比是个定值，为 7～18。对于组合式双螺杆，其长径比是可变的，有的可达36。

（3）螺杆转速。异向旋转的双螺杆，压延效应随螺杆转速的增加而加剧，因此异向旋转双螺杆转速偏低，一般不超过 40 r/min。同向旋转的双螺杆的转速可较高，有的高达 300～500 r/min。

（4）螺槽深度。双螺杆因为自身具有良好的混炼和强制输送特性，因此螺槽深度可较大。

（5）螺杆和料筒的间隙。螺杆和料筒的间隙一般取 0.3～2 mm。小直径双螺杆挤出机取大值，大直径双螺杆挤出机取小值。

5. 双螺杆挤出机的工作特性和优点

双螺杆挤出机的工作原理和单螺杆挤出机不同，物料在单螺杆挤出机中的输送是依靠物料与机筒的摩擦力，而双螺杆挤出机则为“正向输送”，物料被强制向前推进。另外，双螺杆挤出机在两根螺杆的啮合处还对物料产生剪切作用。因此，双螺杆挤出机具有如下工作特性：

（1）强制输送作用。在同向旋转啮合的双螺杆挤出机中，两根螺杆相互啮合，啮合处一根螺杆的螺齿插入另一根螺杆的螺槽中，使物料在输送过程中不会产生倒流或滞流。无论螺槽是否填满，输送速度基本保持不变，具有最大的强制输送性。同时，螺纹啮合处对物料的剪切过程使物料表层不断更新，增进了排气效果，因此双螺杆挤出机比单螺杆挤出机具有更好的排气性能。

（2）混合作用。由于两根螺杆相互啮合，物料在挤出过程中进行着比在单螺杆挤出机中更为复杂的运动，不断受到纵向、横向的剪切混合，这样不仅使物料受热趋于均匀、混合分散效果好，而且会产生大量的摩擦热，塑化质量高。当螺杆同向旋转时，一根螺杆的螺齿像楔子一样伸入到另一根螺杆的螺槽中，这样螺杆反复强迫物料转向使其受到良好的剪切和混合。如果两螺杆是反向旋转的，则物料必然要经过夹口，就像物料通过两辊辊隙受到强烈的挤压和剪切作用。所以，双螺杆挤出机具有优异的混合、塑化效果。

（3）自洁作用。反向旋转的双螺杆，在啮合处的螺纹和螺槽间存在速度差，相互摩擦过程中，可以相互剥离黏附在螺杆上的物料，使螺杆得到自洁。同向旋转的双螺杆，在啮合处两根螺杆的运动方向相反，相对速度更大，因此能剥去各种积料，有更好的自洁作用。

与单螺杆挤出机相比，双螺杆挤出机除了以上三个工作特性外，还具有以下优点：

① 加料容易，可由粉状料直接挤出，省去了造粒工序。

② 物料在双螺杆挤出机中停留时间短，对于那些停留时间较长就会固化或凝聚的着色和混料，都能在双螺杆挤出机中进行。

③ 低的功率消耗，与相同产量的单螺杆挤出机相比，双螺杆挤出机的能耗要少50%。

④ 双螺杆挤出机的流率对口模压力不敏感，用来挤出大面积的制品比较稳定、有效。

5.2 单螺杆挤出成型原理

挤出成型过程中，塑料要经历固体→弹性体→黏流体的相变过程，并在螺杆和料筒之间沿着螺槽向前流动。在此过程中，塑料的温度、压力、黏度，甚至化学结构发生变化，因此挤出过程中塑料的状态变化和流动行为相当复杂。多年来，许多学者进行了大量的研究工作，提出了多种描述挤出过程的理论，有些理论已获得应用。但是各种挤出理论都存在不同程度的局限性，因此挤出理论还在不断修正、完善和发展中。本节着重对与挤出工艺有关的一些挤出理论问题进行简略的介绍。

5.2.1 挤出过程和螺杆各段的功能

根据塑料在挤出机中的物理状态的变化特征及螺杆各段对物料所产生的作用不同，通常将挤出机的螺杆分成加料段（固体输送区）、压缩段（熔融区或塑化区）和均化段（熔体输送区）三段。对于常规全螺纹三段螺杆来说，塑料在挤出机中的挤出过程可以通过螺杆各段的基本作用及塑料在挤出机中的物理状态变化过程来描述，如图5－13所示。

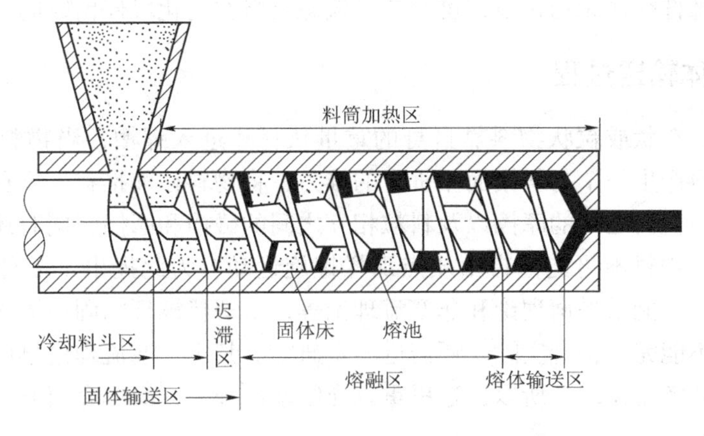

图 5－13　塑料在挤出机中的挤出过程

1. 加料段

塑料自料斗进入挤出机的料筒内，在螺杆的旋转作用下，塑料受到料筒内壁和螺杆表面的摩擦以及螺杆斜棱推动而向前运动。加料段的螺杆作用是对料斗送来的塑料进行输送并压实，塑料在该段螺槽内始终保持固体状态，虽然由于强烈的摩擦热作用，在接近加料段的末端，与料筒内壁相接触的塑料已接近或达到黏流温度，固体粒子表面有些发黏，但熔融仍未开始。这一区域称为迟滞区，是固体输送区结束到最初开始出现熔融的一个过渡区。加料段对塑料一般没有压缩作用，故螺距和螺槽深度都可以保持不变，而且螺槽深度也较深，因此加料段通常是等深等距的深槽螺纹。加料段的长度随塑料品种而异，挤出结晶型热塑性塑料的加料段要求较长，使塑料有足够的停留时间而慢慢软化，该段占螺杆全长的 60% ~65%；挤出无定型塑料的加料段较短，占螺杆全长的 10% ~25%；但挤出硬质无定型塑料的加料段要长一些。

2. 熔融段

熔融段又叫压缩段或相迁移段。塑料从加料段进入熔融段，沿着螺槽继续向前，由于螺杆螺槽的容积逐渐变小，塑料受到压缩，进一步被压实，同时因料筒的外加热和螺杆与料筒的强烈剪切作用，塑料温度不断升高并逐渐熔融。此段螺杆的作用是使塑料进一步压实和熔融塑化，排除物料内的空气和挥发份。在该段，熔融料和未熔料两相共存，至熔融段末端，塑料最终全部熔融为黏流态。从螺杆结构特征来看，压缩作用可以通过减小螺距及螺槽深度来实现，压缩段的长度与塑料的性质有关。无定型塑料的压缩段较长，为螺杆全长的 55% ~65%；熔融温度范围宽的塑料其压缩段更长，如 PVC 挤出成型用的螺杆，其压缩段为螺杆全长的 100%，即全长均起压缩作用，这样的螺杆为渐变型螺杆；结晶型塑料熔融温度范围较窄，压缩段较短为 $(3 \sim 5)D$，某些熔化温度范围很窄的结晶型塑料（如 PA），压缩段更短，甚至仅为一个螺距的长度，这样的螺杆为突变型螺杆。

3. 均化段

均化段又叫计量段。从熔融段进入均化段的塑料是已全部熔融的黏流体。此段螺杆的作用是与料筒和机头相配合产生强大剪切作用和回压作用把物料进一步混合塑化均匀，并定量定压地通过机头口模进行挤出成型。由于从压缩段来的物料已达到所需的压缩比，故均化段一般无压缩作用，螺距和螺槽深度可以不变，这一段常常是等距等深的浅槽螺纹。为了稳定料流，均化段应有足够的长度，通常是螺杆全长的 20% ~25%。但对于 PVC 等热敏性塑料，所采用的渐变型螺杆往往无均化段，可避免黏流态物料在均化段停留时间过长而导致分解。

5.2.2 固体输送过程

挤出过程中，粉状或粒状物料靠自身的重量从料斗进入螺槽，当物料与螺纹斜棱接触后，斜棱面对物料产生一个与斜棱面相垂直的推力，将物料往前推移。推移过程中，由于物料与螺杆、物料与机筒之间的摩擦以及料粒相互之间的碰撞和摩擦，同时还由于挤出机的背压及加热等作用，物料不可能像自由质点那样螺旋运动。为此提出了多种理论，如塞流理论、黏滞剪切理论、能量平衡理论和非塞流理论等，来解释螺杆的固体输送。但这些理论都尚未完全成熟，不能完全符合实际，还需进一步研究。其中，塞流理论早已实用化，非塞流理论是近年提出并实用化的。所以，这里重点介绍塞流理论，简单介绍非塞流理论的要点。

1. 塞流理论

塞流理论是 Darnell 和 Mol 于 1956 年提出的固体输送理论。塞流理论认为，在机筒与螺杆之间物料是一个塞满螺槽的固体块，这个固体块形成所谓“弹性固体”（固体塞）；固体块是由受热而粘连在一起的固体粒子和未塑化的、冷的固体粒子，一个个连续地、整齐地、密实无间隙地排列着；固体块以一定的速率向前移动。图 5－14 所示为固体塞摩擦模型。在图 5－14中，F_b 为固体塞与机筒间的摩擦力，$F_b = A_b f_b p$；F_s 为固体塞与螺杆间的摩擦力，$F_s = A_s f_s p$；A_b 为固体塞与机筒间的接触面积，A_s 为固体塞与螺杆间的接触面积，f_b 为固体塞与机筒间的摩擦系数，f_s 为固体塞与螺杆间的摩擦系数，p 为螺槽中的体系压力。

固体塞在螺槽中的移动可看成在矩形通道中的运动，如图 5－15（a）所示。当螺杆转动时，螺杆斜棱对固体塞产生推力 F，使固体塞沿垂直于斜棱的方向运动，其速度为 v_x，推力在螺杆轴向的分力使固体塞沿螺杆轴向以速度 v_a 移动。螺杆旋转时的表面速度为 v_s，若将螺杆看成相对于机筒静止不动的，则机筒以速度 v_b 对螺杆做相向的切向运动。v_b 与 v_x 的速度差 v_z 使固体塞沿螺槽 z 轴方向移动［图 5－15（b）］。

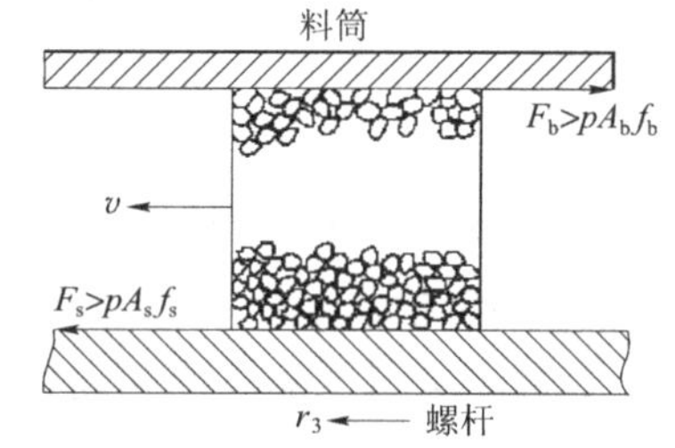

图 5－14 固体塞摩擦模型

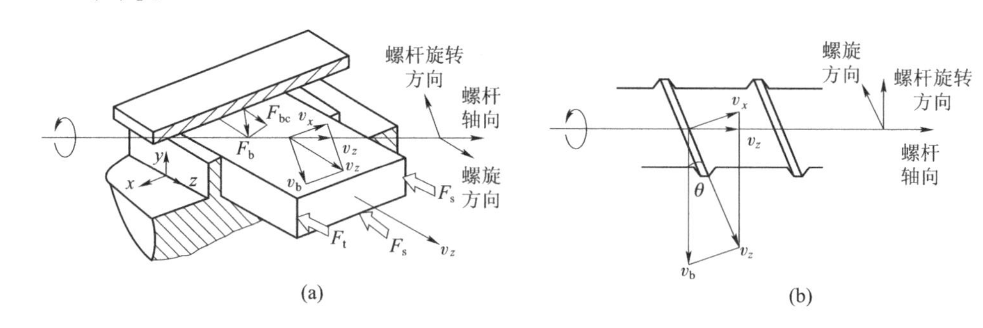

图 5－15 螺槽中固体输送的理想模型和固体塞移动速度矢量图

（a）理想模型；（b）速度矢量图

由图 5－15（a）可以看出，螺杆对固体塞的摩擦力 F_s 方向为 z 轴负方向，是固体塞前进的阻力；机筒对固体塞的摩擦力 F_b 在 z 轴正方向的分力为 F_{bz}（$F_{bz} = A_b f_b p\cos\theta$），是固体塞前进的推力；在稳定流动情况下，推力 F_{bz}与阻力 F_s 相等，即 $F_s = F_{bz}$，所以

$$A_s f_s = A_b f_b \cos\theta \tag{5-1}$$

显然，当 $F_s = F_{bz} = 0$ 时，即物料与机筒或螺杆之间摩擦力为零时，物料处于完全滑动状态，在机筒中不能发生任何移动；当 $F_s > F_{bz}$ 时，物料被夹带于螺杆中随螺杆转动也不能产生移动，发生黏杆现象，若固体输送段温度过高，物料塑化就会发生黏杆现象；只有当 $F_{bz} > F_s$ 时，物料才能在机筒与螺杆间产生相对运动，并被迫沿螺槽移向前方。可见，固体塞运动由它与螺杆及机筒表面之间的摩擦力控制，只要能正确地控制物料与螺杆及物料与机筒之间的摩擦系数，就可提高固体输送段的送料能力；降低物料与螺杆的摩擦系数 f_s 是有利的，这就需要提高螺杆表面的光洁度，还可在螺杆中心通水冷却降低 f_s（这是因为，塑料对钢的摩擦系数随温度降低而减小）；增大物料与机筒的摩擦系 f_b，可以提高固体输送率，提高机筒摩擦系数 f_b 的有效办法是在机筒内开纵向沟槽。

挤出机加料段的输料能力用送料量 Q_1（cm^3/s）表示，其值为一个螺槽的截面积 A（cm^2）与送料速度 v_a（cm/s）的乘积，由图 5－16 得出：

$$Q_1 = A \cdot v_a = \frac{\pi}{4}[D^2 - (D-2H)^2] \cdot v_a \tag{5-2}$$

式中，D 为螺杆外径；H 为螺槽深度。

由图 5－16 可看出，螺杆转动一个周期时，物料在螺纹斜棱推力面作用下，沿垂直斜棱的方向由 A 移向 B，AB 在螺杆轴上的投影距离为 l，物料在轴向的移动速度为 v_a，若螺杆的转数为 N（r/s），则有

$$v_a = l \cdot N \tag{5-3}$$

由图 5－17 中螺杆的几何关系可求出：

$$\pi D = b_1 + b_2 = l \cdot \cot\phi + l \cdot \cot\theta = l \cdot (\cot\theta + \cot\phi) \tag{5-4}$$

式中，ϕ 为物料移动角，θ 为螺槽的螺旋角，$\phi = 90° - \theta$，所以

$$l = \frac{\pi D}{\cot\theta + \cot\phi} \tag{5-5}$$

把式（5－5）代入式（5－3）得：

$$v_a = \frac{\pi DN}{\cot\theta + \cot\phi} = \frac{\pi DN \cdot \tan\theta \cdot \tan\phi}{\tan\theta + \tan\phi} \tag{5-6}$$

联立式（5－2）和式（5－6）可得加料段的固体送料量 Q_1 与螺杆几何尺寸的关系：

$$Q_1 = \frac{\pi^2 DH(D-H)N\tan\theta \cdot \tan\phi}{\tan\theta + \tan\phi} \tag{5-7}$$

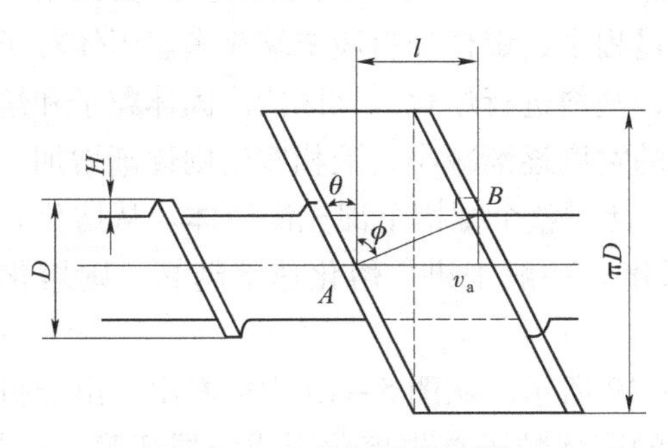

图 5－16　螺杆的展开图

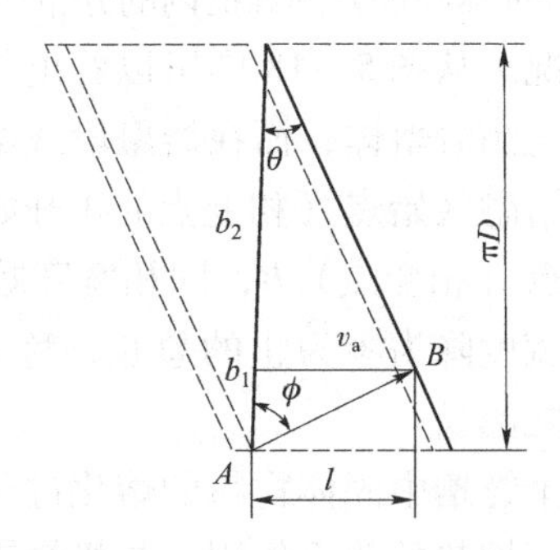

图 5－17　固体塞移动距离的计算

由式（5－7）可知，加料段的送料量 Q_1（固体输送速率）与螺杆的几何尺寸和外径处的螺旋角 θ 有关。为了增大输送量，增加螺槽深度是有利的，但会受到螺杆扭矩的限制；螺旋角应采用最佳值，以使 $\frac{\tan\theta \cdot \tan\phi}{\tan\theta + \tan\phi}$ 最大，但考虑螺杆制造上的方便，通常螺旋角 θ 为 $17°41'$。

以上讨论并未考虑物料因摩擦发热而引起摩擦系数的改变以及螺杆对物料产生的拖曳流动等因素。实际上，当物料前移阻力很大时，摩擦产生的热量很大，当热量来不及通过机筒或螺杆移除时，摩擦系数的增大，会使加料段输送能力比计算的偏高；此外，粒子表面塑化，黏性增大，粒子间黏附力也随之增大，这就会造成粒子与粒子的滑移阻力大。

2. 非塞流理论

非塞流理论是北京化工大学朱复华教授和房士增博士于 1986 年建立的固体输送理论。1996 年北京化工大学江顺亮博士进一步提出了三层模型法，从而使非塞流理论实用化。非塞流理论认为，在机筒与螺杆之间的物料是松散的，颗粒之间是有间隙的，存在着相对运动的散粒体。所谓散粒体，是指一定大小的颗粒自然或强迫地堆积在一起所构成的体系，按物理性质来说，它是介于固体和液体之间的一个物理体系；与固体相比，它具有一定的流动性，并且在一定范围内能保持其形状，几乎不能抵抗拉压力，抵抗剪切的能力很小，在较小的外力作用下就会发生流动；与液体相比，它不满足各向同性的假设，在散粒体内任意一点的 3 个方向的主应力不可能同时相等。

按非塞流理论计算的挤出流率和实测值相差不大，相对误差为 3% 左右，远低于塞流理论的计算结果。

5.2.3 熔融过程

物料在挤出机的塑化区域内既存在固体料，又存在熔融料，流动与输送中物料有相变化发生，这一过程十分复杂，给分析带来极大困难，所以对熔化区的理论研究比较少。

当固体物料由加料段进入压缩段时，物料逐渐软化而相互黏结，同时越来越大的挤压作用使固体粒子被挤压成紧密堆砌的固体床。固体床前进过程中，在机筒外加热和摩擦热的共同作用下而逐渐熔化，最后在进入均化段时，固体床消失，熔化过程基本完成，即由固相逐渐转变为液相，出现黏度的变化。

根据实验观察，塑料在螺槽中由固体转变为熔融状态的过程可用图 5－18 表示。图 5－18（a）所示为固体床在展开的螺槽内的分布和变化情况。图 5－18（b）所示为固体床在压缩段逐渐消失的情况。从图 5－18 中可以看出：在挤出过程中，螺杆加料段末端充满着固体粒子，均化段前端充满着熔体，而在熔融段或熔化区内，塑料进行熔化，该区段内固体粒子和熔融物共存；自熔融区始点（相变点）A 开始，固相的宽度逐渐减小，液相宽度则逐渐增加，直到熔化区终点（相变点）B，固相宽度减小到零，此时整个螺槽全部充满熔体。从熔化开始到固体床的宽度降为零为止的总长，称为熔化长度。一般来讲，熔化速率越高，则熔化长度越短；反之越长。

一个螺槽中固体物料的熔化过程如图 5－19 所示。从图 5－19 中可看出：由于机筒的传导热和摩擦热的双重作用，与机筒表面接触的固体粒子首先熔化形成一层薄膜，称为熔膜，这些不断熔融的物料，在螺杆与机筒相对运动的作用下，不断向螺纹推进面汇集，形成旋涡状的流动区，称为熔池（简称液相），而在熔池的前边充满着热软化、半熔融后粘连在一起的固体粒子，和尚未熔化、温度较低的固体粒子 5，粒子 4 和 5 统称为固体床（简称固相）。熔融区内固相与液相的界面称为迁移面，大多数熔化均发生在此分界面上，它实际上是固相转变为液相的过渡区域。在熔化区域内，固体床在螺槽中的厚度沿挤出方向逐渐减小（图 5－18）。

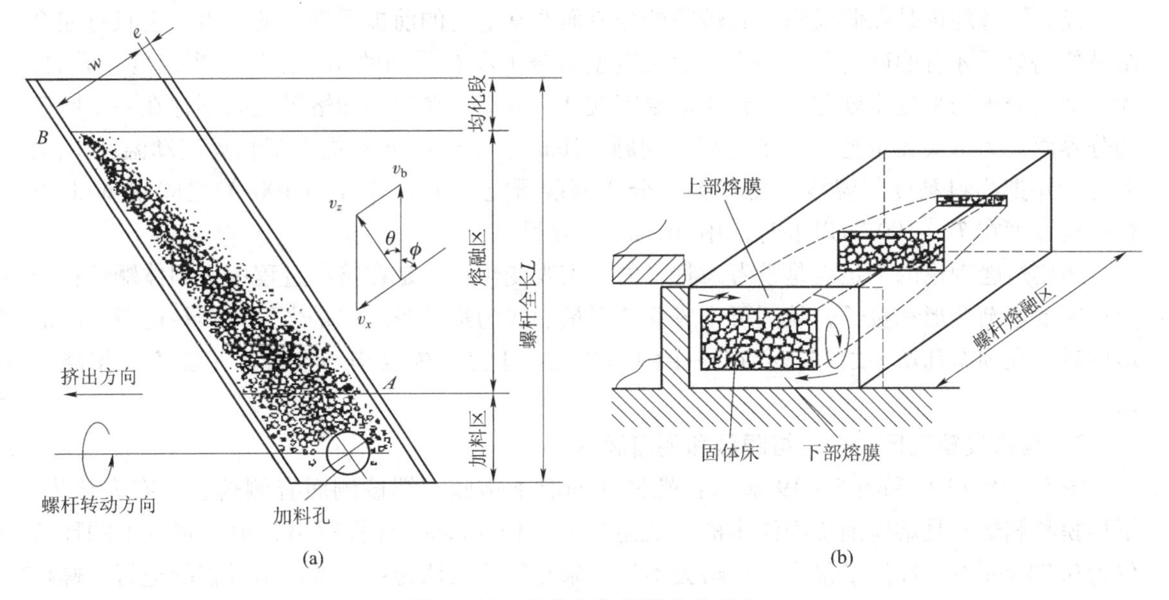

图 5－18　固体床在螺槽中的分布

（a）固体床在展开螺槽中的分布变化；（b）固体床在螺杆熔融区的体积变化

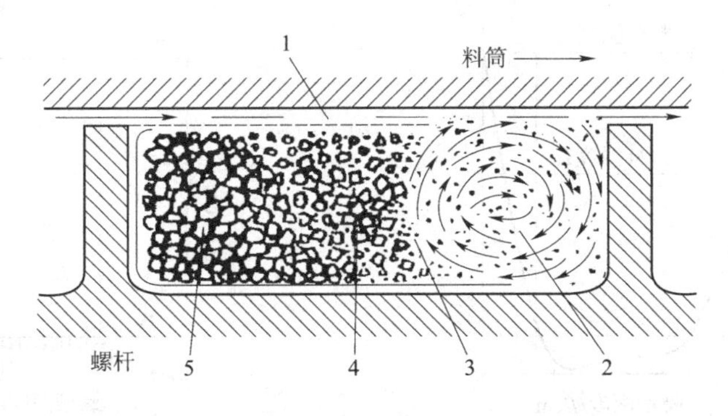

图 5－19　固体物料在螺槽中的熔融过程

1—熔膜；2—熔池；3—迁移面；4—黏结的固体粒子；5—未黏结的固体粒子

通过实验观测的深入研究和对观测现象（如固相破裂）的定量研究，把熔融区又分成四个区，下面简要介绍每个区的理论要点和物理模型。

1．熔融段第一区——上熔膜区

熔融段的热源有两个，一是外加热器施加的外热；二是摩擦热，简称为内热。由图 5－20 可知，在这两个热源的作用下，机筒壁的温度最高，与机筒壁接触的固体床表面最先最快熔化，形成的熔体首先渗入固体颗粒间的间隙。渗入到一定程度后，熔体开始在固体床表面聚集成一层熔膜，形成上熔膜区。这可能就是热软化、半熔融后粘连在一起的固体粒子存在的原因之一。

2. 熔融段第二区——熔池区

当上熔膜厚度大于螺棱间隙时，螺纹推进面将熔膜刮下来并汇集在它的前面，形成熔池，当熔料进入熔池后，熔池宽度变宽，而熔膜厚度又基本不变，因此固相必然要向料筒壁面移动，同时固相与熔池的接触面也必然会后移。这就是经典的 Tadmor 熔融理论。

经典熔融理论是在假设固相和熔膜的分界面非常清楚的前提下提出的，事实上只有完全结晶的高分子才有明确的相变温度，而无定型高分子没有明确的相变温度，当温度上升时，无定型高分子物料逐步软化，达到流动温度就开始流动，在固相和熔膜之间不存在一个明确的分界面。为解决无定型高分子的熔融问题，Han 等人于 1996 年提出了临界流动温度 T_{cf} 的概念，并把物料黏度与温度的变化关系分成两段研究，在 T_{cf} 至 T_g+100 ℃之间用 WLF 方程；当温度在 T_g+100 ℃以上时，用 Arrhenius 方程。

经典熔融理论的不足就是没考虑物料的亚宏观变化：一是在挤出过程中，固体颗粒在外力作用下逐渐变形和拉长，从圆形变成椭圆形最后成为细长条。二是当固体颗粒逐渐熔融成熔体时，在固态和熔态之间，存在一个中间状态。于是，朱复华等人提出了亚宏观熔融理论。

3. 熔融段第三区——下熔膜区和侧熔膜区

图 5－18（b）和图 5－19 显示：螺槽底面有下熔膜，螺棱侧面有侧熔膜。有人认为，下熔膜和侧熔膜是熔体围绕固体床的环流造成的。但 Tadmor 计算得出，单位宽度上的环流仅为 0.03 cm^3/s。环流量很小，可略去不计。朱复华等人认为：随着挤出过程的进行，螺杆温度势必越来越高，当螺杆温度达到塑料熔点时，与螺杆底面和螺棱侧面接触的塑料开始熔化，形成下熔膜和侧熔膜。图 5－21 所示下熔膜的流速很低，不足以形成熔膜。

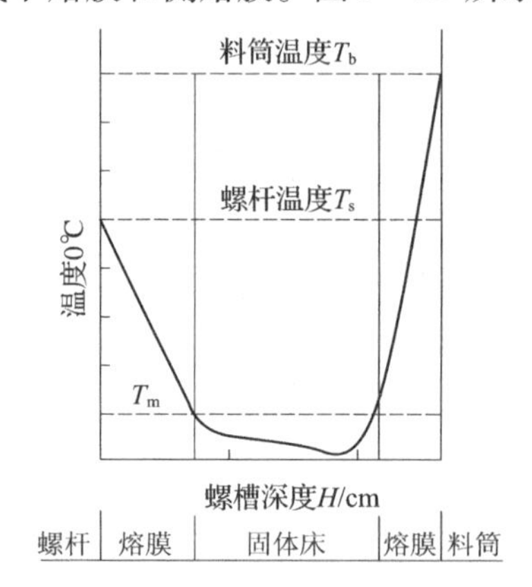

图 5－20 螺杆压缩段中物料温度分布

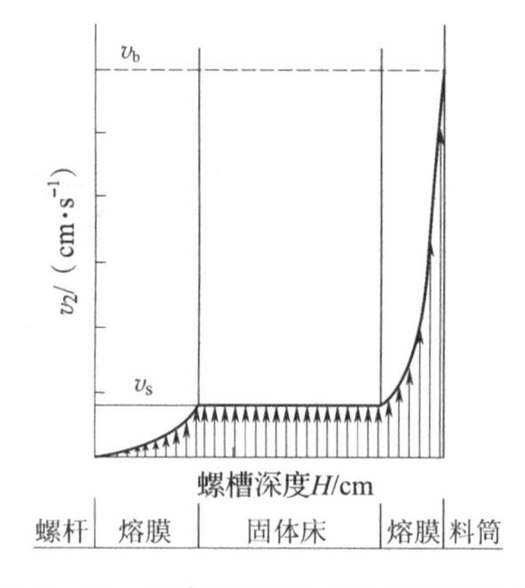

图 5－21 螺杆压缩段中物料速度分布

4. 熔融段第四区——固相破碎区

随着挤出过程的进行，固体床会发展破碎。Tadmor 等人已观测到了这个现象，并进行了分析，但他们没能建立系统的物理和数学模型。直到 1989 年，朱复华等我国的一批学者使固相破碎理论的研究进一步系统化，建立了系统的物理和数学模型。

5.2.4 熔体输送过程

在均化段（熔体输送区）的物料完全为塑料熔体。熔体在机筒的拖曳和螺杆斜棱的推力作用下向机头流动。由于此区物料性质稳定、温度分布和流动状态易于分析，因此在挤出理论研究中，熔体输送研究最早（有 100 多年的历史），理论也最为系统和成熟。

以 Q_1 代表加料段的送料速率，Q_2 代表压缩段的熔化速率，Q_3 代表均化段的挤出速率。显然 $Q_1 < Q_2 < Q_3$ 时，挤出机处于供料不足的操作状态，生产不能正常进行，产品质量不会符合要求。假若 $Q_1 \geqslant Q_2 \geqslant Q_3$，这样均化段就成为控制区域，操作平稳，产品质量能得到保证。但三者之间不能相差太大，否则均化段压力太大，出现超负荷，操作也会不正常。因此在正常状态下，均化段的挤出流量就可代表挤出机的生产率，该段的功率消耗也作为整个挤出机功率消耗的计算基础。

1. 熔体在螺旋槽中的运动形式

把螺杆挤出螺旋通道展开，螺杆槽和料筒构成了高度为 H 和宽度为 W 的矩形通道，如图 5-22 所示。在这种情况下，塑料熔体在通道中的流动可用三向直角坐标表示，直角坐标系的原点在螺槽的底部，x 为螺槽侧壁法线方向，y 是螺槽深度方向，z 是物料沿螺槽向前移动的方向。物料的流动速率 v 可分解为沿螺纹平行方向的分速度 v_z 和与螺纹垂直方向的分速度 v_x。v_x 可认为是使物料在螺槽中做旋转流动沿 x 轴方向的分速度。图 5-22 中下标 b 表示料筒内表面层。

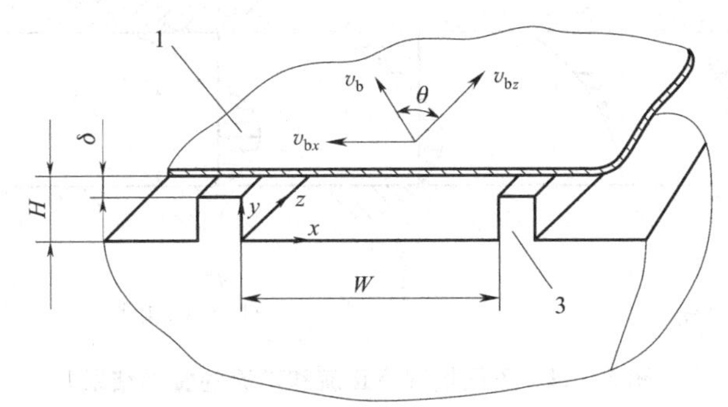

图 5-22　螺槽的几何形状与速度分解

1—料筒；2—螺杆根部；3—螺棱

假设螺杆相对静止，料筒以原来螺杆的速度做反向旋转，熔体被拖曳沿 z 方向移动，螺杆侧棱的推挤，熔体要沿 x 方向移动，同时由于机头口模的反压作用，物料又有反压流动。料筒壁的拖曳、螺槽侧壁的推挤和机头口模的反压作用下使熔体在螺旋槽中同时存在四种运动形式。

（1）正流。即物料沿着螺槽向机头方向（z 的正方向）的流动，是均化段熔体的主流，它是螺杆旋转时螺纹斜棱的推挤在螺杆轴向作用的结果。从理论分析上来说，这种流动是由机筒对物料摩擦拖曳作用而产生的，为拖曳流动。塑料的挤出就是这种流动产生的。正流体积流率用 Q_D 表示。正流在螺槽中的速度分布如图 5-23（a）所示。

（2）逆流。逆流是正流反方向（z 的负方向）的流动，它是机头、口模、过滤网等对熔体反压所引起的反压流动，为压力流动。逆流的体积流率用 Q_P 表示。逆流在螺槽中速度分布如图 5-23（b）所示。正流和逆流的代数和为净流，如图 5-23（c）所示。令 $q = \dfrac{Q_P}{Q_D}$，q 值不同情况时，正流和逆流的合成速度不同，如图 5-24 所示。如果挤出头是开放的，即无分流板和口模时，$Q_P = 0$，$q = 0$；若挤出头是封闭的，即无物料挤出时，$Q_P = Q_D$，$q = 1$。

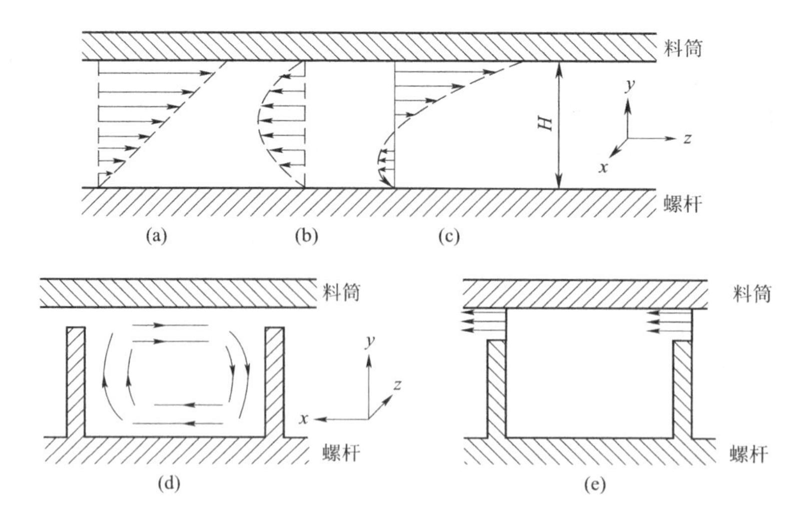

图 5－23　螺槽内熔体的几种流动形式

（a）正流；（b）逆流；（c）净流；（d）横流；（e）漏流

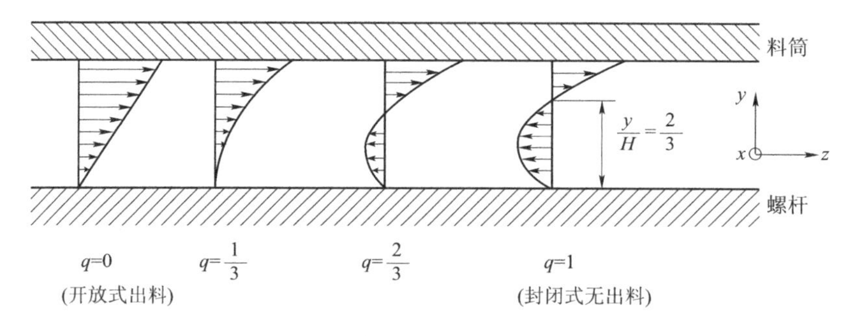

图 5－24　不同情况下正流和逆流的叠加结果

（3）横流。即垂直螺纹斜棱方向的流动。螺槽底部塑料沿 x 正方向流动到达螺纹侧壁时受阻，而转向 y 方向流动，以后又被机筒阻挡，料流折向 x 的负方向，接着又被螺纹另一侧壁挡住，被迫改变方向，这样便形成环流，如图 5－23（d）所示。这种流动对塑料的混合、热交换和塑化有利，但对总的生产率影响不大，一般不予以考虑。

（4）漏流。漏流是从螺杆与机筒的间隙 δ，沿着螺杆轴向向料斗方向的流动，它也是机头、口模、过滤网等对塑料的反压所引起的反压流动，如图 5－23（e）所示。漏流的体积流率以 Q_L 表示，由于 δ 通常很小，故漏流比正流和逆流小得多，常在净流中忽略。

2. 不可压缩牛顿性塑料熔体在螺槽中的速度分布

如图 5－22 所示，并以螺杆为参照，螺杆旋转时，料筒相对于螺杆的转动速度 v_b（cm/s）为

$$v_b = \omega \frac{D_b}{2} = \pi N D_b \tag{5-8}$$

式中，ω 为螺杆的角速度；N 为螺杆的转速（r/s）；D_b 为料筒内径（cm）。

由图 5－18 和图 5－22 可知，v_b 沿 x 向和 z 方向的分量为

$$v_{bz} = v_b \cos\theta = \pi N D_b \cos\theta \tag{5-9}$$

$$v_{bx} = v_b \sin\theta = \pi N D_b \sin\theta \tag{5-10}$$

螺杆槽中流动的熔体，其流速在螺槽底部，即 $y=0$ 处为零；而在料筒壁面，即 $y=H$ 处的熔体流速沿 x 方向为 v_{bx}，沿 z 方向为 v_{bz}。这样，流动的熔体在螺槽中 y 方向存在速度分布问题。

1）熔体在 x 方向流动的速度分布

熔体在 x 方向流动的速度分布方程为

$$v_x = v_{bx}\frac{y}{H}\left(\frac{3y}{H}-2\right) \tag{5-11}$$

由式（5－11）可看出，$y=H$，即料筒壁面处，$v_x=v_{bx}$，方向为 x 正向；$y=\frac{2}{3}H$ 和 $y=0$ 时，$v_x=0$；$0<y<\frac{2}{3}H$ 时，$v_x<0$，说明速度方向为 x 负向，且 $y=\frac{1}{3}H$，有负的最大值 $v_x=-\frac{v_{bx}}{3}$。

2）熔体在 z 方向流动的速度分布

熔体在 z 方向流动的速度分布方程为

$$v_z = v_{bz}\frac{y}{H}-\frac{y}{2\mu}(H-y)\frac{\partial p}{\partial z} \tag{5-12}$$

式中，$\frac{\partial p}{\partial z}$ 为 z 方向上均化段螺槽的压力梯度，对于等距等深的螺槽，$\frac{\partial p}{\partial z}=\frac{\Delta p}{z}$，此时

$$v_z = v_{bz}\frac{y}{H}-\frac{y}{2\mu}(H-y)\frac{\Delta p}{z} \tag{5-13}$$

式中，z 为均化段螺槽的总长度。$y=0$ 时，$v_z=0$；$y=H$ 时，$v_z=v_{bz}$。

由于熔体在螺槽中同时存在 z 轴和 x 轴方向的流动，故熔体在螺槽中的流动路径为螺旋形，如图5－25所示。

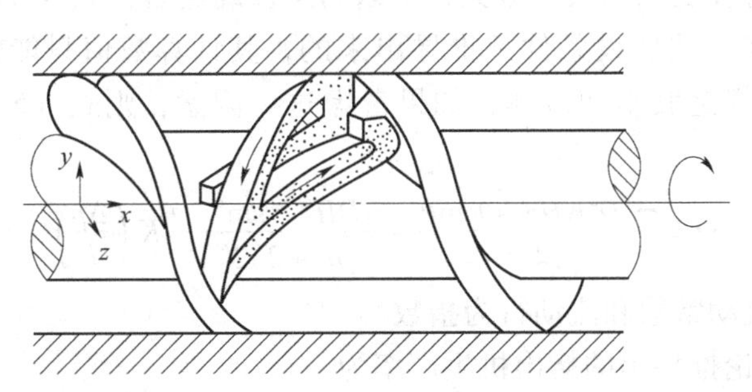

图5－25 熔体在螺槽中的组合流动情况

3. 挤出机生产能力的计算

挤出机的生产能力，也即挤出机的生产率，是指挤出机在单位时间内挤出的塑料体积量或质量。塑料在挤出机中的运动情况相当复杂，影响其生产能力的因素很多，因此要精确计算挤出机的生产能力较困难。目前挤出机生产能力的计算方法有三种。

1）按理论公式计算

（1）按黏性流体流动理论计算。对式（5－13）进行积分可得出不含漏流的挤出流量 Q（cm^3/s）：

$$Q = Q_3 = \int_0^H \int_{-\frac{W}{2}}^{\frac{W}{2}} v_z \mathrm{d}y\mathrm{d}x = \frac{v_{bz}WH}{2} - \frac{WH^3\Delta p}{12\mu z} \tag{5-14}$$

由图5-16得出螺槽宽度 W 与螺杆外径 D 的关系：

$$W = \pi D\sin\theta \tag{5-15}$$

由图5-17得出均化段螺槽总长 z 和均化段螺杆长度 L 的关系：

$$z = \frac{L}{\sin\theta} \tag{5-16}$$

把式（5-15）和式（5-16）代入式（5-14），并把料筒内径 D_b 用螺杆外径 D 替换，于是有：

$$Q = \frac{\pi^2 D^2 NH\cos\theta\sin\theta}{2} - \frac{\pi DH^3\Delta p\sin^2\theta}{12\mu L} \tag{5-17}$$

式中，第一项为正流体积流率 Q_D，第二项为逆流的体积流率 Q_P。

加上漏流量，挤出机的挤出总流量为

$$Q = \frac{\pi^2 D^2 NH\cos\theta\sin\theta}{2} - \frac{\pi DH^3\Delta p\sin^2\theta}{12\mu L} - \frac{\pi^2 D^2\delta^3\Delta p\tan\theta}{12\mu eL} \tag{5-18}$$

式中，e 为螺纹斜棱宽度，第三项为漏流的体积流率 Q_L。

通常间隙 δ 取（0.002～0.005）D，因此漏流量 Q_L 不大，仅为 Q 的百分之一。所以，在实际计算中常将漏流项 $\frac{\pi^2 D^2\delta^3\Delta p\tan\theta}{12\mu eL}$ 略去，若用机头压力 p 代替 Δp，而熔体黏度取平均值 η，并令 $A = \frac{\pi^2 D^2 H\cos\theta\sin\theta}{2}$，$B = \frac{\pi DH^3\sin^2\theta}{12L}$。则式（5-18）可简化为

$$Q = AN - B\frac{p}{\eta} \tag{5-19}$$

因为 A、B 只与螺杆的结构尺寸有关，所以当螺杆确定后，A、B 便是常数。

式（5-18）是在一些假设条件下推导出来的，其计算数值只能作为决定生产率的参考。大多数塑料熔体都是假塑性流体，如果考虑这一因素，则式（5-18）在略去漏流后改为

$$Q = \frac{\pi^2 D^2 NH\cos\theta\sin\theta}{2} - \frac{\pi DH^{m+2}\sin^{m+1}\theta}{(m+2)2^{m+1}}K\left(\frac{\Delta p}{L}\right)^m \tag{5-20}$$

式中，K、m 分别为流动常数和流动行为指数。

（2）根据塞流理论推导出的挤出机生产率为

$$Q = 0.06\frac{\pi D_a}{\cos\theta}A\cdot n\cdot\beta' \tag{5-21}$$

式中，D_a 为螺杆螺纹的平均直径，cm；A 为螺纹槽的横截面积，cm^2（$A = WH$）；n 为螺杆转速，r/min；β'为传送系数，$\beta' = 0.2 \sim 0.5$，新机取大值，旧机取小值。

理论法误差较大，在实际生产中仅作为参考数据。

2）实测法

该法是根据机头口模中挤出物料的线速度，来确定挤出机的产量。计算公式为

$$Q_m = 60\cdot v\cdot G\cdot a \tag{5-22}$$

式中，Q_m 为挤出机的生产率，kg/h；v 为机头口模挤出物料的线速度，m/min；G 为挤出物

的线密度，kg/m；a 为机台的时间利用系数，一般 $a=0.7\sim0.85$。

此法准确，但不通用。

3）按经验公式计算

$$Q=\beta\cdot D^3\cdot n \tag{5-23}$$

式中，β 为计算系数，与螺杆线速度有关，一般取 0.003 ~ 0.007；D 为螺杆直径，cm；n 为螺杆转速，r/min。

该法是经过多次实测，并分析总结而得出的，较准确，通用。

5.2.5　螺杆和机头的特性曲线

前面讨论了物料在螺杆中的流动情况，而挤出成型时是在有机头（口模）的情况下进行的，要全面了解挤出过程的特性，需将螺杆和机头结合起来。

1. 牛顿性流体

在式（5－19）中，A、B 都只与螺杆结构尺寸有关，对指定挤出机在等温操作的情况下，除 Q 和 p 外，式（5－19）中的其他参数为常数。这样式（5－19）就是一个带有负斜率 $\left(-\dfrac{B}{\eta}\right)$ 和截距（AN）的直线方程。对于同一螺杆，在螺杆转速 N 不变的情况下，更换口模，测出不同口模下的 Q 和 p 数据，然后作出 $Q-P$ 直线，这条直线称为螺杆特性曲线，如图 5－26 所示。改变螺杆转速 N 时，便得到一系列平行的直线。

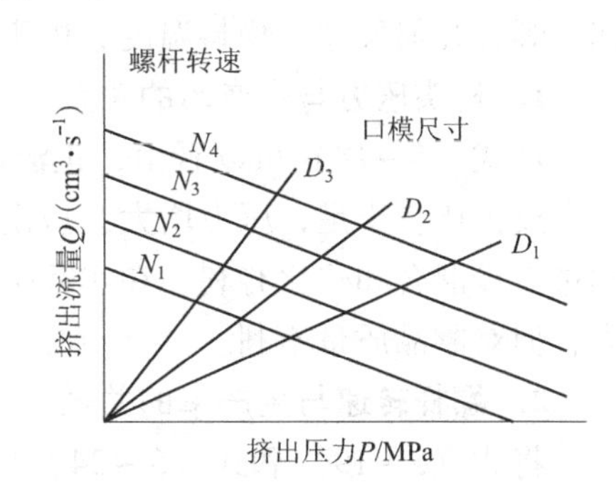

图 5－26　牛顿性流体的螺杆和口模特性曲线

螺杆转速：$N_1<N_2<N_3<N_4$；

口模尺寸：$D_1<D_2<D_3$（$K_1<K_2<K_3$）

牛顿流体通过机头口模时的体积流率可用牛顿流体在简单圆管中的流动方程来表示：

$$Q=K\frac{\Delta p}{\eta} \tag{5-24}$$

式中，η 为熔体通过口模时的黏度；Δp 为熔体通过口模的压力降；K 为口模的阻力常数，仅与口模尺寸和性质有关。其中，圆形口模，$K=\dfrac{\pi D^4}{128\ (L+4D)}$；环形口模，$K=\dfrac{\overline{C}t^3}{12L}$；狭缝口模，$K=\dfrac{Wt^3}{12L}$；这三个公式中，$D$ 为圆形口模直径；L 为口模中平直部分长度；t 为平狭缝或环形狭缝的膜缝厚度；$\overline{C}$ 为环形口模圆周的平均长度；W 为缝口宽度。

显然，式（5－24）是一个通过原点、斜率为 $\dfrac{K}{\eta}$ 的直线方程。在口模大小不变情况下，改变螺杆转速，测出不同转速下的 Q 和 P 数据，然后作出 $Q-P$ 直线，这条直线称为口模特性曲线，如图 5－26 所示。改变口模大小，便得到一系列过原点的直线。图 5－26 中两组直线的交点称为操作点。该点是适于机头口模和螺杆转速下挤出机的工作点，它是在给定的螺杆和口模下，当螺杆转速一定时，挤出机的机头压力和挤出流率符合这一点所表示的关系。

2. 假塑性流体

对假塑性流体来说，按同样理由，将式（5－20）改写为

$$Q = AN - B'K(\Delta p)^m \qquad (5-25)$$

将式（5－24）改写为

$$Q = K'K(\Delta p)^m \qquad (5-26)$$

上两式中 B'、K' 对给定的塑料在等温挤出时，都为常数。

根据式（5－25）和式（5－26）绘出的螺杆和口模的特性曲线为抛物线，如图 5－27 所示。

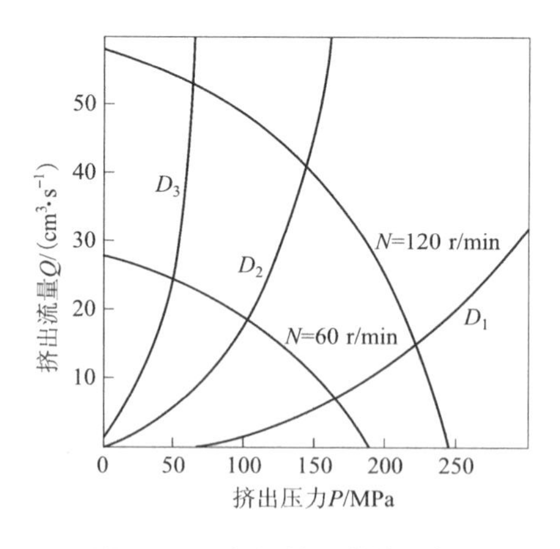

图 5－27　假塑性流体的螺杆和口模特性曲线

口模尺寸：$D_1 < D_2 < D_3$

5.2.6　影响挤出机生产率的因素

从式（5－18）可知，影响挤出机生产率的因素很多，其中主要的影响因素有：机头压力、螺杆转速、螺杆几何尺寸、物料温度、机头口模阻力等。

1. 机头压力与生产率的关系

从式（5－18）可以看出，正流流量 Q_D 与压力无关，逆流流量 Q_P 和漏流流量 Q_L 则与压力成正比。于是，压力增大，挤出流量减小，因此增压提高生产率不可取，但增压对物料的进一步混合和塑化有利。在实际生产中，增大口模尺寸，即减小了压力降，挤出量虽然提高，但对制品质量不利。

2. 螺杆转速与生产率的关系

将式（5－19）和式（5－24）联立，并认为均化段物料的压力降等于物料通过口模时的压力降，则得到

$$Q = \left(\frac{AK}{B+K}\right)N \qquad (5-27)$$

由该式可知，在机头和螺杆的几何尺寸一定时，挤出机的生产率与螺杆转速成正比，这种关系对挤出机的发展有重大意义，目前出现的超高速挤出机，能大幅度地提高挤出机的生产能力。但当转速增大到一定值时，生产率上升会明显变慢，这是因为由于螺杆转速很大时，剪切生热严重，料筒内熔体量显著增多，进料段大大缩短，此外熔体黏度下降，这样逆流和漏流增加显著。

3. 螺杆几何尺寸与生产率的关系

（1）螺杆直径 D。从式（5－18）可以看出，挤出流量 Q 接近于与螺杆直径 D 的平方成正比。由此看来螺杆直径 D 对 Q 的影响远比转速 N 的影响大，因此目前生产规模较大的挤出成型多采用螺杆直径较大的挤出机。

（2）螺槽深度 H。从式（5－18）可以看出，正流流量 Q_D 与螺槽深度 H 成正比，而逆流流量 Q_P 与 H^3 成正比，因此螺槽深度对挤出机生产率的影响是双重的。图 5－28 所示为螺槽深度与挤出生产率的关系曲线。从图 5－28 可看出深槽螺杆的挤出量对压力的敏感性大，因此当口模阻力小，压力较低时，用深槽螺杆有较大的生产率；而当口模阻力增加，压力高至一定程度后，浅槽螺杆的挤出生产率较高。由图 5－28 可见，浅槽螺杆对不同结构的机头口模的适应性较好，而且均化段螺槽浅，物料所受的剪切作用大，塑化效果好，但螺槽也不能太浅，否则剪切作用太大，易使物料热分解烧焦。

（3）均化段长度 L。从式（5－18）可以看出，均化段长度 L 增加时，逆流和漏流流量

都减少，挤出生产率增加，如图 5－29 所示。均化段长度 L 长，螺杆特性曲线比较平坦，即受口模的影响较小，即使因口模阻力变化而引起机头压力较大变化时，挤出生产率的变化也较小。所以，均化段尽可能长些。但不能太长，否则物料受热时间长，易发生热分解而影响制品质量。

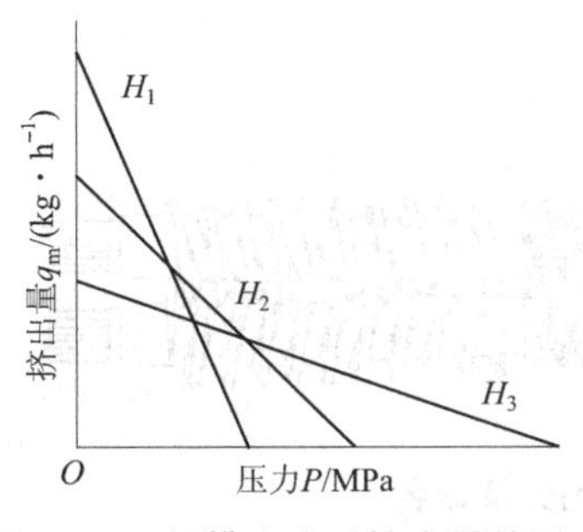

图 5－28　螺槽深度对挤出量的影响

（$H_1 > H_2 > H_3$）

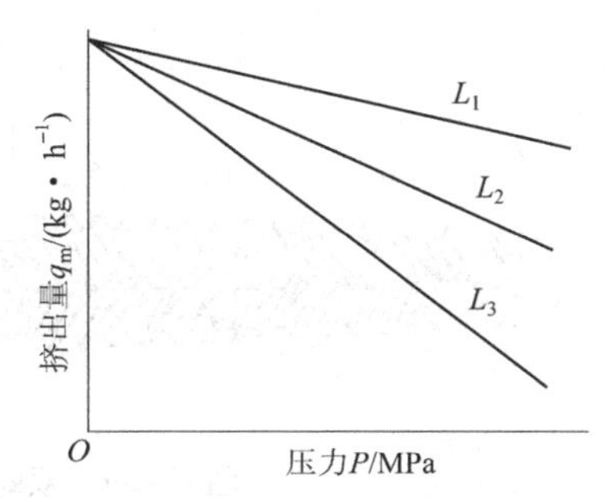

图 5－29　均化段长度对挤出量的影响

（$L_1 > L_2 > L_3$）

4. 物料温度与生产率的关系

挤出机生产率计算式中没有直接反映出物料温度与挤出生产率的关系。但物料的黏度是与温度有关的，因此可以通过黏度与挤出生产率的关系反映物料温度与挤出生产率的关系。将式（5－19）和式（5－24）联立可得：

$$\Delta p = \frac{An}{B+K}\eta \tag{5-28}$$

式（5－28）表明，当黏度增加时，压力正比例增加，因此流率保持不变。所以可以认为挤出生产率与黏度无关，也与物料温度无关。但在实际生产中，当温度有较大变化时，挤出流率也有一定变化，这种变化是由于温度的变化对物料塑化效果有所影响，这相当于均化段的长度有了变化，从而引起挤出生产率的变化。

5. 机头口模阻力与生产率的关系

物料挤出时的机头阻力与机头口模的截面积成反比，与长度成正比，即口模的截面尺寸越大或口模的平直部分越短，机头阻力越小，这时挤出生产率受机头内压力变化的影响就越大。因此一般要求口模的平直部分有足够的长度。

5.3　双螺杆挤出机的成型原理

5.3.1　挤出过程螺杆各段的功能

与单螺杆挤出机不同，双螺杆挤出机的螺杆各段功能区的名称没有统一的规定。图 5－30 所示为一种划分方法和命名。

5.3.2　双螺杆挤出机的工作原理

双螺杆挤出机的成型尽管与单螺杆挤出机很相似，但工作原理差异却很大。在双螺杆挤出机中，物料由加料装置（一般为定量加料）加入后，经螺杆作用到达机头口模。在这一过程中，物料的运动情况因螺杆的啮合方式、旋转方向不同而不同。

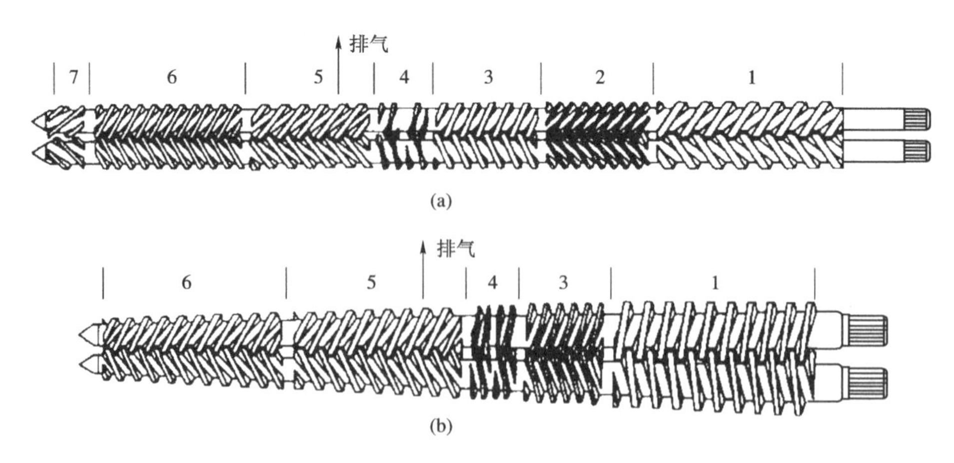

图 5－30　双螺杆的功能段划分及命名

（a）圆柱双螺杆功能分段名称；（b）圆锥双螺杆功能分段名称

1—加料段；2—剪切混合段；3—预压缩段；4—压缩段；5—排气段；6—计量段；7—均化段

1. 非啮合型双螺杆挤出机的工作原理

非啮合型双螺杆挤出机的工作原理，基本类似于单螺杆挤出机，主要差别是物料从一根螺杆到另一根螺杆的交换。物料在非啮合双螺杆挤出机中的运动形式，除了向机头方向外，还有多种运动形式，如图 5－31 所示。由于两螺杆不啮合，它们之间的径向间隙大，故有较大的漏流 1。两螺杆螺棱的相对位置是错开的，即一根螺杆的推力面的物料压力大于另一根螺杆的拖曳面的物料压力，从而产生流动 2，即物料从压力高的螺杆推力面向另一根螺杆的拖曳面的流动。随着螺杆的旋转，无论两螺杆旋向如何，两螺杆间隙处的物料都不断受到搅动并不断被带走更新。在异向旋转过程中，物料在 A 处受到阻碍，产生流动 3，以及其他多种物料的流动形式。

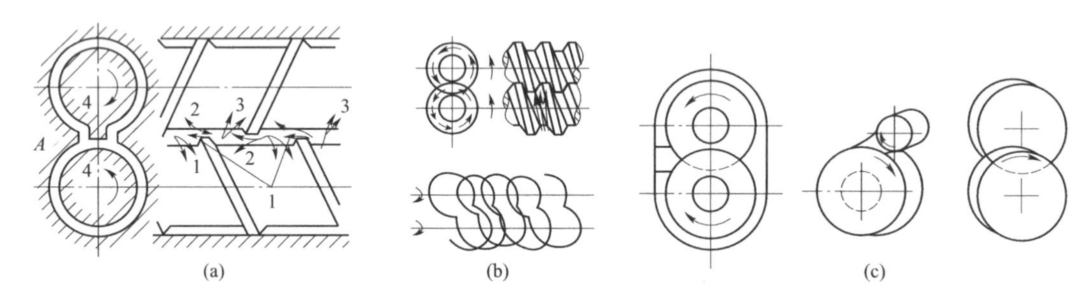

图 5－31　双螺杆挤出机中物料流动示意图

（a）非啮合型；（b）啮合型同向旋转；（c）啮合型异向旋转

以上这些流动形式都增加了对物料的混炼和剪切，但这种双螺杆没有自洁作用。非啮合型双螺杆挤出机中有实用价值的是异向旋转型（NOCT），主要用于共混、排气和反应挤出等。

2. 啮合型同向旋转双螺杆挤出机的工作原理

物料在同向旋转双螺杆挤出机的全螺纹段的流动情况如图 5－31（b）所示。由于同向旋转双螺杆在啮合处的速度方向相反，一根螺杆要把物料拖入啮合间隙，另一根螺杆要把物料从间隙中拖出，结果是物料从一根螺杆到另一根螺杆，呈“∞”字形前进，这种运动方向和运动速度的改变以及在啮合区较大的相对速度，非常有利于物料的混合和均化。

由于啮合区间隙很小，啮合处螺纹和螺槽的速度方向相反，故啮合区具有很高的剪切速度，可以刮去黏附在螺杆上的任何积料，从而使物料的停留时间很短。因此，这种双螺杆具有很好的自洁作用，主要用于混炼和造粒。

3. 啮合型异向旋转双螺杆挤出机的工作原理

啮合型异向旋转双螺杆挤出机中物料的运动情况如图 5－31（c）所示。由于两根螺杆是对称的，旋转方向相反，故一根螺杆上的物料螺旋前进的路径被另一根螺杆的斜棱堵死，不能形成“∞”字形运动。在固体输送部分，是以近似的密闭“C”形小室的形态向前输送。但为了使物料混合，设计中将一根螺杆的外径与一根螺杆的根径之间留有一定的间隙，以使物料能够通过。物料通过两螺杆之间的径向间隙时，受到强烈的剪切、搅拌和压延作用，故物料的塑化比较好。因此，啮合型异向旋转双螺杆挤出机多用于成型挤出。

由于两螺杆的径向间隙比较小，因此，啮合型异向旋转双螺杆具有一定的自洁作用，但自洁性比同向旋转的双螺杆要差些。

5.4　挤出成型工艺与过程

5.4.1　挤出成型工艺流程

适用于挤出成型的塑料品种很多，制品的形状和尺寸也有很大差别，但挤出成型工艺流程大体相同，一般包括原料的准备、预热、干燥、挤出成型、挤出物的定型与冷却、制品的牵引与卷取（或切割），有些制品成型后还需经过后处理。

1. 原料的准备和预处理

原料中含有水分，将会影响挤出成型的正常进行，同时影响制品质量，例如出现气泡、表面银纹、条痕、晦暗无光、力学性能降低等。因此，挤出前要对原料进行预热和干燥。不同种类塑料允许含水量不同，通常应控制原料的含水量在 0.5% 以下。此外，原料中的机械杂质也应尽可能除去。

原料的预热和干燥一般是在烘箱或烘房内进行，干燥条件（如温度、时间、料层厚度等）应根据物料的品种和选用的干燥设备而定。

2. 挤出成型

首先将挤出机加热到设定的温度并保温一定时间，然后开动螺杆，同时加料。挤出初期，首先应根据塑料的挤出工艺性能和机头口模的结构特点等调整挤出机料筒各加热段和机头口模的温度及螺杆的转速等工艺参数，以控制料筒内物料的温度和压力分布；然后根据制品的形状和尺寸的要求，调整口模尺寸和同心度及牵引装置的牵引速度等参数，以控制挤出物离模膨胀和形状的稳定性，从而保证挤出物的产量和质量的稳定，直到挤出物达到正常状态即进行正常生产。

3. 定型与冷却

热塑性塑料挤出物离开机头口模后仍处在高温熔融状态，具有很大的塑性变形能力，应立即进行定型和冷却，以固定挤出物的形状和尺寸。如果定型和冷却不及时，制品在自身重力作用下就会变形，出现凹陷或扭曲等现象。不同的制品有不同的定型和冷却方法。管材和各种异型材挤出时，定型和冷却是独立的；板材和片材挤出时，挤出物往往通过一对压光辊同时进行定型和冷却；而薄膜、单丝等挤出不必定型，仅冷却便可以了。

4. 制品的牵引和卷取（切割）

热塑性塑料挤出物离开口模后，热收缩和离模膨胀的双重效应，使挤出物的截面与口模的断面形状尺寸并不一致。此外，制品连续不断挤出，其质量越来越大，如不引出，会造成堵塞，使挤出不能顺利进行，也会使挤出过程停滞或使制品产生变形。因此在挤出热塑性塑料时，要连续而均匀地对挤出物进行牵引，以使挤出物及时离开口模，保持挤出过程的连续性，而且能调整挤出型材截面尺寸和性能。牵引的速度要与挤出速度相配合，通常牵引速度略大于挤出速度，这样一方面起到消除由离模膨胀引起的制品尺寸变化，另一方面对制品有一定的拉伸作用，可使制品适度产生大分子取向，从而使制品在牵引方向的强度得到改善。

定型冷却后的制品要根据制品的要求进行卷绕或切割。软质型材在卷绕到给定长度或质量后切断；硬质型材从牵引装置送出达到一定长度后切断。

5. 后处理

有些制品挤出成型后还需进行后处理，以提高制品的性能。后处理主要包括热处理和调湿处理。较大截面尺寸的制品挤出时，常因挤出物内外冷却速率相差较大而使制品内产生较大的内应力，这种挤出制品成型后应在高于制品的使用温度10℃ ~20℃或低于塑料的热变形温度10℃ ~20℃的条件下热处理一定时间，以消除内应力。有些吸湿性较强的挤出制品，如聚酰胺，在空气中使用或存放过程中会吸湿而膨胀，而且这种吸湿膨胀过程需很长时间才能达到平衡，为了加速这类挤出制品的吸湿平衡，常在成型后将其浸入含水介质中加热进行调湿处理，在此过程中还可消除制品内应力而改善性能。

5.4.2 挤出成型过程的主要工艺参数控制

挤出成型过程的主要工艺参数有：温度、螺杆转速、机头压力、冷却速度以及牵引速度等。

1. 温度

挤出过程需要控制的温度有料筒温度、机头温度和口模温度。前者决定物料的塑化质量和流动性，后两者关系到制品的质量和挤出稳定性。

1）料筒温度

料筒温度高，物料塑化质量好、流动性好，同时因物料黏度低，可降低熔体压力，挤出成型速率快。料筒各段温度的设置应根据挤出机结构、物料性质及进料状态等因素确定。

单螺杆挤出机，因物料在料筒中的前进是靠后方物料的推挤作用，故原料主要为能产生较大摩擦力的颗粒状。料筒温度的设定分为加料段、压缩段和均化段三段，加料段最低，在塑料黏流温度（或熔点）以下，甚至可为室温，以防止物料过早塑化而发生“粘杆”现象；压缩段温度近或稍高于（或）；均化段一般要比压缩段高出5℃ ~10℃，以保证物料充分混合和均匀塑化。

双螺杆挤出机，物料是被两螺杆啮合而强制性前进，故原料可以是粉状，由于双螺杆挤出机机身中段设有排气孔，并配有用于吸出物料中挥发物的抽真空装置，为了防止粉状料被真空吸出，一般要求物料在排气前必须处于半塑化状态并包覆于螺槽中，因此双螺杆挤出机料筒温度一般采用两端高、中间低的方式，有时加料段的温度会高于均化段。

2）机头温度

机头温度偏高，可使物料顺利进入口模，但挤出物形状稳定性差，制品收缩率大，无法保证制品的外形尺寸；而且温度过高还会引起溢料、制品出现气泡、泛黄和物料分解等问题，最终导致无法正常挤出生产。机头温度偏低，熔体黏度大，机头压力大，虽然制品较致密、收缩率小、形状稳定性好，但加工困难，出模膨胀严重，制品表面也比较粗糙；另外因挤出背压高，设备负荷大，如果温度过低，物料塑化不良，不但产品无法定型，还会损坏设备。一般机头温度与机筒末段温度相当。

3）口模温度

口模温度过高或过低所产生的情况与机头类似，所不同的是口模温度直接影响制品质量。通常口模温度比机头温度稍低一些，这是因为口模通道小，物料在此受到强烈剪切。口模和芯模温度应一致，若相差较大，制品会出现向内或向外翻甚至扭曲变形等现象。口模温度的设定除需考虑物料性质外，还应考虑制品截面的几何形状，一般截面复杂、截面面积大，以及壁厚和拐角的部位，温度可设置高一些；截面简单、截面面积小，或壁薄的部位温度应低些；截面对称、厚薄均匀的，口模与芯模的温差尽可能小。

2. 螺杆转速

螺杆转速控制挤出速率和制品质量。增大螺杆转速，对物料的压力增加，挤出速率增加，产率增高，并可强化对物料的剪切和摩擦作用，从而提高物料温度，熔体黏度降低，有利于物料充分混合和均匀塑化；但螺杆转速太快，挤出速率过快，会造成出模膨胀加剧，口模内流动不稳定，制品表面质量下降，并且可能会出现因冷却时间短而造成的制品变形和弯曲；螺杆转速过低，挤出速率过低，物料在料筒内受热时间过长，易造成物料降解，制品的物理力学性能下降。

3. 机头压力

机头压力大，挤出物致密，制品形状稳定性和物理力学性能好，但出模膨胀较严重(可以通过适当增大牵引速度减少出模膨胀)，会增加设备负荷。机头压力与螺杆转速、物料温度有关，螺杆转速高、物料温度低，机头压力大；反之，则低。故机头压力通过调整螺杆转速和温度而综合确定。

4. 冷却速度

已定型的挤出物由于在定型装置中的冷却作用并不充分，仍须再用冷却装置进一步冷却，冷却一般采用风冷或水冷，但以水冷方式居多。根据水温不同，水冷可分为急冷和缓冷，前者采用温度低的冷水直接冷却，而后者通过冷却水槽中分段通入不同温度的水来逐步冷却。急冷对塑料挤出物的定型有利，但对结晶型高分子而言，急冷易使挤出物内产生大的内应力，导致制品在使用过程中发生龟裂，一般 PVC 塑料制品可采用急冷。缓冷则可减少制品中的内应力，对 PE、PP 等结晶型塑料来说，应采用缓冷进行，让挤出物先后经过热水、温水、冷水三个阶段进行冷却。冷却速度对制品性能有较大影响，硬质制品不能冷得太快，否则容易造成内应力，并影响外观；软质则要求快速冷却，以免制品变形；截面尺寸大的管材、棒材和异型材冷却不均或冷却过快，会在制品中产生较大的内应力而变形。

5. 牵引速度

牵引速度直接影响制品壁厚、尺寸公差、性能及外观质量。牵引速度越快，制品壁厚越薄，大分子沿牵引方向取向度越大，制品冷却后在长度方向的收缩率增加；牵引速度越慢，制品壁厚越厚，同时容易导致口模与定型装置之间积料。因此牵引速度必须保持稳定适中，应与挤出速率相匹配，不能低于挤出线速度，正常挤出生产时，牵引速度应比挤出线速度快1%～10%，以克服型坯的出模膨胀。不同类型的制品，其牵引速度不同，通常薄膜和单丝的挤出需要较快的牵引速度，以使制品的厚度和直径减小，纵向断裂强度提高；挤出硬制品的牵引速度则小得多，通常是根据制品离口模不远处的尺寸来确定牵引速度。

5.4.3 典型挤出制品的成型工艺

1. 塑料管材挤出成型工艺

管材是塑料挤出制品中的主要品种，有硬管和软管之分。用来挤管的塑料品种很多，主要有 PVC、PE、PP、PS、PA、ABS 和 PC 等。

1）塑料管材挤出成型的工艺流程

塑料管材挤出成型的工艺流程因原料及设备的不同会略有差别，如用 PVC 粉料生产管材与用 PVC 粒料时就有较大差别，前者有原料的配料、混合等操作，而后者直接上料挤出，但两者的挤出基本工艺流程是相同的。管材挤出的基本工艺流程是：由挤出机均化段塑化均匀的熔体，经过过滤网、多孔板而到达分流器，被分流器支架分为若干支流，离开分流器支架后再重新汇合起来，并进入管芯口模间的环形通道，通过环形口模到挤出机外而形成管坯，接着经过定径套定径和初步冷却，再进入冷却水槽或具有喷淋装置的冷却水箱，进一步冷却成为具有一定口径的管材，最后经由牵引装置引出，并根据规定的长度要求而切割。图 5－32 所示为管材挤出的基本工艺示意图。

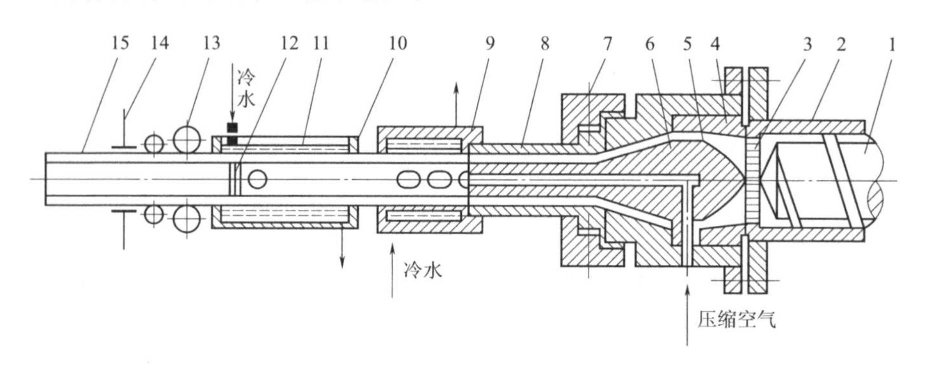

图 5－32　管材挤出的基本工艺示意图

1—螺杆；2—机筒；3—多孔板；4—接口套；5—机头体；6—芯棒；7—调节螺钉；8—口模；9—定径套；10—冷却水槽；11—喷淋；12—塞子；13—牵引装置；14—夹紧装置；15—塑料管子

2）塑料管材挤出成型的设备及装置

塑料管材挤出生产线由挤出机、机头和口模、定径装置、冷却装置、牵引装置、印商标装置、切割装置、扩口装置、堆放及转储机械等组成。

（1）挤出机。塑料管材挤出成型用挤出机有单螺杆挤出机和双螺杆挤出机，前者多用于粒料，后者用于粉料和易黏杆料。用单螺杆挤出机挤管时，管材横截面积与螺杆截面积之比为 0.25～0.40，对于 PE、PP、SPVC 等流动性好的塑料，取大些，可取 0.35～0.40，对于 RPVC 等流动性差的塑料，取小些，可取 0.25～0.30。

（2）机头和口模。机头是挤出管材的成型部件，按口模的出口方向与螺杆轴线关系，机头大体分为三种：直通式（图 5－33）、直角式（图5－34）和偏心式（图 5－35），其中直通式用得最多。直通式机头具有结构简单、制造容易、成本低、料流阻力小等优点，但只能采用外径定径、芯模加热困难及定型段长、分流器支架易产生熔接痕。带支架的直通式机头仅适用于小口径管材，而带有一个钻孔环阻滞元件的直通式机头减少了支架对熔体流的干扰，适用于较大管径（＞200 mm）管材生产。近年来，为了提高管材质量，人们又开发了其他新型的直通式机头，如旋转芯轴机头和格子吊篮机头。直角式和偏心式机头可用于大、小口径管材，无熔接痕，管材质量好，但机头结构较复杂。

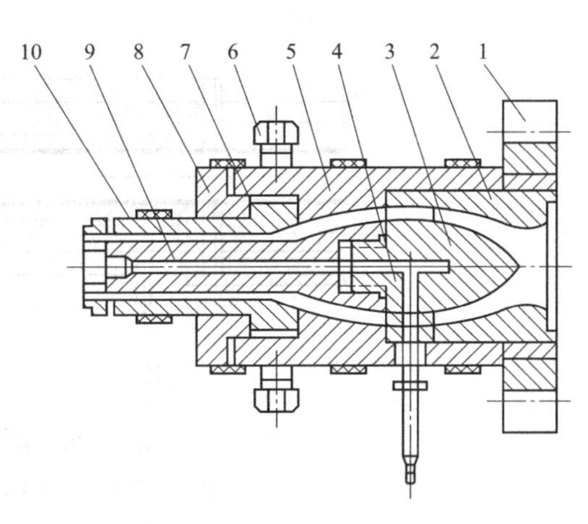

图 5－33 直通式挤管机头结构

1—机头法兰；2—机头连接体；3—分流器及其支架；4—压缩空气通气孔；5—机头体；6—调节螺钉；7—口模；8—口模垫圈；9—芯模；10—电热圈

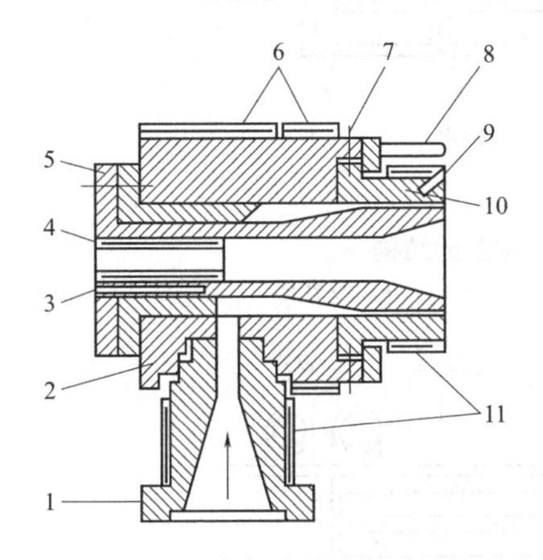

图 5－34 直角式挤管机头结构

1—接管；2—机头体；3，9—温度计插孔；4—芯模电加热器；5—芯模；6，11—电加热器；7—调节螺钉；8—导柱；10—口模

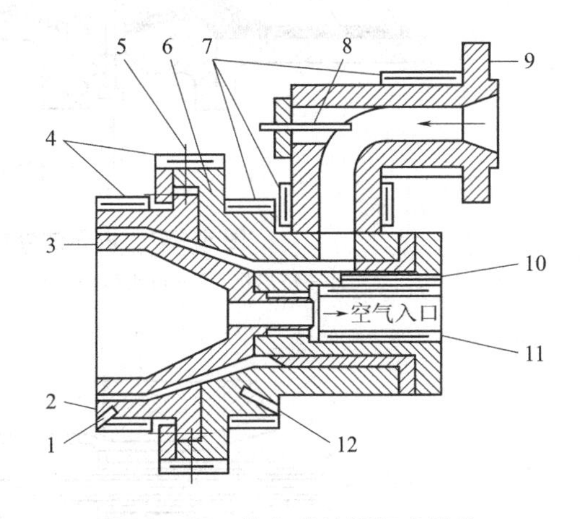

图 5－35 偏心式挤管机头结构

1，8，10，12—温度计插孔；2—口模；3—芯模；4，7—电加热器；5—调节螺钉；6—机头体；9—机头；11—芯模电加热器

（3）定型与冷却装置。定型装置也称定径装置，分外定径和内定径两种。我国塑料管材的生产绝大多数采用外径定型，国外多采用内径定型。外定径是靠定型套确定管材外径，有真空定径和内压定径两种形式。真空定径是管外抽真空使管材外表面被吸附在定型套内壁而冷却定型，真空定径装置的结构如图 5－36 所示。内压定径是管材内通压缩空气，管外加冷却定型套，管材外表面被压附在定型套内壁而冷却定型，内压法外径定径装置的结构如图 5－37 所示。内定径是在具有很小锥度的芯模延长轴内通冷却水，靠芯模延长轴的外径确定管材内径，内压法内定径装置的结构如图 5－38 所示，内定径多用于直角机头和侧向式机头。

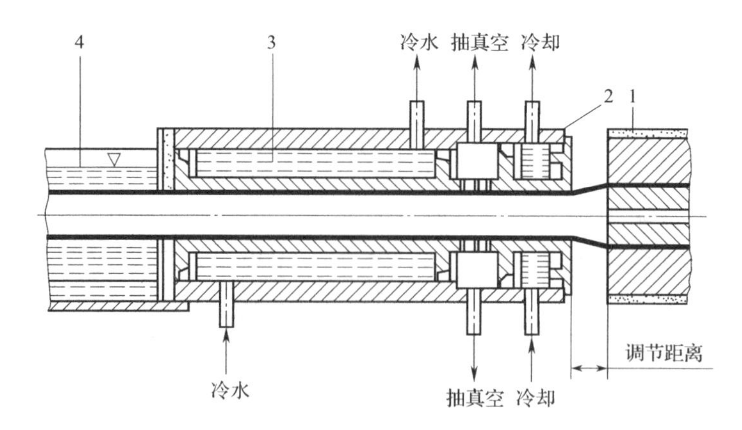

图 5-36 真空定径装置的结构

1—模头；2—冷却区Ⅰ；3—冷却区Ⅱ；4—冷却区Ⅲ

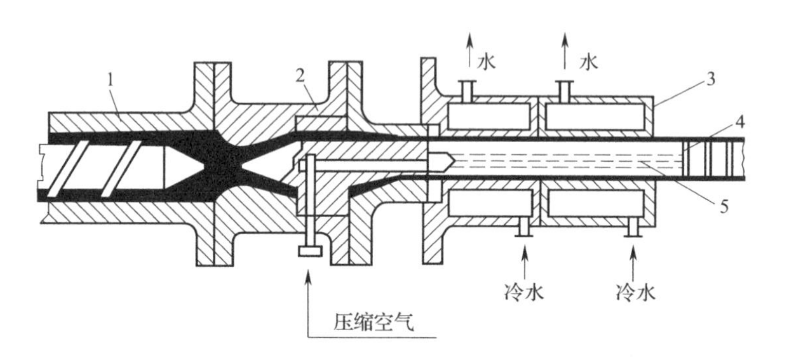

图 5-37 内压法外径定径装置的结构

1—挤出机；2—机头口模；3—定径套；4—塞子；5—多孔管

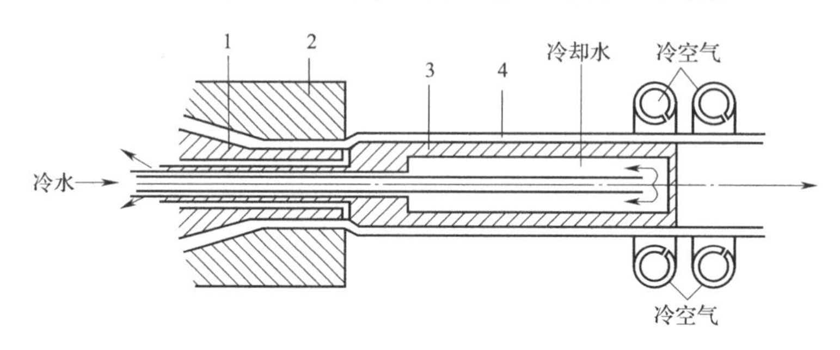

图 5-38 内压法内径定径装置的结构

1—芯模；2—口模；3—定径套；4—管子

冷却装置有水槽和喷淋水箱两种。经过定型套和初步冷却的管坯进入水槽继续冷却，管坯通过水槽时完全浸在水中，薄壁管坯离开水槽时已经定型完全。对于厚壁管材，通过水槽后还需经过喷淋水箱继续冷却，或全部用喷淋水进行冷却。冷却水槽一般分为 2～4 段，长 2～6 m。喷淋水箱中喷淋管为 3～8 根，能提供强烈的冷却效果。

（4）牵引装置。其作用是均匀地引出管子并在小范围内调节管子的厚度，从而提高管材的拉伸强度，并保证挤出过程连续进行。牵引机的牵引速度必须稳定，不规则的波动可能使制品表面出现波纹等缺陷，牵引机最好能与挤出机有同步控制系统，并且在一定范围内能无级变速。牵引机的夹持器应能夹持多种直径的管材，要具有一定的牵引夹持力，且夹持力应能够调节，保证牵引管材时既不打滑或跳动，又不致将管材夹成永久变形。常用牵引装置有滑轮式（图 5－39）和履带式（图 5－40）两种。

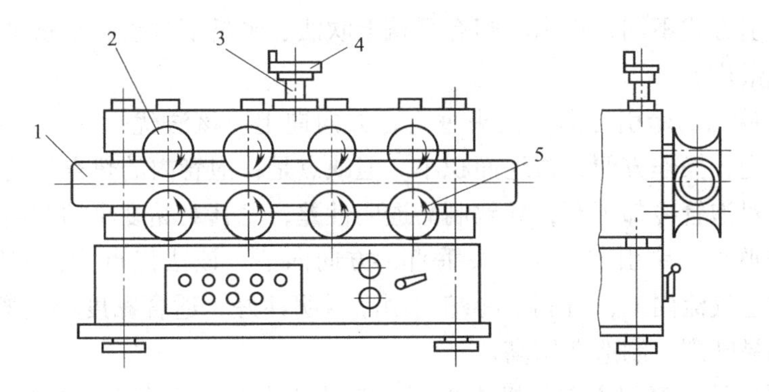

图 5－39　滑轮式牵引装置

1—管材；2—从动轮；3—调节螺栓；4—手轮；5—主动轮

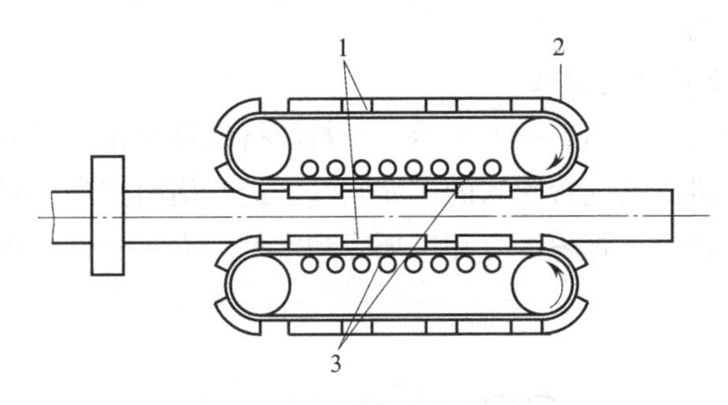

图 5－40　履带式牵引装置

1—输送带；2—弹簧软垫；3—钢支撑辊

滑轮式牵引装置由 2～5 对上下牵引滑轮组成，下面的轮子为主动轮，上面的轮子为从动轮，并可上下调节。管材由上、下滑轮夹持并牵引。由于滑轮和管材之间是点（或线）接触，牵引力小。一般用于牵引口径 100 mm 以下的管材。现已演化成三爪、四爪或六爪牵引机。

履带式牵引机是由两条或多条（三条、六条）单独可调的履带组成，均匀分布在管材四周。这种牵引机的牵引力大，速度调节范围广，与管材接触面积大，管材不易变形和打滑。但履带式牵引机结构复杂，维修困难，主要用于大口径和薄壁管材的牵引。

（5）切割装置。其作用是将管材按定长切割。切割装置主要有自动圆锯切割机和行星式自动切割机两种。自动圆锯切割机是由行程开关控制管材夹持器和电动圆锯片。夹持器夹住管材，锯座在管材挤出推力或牵引力的作用下与管材同速前进，同时锯片旋转切割，管材被切断后夹持器松开，锯座和锯片返回原处。自动圆锯切割机只适用小口径的管材。行星式自动切割机切割时也与管材同速，由一个或几个锯片同时锯切，锯片不仅自转，而且还围绕管材旋转，故行星式自动切割机适用于大口径管材。

（6）扩口装置。对于一个完整的管材生产线来说，扩口装置是不可缺少的部分。因为一根管的一端扩口后，可通过承插胶接成管线。否则，必须用管件连接成管线。

2. 薄膜挤出吹塑成型工艺

制备塑料薄膜的方法有挤出吹塑、压延、双向拉伸、流延法等。其中挤出吹塑法比较经济和简便，对结晶型和非结晶型塑料都适用，不但能成型薄至几丝的包装薄膜，也能成型厚达 0.3 mm 的包装薄膜，既能生产窄幅，也能生产 20 m 的宽幅。挤出吹塑时，塑料同时受到纵横方向的拉伸取向，制品质量高。所以，挤出吹塑在薄膜生产上应用广泛。

根据薄膜牵引方式不同，挤出吹塑有平挤上吹法、平挤下吹法和平挤平吹法三种。其中平挤上吹法应用最广。

（1）平挤上吹法。牵引方向与机头垂直，方向向上。该法优点为：适用吹大口径的宽幅薄膜，牵引稳定，操作方便，占地面积小。但缺点是：泡管内的热空气流向上，泡管外冷空气流也向上，对泡管冷却不利，导致制品透明性差，尤其对黏度小的塑料不适用。

（2）平挤下吹法。牵引方向与机头垂直，方向向下。该法优点为：泡管内的热空气流向下，泡管外冷空气流向上，有利于冷却，制品透明性好，适合黏度小的塑料。但缺点为：比重较大的物料易断裂，制造费用高。

（3）平挤平吹法。牵引方向与机头平行。该法优点为：不存在转向问题，因此适合黏度高、热稳定性差的塑料。但缺点为：主机和辅机在一个平面上，占地面积大；存在横向下垂问题，且薄膜厚度不均。

1）平挤上吹法的生产工艺流程

平挤上吹法的生产工艺如图 5－41 所示。塑料经挤出机塑化后通过机头环隙口模成筒状型坯，型坯在上引时被机头吹气管吹入的压缩空气，进行横向扩胀，同时牵引辊对型坯纵向拉伸，这样，就形成了管膜。管膜经冷却风环冷却定型、人字板夹平和牵引辊牵引，最后经卷绕辊卷绕成双折膜卷。

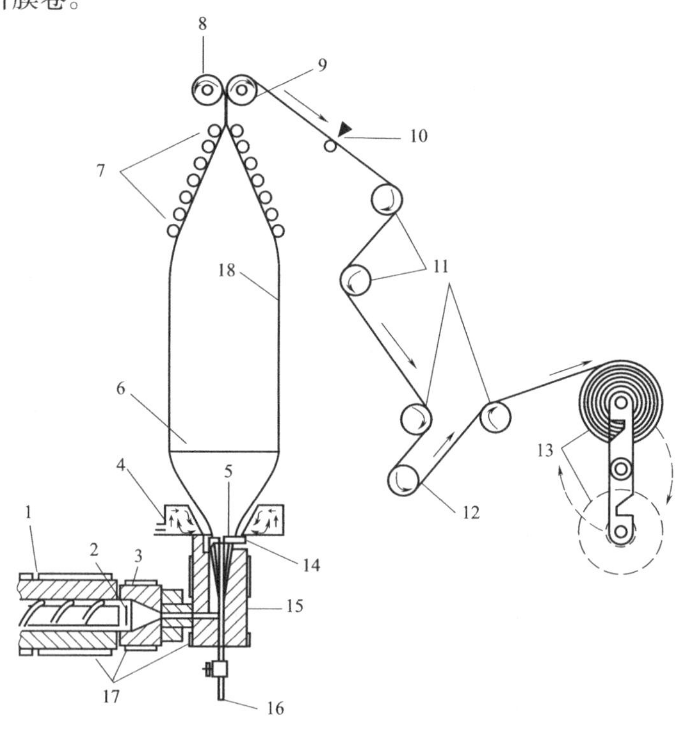

图 5－41　平挤上吹法吹塑薄膜工艺示意图

1—挤出料筒；2—过滤网；3—多孔板；4—风环；5—芯模；6—冷凝线；
7，11—导辊；8—橡胶辊；9—不锈钢牵引辊；10—处理棒；12—均衡张紧辊；
13—收卷辊；14—模环；15—模头；16—空气入口；17—加热器；18—膜管

2）吹塑薄膜的设备

吹塑薄膜生产线由挤出机、机头和口模、定径装置、冷却装置、牵引装置、卷绕装置及辅助装置等组成。

（1）挤出机。吹塑薄膜一般用单螺杆挤出机，为了提高混炼效率，有时在螺杆头部增加混炼装置。螺杆长径比应较大，在 25 以上。螺杆直径与吹膜机头直径有关，见表 5－2。

表 5－2　螺杆直径与吹膜机头直径的关系

螺杆直径/mm	45	50	65	90	120	150
吹膜机头直径/mm	<100	75～120	100～150	150～200	200～300	300～500

（2）机头。吹塑机头有多种形式，主要有转向式的直角型机头和水平向的直通型机头两大类，作用是挤出管状坯料，机头处有通入压缩空气的气道，通入高压气体把管坯吹胀成管膜。直通型适用于熔体黏度较大和热敏性塑料，用于平挤平吹法。直角型机头用于平挤上吹法和平挤下吹法，且这种机头有的也能适用于熔体黏度较大和热敏性塑料成型。多螺纹吹塑薄膜机头（图 5－42）和旋转吹塑薄膜机头（图 5－43）是直角形机头中的典型形式。

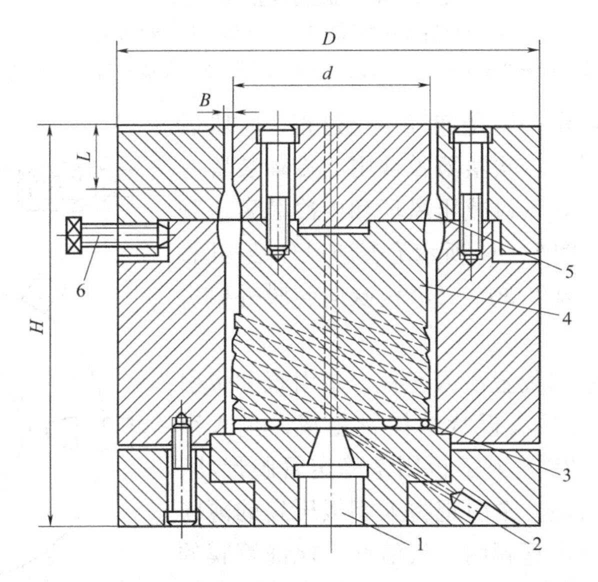

图 5－42　多螺纹吹塑薄膜机头

1—熔体入口；2—进气口；3—芯模；4—流道；5—缓冲槽；6—调节螺钉

多螺纹机头生产时，料流在沿着螺纹旋转上升，同时沿着螺纹的间隙漫流，逐渐形成一层薄薄的膜。这种机头主要优点是：料流在机头内没有拼缝线；由于机头压力较大，薄膜的物理力学性能好；薄膜厚度较均匀。然而，由于塑料在机头中的停留时间较长，故不适用热敏性塑料。

旋转机头是目前广泛应用的一类机头。在成型过程中，机头口模和芯模以相反方向同时旋转，使薄膜的厚度公差均匀地分布在薄膜四周。这种机头非常适用于宽幅薄膜生产，也可用于热敏性塑料。

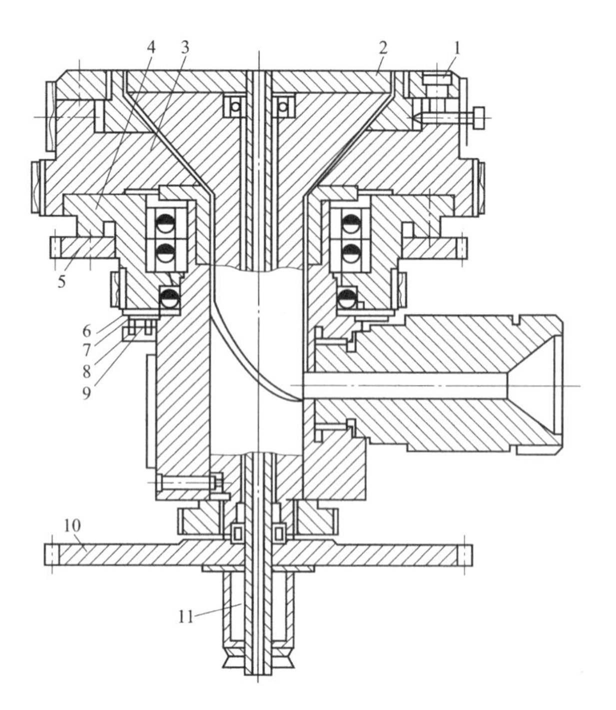

图 5-43 旋转吹塑薄膜机头

1—口模；2—芯模；3—旋转体；4—支撑环；
5，10—齿轮；6—绝缘环；7，9—铜环；8—碳刷；11—空心轴

（3）冷却装置。吹塑薄膜是连续生产过程，吹胀后的管膜必须不断冷却固化。吹塑薄膜常用的冷却装置有冷却风环、冷却水环、双风口减压风环和内冷装置。其中，冷却风环最常用。图 5-44 所示为普通风环结构图，管膜从风环中部通过，风以 30°～50°角吹向管膜外壁进行冷却。

（4）牵引装置。牵引装置由人字板、牵引辊和牵引电动机组成。人字板由两块板状结构物组成，呈人字形，两板夹角为 10°～40°。人字板用来稳定管膜形状，使其逐渐压扁导入牵引辊。牵引辊将人字板压扁的薄膜纵向拉伸，并压紧以防止管膜内空气泄漏，保证管膜的形状及尺寸稳定。牵引辊有两个，一个钢辊和一个橡胶辊。钢辊为主动辊，由牵引电动机带动旋转。

（5）卷绕装置。薄膜从牵引辊出来后，经过导向辊进入卷绕装置，卷绕成膜卷。

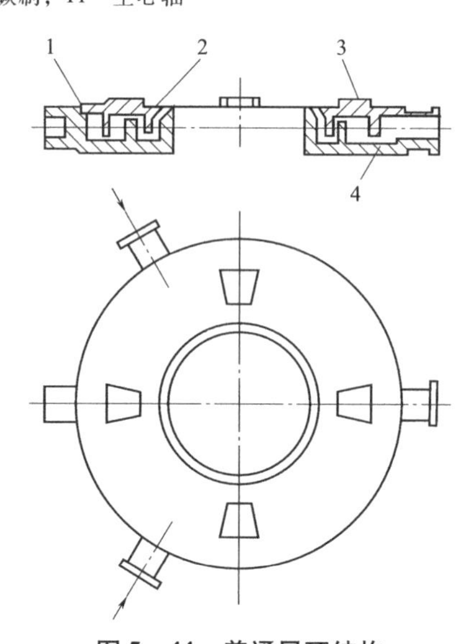

图 5-44 普通风环结构

1—调节风量螺纹；2—出风缝隙；
3—盖；4—风环体

（6）辅助装置。吹塑薄膜生产的辅助装置有横向切断装置、电晕放电处理装置及边料处理装置。

3. 塑料板材挤出成型工艺

塑料板、片与薄膜之间没有严格的界限，通常把厚度在 0.25 mm 以下的称为平膜，0.25～1 mm 的称为片材，1 mm 以上的则称为板材。

塑料板材的生产常用挤出成型方法，较老的工艺是先挤出管子，随即将管子剖开，展平而牵引出板材，此法可用于软板生产。这种方法除了因为加大管径有困难，从而限制板材的宽度外，还由于板材有内应力，在较高温度下趋向于恢复原来的圆筒形而容易翘曲，故此法目前很少被应用。目前，常用狭缝机头直接挤出板材（硬板或软板）。挤板工艺也适用于片材和平膜的挤出。

1）塑料板材挤出成型的工艺流程

图 5－45 所示为狭缝机头挤板的工艺流程图。塑料通过挤出机狭缝机头成为板坯后，即刻经过三辊压光机、切边装置、牵引装置、切割装置等，最后得到塑料板材。如果在压光机之后再装有加热、压波、定型等装置，则可得塑料瓦楞板。

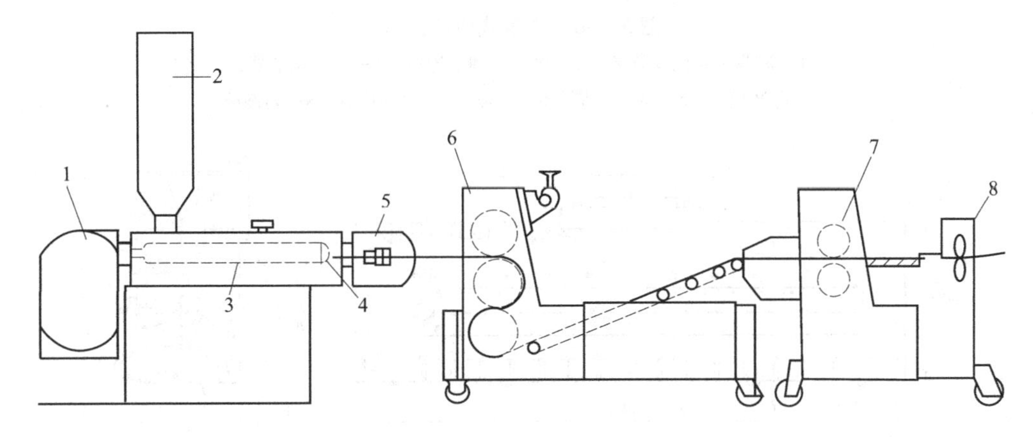

图 5－45　板材挤出生产工艺流程图

1—电动机；2—料斗；3—螺杆；4—挤出机料筒；
5—机头；6—三辊压光机；7—橡胶牵引辊；8—切割装置

2）塑料板材挤出成型设备及装置

塑料板材生产线由挤出机、机头和口模、压光机、冷却输送装置、牵引装置、切边和切断装置等组成。

（1）挤出机。塑料板材挤出机一般是排气式单螺杆挤出机或双螺杆挤出机。

（2）机头。塑料板材挤出机头为扁平机头，模口形状为狭缝式，决定板材厚度和宽度。扁平机头的出料口既宽又薄，塑料熔体由料筒挤入机头，流道由圆形变成狭缝形，这样料流挤出过程中必存在中间流程短、阻力小、流速快，两边流程长、阻力大、流速慢的现象，故必须采取措施使熔体沿口模宽度方向有均匀的速度分布，即能够使熔体在口模宽度方向上以相同的流速挤出，以保证挤出板材厚度均匀和表面平整。扁平机头是板材、片材、薄膜挤出通用机头，有支管式（图 5－46）、衣架式（图 5－47）、分配螺杆式（图 5－48）、鱼尾式（图 5－49）等类型。

支管式机头内有与模唇口平行的圆筒形（管状）槽，可以储存一定量的物料，起到分配物料和稳定料流的作用，可通过调整唇口间隙来控制坯料的厚度。支管式机头结构简单，制造和维修成本低，但制品的厚度均匀性差，尤其是薄膜制品，故其应用少。

衣架式机头采用衣架形的斜形流道，弥补了薄膜中间和两端厚度不均匀的问题，并通过各阻流区和阻流块调节物料流速，使横向流速趋于一致，故其应用最广泛。

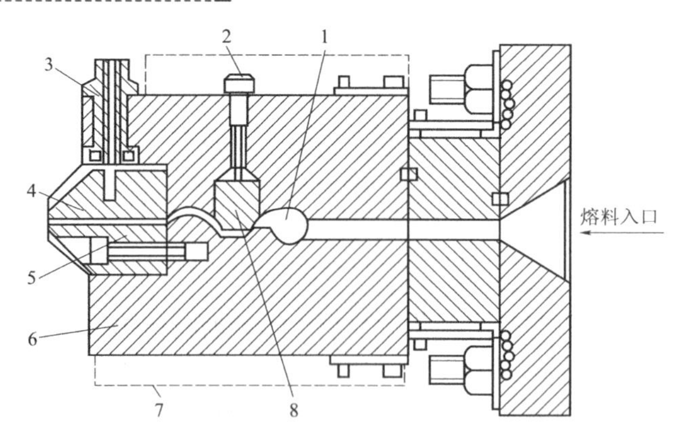

图 5－46　支管式机头结构

1—滴料形状的支管腔；2—阻塞棒调节螺钉；3—模唇调节器；
4—可调模唇；5—固定模唇；6—模体；7—电加热器；8—阻塞棒

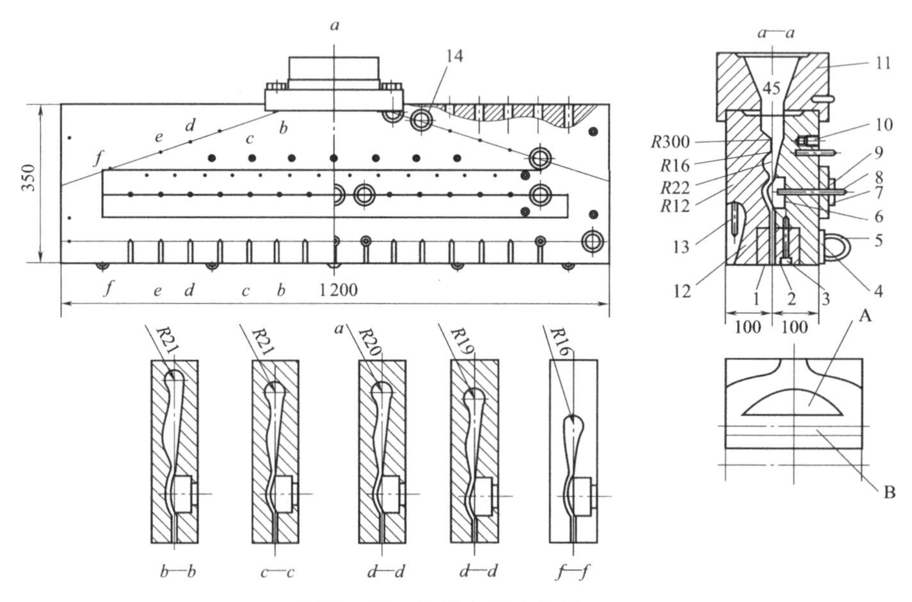

图 5－47　衣架式机头结构

1—下模唇；2—上模唇；3—螺钉；4—上体；5，8—调节螺钉；6—阻流调节块；7—哈呋压块；
9—调节螺母；10—热电偶；11—机颈；12—下体；13—加热棒孔；14—内六角螺母；A—模体；B—流道

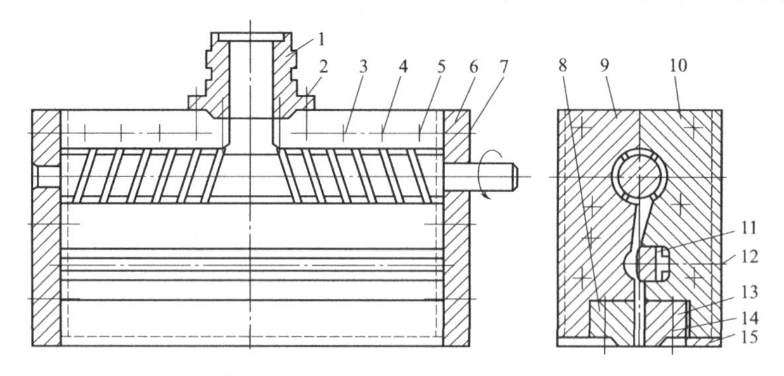

图 5－48　分配螺杆式机头结构

1—机颈；2，14—螺栓；3，7—内六角螺钉；4—圆柱销；5—分配螺杆；6—侧板；
8—下模唇；9—下模体；10—上模体；11—调节阀；12—螺钉；13—上模唇；15—挡板

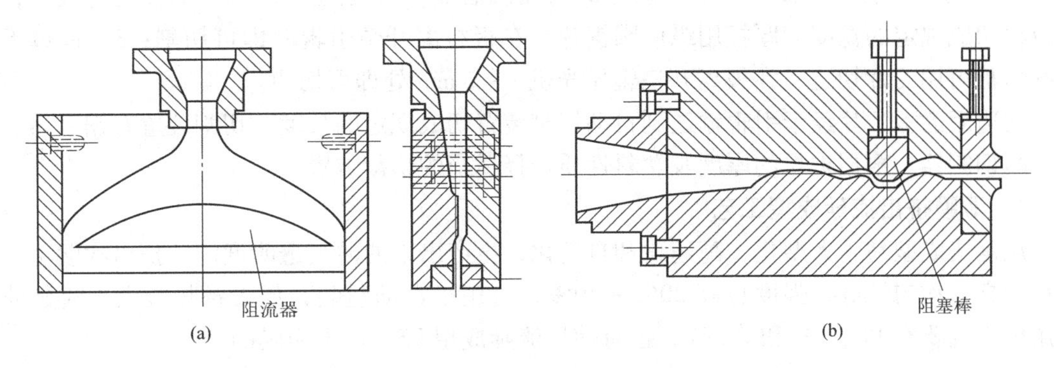

图 5－49 鱼尾式机头结构

（a）带阻流器的鱼尾式机头；（b）带阻塞棒的鱼尾式机头

分配螺杆式机头，相当于在支管式机头内放置了一根螺杆，螺杆转动使物料不断进入支管，并均匀分配在机头整个宽度上。分配螺杆式机头所生产制品的质量与衣架式机头的相当，但其因分配螺杆需要单独电动机带动旋转，使能耗稍大，故其应用没有衣架式机头广泛。

（3）压光机。压光机的作用是将挤出的扳材压光和降温，并准确地调整板材的厚度，故它的辊筒尺寸精度和光洁度要求较高。辊筒能在一定范围内调速，能与板材挤出相适应。辊筒间距也可以调整，以适应挤出板材厚度的控制。压光机与机头的距离应尽量靠近，一般为 50 ~ 100 mm，否则板坯易下垂发皱，光洁度不好，同时在进入压光机前散热降温过多而对压光不利。

从机头出来的板坯温度较高，为防止板材产生内应力而翘曲，应使板材缓慢冷却，故要求压光机的辊筒应有一定的温度。生产 PVC、ABS 板和片时，辊筒温度一般不超过 100℃。生产 PP 板和片时，辊筒温度有时要超过 100℃。如果挤出的坯料从上辊和中间辊的间隙进入，紧贴中间辊绕半圈，再经中间辊和下辊的间隙，最后紧贴下辊绕半圈后导出。这时，中间辊的温度应最高，上辊温度稍低，约比中间辊低 10℃，下辊温度最低，约比上辊低 10℃。例如，生产 RPVC 板材时，上、中、下三辊温度依次为 70℃ ~ 80℃、80℃ ~ 90℃、60℃ ~ 70℃。

（4）冷却输送装置。经压光机定型为一定厚度的板材温度仍较高，尤其 5 mm 以上的板材，故需进一步冷却。通常的实用方法是用风扇或鼓风机吹，使板材完全冷却。对于较厚的板材，板材移动较慢，通常用调节鼓风机的效率使其有足够的时间进行冷却。对于线速度较高（包括薄片），用鼓风机冷却同时增设喷淋水，以提高冷却速率。

在冷却段有近 10 ~ 20 根直径约 50 mm 的小圆辊，这组小圆辊称为冷却输送装置。较厚的板材在冷却输送辊上自然散热，缓慢冷却。该装置总长取决于板材的厚度与塑料品种，一般为 3 ~ 6 m（有的采用 8 ~ 11 m）；对于非常薄的片材，也可以不设置冷却输送装置。

（5）牵引装置。牵引装置通常由一对或两对直径为 150 mm 的牵引辊组成，每对牵引辊通常由一个表面光滑的钢辊（主动辊，在下方）和一个表面包覆橡胶的钢辊（从动辊，在上方）组成。每对辊靠弹簧压紧，对板材牵引同时进行压平。牵引装置一般与压光机同速，能微调，以控制张力。

（6）切边和切断装置。在牵引装置的前面或后面，有切边装置切去不规则的板边，并将板材切成规定的宽度。厚板用纵向圆锯片，在板材离开牵引辊时即可切割；3 mm 以下的 ABS 薄板可用刀片切边，在板离开三辊压光机 1 ~2 mm 处即可切边。

切边后的板、片经牵引辊输送到自动切割装置切成规定的长度。切割装置有锯、剪、热丝熔断切割器。根据板材的厚度及塑料性质选择适当的切割装置。

4. 薄膜挤出流延成型工艺

流延法成型易于大型化、高速化和自动化，生产出来的薄膜透明度优于挤出吹塑法，厚度精度高，均匀性好，强度也高 20% ~30%，可用于自动包装，但设备投资大。流延薄膜所用树脂主要有 PP、PE 和 PA 等，也有使用流延成型 PS、PET 薄膜的。

1）薄膜挤出流延的生产工艺流程

薄膜挤出流延的生产工艺流程如图 5 –50 所示。塑料经挤出机塑化熔融后，从机头狭缝口模唇口流延浇注到冷却辊表面，被迅速冷却形成薄膜，然后再经过剥离、拉伸、分切、卷取。

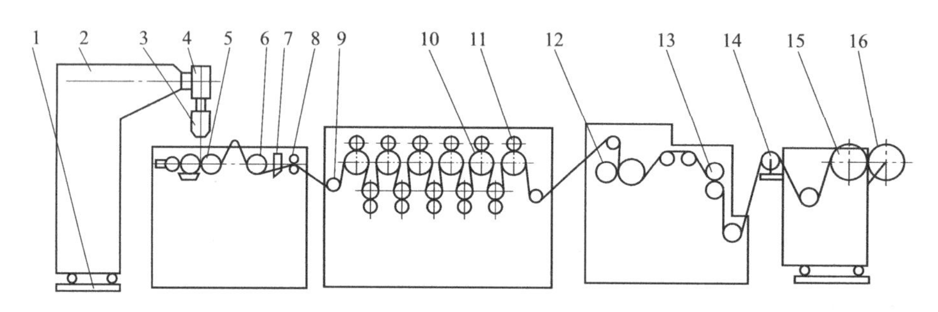

图 5 –50 流延压纹透气膜生产工艺流程图

1—导轨；2—挤出机；3—机头；4—换网装置；5—压辊；6—冷却辊；7—切边刀；8—牵引辊；9—导辊；10—热辊；11—胶辊；12—压纹辊；13—牵引辊；14—吸边器；15—胶辊；16—收卷辊

2）流延薄膜生产所用的设备及装置

（1）挤出机。一般采用单螺杆挤出机，长径比为 25 ~33，螺杆压缩比为 4。螺杆的结构应能满足边角料回收的要求，因此螺杆多采用混炼结构。挤出机的规格决定薄膜的产量，至少选择螺杆直径 90 mm 以上的，薄膜规格较大的可用螺杆直径 200 mm 的挤出机。

（2）机头。同板材挤出机头。目前，挤出模唇的宽度一般在 1 200 ~2 000 mm，厚度一般为 10 ~200μm，也有的厚度达 0. 4 ~0. 6 mm 的。

（3）冷却装置。主要由冷却辊、剥离辊、制冷系统及气刀等组成。冷却辊的作用是使熔体迅速冷却成膜并使薄膜受到一定的牵引作用，故冷却辊是流延薄膜中的关键部件，其直径为 400 ~500 mm，长度约比口模宽度稍大。

气刀的作用是通过气刀的气流使薄膜紧贴冷却辊表面，从而提高冷却效果，产出较透明的薄膜。气刀宽度与冷却辊的长度相同，在整个宽度内，气流速度应均匀，否则，薄膜质量不好。气刀刀唇间隙为 0. 6 ~1. 5 mm。

（4）测厚装置。检测器沿横向往复移动测量薄膜厚度，将测定值与设定值比较，在荧光屏显示出偏差、正负公差及平均值。数据可自动反馈至计算机进行处理，处理后自动调整工艺条件。

（5）切边装置。挤出流延薄膜由于产生“瘦颈”（薄膜宽度小于机头宽度）现象，会使薄膜边部偏厚，故需纵切装置切除薄膜边部，才能保证膜卷端部整齐、表面平整。切边装置的位置应可调。

（6）电晕处理装置。薄膜经过电晕处理后，可以提高薄膜表面张力，改善薄膜的印刷性及与其他材料的黏合力，从而增加薄膜的印刷牢度和复合材料的剥离强度。处理后的薄膜的表面张力要求达到 32 ~ 58 mN/m，通常在 38 ~ 44 mN/m。

（7）收卷装置。一般都为自动或半自动切割、换卷，以双工位自动换卷应用较多。

（8）其他辅助装置。有展平辊、导辊、压辊等。展平辊的作用是防止薄膜收卷时产生皱褶。展平辊有人字形、弧形等。

习题及思考题

1. 单螺杆挤出机由哪几部分组成？各部分的作用是什么？
2. 螺杆有哪些几何参数？其值的大小对挤出机性能有何影响？
3. 单螺杆挤出机螺杆一般分为哪几段？每段各有什么作用？
4. 双螺杆挤出机有几种主要类型？各应用何种情况？
5. 什么是挤出机螺杆的长径比？长径比的大小对塑料挤出成型有什么影响？
6. 什么叫做压缩比？挤出机螺杆设计中的压缩比根据什么来确定？
7. 渐变型和突变型螺杆有何区别？它们各适合哪类塑料的挤出，为什么？
8. 为了提高加料段固体输送能力，要对挤出设备采取什么措施？为什么？
9. 何谓塞流理论和非塞流理论？
10. 塑料熔体在单螺杆挤出机螺槽内有几种流动形式？造成这几种流动的主要原因是什么？
11. 何谓单螺杆挤出机螺杆特性曲线和口模特性曲线？如何作出这两种曲线？
12. 单螺杆挤出成型的挤出稳定性与螺杆均化段长度、螺槽深度机物料流动性的有何关系？
13. 影响挤出机产率的因素有哪些？如何计算挤出机的产量？
14. 简述挤出成型的工艺过程。
15. 为什么要严格控制挤出机各部位的温度？
16. 塑料管材的挤出工艺过程及定径方法是什么？
17. 塑料薄膜生产工艺方法有哪几种？简述各种方法的工艺特点及不同方法成型的塑料薄膜性能有何特点不同特点？

第6章　热塑性塑料注射成型

塑料的注射成型又称注射模塑，简称注塑，是粒状或粉状塑料在重力作用下由料斗加入到注射机的料筒中，经料筒加热熔化成为熔体，然后在注射机的柱塞或移动螺杆快速而又连续地加压推动下，熔体从料筒前端的喷嘴和浇注系统以很高的压力和很快的速度注入到闭合的模具内。充满模腔的熔体在受压的情况下，经冷却（热塑性塑料）或加热（热固性塑料）固化后，开模得到与模具型腔相适应的制品。

注射成型是塑料的重要成型方法之一，除氟塑料和超高分子量聚乙烯等极少数品种外，几乎所有的热塑性塑料和部分热固性塑料都能注射成型。它的特点是成型周期短、生产效率高、易于自动化，能一次成型外形复杂、尺寸精确、带有嵌件的制品，因此广泛应用于塑料制品的生产中。注射成型制品种类繁多，除了很长的管、棒、板等型材不能采用此法生产外，其他各种形状、不同尺寸的塑料制品基本上都可采用注射法成型。目前，注射制品约占塑料制品总量的30%以上，而工程塑料制品中80%是采用注射成型的。注射工艺也可以用于复合材料、增强塑料及泡沫塑料的成型，也可同其他工艺结合起来用于生产中空制品及具有特殊性能要求的塑料制品。

6.1　注射成型设备

注射成型设备主要由注射机（或注塑机）和注塑模具组成，其中注射机是关键设备，其基本作用是加热使塑料熔化，对塑料熔体施加压力使其快速充满型腔。

6.1.1　注射机的分类

注射机的类型和规格很多，其分类方法也多种，目前主要按以下几种方法分类。

1. 按注射机结构和塑化方式分类

按注射机结构和塑料在料筒中的塑化方式将注射机分为柱塞式注射机、移动螺杆式注射机、双阶柱塞式注射机和螺杆预塑化柱塞式注射机。

（1）柱塞式注射机。柱塞式注射机的结构如图6－1所示。柱塞式注射机的塑化和注塑单元分别为料筒和柱塞。料筒对塑料加热使其塑化为熔体。柱塞在液压系统作用下往复移动，前进时对熔体施加压力，后撤到末端时让固体塑料进入料筒。

柱塞式注射机工作时，柱塞先后移打开料斗出料口，粒状或粉状塑料在重力作用下由料斗出料口进入注射机的料筒中，塑料在料筒内受热熔化一定时间后呈熔体，然后柱塞在液压系统作用下，快速而连续地加压推动熔体前进，熔体通过分流梭和喷嘴进入模具浇注系统，最后经浇注系统末端的浇口注入模具型腔内成型。

柱塞式注射机发展早，制造及工艺操作简单，应用广泛，但存在塑化不均匀、注塑压力损耗大、注射速度不均匀等问题，因此目前主要用于小型制品的生产和高黏度塑料的注射成型。

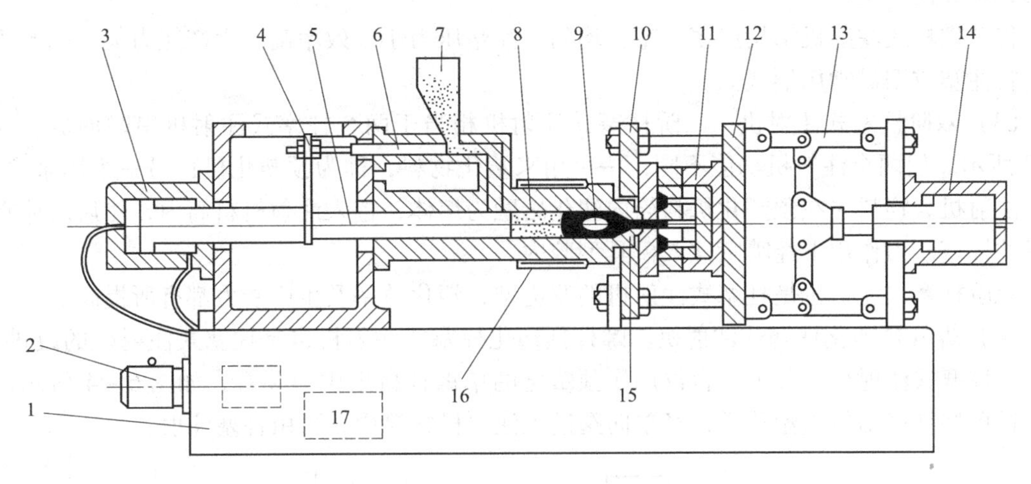

图 6－1　柱塞式注射机

1—机座；2—电动机或油泵；3—注射油缸；4—加料调节装置；5—柱塞；6—加料筒柱塞；
7—料斗；8—料筒；9—分流梭；10—定模板；11—模具；12—动模板；13—锁模机构；
14—锁模油缸；15—喷嘴；16—加热器；17—油箱

（2）移动螺杆式注射机。移动螺杆式注射机的结构如图 6－2 所示。移动螺杆式注射机的塑化单元是料筒和螺杆，其中螺杆还是注塑单元和进料机构。料筒对塑料加热、剪切使其塑化为熔体。螺杆在液压系统作用下往复移动，前进时对熔体施加压力；后撤过程中转动实施加料，并对物料产生挤压和剪切，加快塑料塑化熔融。

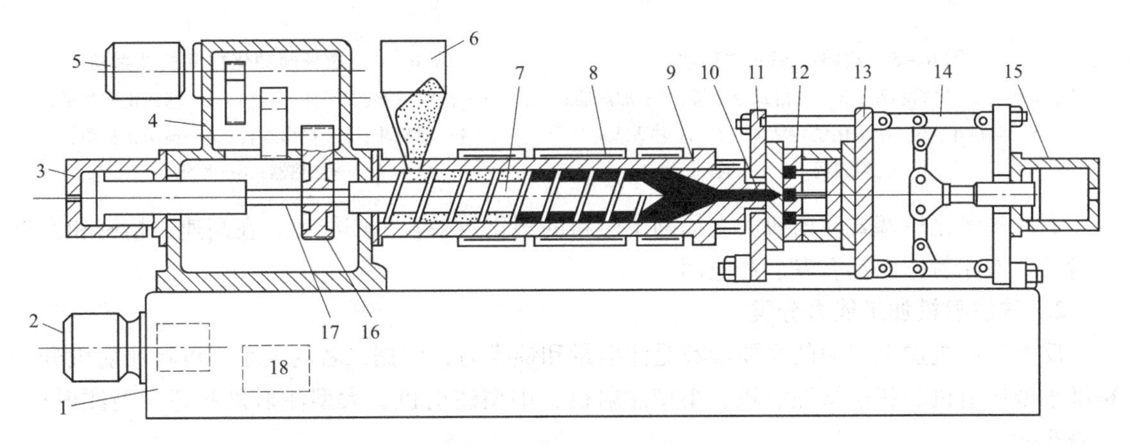

图 6－2　移动螺杆式注射机

1—机座；2—电动机或油泵；3—注射油缸；4—齿轮箱；5—齿轮传动电动机；6—料斗；
7—螺杆；8—加热器；9—料筒；10—喷嘴；11—定模板；12—模具；13—动模板；
14—锁模机构；15—锁模油缸；16—螺杆传动齿轮；17—螺杆花键；18—油箱

移动螺杆式注射机工作时，螺杆旋转，粒状塑料在料筒摩擦和螺杆侧棱推动下由料斗进入注射机的料筒中，在料筒内塑料因料筒加热、螺杆和料筒对其摩擦而熔化成熔体，熔体在料筒摩擦和螺杆侧棱推动下向前移动，汇集在螺杆前端，螺杆在其前端熔体压力作用下后退。当螺杆后退到设定位置时，螺杆停止后退和转动，然后螺杆在液压系统作用下，快速而连续地加压推动熔体推进，熔体通过喷嘴进入模具浇注系统，最后经浇注系统末端的浇口注入模具型腔内成型。

移动螺杆式注射机结构严密、塑化均匀、注塑压力小、效率高、生产能力大，因此为目前塑料注塑成型最常用形式。

（3）双阶柱塞式注射机。双阶柱塞式注射机相当于两个柱塞式注射机串联而成，如图6－3所示。但两个注射机功能不同，一个用来塑化物料，称为预塑化机；另一个用来注射，称为注射机。物料先在预塑化机料筒内塑化熔融为熔体，进入注射机料筒内，然后熔体在注射机的柱塞压力作用下经喷嘴注入模具型腔内。

双阶柱塞式注射机是柱塞式注射机的改进型，塑化效率及生产能力都有所提高。

（4）螺杆预塑化柱塞式注射机。螺杆预塑化柱塞式注射机也是柱塞式注射机的改进型，是在原柱塞式注射机上装上一台仅用作预塑化的单螺杆挤出供料装置，如图6－4所示。塑料通过单螺杆挤出机预塑化后，经单向阀进入注射机料筒内，再由柱塞注射。

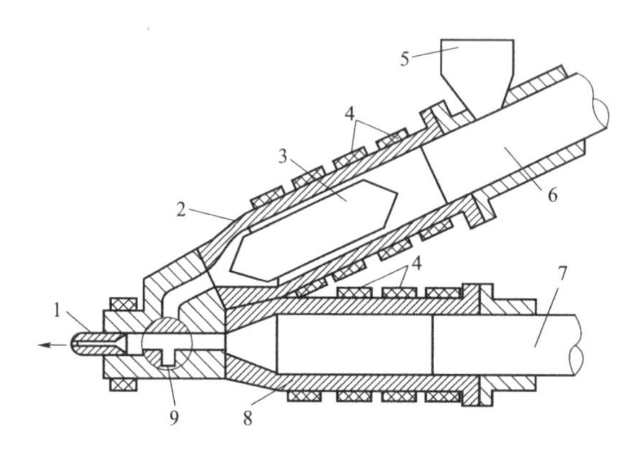

图6－3　双阶柱塞式注射机

1—喷嘴；2—供料料筒；3—鱼雷式分流梭；4—加热器；
5—加料斗；6—预塑化供料活塞；7—注射活塞；
8—注射料筒；9—三通

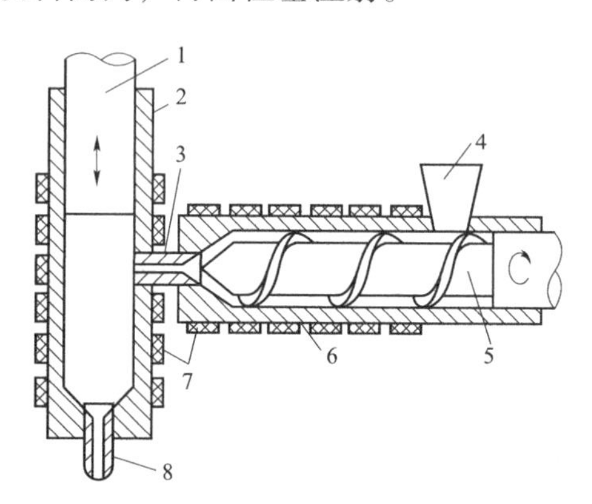

图6－4　螺杆预塑化柱塞式注射机

1—注射活塞；2—注射料筒；3—球式止逆喷嘴；
4—加料斗；5—挤出螺杆；6—预塑化料筒；
7—加热器；8—喷嘴

螺杆预塑化柱塞式注射机大大提高了塑料的塑化效果及生产能力，在高速、精密和大型注射及发泡注射方面都有发展和应用。

2．按注射机加工能力分类

反映注射机加工能力的主要参数是注射量和锁模力，依据二者的大小，可将注射机分为精细小型注射机、超小型注射机、小型注射机、中型注射机、大型注射机和超大型注射机，见表6－1。

表6－1　不同加工能力的注射机

注射机类型	注射量/cm^3	锁模力/kN	注射机类型	注射量/cm^3	锁模力/kN
精细小型注射机	<2	<150～200	中型注射机	500～2 000	3 000～6 000
超小型注射机	<30	<200～400	大型注射机	2 000～10 000	8 000～20 000
小型注射机	60～500	400～2 000	超大型注射机	10 000～32 000	>20 000

3．按外形特征分类

按注射机的合模系统和注射系统的相对位置关系将注射机分为立式注射机、卧式注射机、角式注射机和多模注射机。三种注射机的外形如图6－5所示。

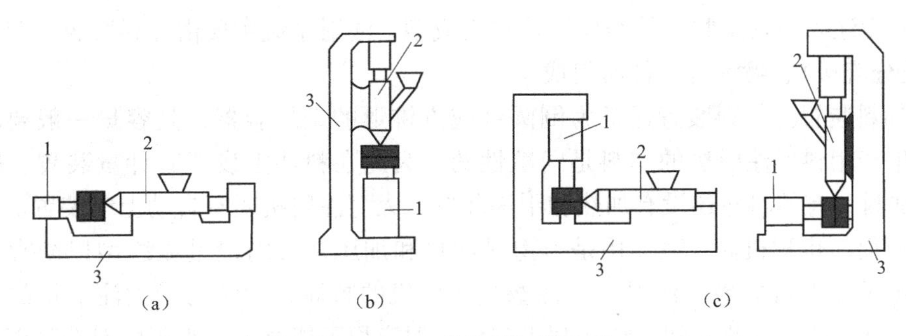

图 6－5　三种注射机的外形

(a) 卧式注射机；(b) 立式注射机；(c) 角式注射机

1—合模装置；2—注射装置；3—机身

(1) 卧式注射机。卧式注射机的合模装置与注射装置均沿水平方向布置，模具也沿水平方向启闭。这种形式注射机的优点是机身低，便于操作和维修；机器重心低，安装稳定性好；制品顶出后可依自重下落，容易实现自动操作。故这种形式的注射机应用最广，对大、中、小型制品都适应，是目前注射机最基本的形式。但缺点是模具安装和嵌件的安放比较麻烦，占地面积较大。

(2) 立式注射机。立式注射机的合模装置与注射装置的运动轴线呈一线并垂直水平面，模具沿垂直方向启闭。这种形式注射机的优点是占地面积小、模具拆装方便、嵌件易于安放。但缺点是顶出不易实现自动化，机身较高，设备稳定性差，加料维修不方便，制品不能自行脱落，需人工取出，难于实现自动化。目前，这种形式注射机多用于小型塑料制品（注射量在 60 cm^3以下）的注射成型。

(3) 角式注射机。角式注射机的合模装置与注射装置的运动轴线互相垂直。这种形式的注射机的特点介于卧式和立式之间。它的主要缺点是机械传动无准确可靠的注射压力、保压压力及锁模力，模具受冲击和振动较大。这种形式注射机对大、中、小型制品都适应，使用也较普遍，主要用于加工中心部位不允许留有浇口痕迹的平面制品。

(4) 多模注射机。多模注射机是一种多工位操作的特殊注射机，带有多个合模装置和多副模具，合模装置采用转盘式结构，模具围绕转轴旋转。

多模注射机工作时，一副模具与注射装置的喷嘴接触，注射保压后随转台转动离开，在另一个工位上冷却定型。然后再转到下一个工位，开模取出制品。同时，另外的第二、第三副模具分别注射保压、冷却定型。

多模注射机充分发挥了注射装置的塑化能力，可缩短生产周期，提高生产能力，因而特别适用于冷却定型时间长或需要较多辅助时间的大批量制品的生产。但该类注射机合模系统庞大、复杂，合模力往往较小。

6.1.2　注射机的结构

柱塞式注射机和移动螺杆式注射机的基本结构大致相同，都是由注射系统、锁模系统、注射模具及液压系统等几部分组成。

1. 注射系统

注射系统是注射机的主要部分，其作用是使塑料受热、均匀塑化直至黏流态，并以一定的压力和速度注入模具型腔，并经保压补料而成型。注射系统主要由加料装置、料筒、螺杆（或柱塞及分流梭）、喷嘴等部件所组成。

（1）加料装置。加料装置通常为倒圆锥或方锥形的金属容器，其容量一般要求能满足1~2 h的生产用料。注射机的加料是间歇性的，为此在料斗上设置有计量装置，以便能定容或定量加料，有的料斗还设有加热和干燥装置，大型注射机还有自动上料装置。

（2）料筒。也称机筒，其作用是为物料加热和加压，其内壁呈流线型以防存料。料筒的容积决定了注射机的最大注射量，柱塞式注射机的料筒容积常为最大注射量的6~8倍，以保证塑料有足够的受热时间，从而利于塑化；但容积不能过大，否则塑料在高温料筒内长时间受热下会分解、变色，从而影响制品质量。移动螺杆式注射机的塑化效率比柱塞式注射机高，因而其料筒容积一般只为最大注射量的2~3倍。料筒外部有分段加热装置，从加料口到喷嘴方向，料筒的温度是逐渐升高的。

（3）柱塞及分流梭。二者均为柱塞式注射机料筒内的主要部件。柱塞为一根坚硬的金属圆棒，直径通常为20~100 mm，其主要作用是将注射油缸的压力传递给物料，使塑料熔体注射入模。

分流梭是装在料筒前端内腔中形状颇似鱼雷体的一种金属部件，其结构如图6-6所示。它的作用是将料筒内流经该处的物料引导成薄层，使塑料流体产生分流和收敛流动，以缩短传热导程，加快热传导。同时，塑料熔体分流后，在分流梭与料筒间隙中的剪切速率增大，从而产生较大的摩擦热，料温升高，熔体黏度下降，使塑料得到进一步混合塑化。有些分流梭内部还装有加热器，这更有利于物料的塑化，有效提高生产率和制品质量。

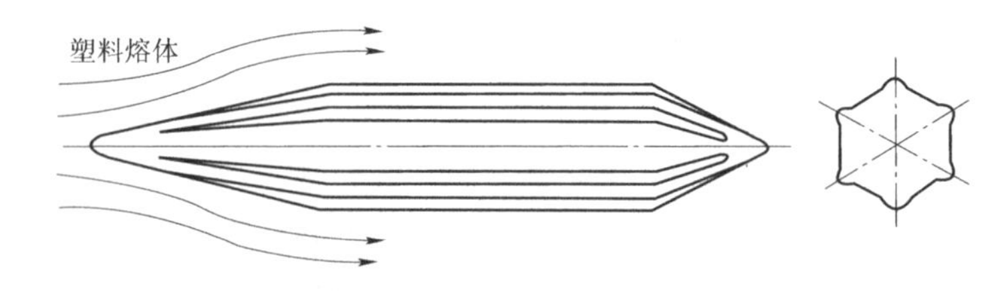

图6-6　分流梭结构示意图

（4）螺杆。螺杆是移动螺杆式注塑机的重要部件。螺杆在机筒内转动时，首先将料斗来的物料卷入螺槽，并逐步将其向前推送、压实、排气和塑化，随后熔融的物料就不断地被推到螺杆顶部与喷嘴之间，而螺杆本身则在熔体的压力（背压）作用下而缓慢后退。当积存的熔体达到一次最大注射量时，螺杆停止转动和后退。然后，螺杆传递压力使熔体注入模具。

注射螺杆与挤出螺杆在结构上有所不同：注射螺杆的长径比和压缩比较小，一般长径比为10~15，压缩比为2~2.5；注射螺杆的加料段较长，约为螺杆长度的一半，以提高塑化量，而压缩段和计量段则各为螺杆长度的四分之一；注射螺杆的螺槽较深，以提高生产率；注射螺杆的头部呈尖头形，能与喷嘴很好地吻合，以防止物料残存在料筒端部而发生降解。

为防止注射时出现物料沿螺槽回流，对低黏度的塑料，需在螺杆头部装上止逆环，如图6-7所示。塑化时物料可沿止逆环和螺杆头部的间隙向前，注射时止逆环与螺杆头部相接触（受压后退）切断料流，防止物料回流。

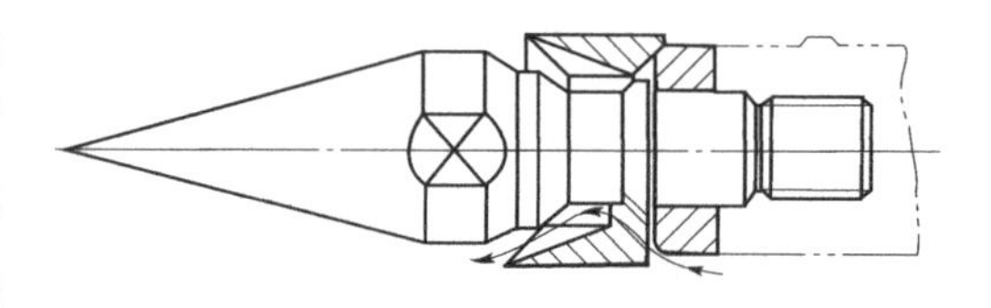

图6-7　带止逆环的螺杆头

为了适应不同塑料的加工要求，注射螺杆的结构形式有多种。目前应用较多的有渐变型、突变型和通用型三种。这三种注射螺杆各段长度范围见表6-2。

表6-2　三种注射螺杆各段长度范围

螺杆类型	螺杆各段占螺杆长度的百分比/%		
	加料段	压缩段	计量段
渐变型	30~35	50	15~20
突变型	65~70	螺杆直径的1~1.5倍	20~25
通用型	45~50	20~30	20~30

渐变型螺杆，压缩段长，螺槽由深逐渐变浅，塑化时能量转换缓和，适合加工熔融温度范围较宽的塑料，如PVC、PS等非晶型塑料。突变型螺杆，压缩段短，螺槽由深急剧变浅，塑化时能量转换较为剧烈，适合加工熔融温度范围较窄的塑料，如聚酰胺、聚烯烃类的结晶型塑料。通用型螺杆，压缩段长度介于渐变型和突变型之间，对非晶型塑料和结晶型塑料都适用，但塑化能力和功率消耗等方面不及专用螺杆优越。

（5）喷嘴。喷嘴是注射机机筒和模具之间的连接件。其作用是引导熔体从料筒进入模腔，并具有一定的射程。喷嘴头部一般为半球形，要求能与模具主流道衬套的凹球面保持良好接触，喷嘴孔的内径一般都是自进口逐渐向出口收敛，由于喷嘴内径不大，当塑料熔体通过时，流速增大，剪切速率也增加，使塑料进一步塑化。一般喷嘴出口处孔径比主流道直径小0.5~1.0 mm，以防止漏料和避免死角，也便于将两次注射之间积存在喷孔处的冷料被主流道凝料带走。

喷嘴的结构形式很多，应根据塑料的流动特性选择，对喷嘴的要求是结构简单、对熔体阻力小、不出现物料的流延现象。热塑性塑料的注射喷嘴最普遍的结构形式有三种：通用式喷嘴［图6-8（a）］、延伸式喷嘴［图6-8（b）］和弹簧针阀式喷嘴［图6-8（c）］。通用式喷嘴是最普遍的形式，结构简单，制造方便，无加热装置，注射压力损失小，常用于PE、PS、PVC及纤维素等注射成型；延伸式喷嘴是通用式喷嘴的改进型，结构也比较简单，制造方便，但有加热装置，注射压力降较小，适用于PMMA、POM、PSF、PC等高黏度树脂注射成型；弹簧针阀式喷嘴是一种自锁式喷嘴，结构较复杂，制造困难，流程较短，注射压力损失较大，主要适用于PA、PET等熔体黏度较低的塑料注射成型。

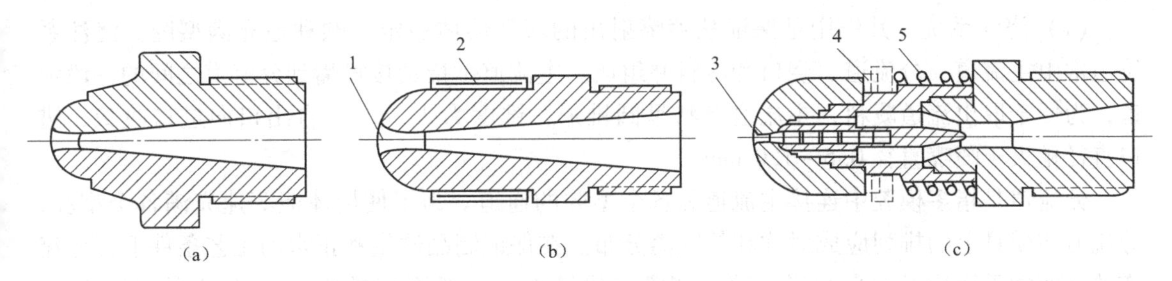

图6-8　三种普通喷嘴的结构示意图

（a）通用式；（b）延伸式；（c）弹簧针阀式

1—喇叭口；2—电热圈；3—顶针；4—导杆；5—弹簧

通用式喷嘴和延伸式喷嘴是直通式的，从料筒到模腔的狭小通道始终是敞开的。弹簧针阀式喷嘴通道内部设有止回阀，能在非注射时间内靠弹簧关闭喷嘴通道以杜绝低黏度熔体的流延现象。

2. 锁模系统

锁模系统的作用是固定模具。注射时锁紧模具，保持模具在高压（通常 40 ~ 200 MPa）注射下严密闭合不离缝，而在脱模取制品时又能打开模具。工艺上要求模板的运行速度应在闭模时先快后慢，而在开模时应先慢后快再慢，以防止损坏模具及制件。所以，锁模机构应开启灵活、闭锁紧密，并满足工艺要求。

锁模力的大小主要取决于注射压力、与施压方向垂直的制品投影面积以及浇口在模具中的位置。

锁模系统由合模装置、调模装置、制品顶出装置和安全保护装置等组成。常用的锁模系统结构有机械式、液压式和液压 - 机械组合式等类型。图 6 - 9 所示为液压式锁模装置示意图。图 6 - 10 所示为具有曲臂的机械与液压相组合的锁模装置。

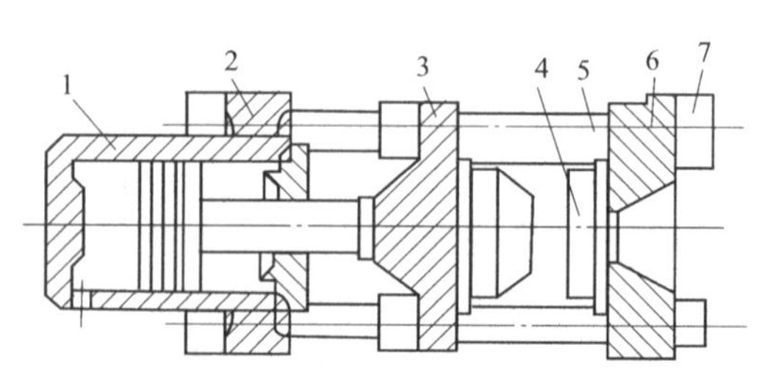

图 6 - 9　液压式锁模装置示意图

1—合模油缸；2—后固定模板；3—移动模板；4—模具；5—拉杆；6—前固定模板；7—锁母

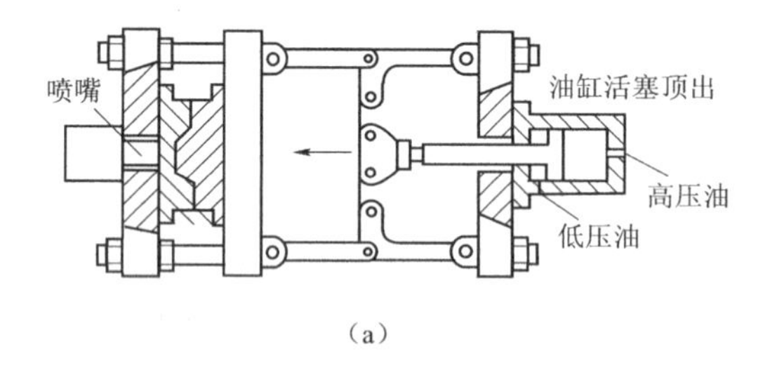

（a）

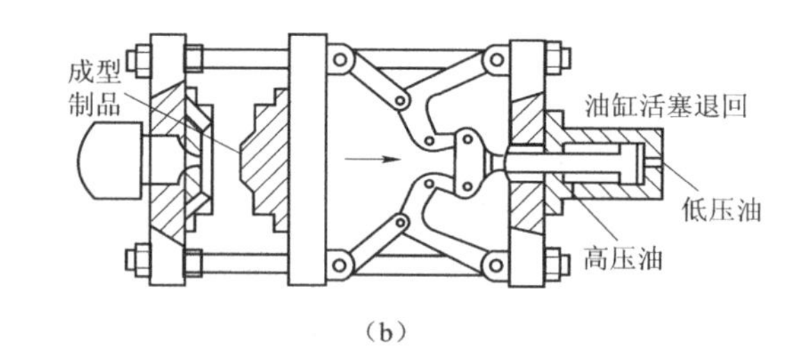

（b）

图 6 - 10　具有曲臂的机械与液压相组合的锁模装置

（a）闭模时；（b）开模时

3. 注射模具

注射模具是在注射成型中赋予塑料一定形状和尺寸的部件，其结构形式因制品结构、注射机的类型和原材料性质的不同而不同，但其基本结构是一致的，主要由浇注系统、成型部件、结构零件和加热冷却系统等构成，如图 6 - 11 所示。

（1）浇注系统。其作用是保证从喷嘴射出的塑料熔体稳定、顺利地充满型腔。浇注系统通常由主流道、分流道、浇口和冷料井组成。主流道是指紧接喷嘴到分流道之间的一段流道，为便于取出流道凝料，主流道形状呈圆锥形，锥度为 3° ~ 5°，自出口向进口收敛，进口直径稍大于喷嘴直径 0.5 ~ 1.0 mm。

分流道是指多模腔中连接主流道和各个型腔的通道。为了使熔体能等速充满各个型腔，分流道在模具上的排列应成对称和等距离分布。在保证制品质量和正常的工艺条件下，分流道的截面常采用梯形或半圆形，截面宽度应尽量小（一般不超过 8 mm，特大的可达 10 ~ 12 mm，特小的 2 ~ 3 mm），长度应尽量短。

浇口是接通主（分）流道与型腔的通道，其作用是提高熔体流速，使停留在浇口处的

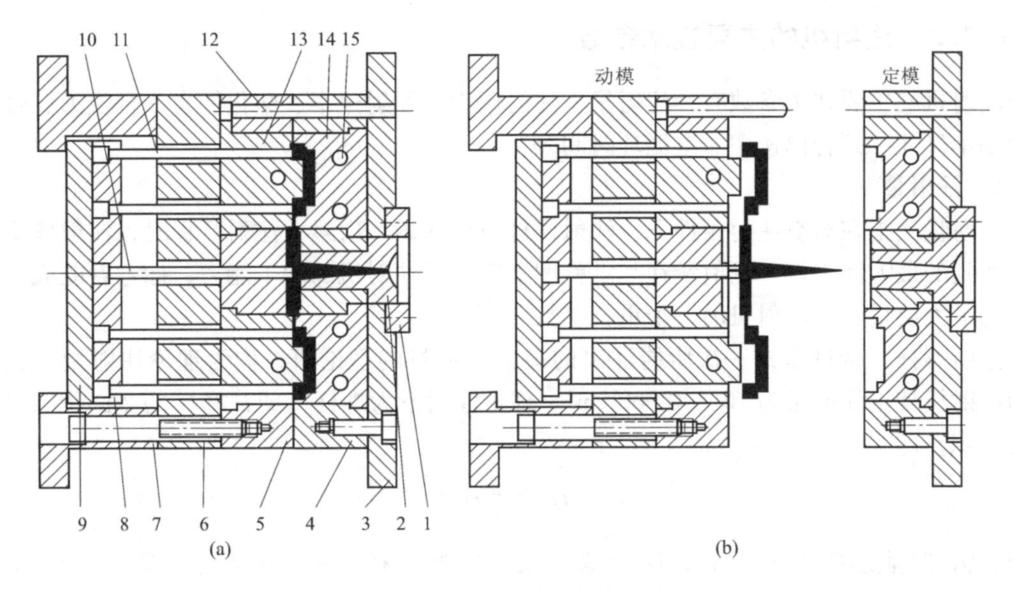

图6-11　典型注射模具的基本结构

（a）模具闭合时；（b）模具打开时

1—定位环；2—主流道衬套；3—定模底板；4—定模板；5—动模板；6—动模垫板；7—模座；8—顶出板；9—顶出底板；10—拉料杆；11—顶出杆；12—导柱；13—凸模；14—凹模；15—冷却水道

熔体早凝而防止倒流，便于制品与流道系统的分离。浇口截面形状一般为矩形或圆形，其尺寸应根据塑料性质、制品尺寸和结构来确定，浇口位置一般应设在制品最厚而又不影响制品外观的地方。

冷料井是设在主流道末端的一个空穴（直径6～10 mm，深约6 mm），用以收集喷嘴端部两次注射间隔所产生的冷料，以防止堵塞分流道或浇口。

（2）成型部件。模具中用以确定制品形状和尺寸的空腔称为型腔，构成型腔的各种组件统称为成型部件，包括凹模、凸模、型芯及排气孔等。凹模又称为阴模，是成型制品外表面的部件，多装在注射机的固定模板上，故称为定模。

凸模又称阳模，是成型制品内表面的部件，多装在移动模板上，故也称为动模。通常顶出装置设在凸模上，以便制品脱模。

型芯是成型制品内部形状（如孔、槽）的部件，表面粗糙度要求在*Ra*0.4以下，并应有适当的脱模斜度。

排气孔用以排出模具中原有的气体及熔料卷入模具中的气体，防止制品出现气孔、表面凹痕、局部烧焦、颜色发暗等现象。排气孔一般设在型腔内熔料流动的尽头，或在模具分型面上（一般在凹模一侧开设深0.03～0.2 mm，宽1.5～6 mm的浅槽），也可利用顶出杆和顶出孔的配合间隙、顶块和脱模板与型芯的配合间隙进行排气。

（3）结构零件。指构成模具结构的各种零件，包括顶出系统、动（定）模导向定位系统、抽芯系统以及分型等各种零件，如前后模板、承压板、导向柱、脱模板及回程杆等。

（4）加热或冷却装置。一般小型模具不设置加热或冷却系统。当制品结构复杂、尺寸较大或原料的性能特殊时，模具应设有加热或冷却通道。加热或冷却通道的排布应结合熔体的热性能、制品的形状和模具的结构进行综合考虑。

6.1.3 注射机的主要技术参数

注射机的主要技术参数有：注射量、注射压力、注射速率、塑化能力、合模力、合模装置的基本尺寸、开合模速率、空循环时间等。

1. 注射量

注射量是指在对空注射条件下，注射螺杆或柱塞做一次最大注射行程时，注射成型系统所能达到的最大注出量。注射量在一定程度上反映了注射机的加工能力，标志着能成型塑料制品的最大质量，是注射机的一个重要参数。

注射螺杆（或柱塞）一次所能注出的最大注射量的理论值，称为理论注射量。我国生产的注射机理论注射量为16～40 000 cm^3。理论注射量为螺杆（或柱塞）的截面积与最大行程的乘积，即

$$Q_L=\frac{\pi}{4}D^2S \tag{6-1}$$

式中，Q_L 为理论注射量，cm^3；D 为螺杆或柱塞的直径，cm；S 为螺杆或柱塞的最大行程，cm。

由于注射时，有部分熔料在压力作用下产生回流，故实际注射量小于理论注射量，需做适当修正：

$$Q=\alpha Q_L=\frac{\pi}{4}D^2S\alpha \tag{6-2}$$

式中，Q 为实际注射量，cm^3；α 为射出系数，一般为0.7～0.9，对热扩散系数小的物料取小值，反之取大值，通常取 α 为0.8。

注射成型时，从注射机喷嘴射出的熔料一部分用来充满模腔，而另一部分却留在浇注系统成为废料，故注射机的注射量必须充分满足制品及其浇注系统的总用料量，但不能太大，否则熔料在料筒内停留时间过长而分解、变色等。所以，一般情况下，注射机不可用来加工小于注射机的注射量10%或超过注射机的注射量70%的制品。

2. 注射压力

注射压力是指在注射时，螺杆（或柱塞）端面处作用于熔料单位面积上的力。注射机的注射压力由注塑机的注射油缸工作油压力提供，二者关系为

$$p_z=\frac{\frac{1}{4}\pi D_0^2p_0}{\frac{1}{4}\pi D^2}=\left(\frac{D_0}{D}\right)^2p_0 \tag{6-3}$$

式中，p_z为注射压力，MPa；D_0 为注射机注射油缸内径，cm；D 为注射机螺杆或柱塞直径，cm；p_0 为注射油缸工作油压力（即压力表读数），MPa。

对于一台注射机而言，能达到的最高注射压力（也称额定注射压力）是一定的，而注射时的实际注射压力是为了克服熔料流经喷嘴、流道和型腔时的流动阻力。显然，实际注射压力应小于所用注射机的最高注射压力。

目前，注射机的注射压力为70～250 MPa。对于工程结构零件，因结构复杂、形状多样，精度要求较高，而所选用的塑料大多为中高黏度，故注射压力有提高趋势。根据塑料性能，目前对注射压力的选用情况大致可分为四大类。

（1）注射压力 <70 MPa，用于加工流动性好的塑料，且制品形状简单，壁厚较大。

（2）注射压力为 70～100 MPa，用于加工黏度较低的塑料，制品的形状和尺寸精度要求一般。

（3）注射压力为 100～140 MPa，用于加工中、高黏度的塑料，且制品的形状和尺寸精度要求一般。

（4）注射压力为 140～180 MPa，用于加工较高黏度的塑料，且制品壁薄、流程长、厚度不均，精度要求较高。对于一些精密塑料制品的注射成型，注射压力为 230～250 MPa。

3. 注射速率、注射速度和注射时间

注射速率是单位时间内熔料从喷嘴射出的理论体积量。注射速度是指螺杆或柱塞的移动速度。注射时间是螺杆或柱塞做一次最大注射量所需的时间。三者关系为

$$q=\frac{Q_L}{t} \tag{6-4}$$

$$v=\frac{S}{t} \tag{6-5}$$

式中，q 为注射速率，cm^3/s；Q_L 为理论注射量，cm^3；t 为注射时间，s；v 为注射速度，cm/s；S 为螺杆或柱塞的最大行程，cm。

从式（6－4）和式（6－5）可知，注射速率、注射速度和注射时间均是描述熔料流动速度的参数，它们之间是相关的，三者的选定很重要，直接影响制品的质量和生产率。

4. 塑化能力

塑化能力，也称为塑化量，是指塑化装置在 1 h 内所能塑化物料的千克数。它是衡量注射机性能优劣的另一个重要参数。注射机的塑化装置应保证能够在规定的时间内，提供足够量的塑化均匀的熔料。塑化能力与注射量和成型周期有关：

$$q_m=\frac{3.6m}{t_c} \tag{6-6}$$

式中，q_m 为注射机塑化能力（或塑化量），kg/h；m 为注射量，g；t_c 为注射周期，s。

一般注射机的理论塑化能力应大于实际所需量的 20% 左右。

5. 合模力

合模力（也称锁模力）是指注射机合模机构对模具所能施加的最大夹紧力。注射时，注射压力一部分损失在喷嘴、浇注系统，剩余的即为模腔内熔体压力（即模腔压力）。为使模具不被模腔压力所产生的胀模力顶开，就必须对模具施加足够的夹紧力，即合模力。图 6－12 所示为模具在注射时的受力情况。

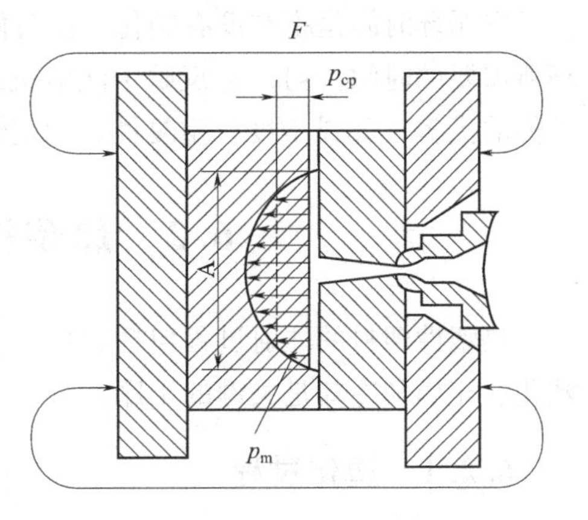

图 6－12　注射时动模板的受力情况

合模力是一个重要的技术参数，在一定程度上反映出注射机所能加工制品的大小，并直接影响制品的表面质量和尺寸精度。如果合模力不足，会导致模具离缝，产生溢料，制品致密性下降，飞边大而厚；而合模力太大会使模具变形，增加能耗。故注射时所需的实际合模力（也称工艺合模力）一般

不超过注射机合模力的80%。

在不考虑机械摩擦的条件下，且忽略由熔料和注射油缸工作油的冲击而产生的动压，则工艺合模力为

$$F_{工} = p_{cp}A \times 10^{-3} \tag{6-7}$$

式中，$F_{工}$为工艺合模力，kN；p_{cp}为模腔内平均压力，MPa；A为成型制品和浇注系统在模具分型面上的最大投影面积，mm^2。

模腔平均压力是一个比较难以确定的数值，受注射压力、成型工艺条件、物料性能、模具结构、喷嘴、浇道形式、模具温度、制品形状和精度要求等因素的影响。模腔平均压力与成型制品的关系见表6-3。

表6-3　模腔平均压力与成型制品的关系

成型条件	模腔平均压力/MPa	举例
易于成型制品	25	PE、PP、PS等壁厚均匀的日用品、容器等
一般制品	30	模具温度较高条件下，成型薄壁容器类制品
物料黏度高和制品精度高	35	ABS、POM等精度高的工业用零件
物料黏度较高和制品精度高	40～45	高精度机械零件，如塑料齿轮等

6. 合模装置的基本尺寸

合模装置的基本尺寸包括模板尺寸、拉杆间距、模板最大开距、动模板行程、模具最大厚度和最小厚度等。这些参数在一定程度上限定了所用模具的尺寸范围、定位要求、相对运动程度及其安装条件，也是模具设计者选择注射机型号的参数。

7. 开合模速率

为使模具闭合时平稳，以及开模、顶出制品时不使塑料制品损坏，要求模板慢行，但模板又不能在全行程中慢速运行，这样会降低生产率。因此，在每一个成型周期中，合模时从快到慢，开模时则由慢到快再慢。速率的变化由液压与电气控制系统来完成。

目前注射机的动模移动速度一般为30～35 m/min，高速为45～50 m/min，慢速移动速度一般为0.24～3 m/min。

8. 空循环时间

空循环时间是指在没有塑化、注射保压、冷却、取出制品等动作的情况下，完成一次循环所需要的时间（s）。它反映了注射机结构的好坏、动作灵敏度，液压系统以及电气系统性能的优劣（如灵敏度、重复性、稳定性等），也是衡量注射机生产能力的指标。

6.2　热塑性塑料注射过程原理

热塑性塑料的注射过程包括加料、塑化、注射充模、冷却固化和脱模等几个工序，其中塑化、充模和冷却是关键的工序。

6.2.1　塑化过程

塑化是指塑料在料筒内加热到充分熔融状态，使之具有良好的可塑性的过程。塑化是注

射成型的准备过程，也是决定制品质量的关键步骤。对塑料塑化的质量要求是：塑料在进入模腔之前要充分塑化，既要达到规定的成型温度，又要使熔体各点温度尽量均匀一致，而其中的热分解物的含量则应尽可能少，塑化量足够。

热塑性塑料的塑化质量主要由塑料的受热情况和所受的剪切作用决定。料筒对塑料加热，使塑料由固体向液体转变，所以一定的温度是塑料得以形变、熔融和塑化的必要条件。而剪切作用则是强化了混合和塑化过程，使熔体温度分布均匀，使物料组成和高分子形态发生改变并更趋于均匀；同时，剪切作用能在塑料中产生更多的摩擦热，加速了塑料的塑化。

移动螺杆式注射机对塑料具有较强的剪切作用，其对塑料的塑化比柱塞式注射机要好得多。所以，目前广泛采用具有高质量塑化效果的移动螺杆式注射机。塑料在移动螺杆式注射机内的熔融塑化过程与螺杆式挤出机内的熔融塑化过程类似。但是由于二者螺杆的工作方式有所不同，其塑化过程也存在一些差异。二者的主要不同点是：挤出机料筒内物料的熔融是稳态的连续过程，整个挤出过程也是塑化过程；而移动螺杆式注射机料筒内物料的熔融是一个非稳态的间歇过程，塑化过程只是整个注射过程的一个工序，塑化时不注射，注射时无塑化。

在塑化过程中，常讨论的问题是：热均匀性、塑化能力和料筒料温分布。

1. 热均匀性

热塑性塑料导热系数小，要使其均匀加热很不容易。塑料塑化所需的热量来自筒壁对物料的传热和物料的内摩擦热。对于柱塞式注射机而言，物料在注射机中的流动是“柱塞”流动，物料在移动过程中仅与料筒壁有摩擦，产生的剪切摩擦热相当小；而物料内部无摩擦，几乎没有混合作用。故柱塞式注射机料筒中的物料温度分布不均匀，近料筒壁的温度高，料筒中心的温度低。此外，从加料口到喷嘴物料受热时间不等，加料口处受热时间短，近喷嘴处受热时间长。因此料流无论在径向上还是在轴向上都有很大的温度梯度。

工程上以加热效率 E 来表征柱塞式注射机内熔体的热均匀性。设进入料筒的塑料初始温度为 T_0，料筒受热后其内壁达到的温度为 T_W，则（$T_W - T_0$）是塑料可以达到的最大温升，但实际上塑料从加料口至喷嘴范围内只能平均升到比 T_W 要低的某一温度 T_a（$T_W > T_a > T_0$），所以塑料实际温升是（$T_a - T_0$）。塑料的实际温升和最大温升之比称为加热效率 E。

$$E = \frac{T_a - T_0}{T_W - T_0} \tag{6-8}$$

E 值高，料温 T_a 大，有利于塑料的塑化。E 值与下列因素有关：

（1）料筒的长度 L、传热面积 A、塑料在料筒内的受热时间 t 和塑料的热扩散速率 α。增加料筒的长度 L 和传热面积 A、延长塑料在料筒内的受热时间 t 和增大塑料的热扩散速率 α，都能使塑料获得更多的热量，提高 T_a 值，从而使 E 值增大。

在料筒几何尺寸一定的情况下，塑料在料筒内的受热时间 t(s) 与料筒内的存料量 $V_P(cm^3)$、每次注射量 $V(cm^3)$ 和注射周期 t_c(s)的关系为

$$t = \frac{V_P \cdot t_c}{V} \tag{6-9}$$

式（6-9）表明，存料量 V_P 多、注射周期 t_c 长，都可以增加塑料受热时间 t，提高塑料的温升，使 E 值增大。但不适当地延长塑料的受热时间，易使塑料降解，故一般料筒内

的存料量不超过最大注射量的3～8倍。

塑料的热扩散速率α（m^2/s）与热传导系数λ（W/m·℃）、塑料的比热容c_P（J/kg·℃）、密度ρ（kg/m^3）及搅动情况有关：

$$\alpha = K\frac{\lambda}{c_P\rho} \tag{6-10}$$

式中，K为搅动系数，无搅动时，$K=1$；有搅动时，$K>1$。

从式（6-10）可知，塑料的热扩散速率正比于热传导系数，但一般塑料的热传导系数都较小，因此要增大热扩散速率取决于塑料是否受到搅动。柱塞式注射机无搅动，移动螺杆式注射机有搅动，这就是柱塞式注射机的加热效率不如移动螺杆式注射机，塑化质量也比其差的主要原因。

（2）塑料温度分布。由喷嘴射出的塑料各点温度是不均匀的，它的最高极限温度为料筒壁温T_W，最低温度为T_i，T_i必然高于塑料进入料筒的初始温度T_0，即$T_i>T_0$。而料筒内塑料的平均温度T_a处于T_i和T_W之间，即塑料熔体的实际温度总是分布在$T_i \sim T_W$，塑料从料筒实际所获得的热量可由温差（T_a-T_0）表示。在T_W固定的情况下，如果塑料的温度分布宽，即塑料热均匀性差，则塑料的平均温度T_a低，T_a-T_0的值就小，加热效率E低。反之，在T_W一定时，塑料温度分布窄，则T_a升高，加热效率E提高，如图6-13所示。生产中T_a是有一定范围的。实践证明，要使塑化质量达到可以接受的水平，E值不应小于0.8。据此，在注射成型温度T_a已定的前提下，T_W就可由式（6-8）确定。

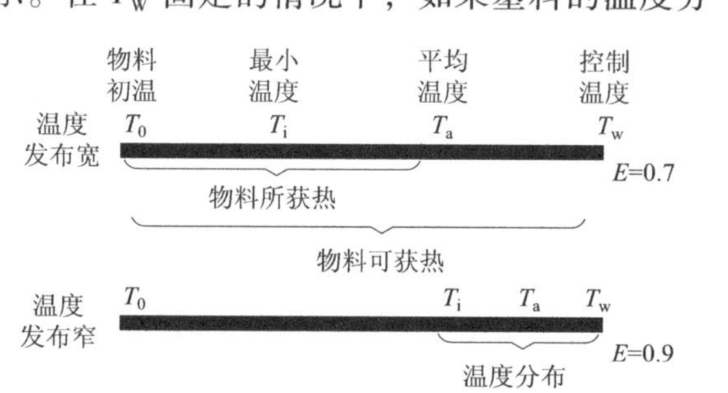

图6-13　加热效率与温度均匀性的关系

（3）料筒中塑料层的厚度δ、塑料与料筒表面的温差ΔT。料筒的加热效率E随料层厚度δ的增大而降低，随料筒与塑料间温差ΔT的减小而增大。因此，减少柱塞式注射机料筒中的料层厚度是很有必要的。为了达到这个目的，在料筒的前端安装分流梭，它能在减少料层厚度的同时，迫使塑料产生剪切和收敛流动，加强了热扩散作用。此外，料筒的热量可通过分流梭而传递给塑料，从而增大了对塑料的加热面，改善了塑化情况。加热效率E与塑料层厚度δ的函数关系为

$$E=f\left[\frac{\alpha t}{(2\delta)^2}\right] \tag{6-11}$$

如果分流梭能够提供热量，就相当于料层厚度减少一半，则式（6-11）变为

$$E=f\left[\frac{\alpha t}{\delta^2}\right] \tag{6-12}$$

大多数情况下，分流梭仅通过与料筒接触处吸收热量并传递给塑料，故料筒的加热效率E实际上介于上述二式之间，则函数关系为

$$E=f\left[\frac{\alpha t}{(5-n^2)\delta^2}\right] \tag{6-13}$$

式中，$\alpha t/(5-n^2)\delta^2$称为热流模量；n与加热系统有关的系数，$1 \leq n \leq 2$，当热源只来自料筒时，$n=1$；当热源来自料筒和分流梭（分流梭被单独加热器加热）时，$n=2$。图6-14

所示为加热效率 E 与热流模量 $\alpha t/(5-n^2)\delta^2$ 的关系曲线。

（4）注射速率。随注射速率增大，物料的停留时间短，料筒的加热效率 E 就低，如图 6－15 所示。

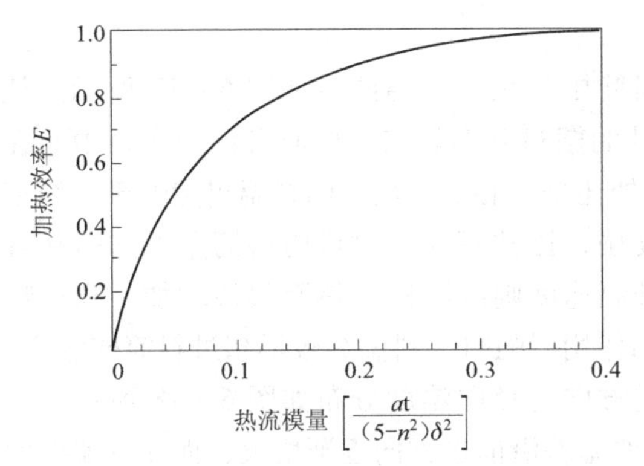

图 6－14　加热效率与热流模量的关系

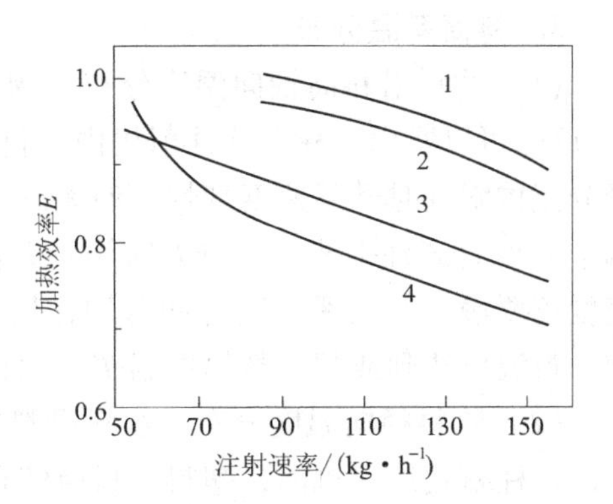

图 6－15　加热效率与注射速率的关系

1—PS；2—耐冲击 PS；3—LDPE；4—HDPE

2．塑化能力

塑化能力（或塑化量）与下列因素有关。

（1）注射周期 t_c 和物料在料筒中停留时间 t。式（6－6）表明，塑化能力与注射周期 t_c 成反比例，注射周期 t_c 越长，塑化能力越低。

由式（6－9）可知，注射周期 t_c 与物料在料筒中的停留时间 t 成正比。所以，塑化能力与物料在料筒中的停留时间 t 成反比，物料在料筒中停留时间 t 越长，塑化能力越低。

（2）加热温度和塑料的性质。图 6－16 表明，加热温度越高，塑化能力越高；黏流温度低者，塑化能力高。

（3）料筒与塑料的接触面积 A 和塑料的受热体积 V_p（即存料量）。塑化能力与这三者的关系为

$$q_m=\frac{3.6A^2\alpha\rho}{4K_t(5-n^2)V_p}=K\frac{A^2}{V_p} \qquad (6-14)$$

对于柱塞式注射机，在塑料、塑料的平均温度 T_a 和加热效率 E 一定的情况下，K 为常数（K_t 为与所选 E 值有关的常数）。显然，要提高塑化能力 q_m，则须增大注射机的传热面积 A 和减小物料的受热体积 V_p，但在柱塞式注射机中，由于料筒的结构所限，增大 A 就必然加大 V_p。解决这一矛盾的有效方法是采用分流梭，兼用分流梭作加热器或改变分流梭的形状等，以增大传热面积或改变 K 值。

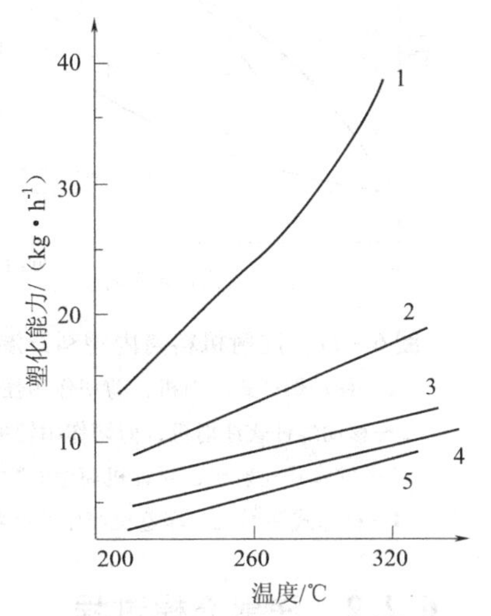

图 6－16　不同塑料的塑化能力与料筒温度的关系

1—PS；2—LDPE；
3—HDPE（相对密度：0.95）；
4—HDPE（相对密度：0.96）；5—PP

对于移动螺杆式注射机，由于螺杆的剪切作用引起摩擦热，能使塑料温度升高，其温升值为

$$\Delta T=\frac{\pi DN\eta}{c_P H\rho} \qquad (6-15)$$

式中，D、N、H、c_P、η、ρ 分别为螺杆的直径（m）、转

速（r/s）、螺槽深度（m）、塑料的比热容（J/kg·℃）、熔体的黏度（pa·s）和密度（kg/m^3）。这种剪切作用和温升都使螺杆注塑机的加热效率 E 增加，塑化能力和塑化质量均有所提高。

3. 料筒料温分布

（1）物料沿料筒轴向温度分布。物料在料筒中受热时升温曲线如图 6－17 所示。从图 6－17中可以看出，柱塞式注射机内，料筒壁处的塑料升温较快，中心升温很慢，中心在流经分流梭附近时升温速度加快。但无论料筒壁处还是中心处，最后的料温仍然低于料筒壁温 T_W。在螺杆式注射机内，开始时塑料升温速度慢，比柱塞式注射机内料筒壁处的塑料升温速度还要慢，但在螺杆混合和剪切作用下，升温速度则因摩擦发热而很快增加，到达喷嘴前，料温可达到或超过料筒壁温 T_W，如果剪切作用很强时，料温会较早超过料筒壁温 T_W。

（2）物料径向温度分布。物料沿料筒前进方向的径向温度分布如图 6－18 所示。可以看出，柱塞式注射机内，塑料在料筒壁和中心的温差沿前进方向逐渐增大，而在分流梭附近接近喷嘴处才逐渐缩小并变得比较均匀。移动螺杆式注射机内，塑料在料筒壁处受到剪切应力最大，摩擦生热使该处料温较快超过料筒壁温 T_W，高于该处中心的温度，但相差不是很大。当剪切作用很强烈时，甚至离喷嘴较远处的物料中心的温度可达到 T_W 以上。

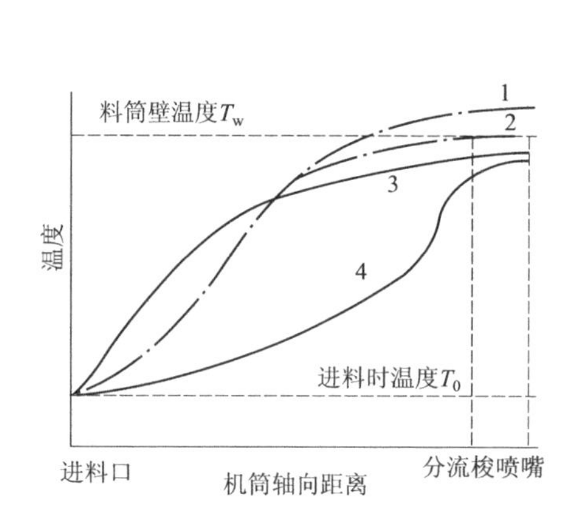

图 6－17　注射机料筒内塑料升温曲线

1—移动螺杆式注射机，剪切作用强时；
2—移动螺杆式注射机，剪切作用较平缓；
3—柱塞式注射机，靠近机筒壁的物料；
4—柱塞式注射机，靠近机筒中心的物料

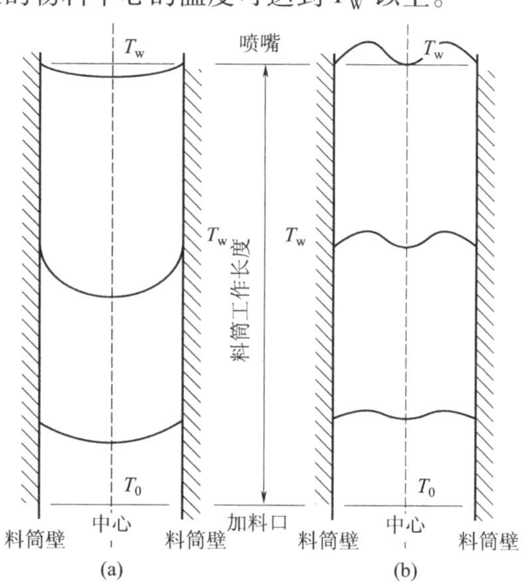

图 6－18　料筒中沿径向方向物料温度分布

（a）柱塞式；（b）螺杆式

6.2.2　注射充模过程

注射充模，就是塑化良好的塑料熔体在柱塞或螺杆的推动下，由料筒前端经喷嘴和模具浇注系统流入型腔而获得型样的过程。注射充模过程经历的时间虽短，但熔体在其间所发生的变化却很大，而且这些变化对制品的质量有重要的影响。所以，注射充模是注射成型最重要和最复杂的阶段。在注射充模过程中，熔体要克服一系列的流动阻力，包括熔体与料筒、喷嘴、浇注系统和型腔之间的外摩擦以及熔体间的内摩擦，同时熔体还要被压实。因此注射充模过程中，物料的压力和温度随时间变化。

1. 注射成型周期

根据塑料熔体进入模腔前后的流动情况，注射充模过程可分为充模、保压、倒流和浇口冻结后的冷却四个阶段，这四个阶段组成一个注射成型周期。在一个注射成型周期，柱塞或螺杆的位置、物料温度以及作用在柱塞或螺杆上的压力、喷嘴内的压力和模腔内的压力均随时间变化，如图6－19所示。

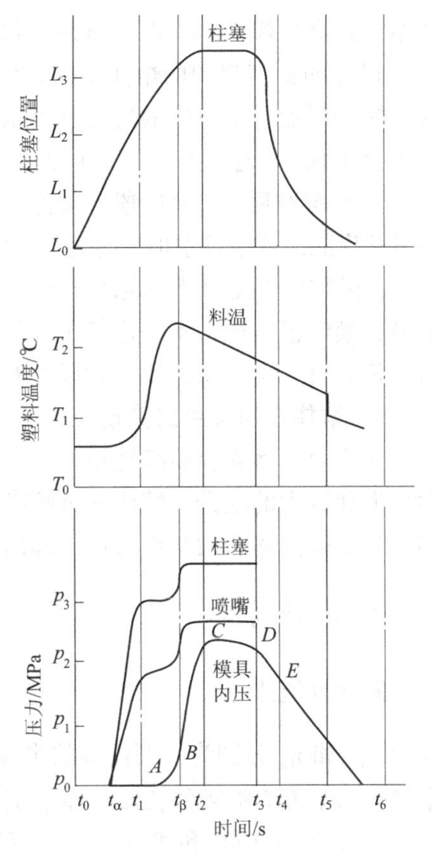

图6－19 注射过程柱塞位置、物料温度、柱塞与喷嘴压力以及模腔内压力的关系

（1）充模阶段。这一阶段从柱塞或螺杆开始向前移动起，直至模腔被塑料熔体充满为止（柱塞或螺杆到达最大行程位置），时间从 t_0 到 t_2 时刻止。这一阶段包括两个时期，柱塞或螺杆的空载期和充模期。

① 柱塞或螺杆的空载期。从 t_0 到 t_1 时刻止。在 $t_0 \sim t_1$ 间，物料在料筒中加热塑化，柱塞或螺杆虽开始向前移动，但物料尚未进入模腔。在 t_α 时刻前物料还没进入喷嘴，仅被压实，料温、柱塞和喷嘴内压力均不变。t_α 时刻物料开始进入喷嘴，物料在高速流经喷嘴和浇口时，因剪切摩擦而引起温度上升，料温有所增加，同时因流动阻力而引起柱塞和喷嘴处压力增加。在 t_1 前，物料还没进入模腔，故模内压力保持不变。

② 充模期。从 t_1 到 t_2 时刻止。t_1 时刻，塑料熔体开始快速注入模腔，于是模具内气体被压缩而使模具内压力上升。t_2 时刻，型腔被充满，模腔内压力达到最大值，同时物料温度、柱塞和喷嘴处压力均上升到最高值。充模期的流动又可分为前后两部分，注射充模流动和压实流动。

注射充模流动，从 t_1 至 t_β 时刻止。t_β 时刻前，熔体未到达模腔末端，模具内气体从排气系统顺利排出，故模腔内的压力仍低。

压实流动，从 t_β 至 t_2 时刻止。t_β 时刻模腔虽已被熔体充满，但由于充模流动结束时喷嘴内的压力远高于模腔内的压力，故 t_β 时刻后仍有少量熔体被挤入模腔，使模腔内熔体密度增大而压力急剧上升至最高值，这一过程也称压实增密过程。

（2）保压阶段。这一阶段从柱塞或螺杆到达最大行程起，到柱塞或螺杆开始撤回时为止，时间由 t_2 到 t_3。在这阶段，模腔内物料因冷却降温而发生收缩，故模腔内压力会下降，但在柱塞或螺杆对塑料保持压力作用下，料筒内的熔体会向模腔中继续流入以补足因塑料冷却收缩而留出的空隙，所以模腔内压力下降缓慢。

（3）倒流阶段，又称返料阶段。这一阶段是从柱塞或螺杆后退时开始，到浇口处熔体冻结为止，时间从 t_3 到 t_4 时刻。保压结束后，柱塞或螺杆开始后退，作用在其上的压力随之消失，喷嘴和浇口处压力也迅速下降，而模腔内的压力高于浇道内的压力，尚未冻结的塑料熔体就会从模腔倒流入浇道并导致模腔内压力迅速下降，随模腔内压力下降，倒流速度减慢。到 t_4 时刻浇口内的熔体凝固，倒流随之停止，此时也称凝封，E 点称为凝封点。如果柱塞或螺杆后撤时浇口处的熔体已冻结，或者在喷嘴中装有止逆阀，则倒流阶段就不存在，也就不会出现 $t_3 \sim t_4$ 段压力下降的曲线。

（4）冻结后的冷却阶段，又称凝封阶段。这一阶段是从浇口内的塑料完全冻结时起，到模具开启制品从模腔中顶出时为止，时间从 t_4 到 t_5 时刻。这段时间虽然外部作用的压力已经消失，模腔内仍能保持一定的压力，但随模内塑料进一步冷却，其温度和压力逐渐下降。到制品脱模时模内压力不一定等于外界压力，可能有残余压力。残余压力的大小与压实阶段的时间长短有一定关系，压实阶段的时间长，残余压力大；压实阶段的时间短，残余压力小。

2. 熔体在喷嘴中的流动

充模时，熔体在喷嘴通道中剪切速率变化相当大，因此熔体流过喷嘴孔时会有较大的压力损失和较大的温升。熔体通过喷嘴的流动可以近似看作等温条件下通过等截面圆管时的流动。对牛顿流体和假塑性幂律流体压力损失估算式为

牛顿流体
$$\Delta p = \frac{8\mu L q_V}{\pi R^4} \tag{6-16}$$

假塑性流体
$$\Delta p = \frac{8\eta_a L q_V}{\pi R^4} \tag{6-17}$$

式中，μ 和 η_a 分别为牛顿流体的牛顿黏度和非牛顿流体的表观黏度，pa·s；R 为喷嘴孔的半径，cm；L 为喷嘴的长度，cm；q_V 为熔体通过喷嘴孔的体积流量，cm^3/s。

由式（6-16）和式（6-17）可知，通过喷嘴时的压力损失 Δp 随喷嘴长度 L 和熔体体积流量 q_V 的增大而增加，而与喷嘴孔半径 R 的四次方成反比。因此，喷嘴孔孔径的微小变化，会引起压力损失的较大变化。

由于熔体通过喷嘴时有摩擦生热，不是真正的等温过程，喷嘴的形式多种多样，多数带有锥度，不是等截面圆管，而且熔体从料筒进入喷嘴，直径由大变小，故有“入口效应”。因此由上两式估算的压力损失通常小于实测值。

充模时熔体高速流过喷嘴孔，必将产生大量的剪切摩擦热，使熔体温度升高。熔体的温升值为

$$\Delta T = \frac{\Delta p}{\rho c_P J} \tag{6-18}$$

式中，ρ 为熔体密度，kg/m^3；c_P 为熔体定压比热容，J/（kg·℃）；J 为热功当量。

由式（6-18）可知，熔体通过喷嘴时的压力损失决定熔体流过喷嘴的温升。因此注射充模时，注射速率、注射压力越高，喷嘴温升越大，所以热稳定性差的塑料不宜采用细孔喷嘴高速注射充模。

3. 熔体在模具浇道系统中的流动

模具浇道系统是连接喷嘴与模具型腔间的熔体流经通道。熔体流过模具浇道系统与流过喷嘴一样，也会出现温度和压力的变化，这种变化与浇道系统的冷、热状态有关。热塑性塑料注射用模具有冷浇道系统和热浇道系统两种。

热浇道系统工作时要单独加热，其温度保持在塑料的流动温度或熔点以上。熔体通过热浇道系统时的情况与其通过喷嘴时的情况很相似。目前生产中较多的是使用冷浇道系统，熔

体通过冷浇道系统时，由于浇道中温度远低于熔体的温度，熔体流表层与浇道壁接触后迅速冷却形成紧贴浇道壁的冷凝料壳层，从而使浇道允许熔体通过的实际截面积减小，因而在用式（6－16）和式（6－17）估算压力损失时，应考虑浇道半径值的减小。浇道内形成的冷凝壳层对随后通过的熔体有一定的保温作用，而且熔体通过时与壳层摩擦产生一定的热量会使熔体通过的温度有所升高。只要知道冷凝壳层的厚度后，对于熔体流过圆形截面的主浇道、分浇道和浇口时的温升，也可用式（6－18）进行估算。

在尽量短的时间内有足够量的熔体充满模腔是充模过程的基本要求，即充模时应有较高的体积流量。牛顿流体通过圆形截面或平板狭缝形浇口时的体积流量计算式为

$$q_V = \frac{\pi R^4 \Delta p}{8\mu L} \tag{6-19}$$

$$q_V = \frac{H^3 b \Delta p}{12\mu L} \tag{6-20}$$

式中，q_V 为熔体通过浇口的体积流量，cm^3/s；b 为狭缝宽度，cm；H 为狭缝高度的一半，cm；L 为浇口长度，cm。

由（6－19）和式（6－20）可知，体积流量与浇口截面积成正比，增大浇口的截面积就可增大熔体的体积流量。但塑料熔体大多是假塑性流体，其表观黏度与剪切速率之间存在 $\eta_a = K\dot{\gamma}^{n-1}(n<1)$ 的关系。增大浇口截面积会导致熔体通过时的剪切速率减小，致使熔体表观黏度增大，因此对大多数塑料熔体来说，增大浇口截面积提高熔体充模时的体积流量有一极限值，当浇口截面积超过此值之后，反而会使体积流量下降。所以大多数情况下，减小浇口的截面积，剪切速率因流速的提高而增大，同时高剪切速率下产生的摩擦热会使熔体温度明显提高，这两方面都使熔体通过浇口时黏度下降，而导致熔体的体积流量增大。

4. 熔体在模腔的流动

熔体在模腔的流动是注射过程中最为复杂而又重要的阶段。因为此阶段是高温熔体在低温模腔中的流动，塑料熔体在这期间的行为决定了成型速率及高分子的取向和结晶，因此也直接影响制品的质量。

（1）熔体在典型模腔内的流动方式。图 6－20 所示为熔体经过不同浇口进入几种典型模腔内的流动方式。图 6－20（a）所示为由轴向浇口进入圆柱形模腔，沿轴向流动；图 6－20（b）所示为熔体从扁浇口流入扁形模腔，沿 x 方向流动；图 6－20（c）所示为熔体从圆形浇口流入，沿半径 r 方向辐射状地向周边流动；图 6－20（d）所示为熔体从制品平面内的浇口进入矩形截面的模腔，其流动方式是以浇口为圆心按圆弧状向前扩展。

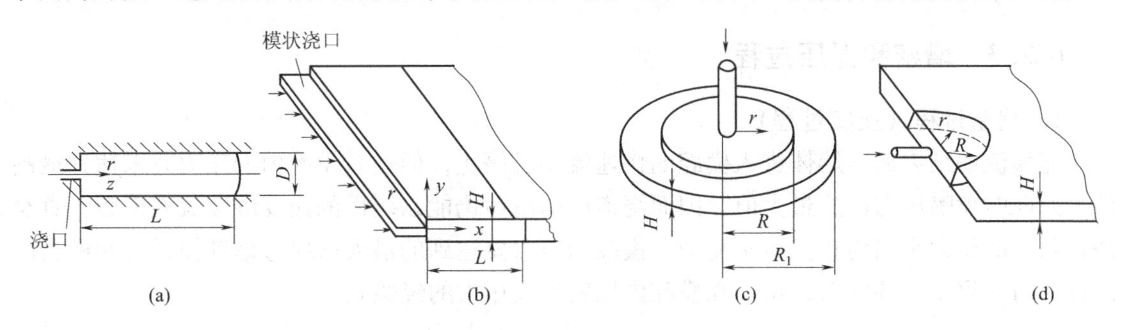

图 6－20　熔体在典型模腔中的流动方式

（2）熔体在模腔内的流动类型。在通常的充模过程中，熔体的流动是一种稳态流动，但当以较高速率从狭窄的浇口进入较厚、较宽的模腔时，熔体流为湍流，熔体不与上、下模壁接触而发生喷射，射向对壁，蛇样的喷射流叠合多次，从撞击表面开始并连续转向浇口充模，即逆向充模，如图6－21（a）所示。逆向充模的流动状态会在叠合处形成微观的“熔接痕”，严重影响制品表面质量、光学性能和力学性能。严重的湍流引起喷射而带入空气，由于模底先被熔体充满，模内空气无法排出而被压缩，这种高压高温气体会引起熔体的局部烧伤及分解，使制品质量不均匀，内应力也较大，表面常有裂纹。而慢速注射［图6－21（b）］时，熔体以层流形式自浇口向模腔底部逐渐扩展，空气能顺利排出，制品质量较均匀。但过慢的速率会延长充模时间，易使熔体在流道中冷却降温，引起熔体黏度提高，流动性下降、充模不全，并出现分层和结合不好的熔接痕，影响制品的强度。

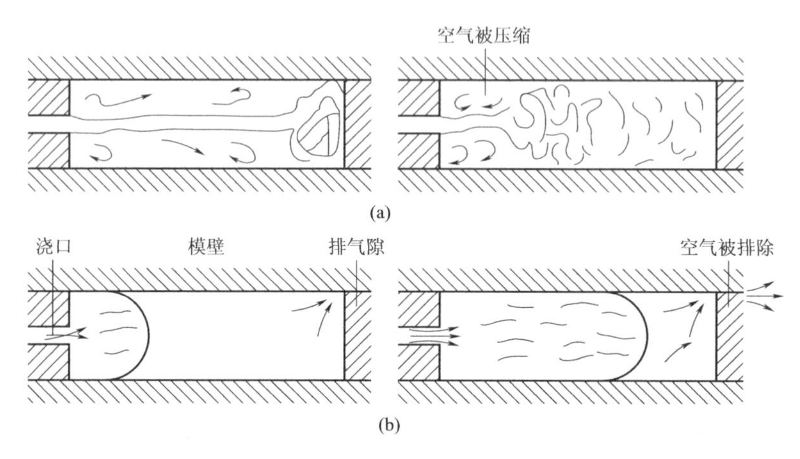

图6－21　不同充模速率的熔体流动情况

（a）高速注射；（b）慢速注射

（3）熔体流的流动状态。熔体从浇口处向模腔底部以层流方式推进时，熔体流前峰面由于和模腔内冷空气接触而形成高黏度的前缘膜，前进速度减小。膜后的熔体因冷却较小而黏度较低，因而比以前缘更高的速度向前流动，到达前缘的熔体受到前缘膜的阻碍使熔体发生以下两个过程：一是熔体不能向前运动而转向模壁方向，附着在模壁上被冷却固化形成了表层；二是熔体冲破原有的前缘膜，形成新的前缘膜，而原前缘膜被推向模壁。这两个过程的结果使制品表面形成“波纹”，由于流动阻力使稍后到来的熔体压力上升，把前面刚形成的波纹压平构成制品表面。

6.2.3　增密和保压过程

1. 增密过程（压实过程）

充模流动结束后，熔体进入模腔的快速流动已停止，但这时模腔内的压力并未达到最高值，而此时喷嘴压力已达最大值，因而浇道内的熔体仍能以缓慢的速度继续流入模腔，直至浇口两边的压力平衡为止。压实流动中模腔内压力要达到的最大值应考虑锁模系统和模具的刚度。对于聚苯乙烯注射，熔体在模腔内压实最大压力的经验式为

$$p_1 = p_z\left[1 - \left(\frac{t\Delta T}{K_c}\right)^{\frac{1}{K_p}}\right] \tag{6-21}$$

式中，p_1 为压实期模内最大压力；p_z 为注射压力；t 为充模时间；$\Delta T = T_1 - T_2$，T_1 为模具入口处熔体的温度；T_2 为模腔表面温度；K_c 是与模具冷却条件有关的系数；K_p 为压力传递系数。

由图 6－19 可知，$t_\beta \sim t_2$ 是一段很短的时间，但这段时间内压力梯度变化很大，所以压实流动时间 $t_\beta \sim t_2$ 对模腔最高压力 C 点有直接影响。C 点实际上就是压实阶段至保压阶段的切换点，切换点的控制对保证注射制品的质量相当重要。注射机的控制系统，必须保证从注射油压准确切换到保压油压，以便使模腔压力准确地切换到 C 点。由图 6－22 可知，在 B 位置上的时间变化对压力的影响较小，但 C 位置时同样的时间变化却引起很大的压力变化，切换晚，模内压力高。

2．保压过程

压实结束后柱塞或螺杆不立即回撤，必须在最大行程位置再停留一定时间，使成型物的冷却在一定压力作用下进行。保压阶段熔体仍能流动，这时的流动称为保压流动，这时的注射压力称为保压压力（也称二次注射压力）。保压过程中，模腔壁附近的熔体因冷却产生体积收缩，料筒前端的熔体在注射压力作用下经未冻结的浇口继续向模腔补充熔体。

保压阶段的压力影响着模腔压力和模腔内塑料被压缩程度。保压压力高，补进的料多，制品的密度高，模腔内压力高，而且持续的压缩使成型物各部分融合好，制品强度高。但在成型物的温度已明显下降后，较高的外压会使制品中产生较大的内应力和大分子取向，会削弱制品的性能，所以，保压压力要适当。

在保压压力一定情况下，保压时间长，制品压实程度高，模腔内压力下降慢；保压时间短，制品压实程度小，物料倒流多而使模腔内压力下降快，最终模腔内压力低。保压时间对模腔压力影响如图 6－23 所示。图 6－23 表明，保压切换越早，保压时间越短，熔体倒流越多，则凝封点时模内压力越低；反之，则越高。如果保压时间较长，浇口会在模腔内熔体凝固后冻结，这样模腔内的压力曲线按虚线下降。

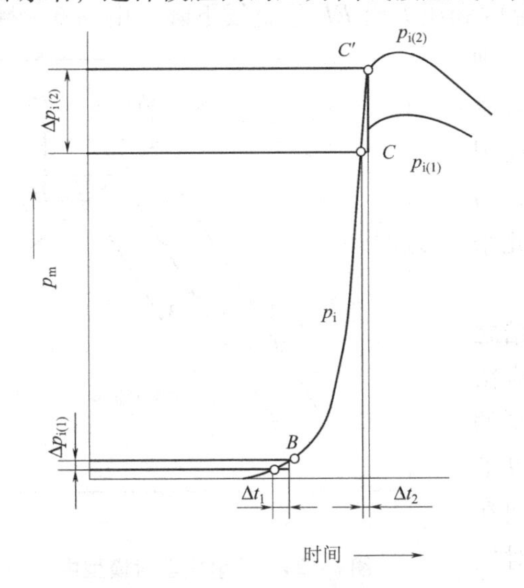

图 6－22　压实至保压切换曲线

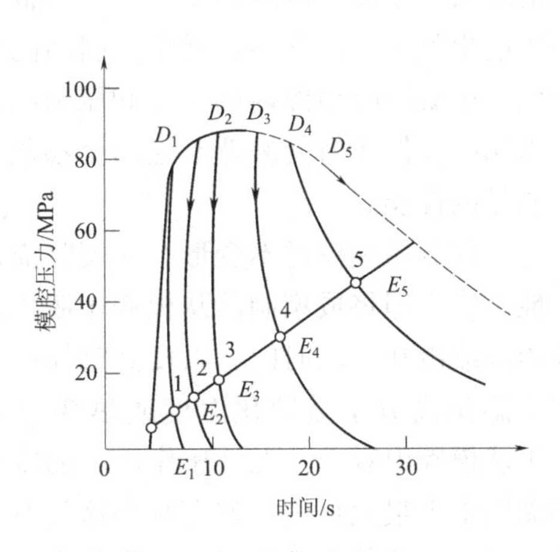

图 6－23　保压时间对模腔压力的影响

注：注射温度，254 ℃；注射压力，112.5 MPa；
保压时间 $D_1 \sim D_5$ 分别为：1～5 s，2～7 s，
3～9 s，4～13 s，5～17 s

6.2.4 倒流和冷却定型过程

1. 熔体的倒流（压实过程）

保压阶段结束后，螺杆或柱塞回撤，保压压力撤除。这时浇口若没冻结，模腔中熔体就倒流，直到浇口冻结。模腔内压力随熔体倒流而下降快，倒流一直持续到浇口冻结点 E 点为止（图6－19）。若保压压力撤除时，浇口已冻结，模腔内熔体不会倒流，模腔内压力下降缓慢。

图6－19中，DE 段压力曲线为非线性的，而 E 点以后压力曲线为线性的。二者区别在于，DE 是熔体倒流引起的压力降，E 点以后压力降是模腔内物料体积收缩引起的。若保压压力被撤除时，浇口已冻结，D 点后模腔内压力曲线为直线。

2. 浇口冻结后的冷却

浇口冻结凝封后，无熔体进出模腔，模腔内的压力 p 随冷却时间的延长而下降。Gilmore 和 Spencer 推导出了模腔压力与模内物料平均温度 T、物料比容 v 的状态方程：

$$(p+p')(v-b)=\frac{R}{M}T \tag{6-22}$$

式中，p' 为塑料熔体中分子吸引力引起的内部压力，Pa；v 为塑料的比容，m^3/kg；b 为与比容有关的常数，m^3/kg；R 为通用气体常数；M 为高分子结构单元的相对分子量；T 为绝对温度，K。

由式（6－22）可见，塑料比容一定时，模腔中物料的压力与其温度呈线性函数关系，如图6－24所示。曲线1是低压的情况下压实而且浇口在柱塞或螺杆后退之前已凝封，即外压解除后无熔体倒流。曲线2和曲线3的区别在于前者的保压时间为 C_2D_2，后者延长到 C_2D_3。D 点时保压期结束，柱塞或螺杆后退，随之出现倒流引起模内压力沿 DE 下降。凝封点 E 之后模腔内的物料量不再改变，即比容为定值，故温度和压力沿 EF 呈直线下降。由图6－24可以明显看出，保压时间短，保压切换时温度高，则塑料的凝封温度高，凝封的模腔压力就低，所得制品的密度也就小。由此不难看出，制品的密度在很大程度上由凝封时模腔内的温度和压力决定的，通常可以用改变保压时间来调节这两个参数，以此来改善制品的性能。

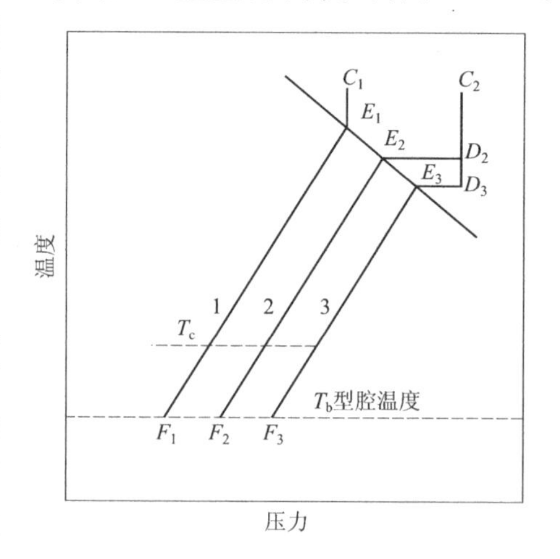

图6－24 注射成型时模型中的压力－温度关系

C_1，C_2—压实至保压切换点；
D_2，D_3—保压切换点；
E_1，E_2，E_3—凝封点

为了使制品脱模时不变形，在模腔浇口冻结之后一般不能立即将成型制品从模腔中脱出，而应留在模内继续冷却一段时间，以便其整体或足够厚的表层降温至高分子玻璃化温度或热变形温度以下后，再从模腔中脱出。无外压作用下的冷却时间在成型周期中占很大比例，如何减小这段时间，对提高注射机生产效率有重要意义。降低模温是缩短冷却时间的有效途径，但模具与熔体二者之间的温差不能太大，否则会因成型物内外降温速率差别过大而造成制品具有较大的内应力。模腔内成型物冷却

过程是其内部熔体先将其热量传导给外面的凝固层，凝固层再将热量传给模壁，最后由模具传热。塑料的导热性远小于模具的，所以制品在模腔内的冷却速度制约于成型物的凝固层。

6.3　注射成型的工艺过程及工艺条件

6.3.1　注塑成型工艺过程

完整的注射成型工艺过程如图6－25所示。大体包括三个阶段，成型前的准备、注射过程、制品后处理。

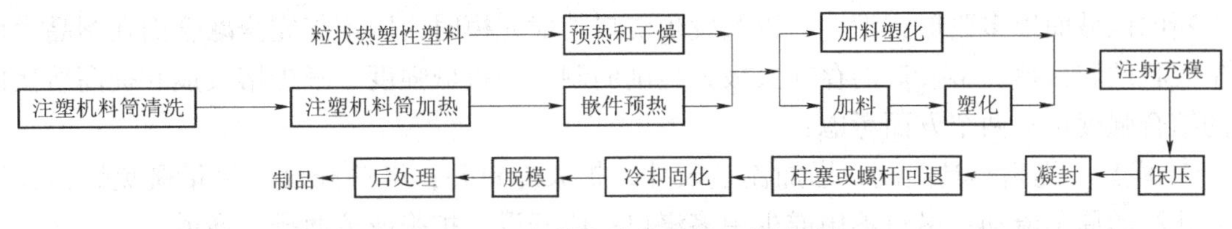

图6－25　完整的注射成型工艺流过程

1．成型前的准备

（1）原料的预处理。一般注射成型用的是粒状塑料，如果原料是粉料，则有时还须先进行造粒。对于所用的粒状塑料要进行预热和干燥，除去原料中的水分及挥发物以减少制品出现气泡的可能性，对某些塑料则可避免高温注射时出现水解等化学反应。

（2）料筒的清洗。在注射成型中，当改变产品、更换原料及颜色时均需清洗料筒。柱塞式注塑机因料筒内存料量较大，物料不易移除，料筒清洗相对较难，需将料筒拆卸下来清洗或更换专用料筒。

对于移动螺杆式注射机，通常是直接换料清洗或过渡换料清洗。直接换料清洗时，有两种情况：

① 当新料成型温度高于旧料成型温度时，将料筒和喷嘴温度升到新料的最低加工温度，然后加新料，连续进行对空注射。

② 当新料成型温度低于旧料成型温度时，首先将料筒和喷嘴温度升到旧料的最佳流动温度，然后切断加热电源，加入新料，在降温过程中连续进行对空注射。

当新料成型温度高、黏度大，而料筒内旧料是热敏性料（如聚氯乙烯、聚甲醛、聚三氟氯乙烯）时，为防止旧料分解，应采用过渡换料法进行清洗。即先用流动性好、热稳定性高的聚苯乙烯、低密度聚乙烯作为过渡料，将料筒内旧料清除，然后用新料清洗过渡料。

（3）嵌件的预热和安装。为了装配和强度的要求，常需在制品中嵌入金属嵌件。注射前嵌件应先放入模具且必须预热，尤其是较大嵌件，以降低由于金属与塑料热膨胀系数和冷却收缩率差别大而出现在嵌件周围的收缩应力（嵌件温度低于模具温度时，熔体在嵌件周围冷却快、收缩快，而在模腔表面冷却慢、收缩慢，这样使制品内应力增大，强度下降）。预热温度应以不损伤金属嵌件表面镀锌或防锈层为限，有镀层预热温度为100 ℃～130 ℃；无镀层的铝合金或铜嵌件，预热温度为150 ℃。

（4）脱模剂的选用。有时为了能顺利脱模，在生产上常采用脱模剂。常用的脱模剂主要有硬脂酸锌（除PA一般塑料用）、石蜡（用于PA）、硅油（效果最好但价格较贵）。脱模剂的使用应适量，涂抹均匀，否则会影响制品表面质量。

2. 注射过程

（1）加料和塑化。注射成型是一个间歇过程，在每一生产周期中，加入料筒的料量应保持一定，以便操作稳定，塑化均匀。柱塞式注射机，通过调节料斗下面定量装置的调节螺帽来控制料量。移动螺杆式注射机，通过调节行程开关与加料计量柱的距离来控制料量。

对于柱塞式注射机，加料和塑化两个过程是分开的，先加完料后才塑化；而移动螺杆式注射机，螺杆旋转后退同时进行加料和塑化，加料完成时塑化基本完成。

（2）注射充模。塑化均匀的熔体被柱塞或螺杆推向料筒的前端，经过喷嘴、模具的浇注系统而进入并充满模腔。熔融塑料在型腔内遇到嵌件、孔洞、流速不连贯的区域及充模料流中断的区域而以多股形式汇合，以及发生浇口喷射充模时，因不能完全融合而在制品表面产生线状的熔接痕。熔接痕的存在会极大地削弱制品的机械强度。减少熔接痕和提高熔接区域的结合强度可从两个方面考虑：

① 模具。提高模具温度，增加流道尺寸，扩大冷料井；浇口开设要尽量避免熔体在嵌件、孔洞的周围流动；尽量不用或少用多浇口；应开设、扩张或疏通排气通道。

② 工艺。提高注射压力，延长注射时间；优化注射速率，高速可使熔料来不及降温就到达汇合处，低速可让型腔内的空气有时间排出；优化机筒和喷嘴的温度，温度高，塑料的黏度低，流动阻力小，熔接痕变细；尽量不用或少用脱模剂。

（3）保压。充模之后，柱塞或螺杆仍保持施压状态，迫使喷嘴内的熔体不断充实模腔，使制品不因冷却收缩而缺料，成为完整而致密的制品。当浇注系统的熔体先行冷却硬化（即凝封），模腔内还未冷却的熔体就不会向喷嘴方向倒流，这时候保压可停止，柱塞或螺杆便可退回。

（4）冷却。保压结束，同时对模具内制品进行冷却，直到冷至所需的温度为止。实际上，模腔内制品的冷却过程从充模后便开始了。

（5）脱模。塑料冷却固化到玻璃态或晶态时，则可开模，用人工或机械方法取出制品。

3. 制品后处理

注射成型的制品，常常要进行适当的后处理，以提高其使用性能。注射制品需后处理的原因是多方面的。例如，形状复杂或壁厚不均匀的制品注射成型时，压力和速度都很高，塑料熔体流动行为复杂，制品有不同程度的结晶和取向；制品各部分的冷却速率不一致，可能造成制品存在内部应力集中，将使制品在储存和使用过程中产生变形和裂纹。制品后处理大致包括如下几方面：

（1）热处理（退火处理）。在塑料的玻璃化温度和软化温度之间的某一温度附近对制品加热一段时间，让制品“退火”，加热介质可以用热水、热油或热空气。退火温度应控制在制品使用温度以上10℃～20℃，或低于塑料的热变形温度10℃～20℃为宜。制品在处理过程中，能加速大分子的松弛过程，消除或降低成型时造成的内应力；对结晶型塑料可提高其结晶度或减小晶体尺寸；能解取向，使制品硬度下降、韧性增加。

（2）调湿处理。对于尼龙类等吸湿性大的制品，加工时忌含水分，而制品却极易吸湿，因此在成型之后要将制品放在一定湿度环境中进行调湿处理才能使用，以免制品在使用过程中发生较大的尺寸变化。

（3）整修。对某些制品必须进行适当的小修整或装配等，以满足制品表面质量和使用要求。

6.3.2 注射成型工艺条件的选择

注射最重要的工艺条件是影响塑化流动和冷却的温度、压力和相应的各个作用时间。

1. 温度

注射成型过程需要控制的温度包括料筒温度、喷嘴温度和模具温度。前两者关系到塑料的塑化和流动，后者关系到塑料的定型。

(1) 料筒温度。一般小型注射机的料筒分三段加热，第一段是靠近料斗处的固体输送段，温度要低于 T_f (T_m)，有的料斗座还需冷水冷却，以防止物料发黏"架桥"并保证较高的固体输送效率；第二段为压缩段，温度一般比 T_f (T_m) 高出 10 ℃ ~20 ℃；第三段一般要比第二段高出 10 ℃ ~20 ℃，以保证物料完全处于熔融态和较低黏度。料筒第二、三段温度的设定时，要考虑以下几方面：

① 从物料的特性考虑。对于 $T_f(T_m)$ ~ T_D 范围窄的热敏性塑料和平均分子量较低、分子量分布较宽的塑料，料筒温度比 $T_f(T_m)$ 稍高就可以了；对于 $T_f(T_m)$ ~ T_D 范围宽的塑料和分子量分布较窄的塑料，料筒温度可选择较高的温度值，但必须低于 T_D。

② 从设备考虑。同种塑料，移动螺杆式注射机料筒温度可比柱塞式注射机低 10℃ ~20℃。但在实际生产中为了提高成型效率，利用塑料在移动螺杆式注射机中停留时间短的特点，也可采用较高料筒温度；相反，柱塞式注射机因塑料停留时间长，容易出现局部过热现象，反而也有采用较低的料筒温度。

③ 从制品的形状与结构考虑。对于薄壁制品，料流通道小、阻力大，容易冷却而流动性下降，故料筒温度要高；相反，厚壁制品，料筒温度可较低；对形状复杂或带有嵌件的制品，因料流流程长而曲折、阻力大，易冷却而丧失流动性，故料筒温度要高一些。

④ 从工艺条件间关系考虑。注射压力大，注射速率快，可采用较低的料筒温度。

料筒温度的选择对制品的性能有直接影响：料筒温度高，制品表面光洁度好、冲击强度高；料筒温度高，注射压力可低，制品的收缩率、取向度及内应力减小。因此，在允许的情况下，可适当提高料筒温度。

(2) 喷嘴温度。喷嘴温度通常略低于料筒末端最高温度，一般低 10℃ ~20℃。一方面，以防止熔料在直通式喷嘴可能发生"流延现象"；另一方面，由于塑料熔体在通过喷嘴时，产生摩擦热使熔体的实际温度高于喷嘴温度，若喷嘴温度控制过高，会使塑料发生分解、变色而影响制品质量。但喷嘴温度不能太低，否则会造成喷嘴阻塞而增大料流阻力，甚至会使喷嘴处的冷料被带入模腔，影响制品的质量。因此，喷嘴与料筒温度是分开控制的，并要调节灵活、方便。

(3) 模具温度。模具温度对注射成型和制品性能的影响如图 6-26 所示。从图 6-26 可看出，模具温度对成型工艺及制品性能影响很大。因此，要合理确定模具温度并

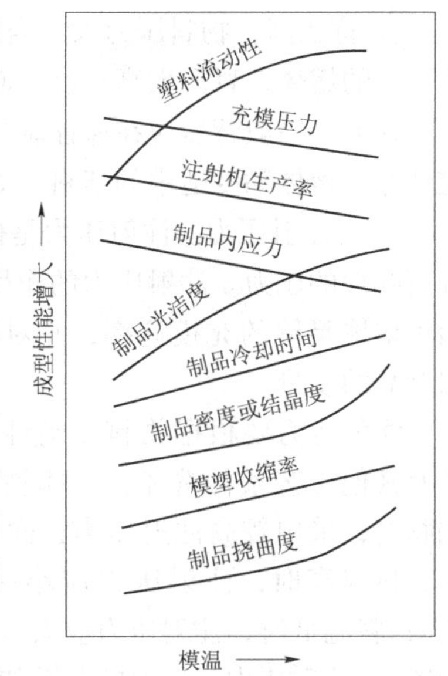

图 6-26 模温对塑料某些成型性能和制品性能的影响

采用合理的控制方式。

确定模具温度应考虑以下几个方面：

① 从塑料性质考虑。对无定型塑料，充模顺利时模具温度可取低一些；对黏度高的物料，模温高一些（PC 90℃～120℃，聚苯醚 110℃～130℃，聚砜 130℃～150℃）；对结晶型塑料，提高模温有利于结晶。

② 从制品性能要求考虑。若制品要求高分子结晶度高，则采取较高模温；若制品要求高分子无结晶，则采取低模温，采用骤冷法；对取向度要求高的制品，选取低模温、高的注射压力。

③ 从制品的形状与尺寸考虑。厚制品，采用较高模温；薄制品，采用较低模温。

④ 从其他工艺条件考虑。料筒温度高，模温应高。

控制模温方式有三种，一是通过恒温的冷却介质来控制；二是将物料注入模具自然升温，自然散热达到平衡后，保持一定的模温；三是采用电加热圈或加热棒来保持模具恒温。

2. 压力

注射过程中的压力包括塑化压力（背压）、注射压力和保压压力。前者关系到塑料的塑化，后两者关系到塑料的充模和成型。

（1）塑化压力（背压）。移动螺杆式注射机成型过程塑化时，塑料随螺杆旋转向前输送并熔融塑化，塑化后堆积在料筒前端，螺杆端部的塑料熔体就对螺杆端部产生一定的压力，称为塑化压力，或称螺杆的背压，其大小可通过注射机油缸的回油背压阀调整。塑化压力对注射工艺的影响有以下几个方面：

① 塑化压力高，螺槽中物料密实程度高，驱除物料中的气体多，物料受剪切作用增加，熔体温度升高，故有利于提高塑化质量，但对热敏性塑料不利，可引起其变色、降解。

② 背压高，会增加螺杆计量段的逆流和漏流，致使塑化量降低。

③ 背压高，物料压力大，当压力大于喷嘴封闭料流的压力时，会有流延现象。对于黏度较高的熔体，背压太高，易引起动力过载。

综上，一般背压应在保证制品质量优良的前提下越低越好，一般低于 2 MPa。一些热稳定性好，熔体黏度适中的塑料，如 PE、PP、PS 等，背压可选择高些。

（2）注射压力。注射压力是柱塞或螺杆推动塑料熔体向料筒前端流动并使熔体充满模腔所施加的压力。注射压力的作用是克服塑料在料筒、喷嘴及浇注系统和型腔的流动阻力，给予熔体足够的充模速率，并对熔体进行压实，以确保制品的质量。

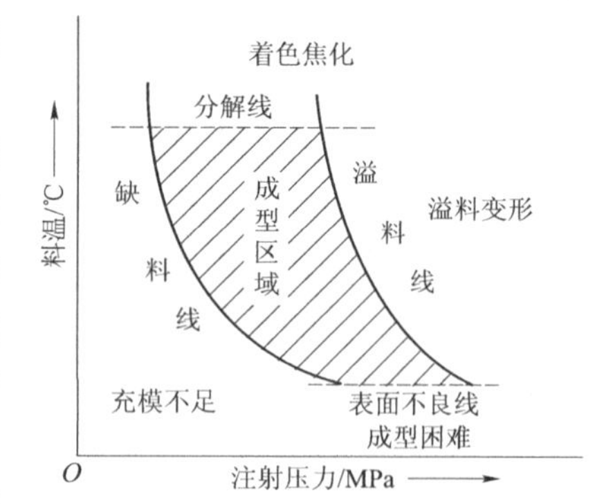

图 6－27　注射压力与料温的关系

注射压力要根据物料流动性、制品形状尺寸、模具及其他工艺条件选择，熔体黏度大、玻璃化温度高的物料，采用较高注射压力；薄壁制品要采用高压注射；料温高时，注射压力应小一些（否则易引起溢料）；料温低时，注射压力应大一些（否则易造成制件缺料）。注射压力与料温的关系如图 6－27 所示。

由图 6－27 可知，在注射成型过程中，注射压力与塑料温度是互相制约的，在成型区域内，适当的温度与压力的组合都能获得满意的结果；而在区域以外的温度与压力的组合，都会给成型带来困难或造成制品产生各种缺陷。一般情况下，注射压力的选择范围见表 6－4。

表 6－4　注射压力的选择范围

制品要求	注射压力/MPa	举例
熔体黏度较低、精度一般、流动性好、形状简单	70～100	PE、PS 等
中等黏度、精度有要求、形状复杂	100～140	PP、ABS、PC 等
熔体黏度高、薄壁长流程、精度高且形状复杂	140～180	聚砜、聚苯醚、PMMA 等
优质、精密、微型	180～250	工程塑料

（3）保压压力。保压压力是指在模腔充满后对模内塑料熔体进行压实、补缩阶段的注射压力。虽然偏高的注射压力是充满模腔的基本保证，但制品的密实度主要取决于封闭浇口时的压力高低，而与充模压力无关。当物料充满模腔后，保压压力一般等于或略低于注射压力，并根据需要进行调节。保压压力高，模腔内将流入更多的物料，使模腔内的物料更好地熔合，所得制品的密度高、表面光洁、收缩量小、力学性能好、尺寸稳定。但保压压力过高，塑料受强迫冷凝，将会出现较大的残余应力，致使强度下降，甚至造成溢料或脱模困难。

保压压力的大小取决于模具对熔体的静压力，并与制品的形状、壁厚有关。对形状复杂和薄壁的制品，采用的注射压力比较大，保压压力可稍低于注射压力；对厚壁制品，保压压力大时易加强大分子取向，使制品出现较为明显的各向异性，保压压力根据制品使用要求灵活处理。一般保压压力是塑料充模时最高压力的 50%～60%。

3. 时间

完成一次注射成型所需的全部时间称为注射成型周期，它包括注射（充模）时间，保压时间，冷却（加料、预塑化）时间及其他辅助（开模、脱模、嵌件安放、涂脱模剂、闭模等）时间。在一个注射成型周期内，各种动作程序间的相互关系如图 6－28 所示。

（1）注射时间。式（6－4）表明，注射时间反比于注射速率。注射速率对成型性能、制品质量的影响有以下几个方面：

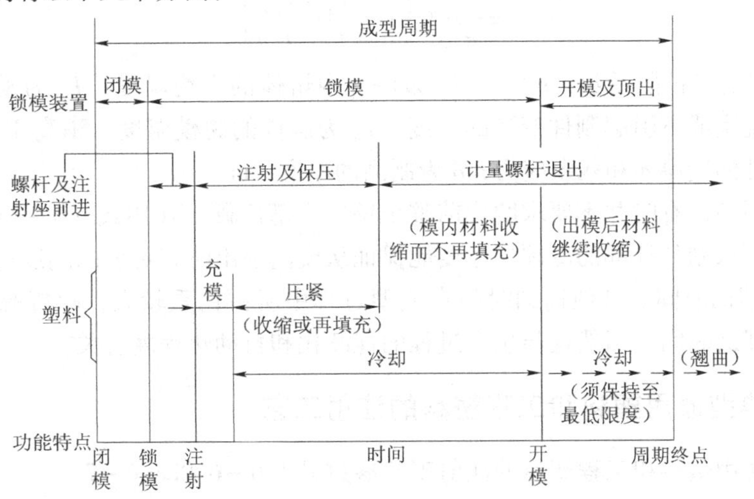

图 6－28　注射成型周期图

① 充模速率增大，模腔压力大，制品各部分的熔接缝强度提高。

② 快速注射能顺利排出空气，制品质量较均匀；注射速率过慢会延长充模时间，易引起充模不全，并出现分层和结合不好的熔接痕，降低制品强度和表面质量。

③ 充模速率过大，会使熔体由层流变为湍流，严重时引起喷射流动而带入空气。这种高温高压空气会使塑料局部烧伤及分解。

为保证较佳的充模速率，必须确定适宜的充模时间，一般充模时间很短，为 2 ~ 5 s，大型和厚壁制品充模时间可达 10 s 以上。

生产中，可通过试验来确定充模时间。对于一定的模具，一般是先以低压慢速注射，然后根据制品的成型情况进行调整。通常 T_g 高、黏度大、薄壁、长流程应采取较高的注射速率。目前，常用的注射速率和注射时间见表 6 – 5。

表 6 – 5　常用的注射速率和注射时间

注射量 Q_L/cm^3	125	250	500	1 000	2 000	4 000	6 000	10 000
注射速率 $q/(cm^3 \cdot s^{-1})$	125	200	333	570	890	1 330	1 600	2 000
注射时间/s	1	1.25	1.5	1.75	2.25	3	3.75	5

（2）保压时间。保压时间是对模腔内塑料进一步压实，保证熔料不会从模腔中倒流所需的时间。这段时间依赖于料温、模温以及主流道和浇口的大小（料温低，模温低，浇口小，保压时间短）。在整个注射时间内，保压时间所占的比例较大，一般为 20 ~ 100 s，大型和厚制品可达 2 ~ 5 min，甚至更多。

保压时间对制品尺寸的准确性有较大影响。保压时间不够，浇口未凝封，熔料会倒流，模内压力下降，会使制品出现凹陷、缩孔等现象。

（3）冷却时间。冷却时间取决于制品的厚度、塑料的热性能和结晶性能、模具温度以及料筒温度等。通常冷却时间随制品厚度增大、料温和模温升高而增加。冷却时间以保证制品脱模时不变形翘曲，而时间又较短为原则，一般为 30 ~ 120 s，大型和厚制品可适当延长。制品在模腔中冷却所需的最短时间 t 的估算式为

$$t = \frac{\delta^2}{\pi^2 \alpha} \lg\left[\frac{4(T_a - T_b)}{\pi(T_c - T_b)}\right] \qquad (6-23)$$

式中，α 为塑料的热扩散系数，m^2/s；T_a 为模腔内熔体的平均温度；T_b 为模温，通常低于塑料的玻璃化温度或不引起制件变形的温度；T_c 为制件的脱模温度，稍高于模温 T_b，T_c 的确定取决于制件的壁厚 δ 和残余应力；δ 为制品的厚度，m。

对于厚壁制品，有时并不要求脱模前整个壁厚全部冷硬，在用式（6 – 23）估算最短冷却时间时，只要求制品外部的冷硬层厚度能保证从模内顶出时有足够的刚度即可。

（4）其他辅助时间。其他辅助时间在成型过程中所占比重较大，故提高生产效率应尽可能缩短其他辅助时间，当然这与生产过程的连续化和自动化程度有关。

6.3.3　典型通用塑料和工程塑料的注射工艺

几种典型通用塑料和工程塑料的注射工艺参数见表 6 – 6 和表 6 – 7。

表 6－6　几种典型通用塑料的注射工艺

塑料种类		LDPE	HDPE	共聚 PP	PP	软 PVC	硬 PVC	HIPS	PS
注射机类型		柱塞式	螺杆式	柱塞式	螺杆式	柱塞式	螺杆式	螺杆式	柱塞式
喷嘴温度/℃		150～170	150～180	170～190	170～190	140～150	150～170	160～170	160～170
料筒温度/℃	前段	170～200	180～200	180～200	180～200	160～190	170～190	170～190	170～190
	中段	—	200～220	19～220	200～220	—	—	170～190	—
	后段	140～160	160～170	150～170	160～170	140～150	140～160	140～160	140～160
模具温度/℃		30～45	30～60	50～70	40～80	30～40	30～60	20～50	20～60
注射压力/MPa		60～100	70～100	70～100	70～120	40～80	80～130	60～100	60～100
保压压力/MPa		40～50	40～50	40～50	50～60	20～30	40～60	30～40	30～40
注射时间/s		0～5	0～5	0～5	0～5	0～8	2～5	0～3	0～3
保压时间/s		15～60	15～60	15～60	20～60	15～40	15～40	15～40	15～40
冷却时间/s		15～60	15～60	15～50	15～50	15～30	15～40	10～40	15～60
成型周期/s		40～140	40～140	40～120	40～120	40～80	40～90	40～90	40～90

表 6－7　几种典型工程塑料的注射工艺

塑料种类		ABS	阻燃 ABS	PET	PBT	PA6	PA66	PC
注射机类型		螺杆式	螺杆式	螺杆式	螺杆式	螺杆式	螺杆式	螺杆式
喷嘴温度/℃		180～190	180～190	250～260	200～220	200～210	250～260	230～250
料筒温度/℃	前段	200～210	190～200	260～270	230～240	220～230	255～265	240～280
	中段	210～230	200～210	260～280	230～250	230～240	260～280	260～290
	后段	180～200	170～190	240～260	200～220	200～210	240～250	240～270
模具温度/℃		50～70	50～70	100～140	60～70	60～100	60～120	90～110
注射压力/MPa		70～90	60～100	80～120	60～90	80～110	80～130	80～130
保压压力/MPa		50～70	30～60	30～50	30～40	30～50	40～50	40～50
注射时间/s		3～5	3～5	0～5	0～3	0～4	0～5	0～5
保压时间/s		15～30	15～30	20～50	10～30	15～50	20～50	20～80
冷却时间/s		15～30	10～30	20～30	15～30	20～40	20～40	20～50
成型周期/s		40～70	30～70	50～90	30～70	40～100	50～70	50～130

习题及思考题

1. 柱塞式注射机和移动螺杆式注射机的结构特点及工作原理有何不同？二者料筒中料温分布有何不同？

2. 注射成型装置由哪些部分组成？

3. 注塑螺杆和挤塑螺杆在结构参数上有哪些不同之处？对物料的塑化质量是否有影响，为什么？

4. 注射机的基本参数有哪些？

5. 为什么热稳定性差的塑料不宜采用细孔喷嘴高速注射充模？

6. 塑料注射的基本工艺流程是什么？

7. 影响注射成型的主要工艺因素有哪些？

8. 塑料注射成型周期由哪些时间组成？一个注射成型周期内，喷嘴压力、模内压力和物料温度随时间怎样变化的？

9. 熔体在典型模腔内有几种流动方式？熔体在模腔内有哪些流动类型？熔体在模腔内是怎样的流动状态？

10. 保压在热塑性塑料注射成型过程中的作用是什么？保压应有多长时间？何谓凝封？

11. 注射成型制品易产生内应力的原因是什么？如何减少内应力？

12. 注射成型过程中，注射速度、注射压力对熔体流动及最终制品性能有何影响？

13. 哪些因素影响注塑机的加热效率？

14. 注射后的制品的后处理包括哪些方面？

15. 对大多数塑料熔体来说，为什么增大浇口截面积提高熔体充模时的体积流率有一极限值？

第7章　热固性塑料压制成型

压制成型是依靠外压和热的共同作用而实现高分子材料一次造型的成型技术，广泛用于热固性塑料和橡胶制品的成型加工。根据成型物料的性状、成型设备及工艺的特征，压制成型可分为模压成型和层压成型两大类，前者包括热固性塑料的模压成型（即压缩模塑）、橡胶的模压成型（即模型硫化）和增强复合材料的模压成型。

热固性塑料模压成型，是热固性塑料的主要成型方法。它是将粉状、粒状、破屑状或纤维状的塑料加入加热到一定温度的阴模模槽中，合上阳模后继续加热使其熔化，并在压力作用下使塑料充满模腔，形成与模腔形状一致的模制品，再经加热使高分子发生交联反应形成三维网格结构而固化定型，最后脱模即得制品。热塑性塑料模压成型时，必须将模具冷却到塑料定型温度，为此需要交替加热与冷却模具，生产周期长、生产效率低，故热塑性塑料很少采用模压成型生产制品，而采用更为经济的注塑、挤出等工艺。但对于熔体黏度极大的聚四氟乙烯、硬质聚氯乙烯等树脂和较大平面的塑料制品成型时，也可采用压制成型。

模压成型的主要优点是：间歇操作，成型工艺、设备和模具简单，生产控制方便；所得制品的内应力小、取向程度低、翘曲变形小、收缩率小，故制品稳定性好、性能均匀；不需模具降温就可脱模。但其缺点是：生产周期长、生产效率低，难实现自动化生产，劳动强度大；因压力传递和传热与固化的关系等因素，不能成型形状复杂、尺寸精度高、厚度较大的制品。

模压成型的热固性塑料主要有：酚醛树脂、氨基树脂、环氧树脂、有机硅树脂、聚酯树脂、聚酰亚胺树脂等，其中以酚醛树脂、氨基树脂的量最大。模压成型制品主要有电气绝缘件、机械零部件及日用品等。

7.1　模压成型设备和压制模具

7.1.1　压机

模压成型设备为热压机，其结构如图7-1和图7-2所示。前者为上压式热压机，工作油缸设置在压机上方，上压板在油缸柱塞推拉下上下移动，下压板固定不动。后者为下压式热压机，工作油缸设置在压机下方，下压板在油缸柱塞推拉下上下移动，上压板固定不动。两压板上装电加热装置或设置热流体通道以对模具及塑料进行加热。

7.1.2　压制模具

模压成型用模具称为压制模具，简称压模。压模与注射模结构相似，也是由成型件和结构件组成，主要区别在于，一是压模没有浇注系统，塑料直接投入型腔；二是为了保证制品质量和开模方便，压模成型件上要开设余料槽、启模口等。结构件是用来组合模具，实现成

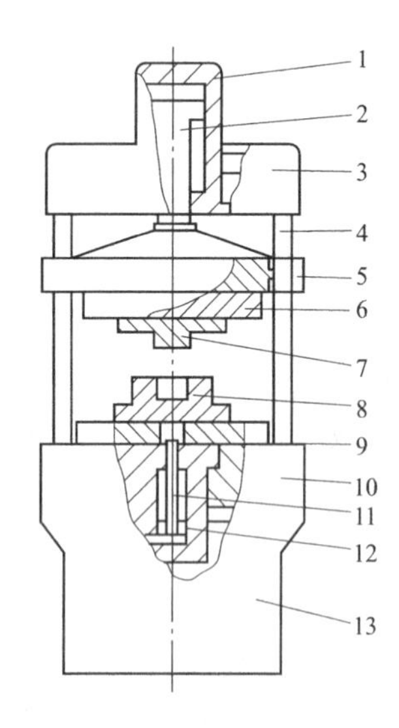

图 7－1　上压式热压机

1—油缸；2—油缸柱塞；3—上梁；
4—支柱；5—活动板；6—上压板；7—阳模；
8—阴模；9—下压板；10—机台；
11—顶出缸柱塞；12—顶出油缸；13—机座；

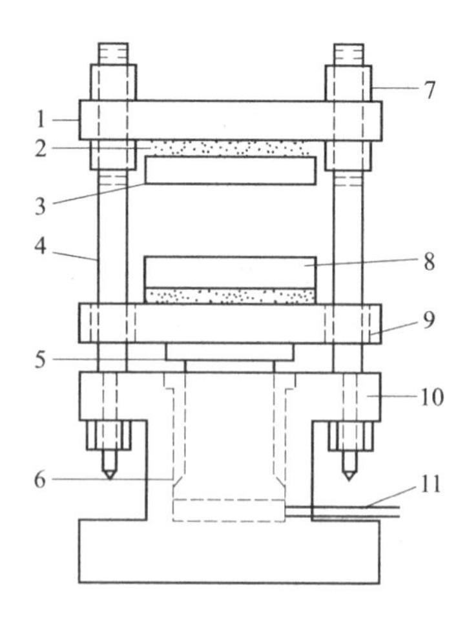

图 7－2　下压式热压机

1—固定垫板；2—绝热层；3—上压板；
4—支柱；5—柱塞；6—压筒；
7—行程调节套；8—下压板；9—活动垫板；
10—机座；11—液压管线

型件相互配合或合模、开模的零件，如定位销、导向柱、顶出装置、手柄等。压模典型结构的组成如图 7－3 所示。

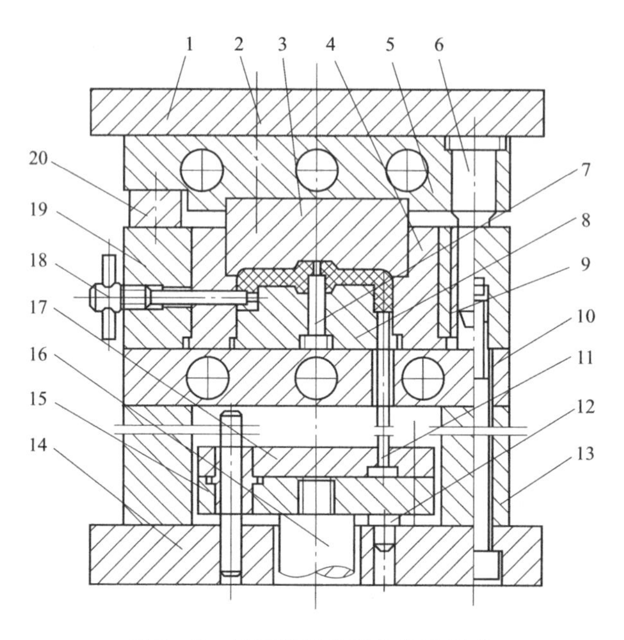

图 7－3　压制模具典型结构的组成

1—上模固定板；2—连接螺钉；3—上模；4—下模；5，10—加热板（或冷却板）；
6—导柱；7—型芯；8—模芯；9—导套；11—推件杆；12—挡钉；13—垫板；
14—下模固定板；15—推板底板；16—顶出杆；17—推板；
18—侧型芯；19—下模模框；20—承压板

根据型腔闭合形式，压模的基本结构形式有三种：溢流式（开放式）、不溢式（封闭式）、半溢式（半封闭式）。

1. 溢流式压模

溢流式压模又称开放式压模，其结构如图7－4所示。上模凸起部分的周向尺寸较下模型腔的周向尺寸小，有的上模甚至无凸起，在闭模行程中，型腔一直是敞开的，多余的塑料可从型腔内溢出。溢流式压模主要优点是：闭模行程中，型腔一直敞开，型腔内的气体易排出；结构简单，操作容易，模具制造成本低。但其缺点为：塑料流失量多，最高可达15%，而且制品越小，流失量越大，因而易出现废品；塑料所受压力小，制品致密性差，物理机械性能低。溢流式压模多用于小型制品的压制成型，对扁平盘状或碟状制品较适用。

2. 不溢式压模

不溢式压模又称封闭式压模，其结构如图7－5所示。上模凸起部分的周向尺寸与下模型腔的周向尺寸相当。合模时，上模的凸起部分一伸入下模型腔内，型腔就即刻处于封闭状态，塑料不溢出。不溢式压模主要优点为：压机的压力几乎都作用在塑料上，制品致密性高，物理机械性能好；模压形状复杂的制品可避免局部欠压、充模不满现象。但其缺点是：加料量要求控制严格，否则会影响制品尺寸；模具设计和加工都较困难，一模多腔的模具加工更难，模具材料及热处理成本高，故制造成本高；开模较困难，模具配合部分易磨损。不溢式压模适用于质量要求高、尺寸精度要求严的模压制品，以及流动性较差和压缩率较大的塑料，还可用于压制牵引度较长的制品。

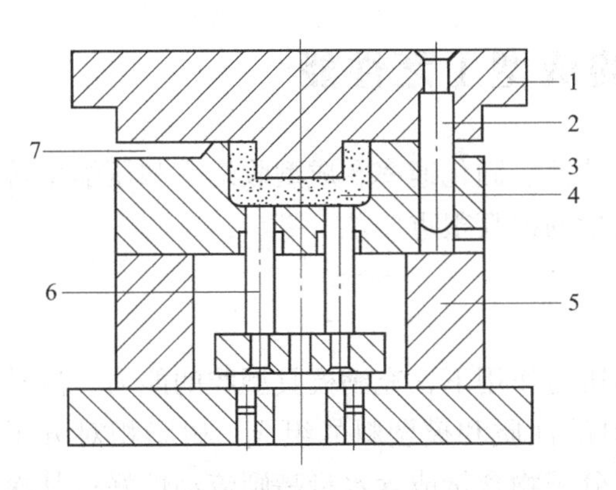

图7－4　溢流式压模的结构示意图

1—上模；2—导柱；3—下模；4—制品；5—垫板；6—顶出杆；7—启模口；

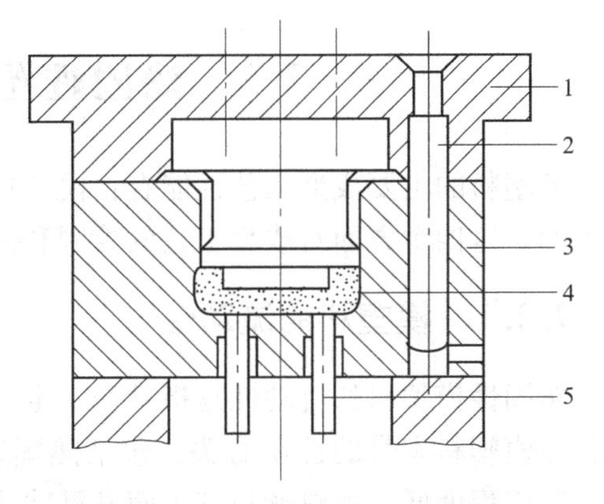

图7－5　不溢流式压模的结构示意图

1—上模；2—导柱；3—下模；4—制品；5—顶出杆

3. 半溢式压模

半溢式压模又称半封闭式压模，结构介于溢式和不溢式之间，分有支撑面和无支撑面两种形式，如图7－6所示。当上模板凸起部分的顶端与塑料接触时，型腔仍处于完全开放状态，随后在压模合拢过程中，型腔的局部或全部一直处于开放状态，直至压模完全合拢，型腔才完全闭合。与不溢式压模相比，半溢式压模的优点是：制复杂制品时，半溢式模具加工容易，填料和取制品方便，加料量不必像不溢式模具那样准确，制品质量均匀密实。但其缺点是：制品尺寸很难准确。

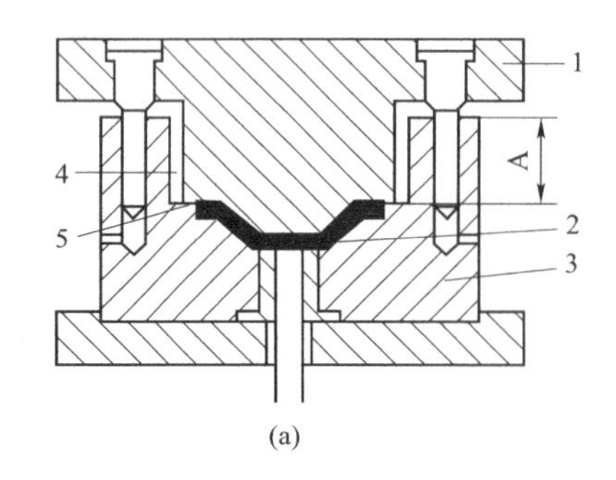

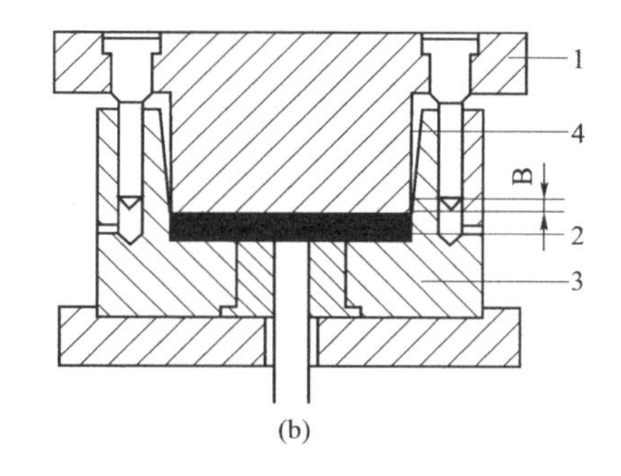

图7－6　半溢式压模的结构示意图

（a）有支撑面；（b）无支撑面

1—上模；2—制品；3—下模；4—溢料槽；5—支撑面；A—装料室；B—平直段

（1）有支撑面半溢式压模。这种模具除装料室外，与溢式压模相似。由于有装料室，可以适用于压缩率较大的塑料。但塑料的外溢在这种模具中受到限制，当上模伸入下模模腔时，溢料只能从设置的溢料槽中溢出。模压时，塑料易积留在支撑面上，从而使型腔内的塑料得不到足够的压力，若塑料流动性较差，溢料层就较厚，影响外观和尺寸精度。

（2）无支撑面半溢式压模。这种模具与不溢式压模很相似，所不同的是下模的进口处设有向外倾斜的斜面，因而在上模凸起和下模斜面间形成一个溢料槽。

半溢式压模适用于流动性好的塑料成型形状复杂、带有小型嵌件的制品，但不适用于含有片状、带状，或长纤维填料的流动性较差的塑料。

7.2　热固性塑料的成型工艺性能

模塑料的主要成型工艺性能有：模塑料的流动性、固化速率、成型收缩率和压缩率等四个方面。这四个方面对成型工艺的控制和制品质量的提高很重要。

7.2.1　模塑料的流动性

热固性模塑料的流动性是指其在一定温度和压力作用下，充满模具型腔的能力。流动性首先与模塑料本身的性质有关，包括热固性塑料的性质和模塑料的组成，树脂相对分子量低、反应程度低、填料颗粒细小而又呈球状、低分子物含量或含水量高则流动性好；其次与模具和成型工艺条件有关，模具型腔表面光滑且呈流线型，则流动性好。成型前对模塑料进行预热及提高模压温度也能提高流动性。

不同模压制品对模塑料流动性的要求也不同。大型制件、形状复杂和薄壁制品要求模塑料有较大的流动性，因为流动性太小，模塑料难以充满模腔，制品质量差，甚至因缺料而成为废品。但流动性也不能太大，否则模塑料熔融后易溢出型腔，造成型腔内填充不紧密、制件疏松或树脂与填料分开聚集，导致制品质量不佳。此外，模塑料溢出型腔而形成飞边，会使分型面发生不必要的黏合，给脱模和清理带来困难，将造成生产周期延长和生产效率降低。因此，在模压条件下，只有具备适当的流动性才能够均匀地充满整个型腔，制品的质量才能得到保证。

测定热固性模塑料流动性的方法很多，其中拉西格法最为常用。此法已列为我国测定模塑料流动性的标准方法。如图7－7所示，在一定温度和压力作用下，将一定量的模塑料压入细而直的孔道内，形成一根细条，细条的长度与模塑料的流动性成正比。

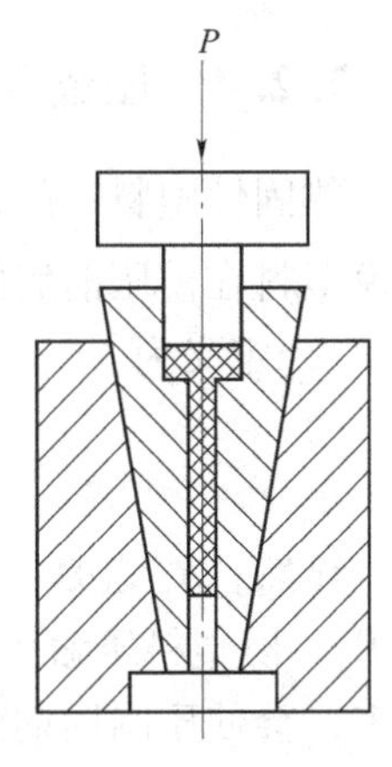

图7－7　拉西格模具示意图

7.2.2　固化速率

固化速率又称硬化速率，是指在一定温度和压力下，模塑料压制标准试样时，从熔融流动到交联固化成制品的速率，通常用使标准试样的物理机械性能达到最佳值所需时间与标准试样厚度的比值（s/mm厚度）来表示，此值越小，固化速率越大。固化速率常用于衡量热固性塑料模压成型时发生化学反应（交联）的速率。

固化速率主要由热固性塑料的交联反应性质决定，同时受成型前的预压、预热条件以及成型温度和压力等工艺条件和因素的影响。

模压成型过程中，固化速率应适中，过慢则生产周期长，生产效率低，生产效益低；反之，固化速率过快，模塑料过早发生固化反应，流动性下降，会发生模塑料尚未充满模具型腔就已固化的现象，造成制品缺料，尤其是薄壁和形状复杂的制品。

7.2.3　成型收缩率

热固性塑料成型过程中发生交联反应，其分子结构由线形或支链形变为体形而趋于紧密，密度变大，体积必然收缩，且塑料的热膨胀系数比模具大得多，故热固性塑料在高温下模压成型后脱模冷却至室温时，其各向尺寸将发生收缩。工艺上用成型收缩率S_L表示模塑料在成型条件下所得制品的尺寸收缩程度。成型收缩率S_L定义为

$$S_L = \frac{L_0 - L}{L_0} \times 100\% \tag{7-1}$$

式中，L_0为模具型腔单向尺寸，mm；L为与模具型腔单向尺寸相应的制品单向尺寸，mm。

成型收缩率大的制品易发生翘曲变形，甚至开裂。影响成型收缩率的因素主要有成型工艺条件、制品的形状大小、尺寸以及塑料本身固有的性质。常见热固性塑料的成型收缩率见表7－1。

表7－1　常见热固性塑料的成型收缩率和压缩率

模塑料	密度/（g·cm^{-3}）	压缩率	成型收缩率/%
酚醛树脂＋木粉	1.32～1.45	2.1～4.4	0.4～0.9
酚醛树脂＋石棉	1.52～2.0	2.0～14	
酚醛树脂＋布	1.36～1.43	3.5～18	
酚醛树脂＋α纤维素	1.47～1.52	2.2～3.0	0.6～1.4
三聚氰胺甲醛树脂＋α纤维素	1.47～1.52	2.1～3.1	0.5～1.5
三聚氰胺甲醛树脂＋石棉	1.7～2.0	2.1～2.5	
环氧树脂＋玻璃纤维	1.8～2.0	2.7～7.0	0.1～0.5
聚邻苯二甲酸二丙烯酯＋玻璃纤维	1.55～1.88	1.8～4.8	0.1～0.5
脲醛树脂＋玻璃纤维			0.1～1.2

7.2.4 压缩率

热固性塑料一般是粉状或粒状料，其表观相对密度 d_1 与制品的相对密度 d_2 相差很大，故模塑料在模压前后的体积变化很大。工艺上用压缩率 R_p 表示成型前后体积变化程度。压缩率 R_p 定义为

$$R_p = \frac{d_2}{d_1} \tag{7-2}$$

显然，R_p 总是大于1。模塑料的细度和均匀度影响其表观相对密度 d_1，进而影响压缩率 R_p。模塑料压缩率大，所需模具的装料室就大，不利于传热，而且装料时引入模腔内空气多，会使压制周期延长，降低生产效率。降低压缩率的方法是模压成型前对物料进行预压。常见热固性塑料的压缩率见表7－1。

除了以上四种成型工艺性能外，模塑料还要求有适当的水分和挥发组分含量，适当的细度及均匀度；对增强材料有良好的润湿性能，以便在树脂和填料的界面上形成良好的黏接强度。

7.3 热固性塑料模压成型工艺

热固性塑料模压成型工艺流程如图7－8所示，整个过程可分成三个阶段：成型前的准备、成型和制品后处理。

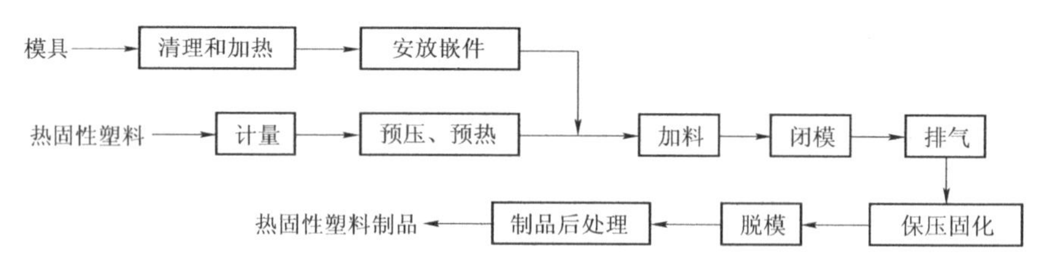

图7－8 热固性塑料模压成型工艺流程

7.3.1 成型前的准备

成型前的准备包括模具清理和加热、计量、预压和预热。

1. 模具清理和加热

模具清理主要是清除留在模具上的料渣，通常先用质地较软的铜签或铜刷剔刷，然后再用压缩空气吹净或用专用耐热布擦拭。若有剔刷不掉的，则可用抛光剂拭除。模具清理完涂上脱模剂。加料前，模具一般都要先加热到一定温度，这样可缩短塑料的加热时间。

2. 计量

计量主要有重量法、滴定法和计数法。重量法是按质量计量，较准确，但较麻烦，多用在模压尺寸较准确的制品。滴定法是按体积计量，不如重量法准确，但操作方便，适用于粉料。计数法仅用于预压物。

3. 预压

预压就是在室温下将松散的粉状或纤维状的热固性模塑料压成质量一定、形状规则的密

实型坯。预压物的形状尺寸无严格要求，一般以能用整数紧凑地配入模具为宜，常用的预压物以圆片居多。模压时，用预压型坯比直接用松散塑料具有以下的优点：

（1）加料快、准确简单、无粉尘，可避免加料不足造成次品或过量而溢料损失；

（2）降低压缩率，减少塑料成型时的体积，从而减小模具装料室和模具高度，缩短施压行程；

（3）预压料紧密，空气含量少，传热快，可提高预热温度，从而缩短了预热和固化的时间，制品也不易出现气泡；

（4）便于成型较大或带有精细嵌件的制品。

模压时，用预压型坯也有局限性。首先，增加了预压工序、设备、场地和用工投入，若不能通过预压后生产率和制品质量提高所获收益取得补偿，反而增加了制品成本。其次，对预压性差的塑料需要复杂的预压工艺和设备，难免会得不偿失。再者，预压物流动性不如粉料，不适用成型结构复杂的制品。

预压一般在室温下进行，如果室温下不易预压也可将预压温度提高到 50℃ ~90℃；预压压力一般控制在能使预压物的密度达到制品最大密度的 80% 为宜，故预压时施加的压力通常为 40 ~200 MPa，其合适值随模塑料的性质、预压物的形状和大小而定。预压的主要设备是预压机和压模。

影响预压料质量的因素主要有模塑料的水分、颗粒大小、压缩率、预压温度和压力等。模塑料中水分含量太少不利于预压，当然过多的水分会影响制品的质量；颗粒最好大小相同，粗细适度，因为大颗粒预压物空隙多，强度不高，而细小颗粒过多时，易封入空气，粉尘也大；压缩率在 3.0 左右为宜，太大难于预压，太小则无须预压。

4. 预热

通常在模压前对模塑料进行加热，以提高制品质量和便于模压的进行。模压前对模塑料加热具有预热和干燥两个作用。前者是为了提高料温，便于成型，后者是为了去除水分和其他挥发物，绝大多数情况下以前者为主。热固性塑料模压前预热有以下优点：

（1）能加快塑料成型时的固化速度，缩短成型时间。

（2）提高塑料流动性，保证充模顺利和制品尺寸的准确，降低制品的收缩率和内应力，提高制品的光洁度，降低废品率。

（3）增进固化的均匀性，提高制品的力学性能。

（4）降低模压压力，可成型流动性差的塑料或较大的制品。

预热温度和时间根据塑料品种而定。部分热固性塑料的预热温度和预热时间见表 7 –2。热固性树脂是具有反应活性的，预热温度过高或时间过长，会降低流动性，如图 7 –9 所示。因此，在既定的预热温度下，预热时间必须控制在获得最大流动性的时间 t_{max} 的范围以内。预热的方法有多种，常用的有电热板加热、烘箱加热、红外线加热和高频电加热等。

表 7 –2　热固性塑料预热时间和温度（高频预热）

模塑料	酚醛树脂	脲醛树脂	三聚氰胺甲醛树脂	聚邻苯二甲酸二丙烯酯	环氧树脂
预热温度/℃	90 ~120	60 ~100	60 ~100	70 ~110	60 ~90
预热时间/s	60	40	60	30	30

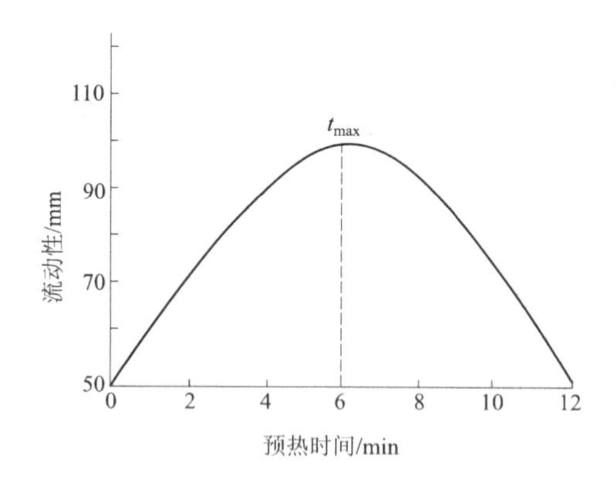

图 7-9 预热时间对流动性的影响（酚醛压塑粉，180℃ ±10℃）

7.3.2 成型

成型包括嵌件安放、加料、闭模、排气、保压固化等工序。

1. 嵌件安放

模压带嵌件的制品时，嵌件必须在加料前放入模具。嵌件一般是制品中导电部分或与其他物件结合用的金属件，如接线柱、轴套、轴帽、螺钉等。嵌件安放要求正确、稳固，以免造成废品或损伤模具。嵌件安放前应清理、除油、加热等预处理，使表面洁净和干燥，以增强其与塑料的黏接力。

2. 加料

加料就是向模具型腔内加入模压制品所需分量的模塑料，加料的关键是准确均匀。若加入的是预压物则较容易，按计数法加。若加粉料或粒料，按重量法或滴定法计量，并按塑料在模具型腔内的流动情况和各部位所需用量的大致情况合理铺放，以避免局部疏松或缺料，这对流动性差的塑料尤应注意。型腔较多的（一般多于 6 个）可用加料器同时加料。

3. 闭模

闭模是指从动模开始运动到模具完全闭合的过程。加料完毕即刻进行闭模操作，闭合模具时应先快后慢，即当阳模尚未触及塑料前应高速闭模，以缩短成型周期，避免塑料因长时间受热而过早固化或降解。而当阳模接触塑料后，应降低闭模速度，避免过早在流动性不好的较冷塑料上形成高压，导致模具中嵌件移位或成型件损坏。此外，放慢闭模速度有利于模腔中的空气顺利排除，也避免粉料被气流吹出，造成缺料。一般成型过程，闭模所需时间在几秒至数十秒之间。

4. 排气

闭模后塑料受热软化、熔融，并开始发生交联反应释放出水分和低分子物，因此在模具闭合一定时间后，再将模具卸压松开少许时间，以排除气体。排气不但能缩短固化时间，而且可以避免制品出现分层、云纹和气泡等缺陷，有利于制品质量和表面质量的提高。排气过早或过迟都不行，过早达不到排气目的，过迟则因塑料表面已固化气体排不出。排气的次数和时间应根据具体情况而定，通常一般成型过程排气次数为一到二次，每次时间几秒至数十秒。

5. 保压固化

排气后慢速升高压力，在一定的模压压力和温度下保持一段时间，使热固性塑料从流动状态变成固态直至所需的程度为止，这一过程称为保压固化。保压固化时间取决于塑料的类型、制品的厚度、预热情况、模压温度和压力等，当制品获得不发生脱模变形所需的强度即可结束保压固化，过长或过短的固化时间对制品性能都不利。对固化速率不高的塑料，不一定要求制品性能达到最佳，也就是说整个固化过程不必都在模具中进行，也可在制品能够完整地脱模就可结束保压，然后再用后处理（热烘）来完成全部固化过程，以提高设备的利用率。一般在模内的保压固化时间为数分钟左右。

6. 脱模冷却

热固性塑料是经交联固化定型的，故当制品达到不发生脱模变形即可趁热脱模，以缩短成型周期。固定式压模（动、定模分别固定在压机动、定模具垫板上，参见图 7－3）成型的制品，开模是由压机顶出杆驱动模具推出机构来完成的，开模后用手工或机械手移走制件。模压小制品的移动式压模（压模动、定模与压机动、定模具垫板无连接），通常是将模具连同制件一起移离压机，然后用开模工具或靠开模机构打开模具取出制件。当有妨碍开模的嵌件固定件或成型杆的制品应先用专门工具将嵌件固定件取出或将成型杆拧脱再行开模。对形状复杂的或薄壁制件应放在与模型相仿的型面上加压冷却，以防翘曲，有的还应在烘箱中慢冷，以减少因冷热不均而产生内应力。

7.3.3　制品后处理

为了提高热固性塑料模压制品的外观和内在质量，脱模后需对制品进行修整和热处理。修整主要是去掉由于模压时溢料产生的飞边和毛刺。热处理是将制品置于一定温度下加热一段时间，然后缓慢冷却至室温，这样可使其固化更趋完全，同时减少或消除制品的内应力，减少制品中的水分及挥发物，有利于提高制品的耐热性、电性能和强度。热处理的温度一般比成型温度高 10℃ ~50℃，而热处理时间则视塑料的品种、制品的结构和壁厚而定。

7.4　热固性塑料模压成型的工艺条件及控制

热固性塑料在模压成型过程中，在一定温度和压力的作用下，塑料进行着复杂的物理和化学变化，模具内塑料承受的压力、塑料的温度以及体积随时间而变化。图 7－10 所示为两种典型模压模具型腔内塑料的压力、温度和体积在模压成型周期内的变化情况。

在无支撑面的模具中，当模具完全闭合后，塑料所受的压力是不变的。A 点为模具处于开启状态下加料时的情况；B 点时模具闭合并加热和施加压力，故塑料温度升高，压力升高，体积减小；B 点之后当模腔内压力达最大时，体积也被压缩到最小；随后由于塑料吸热膨胀，在模腔压力不变的情况下体积胀大，到 C 点塑料温度升到模具相同的温度，体积也膨胀到最大程度；因反应放热，故随着交联固化反应的进行，塑料温度会继续升高，甚至高于模温，到 D 点达最高；由于交联以及反应过程中低分子物放出引起塑料体积收缩，D 点之后虽然压力和温度均保持不变，但交联固化反应的继续进行使塑料体积不断减小；E 点模压完成后卸压，模内压力迅速降至常压，但开模后成型物的体积由于压缩弹性形变的恢复而再次胀大，脱模后制品在常压下逐渐冷却，温度下降，体积也随之减小；F 点以后，制品逐渐冷至室温，由于体积收缩的滞后，制品体积减小到与室温相对应的值需要相当长的时间。

在有支撑面的模具中，塑料的压力—温度—体积的关系与无支撑面的模具情况稍有不同，这是因为有支撑面的模具闭合后模腔内的容积保持不变，多余的塑料在高压下可经排气槽和分型面少量溢出，所以合模施压之后（B 点之后），模腔内的压力上升到最大值之后又很快下降，后因塑料吸热但无法膨胀，导致压力有所回升，随后因交联反应的进行，也由于阳模不能下移，塑料体积不能减小而使模腔内的压力逐渐下降。

热固性塑料的实际模压成型过程中，塑料的压力、温度和体积随时间变化的关系是上述两种典型情况的复合。体积、温度和压力的变化并非独立发生，往往同时进行并相互影响。例如，C 点塑料的吸热膨胀和 D 点固化反应的收缩，就可能同时进行。所以，图 7－10 仅定性地表明了模压过程的塑料压力、温度和体积间变化的一般规律。显然，模压工艺过程由模压压力、模压温度和模压时间等因素决定。

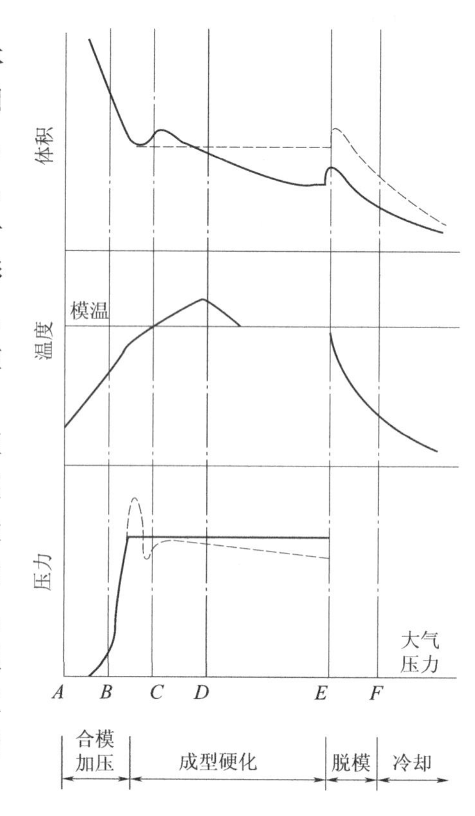

图 7－10　热固性塑料模压成型时体积—温度—压力的关系

——：无支撑面　┈：有支撑面

7.4.1　模压压力

模压压力是指成型时压机对模内塑料所施加的压力，其作用是：

（1）强迫塑料流动，充满模具型腔。

（2）增大制品的密度，提高制品的内在质量。

（3）克服塑料中树脂发生缩聚反应放出的低分子物及塑料中其他挥发物所产生的压力，避免制品出现肿胀、脱层、裂纹等缺陷。

（4）使模具闭合，从而使制品具有固定的形状、尺寸和最小的毛边。

（5）防止制品在冷却时发生变形。

模压压力大小不仅取决于塑料的种类，而且与塑料的工艺性能和成型工艺条件有关。对具体塑料来说，塑料的流动性越小、固化速度越快、塑料收缩率越大、模温越高时，所需模压压力越大；压制深度大、制品形状复杂、薄壁和面积大时，所需模压压力高。

实际上，模压压力主要受塑料在模腔内的流动情况制约。图 7－11 所示为压力对流动性的影响。增加模压压力，不但增加了塑料的流动性，而且对塑料的成型性能和制品性能也是有利的，但过大的模压压力会降低模具使用寿命，增大设备的功率消耗，也会增大制品的内应力。在热固性塑料成型周期，为减少和避免交联反应中放出的低分子物对制品质量的不利，在闭模压制一很短时间后，必须卸压放气。因此，热固性塑料成型周期中的压力变化如图 7－12 所示。

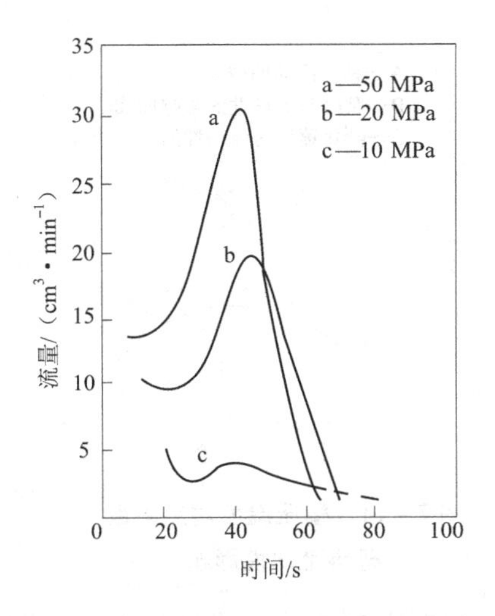

图 7－11 热固性塑料模压压力对流动性的影响

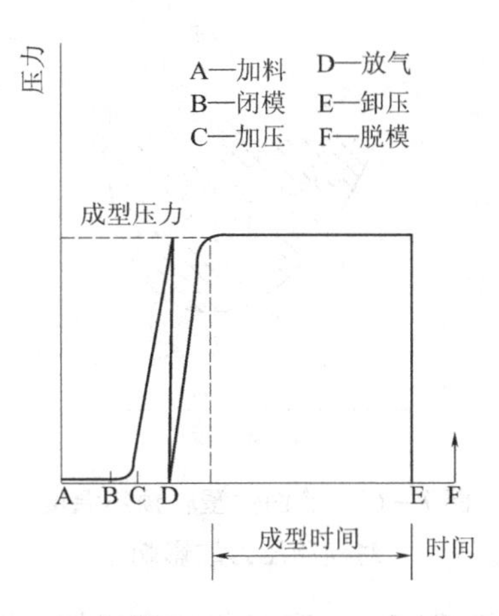

图 7－12 热固性塑料成型周期中的压力变化

在一定范围内提高模具温度，能使塑料的流动性增大，可降低模压压力，但模具温度的提高会加快塑料的交联反应速度，从而导致熔融塑料的黏度迅速增高，反而需更高的模压压力，同时因局部过热，而使制品性能变坏，因此模具温度的提高要适当。同样，塑料进行预热可以提高流动性，降低模压压力，但如果预热温度过高或预热时间过长会使塑料在预热过程中有部分固化，会抵消预热增大流动性效果，模压时需更高的压力来保证塑料充满型腔。热固性塑料预热温度对模压压力的影响关系如图 7－13 所示。

成型时模压压力与压机油压关系为

$$p_m = \frac{\pi D^2}{4A_m} p_g \qquad (7-3)$$

式中，p_m 为模压压力，MPa；p_g 为压机主油缸的油压（即压力表上的读数），MPa；D 为压机主油缸活塞的直径，cm；A_m 为塑料在受压方向的投影面积，cm^2。

如果不考虑压机因摩擦等原因损失的压力时，则可通过调节油泵回路控制油缸指示压力 p_g，从而得到所需的模压压力 p_m。模压压力 p_m 也可以用压机的公称吨位 G 计算：

$$p_m = \frac{1\ 000\ G}{A_m} \qquad (7-4)$$

考虑压机柱塞上的摩擦损失时，用有效吨位 G_e 代替 G 更准确，$G_e = (0.8 \sim 0.9)G$。

7.4.2 模压温度

模压温度是指模压成型时所规定的模具温度，对塑料的熔融、流动、交联反应速度及制品的最终性能有决定性的影响。

热固性高分子受到温度作用时，其黏度或流动性会发生很大变化。这种变化是温度作用下的高分子松弛（黏度降低，流动性增加）和交联反应（黏度增大，流动性降低）的总结果。温度上升时，塑料从固体逐渐熔化，黏度由大到小，然后交联反应开始，随着温度升高交联反应速度增大，高分子熔体黏度则由小到大，因而热固性塑料的流动性－温度曲线具有峰值，如图 7－14 所示。因此，闭模后，在 T_{max} 附近迅速增大成型压力，使塑料在温度还不很高而流动性又较大时，流满模腔各部分是非常重要的。

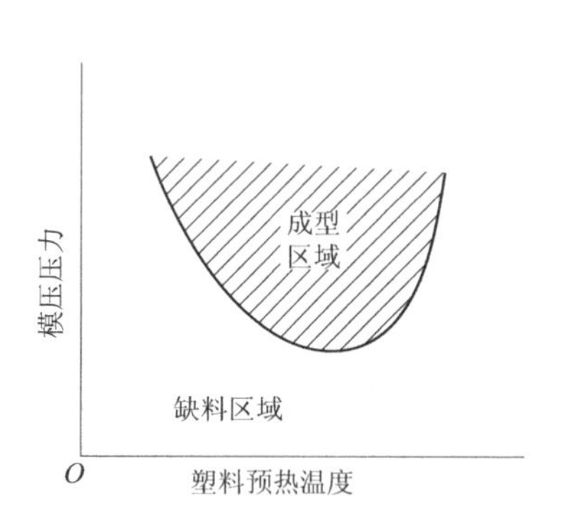

图 7-13　热固性塑料预热温度对模压压力的影响

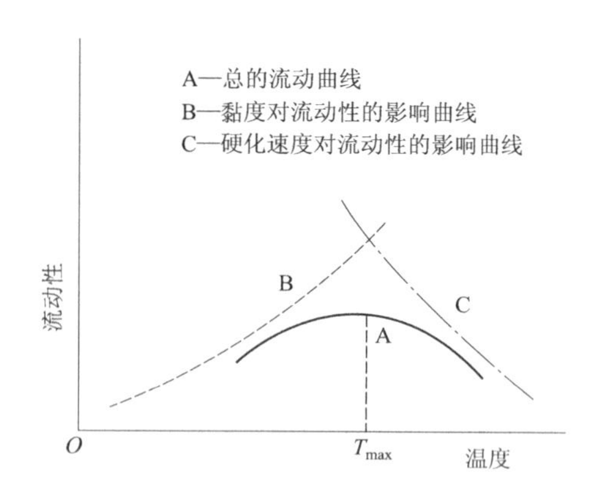

图 7-14　模压温度对热固性塑料流动性影响

模温升高，交联固化速度增加，固化时间短，故高温有利于缩短模压周期，如图 7-15 所示。但过高的模压温度会使塑料的交联反应过早开始和固化速度太快而使塑料的流动性迅速下降（图 7-16），造成充模不全，特别是模压形状复杂、壁薄、深度大的制品，这种弊病最为明显；温度过高还可能引起色料变色、有机填料分解，使制品表面颜色暗淡和机械性能降低；同时，由于塑料是热的不良导体，模温高，会造成模腔内塑料内外层固化不一，表层先行硬化，内层固化时交联反应产生的低分子物难以向外挥发，在模具开启时会使制品发生肿胀、开裂和翘曲变形。因此模压形状复杂、厚度较小、深度大的制品，不宜选用高模温，往往采用低模温长时间模压。但温度过低时不仅固化慢，而且也会造成制品强度低、灰暗，甚至固化不完全的外层承受不住内部挥发物压力而发生表面肿胀。一般经过预热的塑料进行模压时，由于内外层温度较均匀，流动性好，故模压温度可高些。

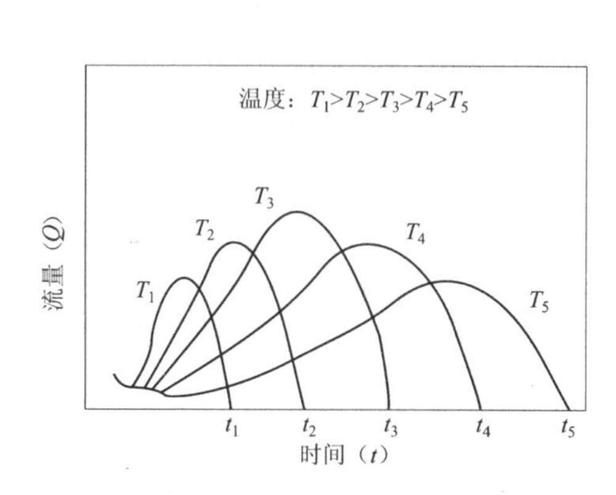

图 7-15　热固性塑料在不同温度下流动-固化曲线

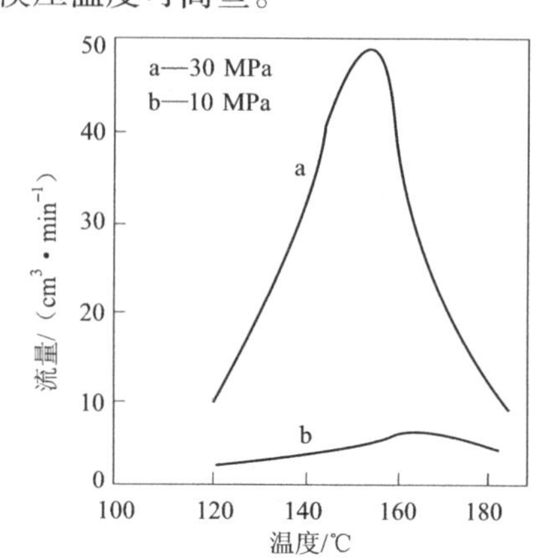

图 7-16　温度对热固性塑料流量的影响

7.4.3　模压时间

模压时间是指塑料从充模加压到完全固化为止的这段时间。模压时间主要与塑料种类、制品的形状、厚度、模具结构、模压工艺条件（温度和压力），以及操作（是否预热、预压和排气）等有关。

模压温度高，塑料的固化速度快，模压时间短，故模压周期随模压温度提高而减少，如图 7－17 所示。在一定温度下，厚制品所需的模压时间长，如图 7－18 所示。模压压力增加，模压时间略有减少，但不明显。适当的预热温度可以加快塑料在模腔内充模和升温过程，有利于缩短模压时间。

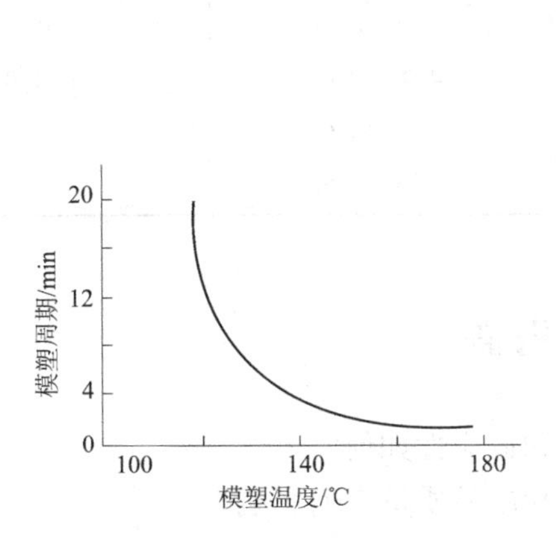

图 7－17 热固性塑料模压温度对模压周期的影响

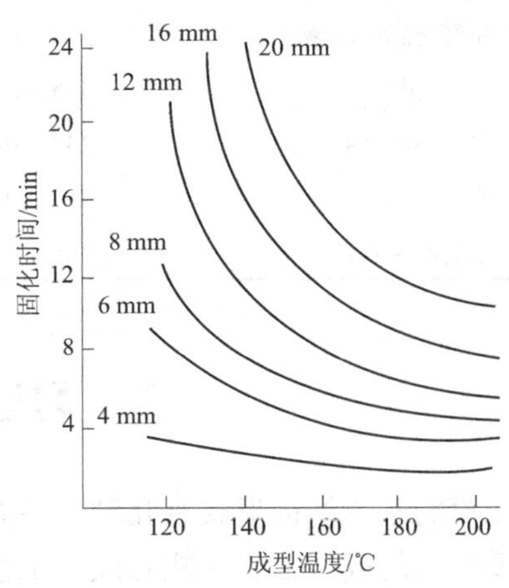

图 7－18 酚醛塑料制品厚度不同时模压温度与固化时间的关系

在一定的模压压力和温度下，模压时间的长短决定着制品的质量。模压时间太短，塑料固化不完全（欠熟），制品的物理机械性能差，外观无光泽，制品脱模后易出现翘曲、变形等现象。适当增加模压时间，可减小制品的收缩和变形（图 7－19），而且其耐热性、物理机械性能和电性能均有所提高。但如果模压时间过长，不仅生产效率降低，能耗增大，而且会因树脂过度交联（过熟）而导致制品收缩增大，引起树脂与填料间产生较大的内应力，制品表面发暗、起泡，甚至出现裂纹，而且在高温下过长时间，树脂也可能降解，使制品性能降低。因此，模压时间过长或过短都不适当。

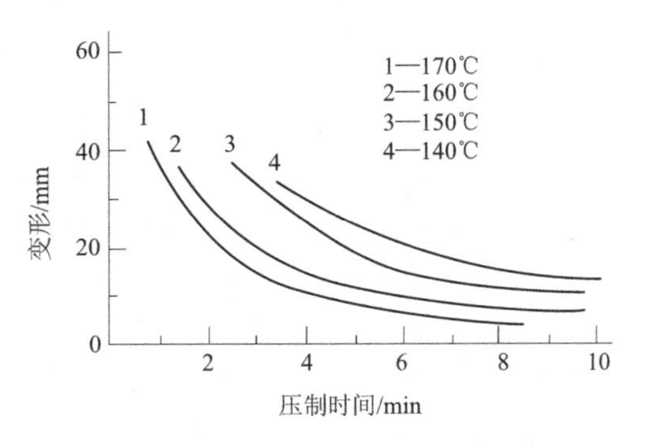

图 7－19 热固性塑料（填料为木粉）固化时间对变形的影响

常见热固性塑料的模压成型工艺条件见表 7－3。

表 7－3 常见热固性塑料的模压成型工艺条件

模塑料	模塑温度/℃	模压压力/MPa	模压时间/（s · mm^{-1}）
酚醛树脂＋木粉	140～195	9.8～39.2	60
酚醛树脂＋玻璃纤维	150～195	13.8～41.1	
酚醛树脂＋石棉	140～205	13.8～27.6	
酚醛树脂＋纤维素	140～195	9.8～39.2	
酚醛树脂＋矿物质	130～180	13.8～20.7	
脲醛树脂＋α 纤维素	135～185	14.7～49	30～90

续表

模塑料	模塑温度/℃	模压压力/MPa	模压时间/（s·mm^{-1}）
三聚氰胺甲醛树脂+α纤维素	140~190	14.7~49	40~100
三聚氰胺甲醛树脂+木粉	138~177	13.8~55.1	
三聚氰胺甲醛树脂+玻璃纤维	138~177	13.8~55.1	
环氧树脂	135~190	1.96~19.6	60
聚邻苯二甲酸二丙烯酯	140~160	4.9~19.6	30~120
有机硅树脂	150~190	6.9~54.9	
呋喃树脂+石棉	135~150	0.69~3.45	

习题及思考题

1. 压模的基本结构形式有几种？各有何特点和适应性如何？
2. 模塑料的成型工艺性能对成型工艺的控制和制品质量有何影响？
3. 简述热固性塑料模压成型的工艺步骤。
4. 模压压力、模压温度和模压时间对热固性塑料成型工艺及制品质量有何影响？
5. 模压成型前为什么通常要对物料进行预热？模压成型对物料预热和干燥有何异同？

第8章 压延成型

压延成型是生产薄膜和片材的主要方法。它是将已经塑化接近黏流温度的热塑性塑料通过一系列相向旋转着的平行辊筒间隙，使物料承受挤压和延展作用，成为具有一定厚度、宽度和表面光洁的薄片状片坯或制品。

压延成型广泛用于橡胶和热塑性塑料的成型加工。橡胶的压延是用来制胶片和胶布制品及其他制品的半成品。塑料的压延成型一般用于生产厚度为0.05~0.5 mm的软质薄膜和厚度为0.3~1.0 mm的硬质片材。压延软质塑料薄膜时，如果以布、纸或玻璃纸作为增强材料，将其随同塑料通过压延机的最后一对辊筒，黏流态的塑料薄膜贴合到增强材料上，即可制得人造革或涂层布（纸），这种方法通称为压延涂层法。应用同样的原理，压延法也可用于塑料与其他材料（如铝箔、尼龙或涤纶薄膜等）贴合制造复合薄膜。

压延成型具有生产能力大、生产线速度大、可自动化连续生产、产品质量好的特点。一台普通四辊压延机的年生产能力达5 000~10 000 t，生产薄膜的线速度为60~100 m/min，甚至可达300 m/min。压延产品厚薄均匀，厚度公差可控制在10%以内，而且表面平整，若与轧花辊或印刷机配套可直接得到各种花纹和图案。先进的压延成型联动生产线只需1~2人操作。但压延成型设备庞大、辅助设备多、生产线长、投资高、精度要求高、维修也较复杂，而且制品宽度受压延机辊筒长度的限制。

8.1 压延设备

压延成型工艺工序多，所需设备也多，其核心设备为压延机，其结构如图8-1所示。

辊筒是压延机的核心工作单元，一般由冷铸钢或冷硬铸铁制成，也可用铬钼合金钢，表面镀硬铬，并精磨至镜面光洁度。辊筒长径比一般为$L/D=2\sim3$，直径通常为200~900 mm，工作长度为500~2 700 mm。辊筒内或安装电加热棒，或设置流体通道可通蒸汽、热水、热油或冷水，以此来控制辊筒表面温度。辊筒的结构如图8-2所示。钻孔式辊筒比空心式辊筒传热面积大，传热分布均匀，温度控制较准确和稳定，辊筒表面温度分布均匀，可有效提高制品的精度，是目前主要采用的压延辊筒形式。

按辊筒数目，压延机有双辊、三辊、四辊、五辊、六辊之分。双辊压延机只有一道辊隙，通常用于塑炼和压片坯。三辊和四辊应用最为普遍，三辊压延机多用于橡胶，四辊压延机多用于塑料，五辊压延机主要用来生成硬质PVC片材。压延机随着辊筒数目的增加，物料受压延的次数就增加，因而可生成更薄的制品，而且厚度更均匀，表面更光滑。对于同样的压延效果，辊筒数目增加可大大增加辊筒的转速，生产率就随之提高。

双辊压延机的两辊排列方式有水平和垂直两种，前者称为开放式炼塑机（简称开炼机），主要用于塑料和橡胶的塑炼和混炼；后者称为辊压机，主要用于压片。三辊以上压延机的辊筒排列形式有多种，如图8-3所示。辊筒排列形式的不同，直接影响压延制品质量

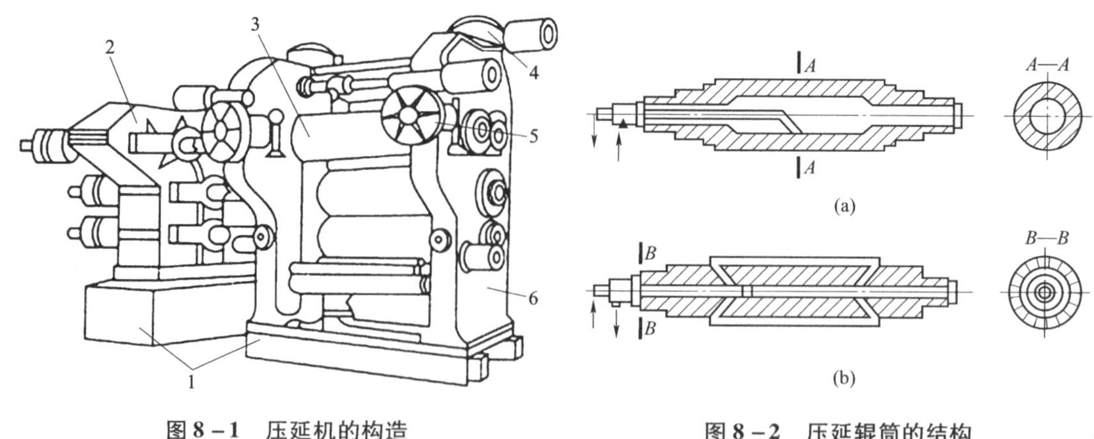

图 8-1　压延机的构造

1—机座；2—传动装置；3—辊筒；
4—轴交叉调节装置；5—辊距调节装置；6—机架

图 8-2　压延辊筒的结构

（a）空心式辊筒；（b）钻孔式辊筒

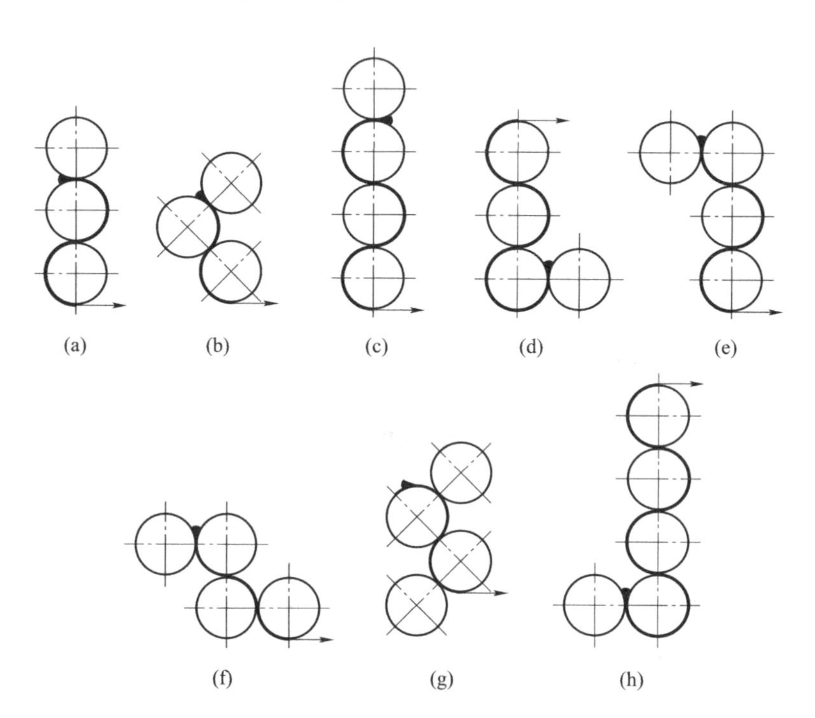

图 8-3　压延机辊筒的排列方式

（a）I 形三辊；（b）三角形三辊；（c）I 形四辊；（d）L 形四辊；
（e）倒 L 形四辊；（f）Z 形四辊；（g）斜 Z 形四辊；（h）反 L 形五辊

和生产操作及设备维修是否方便。一般的原则是尽可能避免各辊筒在受力时产生的形变彼此发生干扰，应充分考虑操作的方便和自动供料的需要等。因此以倒 L 形和斜 Z 形应用最广。斜 Z 形排列的压延机，物料与辊筒的接触时间短，可防止塑料过热分解或橡胶焦烧；各辊筒相互独立，受力时互不干扰，操作稳定，四个辊筒之间的距离调节容易，检修也方便；但是物料的包辊程度低，产品表面光洁度较低，所以主要应用于贴合薄片制品（如 PVC 人造革）和橡胶薄片。倒 L 形压延机辊筒受力不大，挠度小，物料包辊程度高，制品表面光洁度高，生产薄而透明的薄膜明显优于斜 Z 形压延机，是 PVC 压延薄膜生产的主要设备。

8.2 压延成型原理

8.2.1 双辊筒的工作原理

开放式炼塑机两辊筒水平平行排列，物料依靠自重堆积进料。辊压机两辊筒上下平行排列，物料以片状连续进料。但两者物料进入辊隙的原理相同，都是物料与辊筒表面的摩擦和黏附作用使物料被拖拽入辊隙中，在辊隙内物料受到强烈的挤压和剪切。

如图8－4所示，假定物料与辊筒在A点接触，$\angle O_2O_1A=\alpha$称为接触角。在A点，物料受到辊筒的径向力F，辊筒对物料的拖曳摩擦力T为切向力，且有：

$$F=F_x+F_y \tag{8-1}$$

$$T=T_x+T_y \tag{8-2}$$

$$T=fF \tag{8-3}$$

式中，T_x是钳取力，T_y是挤压力，f是物料与辊筒表面的摩擦系数。

定义φ是物料与辊筒间的摩擦角。物料连续不断进入辊隙的必要条件是$T_x \geqslant F_x$，也即$T\cos\alpha \geqslant F\sin\alpha$。有

$$F\tan\varphi\cos\alpha \geqslant F\sin\alpha \tag{8-4a}$$

$$\tan\varphi \geqslant \tan\alpha \tag{8-4b}$$

$$\varphi \geqslant \alpha \tag{8-4c}$$

可见，只有当摩擦角大于或等于接触角时，物料才可能被钳入辊隙中。摩擦角φ与物料性质、加工温度和辊筒的表面状态有关。

如图8－5所示，设$R_1=R_2=R$，辊距为$2H_0$，能够进入辊距的物料的最大厚度为$2H_2$，压延后物料的厚度为$2H_1$，压延厚度的变化为$\Delta H=2H_2-2H_1$，ΔH为物料的直线压缩。忽略

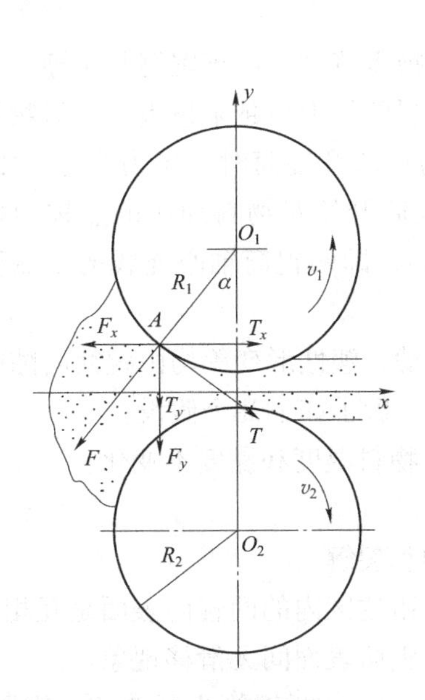

图8－4 物料进入辊隙时的受力分析

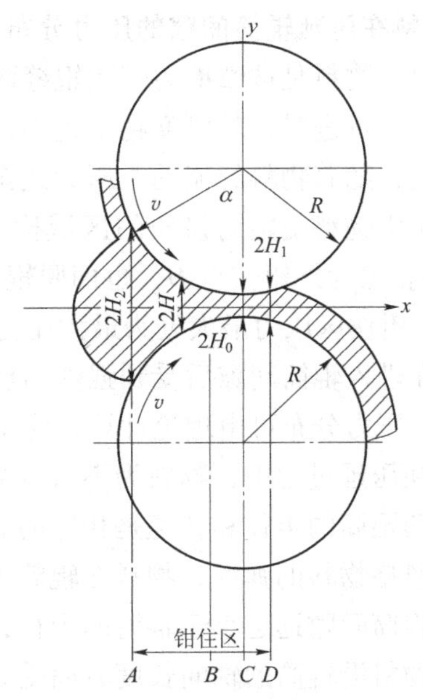

图8－5 物料在两辊筒间隙受挤压情况

物料弹性，则 $2H_1=2H_0$、$\Delta H=2H_2-2H_0$，且 ΔH 与物料接触角 α 及辊筒半径 R 的关系为

$$\Delta H=2R(1-\cos\alpha) \tag{8-5}$$

所以，能够进入辊距的物料的最大厚度 $2H_2=\Delta H+2H_0=2R(1-\cos\alpha)+2H_0$。当辊距 $2H_0$ 一定时，辊筒半径 R 越大，能够进入辊距的物料的最大厚度即允许的供料厚度也越大。

物料的体积几乎是不可压缩的，故认为在压延过程中，物料的体积保持不变。因此，压延时物料断面厚度的减少必然是断面宽度和物料长度增大的结果。设压延前物料的长度、宽度为 L、B，压延后物料的长度、宽度为 l、b。根据压延前后体积相等得：

$$LBH_2=lbH_1 \quad 或 \quad \frac{lbH_1}{LBH_2}=1 \tag{8-6}$$

定义 $\gamma=\dfrac{l}{L}$为物料的延伸系数；$\beta=\dfrac{b}{B}$为物料的宽度系数；$\alpha=\dfrac{H_1}{H_2}$为物料的压缩系数。于是有：

$$\alpha\beta\gamma=1 \tag{8-7}$$

压延时物料沿辊筒轴向，即压延物料在宽度方向受到的阻力很大，流动变形困难，故压延时物料的宽度变化很小，即 $\beta\approx1$。所以压延时，供料宽度应尽可能与压延宽度相接近。这样式（8-7）变为

$$\alpha\gamma=1,$$

$$即\ \alpha=\frac{1}{\gamma},\ \frac{H_1}{H_2}=\frac{L}{l} \tag{8-8}$$

由此可见，压延时物料厚度的减小必然伴随着长度的相应增大，当压延厚度要求一定时，在辊筒接触角范围内的积料厚度 $2H_2$ 越大，压延后的物料长度 l 也越大。

8.2.2 物料在压延辊筒间隙的流动

1. 物料在压延辊筒间隙的压力分布

压延时，物料是被摩擦力带入辊缝而流动，属于拖曳流动。由于辊缝是逐渐减小的，因此当物料向前行进时，其厚度越来越小，而辊筒对物料的压力也越来越大。然后物料快速地流过辊距处，随着物料的流动，压力逐渐下降，至物料离开辊筒时，压力为零。如图 8-5 所示，压延中物料受辊筒挤压的区域称为钳住区；辊筒开始对物料加压的点称为始钳住点 A；加压终止点为终钳住点 D，也即脱辊点；辊距中心，即两辊筒轴心连线的中点称为中心钳住点 C；钳住区压力最大处为最大压力钳住点 B。

物料在进入辊筒间隙后受到强烈的挤压，故其流动、塑性形变等均由辊筒间隙的压力分布所决定。压力分布可由理论计算，为了使分析简单，做了如下几个假设：

（1）在压延过程中，物料为不可压缩牛顿流体，物料温度和黏度不变化。

（2）两辊筒的半径和转速是相等的。

（3）忽略物料的弹性，物料在辊筒表面没有滑动和裂解。

（4）辊筒间隙远远小于辊筒的半径，因此认为在钳住区内的两辊筒表面是互相平行的。

（5）物料沿辊筒的轴向长度方向受力均匀，且与辊筒表面间无滑移现象。

参看图 8-5 所示坐标系统，令两辊筒转速 $v_1=v_2=v$，两辊筒半径为 R，辊距为 $2H_0$，两辊对称面至辊筒表面距离为 H，辊筒的轴向长度为 L。由于 $v_x\gg v_y$，$v_x\gg v_z$，故假定 $v_y=$

$v_z=0$，根据流体力学黏性流体连续方程可推得：

$$v_x=v+\frac{y^2-H^2}{2\mu}\cdot\frac{\mathrm{d}p}{\mathrm{d}x} \tag{8-9}$$

由图8－5可知，辊隙$2H$是x的函数：

$$H=H_0+\left(R-\sqrt{R^2-x^2}\right) \tag{8-10}$$

在辊隙内，$R\gg x$，故有：

$$\sqrt{R^2-x^2}\approx R-\frac{x^2}{2R} \tag{8-11}$$

把式（8－11）代入式（8－10）得：

$$H=H_0+\frac{x^2}{2R}=H_0\left(1+\frac{x^2}{2H_0R}\right) \tag{8-12}$$

如图8－5所示，从始钳住点A到终钳住点D的钳住区内，物料的压力先从零上升到最大值，然后从最大值下降到零，故物料中压力分布函数$p(x)$有一个极大值拐点，此处$\frac{\mathrm{d}p}{\mathrm{d}x}=0$。令$x=-x_1$处为压力最大点。后面的分析表明，在$x=x_1$处为压力最小点，即脱辊点。则$x=\pm x_1$处的辊隙为

$$H_1=H_0+\frac{x_1^2}{2R}=H_0\left(1+\frac{x_1^2}{2H_0R}\right) \tag{8-13}$$

令$A=\frac{x}{\sqrt{2RH_0}}$，$A_1=\frac{x_1}{\sqrt{2RH_0}}$，于是：

$$H=H_0(1+A^2) \tag{8-14}$$

$$H_1=H_0(1+A_1^2) \tag{8-15}$$

辊隙内物料单位长度的体积流率为

$$q=\frac{Q}{L}=2\int_0^H v_x\mathrm{d}y=2H\left(v-\frac{H^2}{3\mu}\cdot\frac{\mathrm{d}p}{\mathrm{d}x}\right) \tag{8-16}$$

在$x=-x_1$处，$H=H_1$，$\frac{\mathrm{d}p}{\mathrm{d}x}=0$，则：

$$q=2H_1v=2H_0(1+A_1^2)\ v \tag{8-17}$$

把式（8－17）代入式（8－16）得：

$$\frac{\mathrm{d}p}{\mathrm{d}x}=\frac{3\mu v}{H_1^2}\left(1-\frac{H_1}{H}\right)\left(\frac{H_1}{H}\right)^2 \tag{8-18}$$

把H、H_1的关系式代入式（8－18），并积分得：

$$p=\frac{3\mu v}{4H_0}\sqrt{\frac{R}{2H_0}}B(A,A_1) \tag{8-19}$$

其中，$B(A,A_1)=\left[\frac{(A^2-1-5A_1^2-3A_1^2A^2)}{(1+A^2)^2}\right]A+(1-3A_1^2)\arctan A+C(A_1)$

$$C(A_1)=\frac{1+3A_1^2}{1+A_1^2}A_1-(1-3A_1^2)\arctan A_1$$

将$\arctan A_1$按幂级数展开，可将$C(A_1)$化简，有$C(A_1)\approx 5A_1^3$。

图8－6所示为双辊间物料压力分布，在$-\infty<A<-A_1$区间的物料进入段中，物料的流

动主要靠辊筒表面的拖曳；在 $-x_1 < x < x_1$ 区间，即在 $-A_1 < A < A_1$ 的辊隙段，物料在双辊筒表面拖曳和压力作用下行进。图 8-6 表明：物料从进入辊筒到出辊筒，在 x 轴方向上，在不同位置上压力是变化的，从 A 处开始物料受到的压力从零逐渐升高，压力梯度为正值，到 B 处压力达到最大值，随后压力逐渐下降，压力梯度为负值。辊筒中心钳住点 C 处并不是最大压力点，其仅为最大压力的一半。到达 D 点压力降到零。与实测的压力曲线对比，它们的最大压力点相当一致，只是 $A < A_1$ 这一段，理论值比实际值低，主要原因是物料是非牛顿性的。

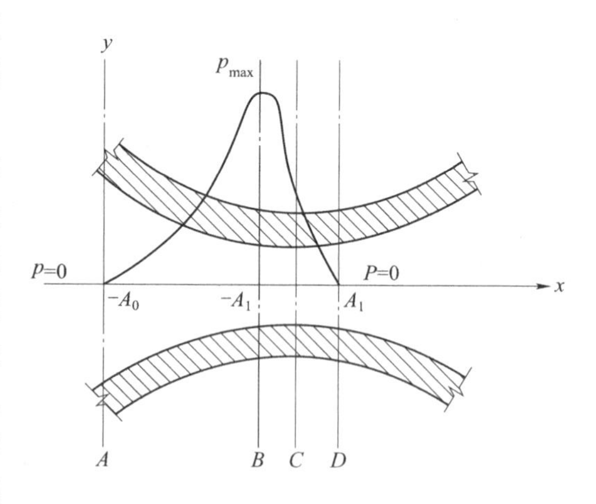

图 8-6　物料在两辊筒间的压力分布

（1）始钳住点 A 处：$A=-A_0$，$B(-A_0, A_1)=0$，$p=0$

（2）最大压力点 B 处：$x=-x_1$，$A=-A_1$，$B(-A_1, A_1)=2C(A_1)$，

$$p_{max}=\frac{3\mu v}{2H_0}\sqrt{\frac{R}{2H_0}}C(A_1)=\frac{15\mu vA_1^3}{2H_0}\sqrt{\frac{R}{2H_0}} \tag{8-20}$$

（3）中心钳住点 C 处：$x=0$，$A=0$，

$$p=\frac{3\mu v}{4H_0}\sqrt{\frac{R}{2H_0}}C(A_1)=\frac{15\mu vA_1^3}{4H_0}\sqrt{\frac{R}{2H_0}} \tag{8-21}$$

（4）终钳住点 D 处：$x=x_1$，$A=A_1$，$B(A_1, A_1)=0$，$p=0$

把 $A=-\infty$ 代入式（8-19）时，料流无外压力作用，$p=0$。可求出理想状态特定值：

$$A_1=0.475 \tag{8-22}$$

由式（8-15）可得：

$$\frac{H_1}{H_0}=1+A_1^2=1.226 \tag{8-23}$$

因此，可知在假设条件下，脱辊点 $x=x_1$ 处的片材厚度 $2H_1$，只与 H_0 有关。将 $A_1=0.475$ 代入式（8-20），可得理想状态最大压力：

$$p_{max}=\frac{0.756\mu v}{H_0}\sqrt{\frac{R}{2H_0}}=\frac{0.535\mu v}{H_0}\sqrt{\frac{R}{H_0}} \tag{8-24}$$

2. 物料在压延辊筒间隙的速度分布

把式(8-18) 代入式(8-9)，并令 $B=\frac{y}{H}$，可得辊隙内物料速度分布方程：

$$v_x=\left[1+\frac{3}{2}\cdot\frac{(1-B^2)(A_1^2-A^2)}{(1+A^2)}\right]v \tag{8-25}$$

物料在双辊间速度分布如图 8-7 所示。从图 8-7 中可看出：

（1）在 $A=\pm A_1$ 处，$v_x=v$，辊筒间物料柱塞流动，各处速度相等且为辊筒表面线速度。

（2）在 $-A_1 < A < A_1$ 区间内，辊筒间物料压力流动，速度分布呈凸状曲线。在辊筒表面处，$v_x=v$，其他各处，$v_x>v$，中心最高。在 x 轴方向上，从 $A=-A_1$ 开始，v_x 随 A 增加而增大，直至 $A=0$ 处达到最大，随后，v_x 随 A 增加而减小，直至 $A=A_1$ 为止。

（3）$A=A^*=-\sqrt{3A_1^2+2}$ 处，辊筒间物料拖曳流动，速度分布呈凹状曲线。在辊筒表面处，$v_x=v$；中心 $B=0$ 处，$v_x=0$；其他各处，$v_x<v$。

（4）在 $A^*<A<-A_1$ 区间内，辊筒间物料拖曳流动，速度分布呈凹状曲线。在辊筒表面处，$v_x=v$，其他各处，$v_x<v$，中心最低。

（5）在 $A<A^*$ 区间内，辊筒间物料拖曳流动，速度分布呈凹状曲线。物料与辊筒表面接触范围 v_x 为正。在中央部位 v_x 为负，此区域内物料有回流。

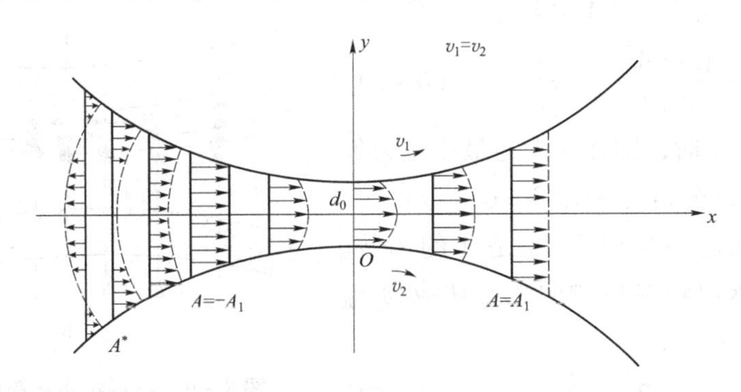

图8－7　物料在两辊筒间的速度分布

以上分析是假定两辊筒直径相同并以相同转速相向旋转，但实际上辊筒大都是同一直径而有不同表面线速度，此时流动速度分布规律基本不变，只是物料的流动状况和流速分布在 y 轴上存在一个与两辊筒表面线速度差相对应的变化，如图8－8所示，这样就增加了剪切力和剪切变形，使物料的塑化混炼效果更好。

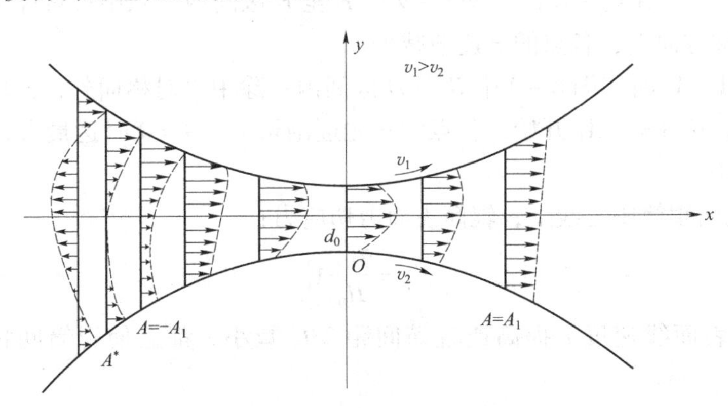

图8－8　物料在两异速辊筒间的速度分布

3. 物料在压延辊筒间隙的剪切应力分布

将式（8－25）对 y 求导，得到辊隙内物料流动的剪切速率方程：

$$\dot{\gamma}=\frac{\mathrm{d}v_x}{\mathrm{d}y}=\frac{3v}{H_0}\left[\frac{A^2-A_1^2}{(1+A^2)^2}\right]B \tag{8－26}$$

由式（8－26）可得辊隙内物料流动的剪切应力分布方程：

$$\tau=\mu\dot{\gamma}=\frac{3\mu v}{H_0}\left[\frac{A^2-A_1^2}{(1+A^2)^2}\right]B \tag{8－27}$$

式（8－27）表明，物料黏度越大，辊筒间距越小，剪切应力越大。剪切应力分布如图 8－9 所示。

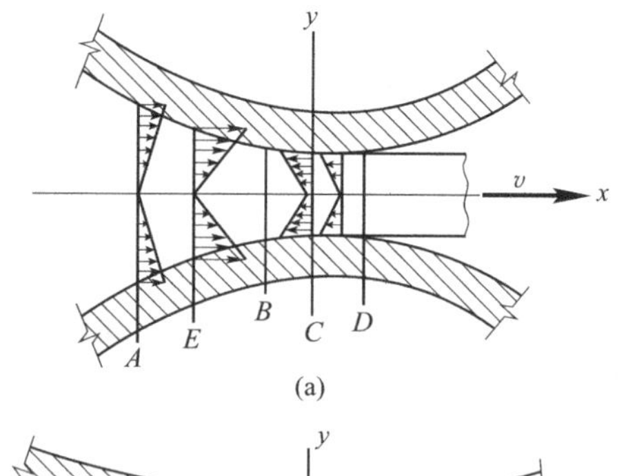

(a)

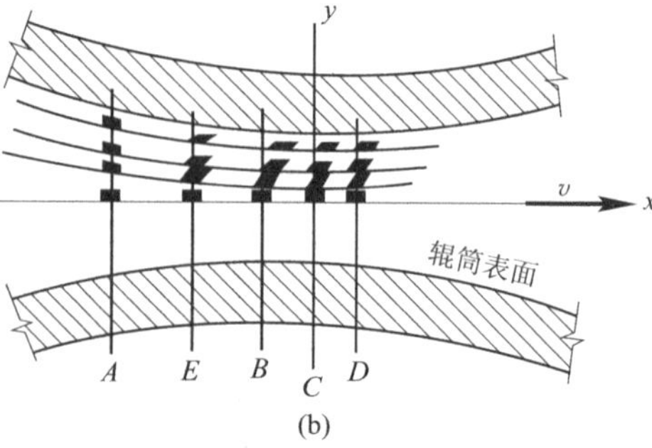

(b)

图 8－9 物料在两辊筒间的剪切应力和剪切速率的分布

（a）及物料剪切变形；（b）示意

从图 8－9 中可看出：

（1）在 x 轴方向上，在中央对称平面上，τ 和 $\dot{\gamma}$ 值为 0；辊筒接触面上，τ 和 $\dot{\gamma}$ 值最大：

$$\tau_R = \frac{3\mu v}{H_0}\left[\frac{A^2 - A_1^2}{(1 + A^2)^2}\right] \tag{8-28}$$

$$\dot{\gamma}_R = \frac{3v}{H_0}\left[\frac{A^2 - A_1^2}{(1 + A^2)^2}\right] \tag{8-29}$$

（2）在 $A = \pm A_1$ 时，即在最大与最小压力处（图 8－9 中 B、D 位置）：$\tau = 0$，$\dot{\gamma} = 0$。

（3）辊筒表面的剪切应力 τ_R 是 A 的函数。由 $d\tau/dA = 0$，可求出辊筒接触面上剪切应力 τ_R 的最大值 τ_{max} 的位置。它在

$$A = -\sqrt{2A_1^2 + 1} \tag{8-30}$$

即图 8－9 中 E 处，具有最大的辊筒表面剪切应力

$$\tau_{max} = \frac{3\mu v}{4H_0(1 + A_1^2)} \tag{8-31}$$

（4）$-\sqrt{2A_1^2 + 1} < A < -A_1$ 时，图 8－9 中 E 至 B 区间内：除中央对称面外，τ 方向为 x 轴正向，且在 x 轴方向上，各点的 τ 逐渐减少。

（5）$-A_1 < A < A_1$ 时，图 8－9 中 B 至 D 区间内：除中央对称面外，τ 方向为 x 轴负向，且在 x 轴方向上，从 $A = -A_1$ 开始，各点的 τ 先逐渐增大，$A = 0$ 时达最大，$A = 0$ 后逐渐减少，$A = A_1$ 时 $\tau = 0$。

（6）$A = 0$ 的两辊筒中心线上，辊筒表面剪切应力：

$$\tau'_R = \frac{3\mu v}{H_0}A_1^2 \tag{8-32}$$

（7）当辊筒表面线速度 v 提高或辊筒间距 $2H_0$ 减小，都会使辊筒间物料的剪切应力增大。

8.2.3 辊筒的分离力与弹性变形

1. 辊筒的分离力

压延过程中，辊筒对物料挤压和剪切的同时，也受到来自物料的反作用力，迫使两辊分开。这种使两辊分开的力称分离力 F_N。

$$F_N = L\int_{-\infty}^{A1} p\,dA = \frac{\mu vRL}{H_0}D(A_1) \tag{8-33}$$

当 $A_1 = 0.475$ 的理想状态下，F_N 有最大值。此时 $D(A_1) = D(0.475) = 1.22$，故常用式（8－34）来计算辊筒的分离力。

$$F_N = \frac{1.22\mu vRL}{H_0} \tag{8-34}$$

2. 辊筒的弹性变形

压延过程中，两辊间的距离不会因分离力而改变，但会迫使辊筒沿轴向长度上发生弯曲弹性变形，产生挠曲。这样两辊间距在中心处最大，两端逐渐减小，形成腰鼓形。成型的薄膜或薄片就会中间厚两边薄，如图 8－10 所示。

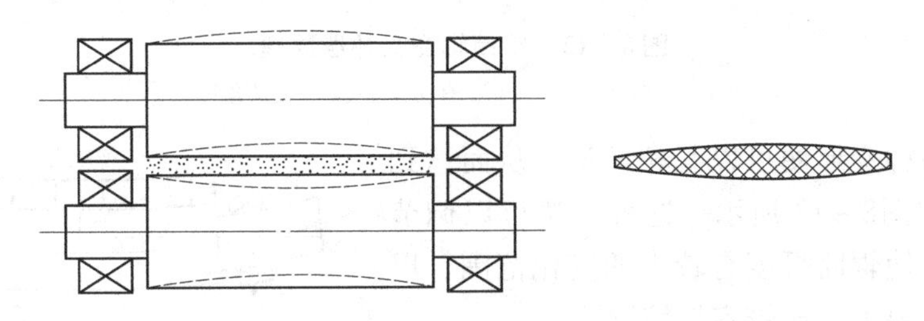

图 8－10　辊筒的弹性弯曲对压延制品的横断面影响

如式（8－34）可知，分离力的大小与辊筒的半径、转速、物料的黏度、薄膜的厚度及宽度等因素有关。压延辊筒的转速越高、薄膜越薄、料幅越宽，则辊筒的分离力越大，弹性变形就越大，制品厚度不均匀性也越大。实际生产中，人们总希望能用最快的压延速度生产出最薄和最宽的薄膜，这样辊筒的分离力必然很大。为了克服这一现象，一方面在工艺操作上进行控制，如提高加工温度使熔体黏度降低，减小辊隙存料的体积均可降低辊筒的分离力。另一方面对设备加以改进：

（1）辊筒制成略带鼓形。把辊的工作表面加工成中部直径大，两端直径小的腰鼓形，沿辊筒的长度方向有一定的弧度，如图 8－11 所示。辊筒中部突出的高度称为中高度或凹凸系数，这个数值很小，一般仅为百分之几到十分之一毫米。由于辊筒的弹性弯曲受物料的性质和压延工艺等多种因素影响，所以固定不变的中高度补偿法有很大的局限性。但此法简便，应用仍较广泛，尤其是橡胶压延机往往采用中高度补偿法。

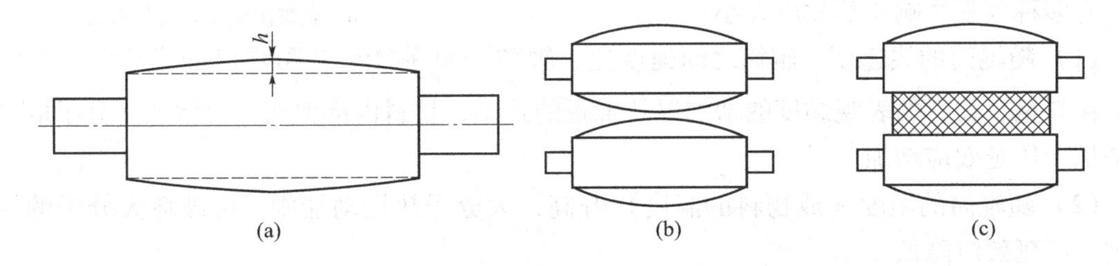

图 8－11　中高度辊筒和中高度补偿原理

（a）具有中高度的辊筒；（b）无分离力；（c）有分离力

（2）两辊筒的轴交叉一定角度。将压延机相邻两个辊筒的轴线加工成交叉状态，如图 8－12 所示。则在两辊筒中心间隙不变的情况下将增大两端的间隙，这样就弥补了由于弹性弯曲所产生的中间厚两端薄的缺陷。该法可随产品的品种、规格和工艺条件不同而调节轴交叉角度，但调节较麻烦。

（3）辊筒轴颈加预应力。在辊筒两端轴颈上预先施加额外的负荷，其作用方向正好与工作负荷相同，使辊筒产生的变形与分离力引起的变形方向正好相反。这样，在压延过程中

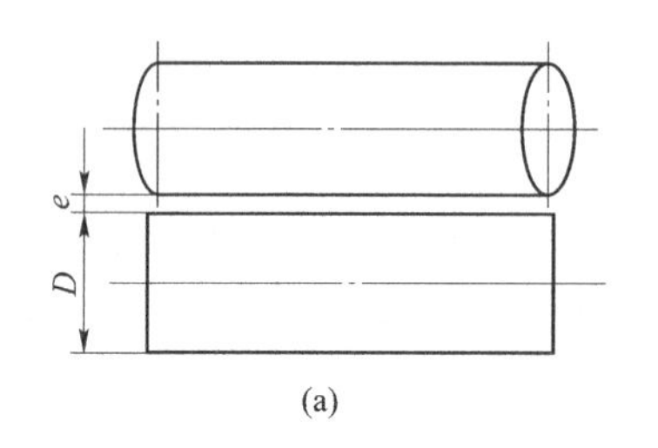

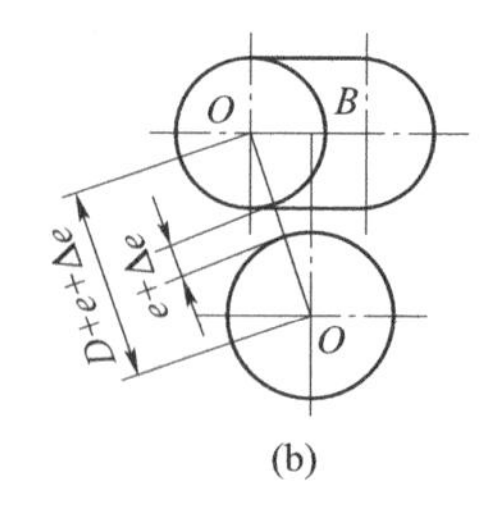

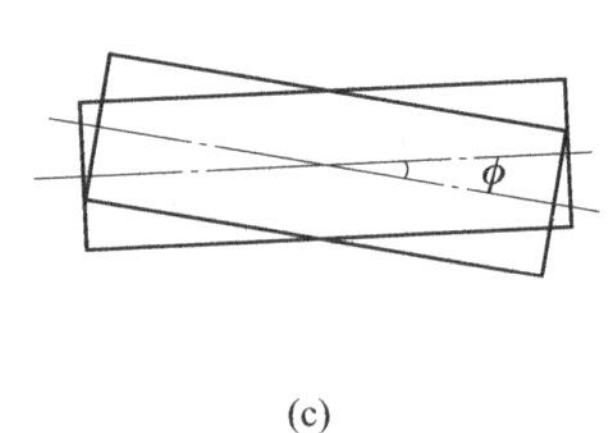

图 8－12　辊筒轴交叉补偿原理

（a）平行无交叉；（b）有交叉；（c）交叉角度

辊筒所产生的两种变形便可以互相抵消，从而达到补偿的目的，如图8－13 所示。这种方法可以调节预应力的大小，使辊筒弧度有较大的变化范围，以适应变形的实际要求，比较容易控制。

这三种方法各有优缺点，在实际生产中往往联合使用。

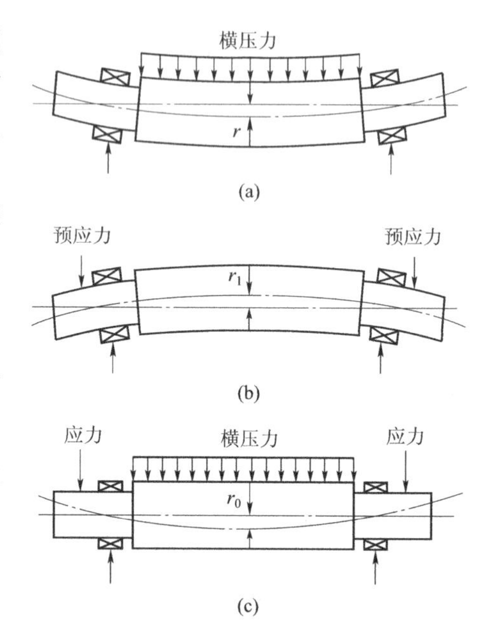

图 8－13　辊筒预应力补偿原理

（a）辊筒在工作负荷下的变形；

（b）辊筒在预负荷下的变形；

（c）辊筒在工作负荷和预负荷共同作用下的变形

8.2.4　物料的压延效应

压延过程中，热塑性塑料由于受到很大的剪切作用，大分子会顺着薄膜前进方向发生取向作用，使生成的薄膜在物理机械性能上出现各向异性，这种现象称为压延效应。压延效应引起薄膜（或片）在压延方向上的拉伸强度和扯断伸长率较垂直方向上的高，撕裂强度则正相反；在自由状态加热时，薄膜会出现纵向收缩，甚至出现纵向破裂，而横向和厚度出现膨胀。

有多种因素影响压延效应大小：

（1）随辊筒的线速度、辊筒之间速度比、辊隙间的存料量、物料的表观黏度的增加以及辊距的减小，物料内部剪切应力增加，分子取向程度增加，压延效应增加。

（2）随辊筒的温度（或物料的温度）升高，大分子热运动加剧，可破坏大分子的定向排列，压延效应降低。

（3）压延时间增加，大分子有充分时间解取向，压延效应降低。

（4）制品的厚度越小，物料所受的剪切作用越强烈，则压延效应也越严重。所以，压延制品越薄，质量越难以保证，这也是为何厚度小于 0.05 mm 的薄膜不能采用压延法生产而采用挤出吹塑的原因。

此外，由于引离辊、冷却辊和卷取辊等具有一定的速度比，也会引起压延物料的取向作用。如果压延制品需要增加或减少压延效应时，可以根据上述因素加以调整。但操作时必须调节好冷却辊与主辊的速度比，两辊速比太小，会使薄膜发皱；速比太大，产品会出现冷拉伸现象，导致收缩率增加。

8.3 压延成型工艺及控制

8.3.1 PVC 塑料压延成型工艺

整个压延成型过程可分为供料和压延两个阶段。供料阶段是压延的备料阶段，主要包括塑料的配制、混合、塑化和向压延机喂料等工序。压延阶段是压延成型的主要阶段，包括压延、牵引、刻花、冷却定型、输送及卷绕或切割等工序。

目前国内压延成型中最典型、最主要的是聚氯乙烯软质薄膜、硬质片材以及人造革，其他制品的配方和品种不同，生产工艺和工艺条件可有所不同，但基本工艺过程是相同的。聚氯乙烯（PVC）树脂压延成型工艺流程如图 8－14 所示。

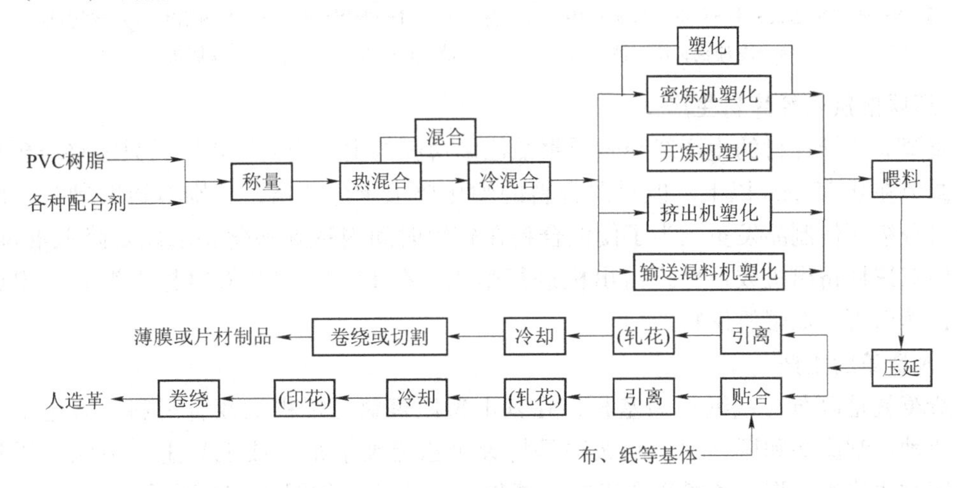

图 8－14 PVC 树脂压延成型工艺流程

图 8－14 中塑化工艺有四种：密炼机塑化、双辊开炼机塑化、挤出机塑化和输送混炼机塑化。前两者是间歇操作，生产效率低，劳动强度大；后两者混炼塑化效果好，产量大，且能连续喂料。

1. 软质聚氯乙烯薄膜生产

软质聚氯乙烯薄膜压延生产线如图 8－15 所示。首先按配方要求将聚氯乙烯和各种配合剂称量后加入高速混合机，物料在一定温度下高速搅拌一定时间后进入冷混机冷却，使物料从 100℃左右冷却到 60℃以下，以防结块。混合好的物料经挤出塑炼机塑化成熔融状态后均匀地送入四辊压延机。塑料在压延机的辊筒间受到几次压延和碾平，形成厚薄均匀的薄膜，再经冷却辊冷却后由卷绕装置卷绕成卷。

目前，向压延机供料采用连续操作。因为间歇的供料会使压延机加料区存料量周期性地变化，从而导致辊筒分离力发生波动。连续加料装置通常在加料运输带的末端有一左右摆动装置，以保证物料在压延辊筒的工作面长度上分配均匀。加料装置距离压延机不能太长，否则物料经较长的距离传送，温度下降较多，会影响薄膜制品的质量。连续供料可以用挤出机，也可以用双辊开炼机，双辊开炼机供料往往要配置两台，熔融物料经两次精炼轧片，并切成带状，经过金属探测仪监测后连续向压延机供料。

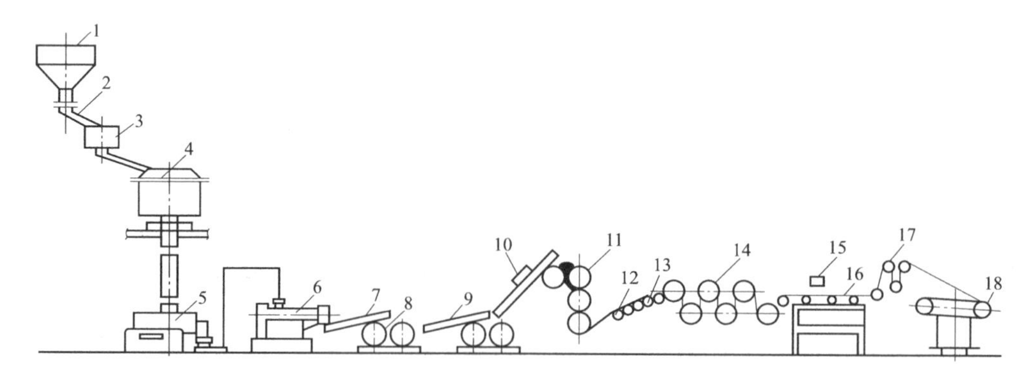

图 8-15 软质 PVC 薄膜压延生产线

1—料仓；2—电磁振动加料器；3—计量器；4—高混机；5—冷混机；6—挤出塑炼机；
7，9—带式输送机；8—双辊开炼机；10—金属探测器；11—四辊压延机；12—托辊；13—牵引辊；
14—冷却辊；15—测厚仪；16—传送带；17—张力装置；18—卷取机

2. 硬质聚氯乙烯片材生产

硬质聚氯乙烯片材的生产线与软质聚氯乙烯薄膜的生产线大致相同，只需将压延机辊筒的间隙调节在 0.25 mm 以上。但对混合料的塑化要求十分严格，特别对透明硬片，应注意避免物料分解而使制品发黄。为了使混合料在较短时间内达到塑化要求以及降低混炼温度，往往采用双螺杆挤出机或行星式挤出机进行塑化，在 130℃ ~140℃时把干混料挤出成海参状物料，然后再经双辊机供料。

3. 人造革的生产

人造革就是以布（或纸）为基材，在其上覆以聚氯乙烯糊的复合材料。人造革的生产方法有两种：刮涂法和压延法。刮涂法是将聚氯乙烯糊于布（或纸）上的方法。压延法是通过辊压方式将熔态聚氯乙烯复合于布（或纸）的方法，如图 8-16 所示。

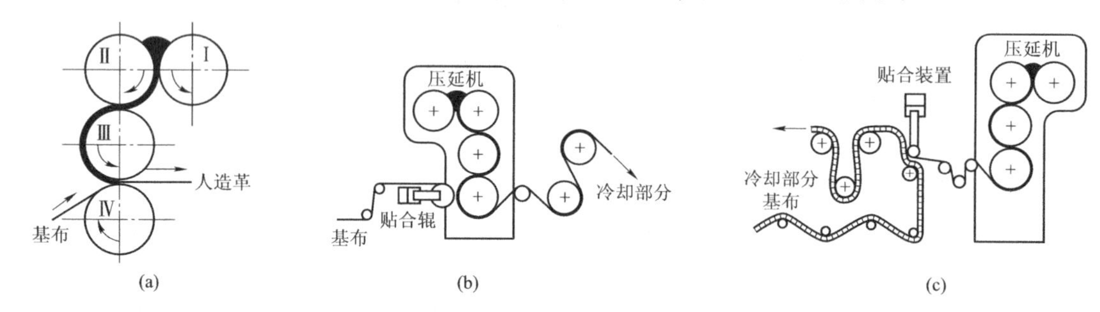

图 8-16 压延法生产人造革示意图

（a）擦胶法；（b）内贴法；（c）外贴法

压延法生产人造革时，布（或纸）应先预热，同时聚氯乙烯经挤压塑化或辊压塑化后送入压延机的进料辊上，然后二者同时通过最后一道辊隙，在挤压和加热作用下，聚氯乙烯与布（或纸）紧密结合，再经压花、冷却、切边和卷取而得制品。压延法生产人造革的方法有两种：一是贴胶法，二是擦胶法。贴胶法有内贴和外贴两种。

贴胶法是用辊速相同（上辊: 中辊: 下辊 =1∶1∶1）的三辊压延机，使经除毛、预热的布与聚氯乙烯熔体相贴合，聚氯乙烯仅粘贴于布的表面，产品柔软性好。为使基布与膜层牢牢贴合，贴合前应在基布上涂一层胶黏剂。

擦胶法是三辊辊速不相同［上辊: 中辊: 下辊 =1:（1.3～1.5）:1］，在聚氯乙烯熔体与布接触的过程中，速度大的中辊能使塑料部分擦入布缝中，因此塑料与布间的黏合较牢。

压延法生产发泡革时，需将贴合好的初产品送入加热的烘箱中发泡。在发泡前的各加工工序中，温度必须控制在发泡剂分解温度之下。例如采用偶氯二甲酰胺作发泡剂时，密炼机温度不得超过 140℃，炼塑机温度不得超过 145℃，压延辊温不得大于 150℃。

8.3.2　压延工艺控制

压延工艺的控制主要是确定压延操作条件，包括辊温、辊速与速度比、存料量、辊间距等，它们是互相联系和制约的。

1. 辊温

塑料的压延成型温度通常控制在稍低于物料的黏流温度。此温度下，塑料能塑化、延展成型，又具有一定的强度，薄膜能从辊筒上引离下来。物料在压延过程中所需的热量主要来源于两部分：一部分由压延辊筒的加热装置供给，另一部分来自物料通过辊隙时物料与辊筒之间的摩擦热及物料自身的剪切摩擦热。摩擦热的大小，除与辊速和速比有关外，还与物料的黏度及增塑程度有关。因此，不同的配方，在相同的辊速下，温度控制不同；同样，相同的配方，不同转速时，控制温度也不同，并与供料的温度有关。配方中树脂黏流温度低、黏度低、增塑剂含量高，则辊筒温度应低些。辊速大或辊速比大，物料受剪剧烈，则高速或大辊速比时的辊温要比低速或低辊速比时的稍低。料温过高，会使物料黏附在辊筒上不易引离；料温过低，又使薄膜表面粗糙、不透明，甚至出现孔洞。

物料在压延时有易黏附于高温和高转速的辊筒上的特点，为了使物料能依次贴合辊筒，防止夹入空气而导致薄膜出现气泡，在操作时辊筒温度应控制为

$$T_{\text{Ⅲ辊}} \geqslant T_{\text{Ⅳ辊}} > T_{\text{Ⅱ辊}} > T_{\text{Ⅰ辊}}$$

Ⅲ辊的温度大于或等于Ⅳ辊的温度，使物料通过Ⅲ辊和Ⅳ辊间隙时，不会包住Ⅳ辊，这样有利于薄膜的引离。一般辊间温差控制在 5℃～10℃。

压延过程物料因摩擦生热，物料的温度将逐步升高。为此要严格控制各辊温度，以防物料因局部过热而出现降解等现象。各辊筒的温度及相邻两辊的温差值取决于物料的品种、辊筒的转速、制品的厚度以及三者之间的关系。通常辊速快，制品厚度薄，则辊温要偏低些。

2. 辊速与速度比

压延机辊筒最适宜的辊速主要由物料特性和制品厚度要求来决定的，一般软质制品压延时的辊速要高于硬质制品的，薄制品压延时的辊速要高于厚制品的。压延机相邻两辊筒线速度不相等而具有一定的速度比，压延辊筒具有速比的目的在于：使压延物料依次黏辊，使物料受到剪切，更好地塑化，还可以使压延物取得一定的延伸和取向作用。操作时，辊速一般控制为

$$v_{\text{Ⅲ辊}} \geqslant v_{\text{Ⅳ辊}} > v_{\text{Ⅱ辊}} > v_{\text{Ⅰ辊}}$$

辊筒速度比根据薄膜的厚度和辊速来调节，一般在（1:1.05）～（1:1.25）的范围。速度比过大会出现包辊现象，而速度比过小则薄膜吸辊性差，空气极易夹入使产品出现气泡，对硬质制品来说，会出现“脱壳”现象，塑化不良，质量下降。

3. 辊间距

压延时各辊筒间距的调节既是为了满足制品厚度的要求，也是为了改变各道辊隙之间的

存料量。黏流态物料在两辊筒间所受的压力是随辊筒间距的减小而增大的，因此为了使制品结构紧密，压延顺利进行，要求沿物料前进方向各组辊筒间距越来越小，对四辊压延机操作时一般控制为

$$h_0^{1-2} > h_0^{2-3} > h_0^{3-4} = \text{压延制品的厚度}$$

辊距逐渐减小能逐步增大对物料的挤压力，赶走气泡，提高制品密度，同时有利于辊筒对物料的传热塑化，从而提高制品的质量。压延机最后一道辊距控制与制品厚度大致相同，但应留有余量，这是因为后续工序牵引和轧花会使制品厚度有所减小。

在两辊的辊隙之间应有少量存料，以保证压延过程中压延压力恒定，起到物料储备、补充和进一步塑化的作用。存料过多，薄膜表面会产生毛糙现象，易产生气泡；生产硬质品时，还会因容易冷却而造成制品表面出现冷疤及质量不均。但存料过少会因物料受压不足，造成制品表面毛糙无光，还会产生菱状孔洞，严重时边料断裂。

生产时要求存料呈铅笔状，并保持旋转运动状态，否则会影响制品横向厚度均匀性和外观质量，例如薄膜有气泡、硬片有冷疤等。存料旋转不佳的主要原因是料温及辊温太低，或是辊距及辊速调节不当。因此在操作时应经常观察和调节。

4. 引离（拉伸）、冷却、卷取

四辊压延机Ⅲ辊和Ⅳ辊间引离出来的压延薄膜（片），经过引离辊、轧花辊、冷却辊和卷取辊，最后成为制品。为了使压延制品拉紧，利于剥离以及不因重力而下垂，以保证压延顺利进行，操作时各辊速一般控制为

$$v_{\text{卷取辊}} \geqslant v_{\text{冷却辊}} > v_{\text{引离辊}} > v_{\text{Ⅲ辊}}$$

这样会使压延物的大分子在其前进方向上有一定的延伸和取向，其大小与各辊之间的速比有关，如果要求薄膜具有较高的单向强度，各辊筒间的速度比应增加。但是速度比不能太大，否则会产生过多的延伸，薄膜的厚度将会不均，有时还会产生过大的内应力。延伸应主要发生在引离辊和压延机之间，引离辊的线速度一般比压延机Ⅲ辊高10%～35%，视压延制品的厚度和软硬程度而定。薄膜冷却后应尽量避免延伸，否则受到冷拉伸后的薄膜存放后收缩量大，也不易展平。

习题及思考题

1. 什么是压延成型？压延成型可以生产哪些产品？
2. 压延时，供料宽度为什么要应尽可能接近产品宽度？
3. 物料在压延辊筒间隙的压力、速度和剪应力的分布规律如何？
4. 压延时，压延机的辊筒为什么会产生挠曲？挠曲对制品压延质量有何影响？如何通过改进设备进行补偿？
5. 何为压延效应？产生的原因及减少的方法是什么？
6. 简述压延工艺的控制。

第9章　塑料二次成型

在一定条件下，将片、板、棒、管等塑料坯材通过再次成型加工为制品的方法，称为二次成型。二次成型与一次成型相比，除成型对象（即原料）不同外，二者的主要区别在于：一次成型是通过塑料的流动或黏性变形而成型，成型过程中伴随着物料的状态或相态的转变；而二次成型，其成型温度低于塑料流动温度或熔融温度，塑料处于“半熔融”类橡胶状态，利用推迟弹性形变（塑性形变）而成型，故二次成型仅适用于热塑性塑料的成型。目前，二次成型技术主要有：真空成型、中空吹塑成型、压力成型、弯曲成型、薄膜吹塑成型、取向薄膜的拉伸成型、热成型以及合成纤维的拉伸。

9.1　二次成型原理

由1.2节可知，对于二次成型的高分子（甚至塑料制品）而言，其T_g要比室温高得多。因为由它们所成型的制品在室温的使用条件下，才能具有长期的因次稳定性。

对于玻璃化温度T_g比室温高得多的无定型高分子，其二次成型加工是在$T_g \sim T_f(T_m)$间，受热软化，并受外力作用而产生形变，此时高分子材料的普弹形变很小，通常可以忽略，又因其黏性很大，黏性形变几乎可以忽略，因此在二次加工过程中高分子材料的形变省去了普弹形变和黏性形变两项后，总形变为

$$\gamma(t) = \gamma_{\infty}(1 - e^{t/t^*}) \tag{9-1}$$

式中，t^*为推迟高弹形变的松弛时间，$t^* = \eta_2/E_2$。

这种形变近似Voigt模型的推迟形变，如图9－1所示。由图9－1可见，高弹形变是一个松弛过程，若将这种形变充分保持在$t = t_1$时，则形变近似于γ_{∞}。由于推迟高弹形变是大分子链段形变和位移（构象改变）引起的，具有可逆性，故当在t_1时刻（$T > T_g$）除去外力时，经过一定时间高弹形变会完全恢复（图9－1中曲线b）。但若使其形变至γ_{∞}后，将它置于比T_g低得多的室温下，高分子的高弹形变黏度大大上升，链段运动被完全冻结，形变几乎不恢复，仍被冻结在$\gamma = \gamma_{\infty}$处，成型物的形变就被固定下来，如图9－1中曲线c。

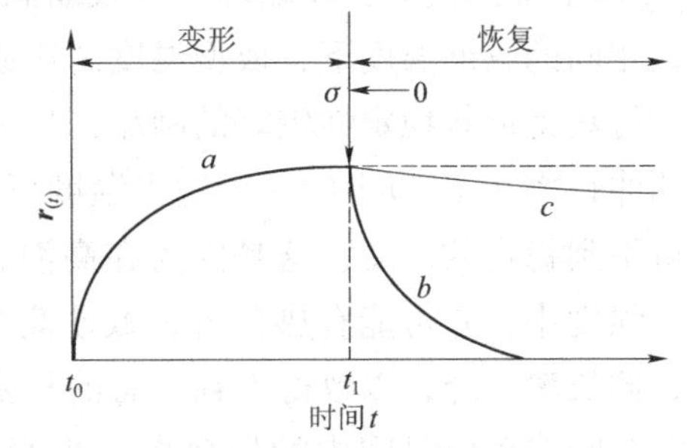

图9－1　二次成型时高分子的形变－时间曲线

因此，对于T_g比室温高得多的无定型高分子材料，二次成型的过程通常是，先将高分子坯体在T_g以上的温度下加热，然后施加力使之产生形变并成型为一定形状；形变完成后将其置于接近室温下冷却，使形变冻结并固定其形状（定型）。

对于部分结晶的高分子形变过程则是在接近熔点 T_m 的温度下进行，此时黏度很大，成型形变情况与无定型高分子一样，但其后的冷却定型与无定型高分子有本质的区别。结晶高分子在冷却定型过程中会产生结晶，分子链本身因成为结晶结构的一部分或与结晶区域相联系而被固定，不可能产生弹性恢复，从而达到定型的目的。

二次成型的温度以高分子能产生形变且伸长率最大的温度为宜。一般无定型热塑性塑料最宜成型温度比其 T_g 略高。Kleine - Albens 研究认为在 1 周/s 的低频下，最宜成型温度应选在力学损耗（A）的峰值处，如图 9 - 2 所示，聚甲基丙烯酸甲酯（T_g = 105 ℃）的最宜成型温度为 118 ℃，硬质聚氯乙烯（T_g = 83 ℃）的最宜成型温度为 92 ℃ ~94 ℃。

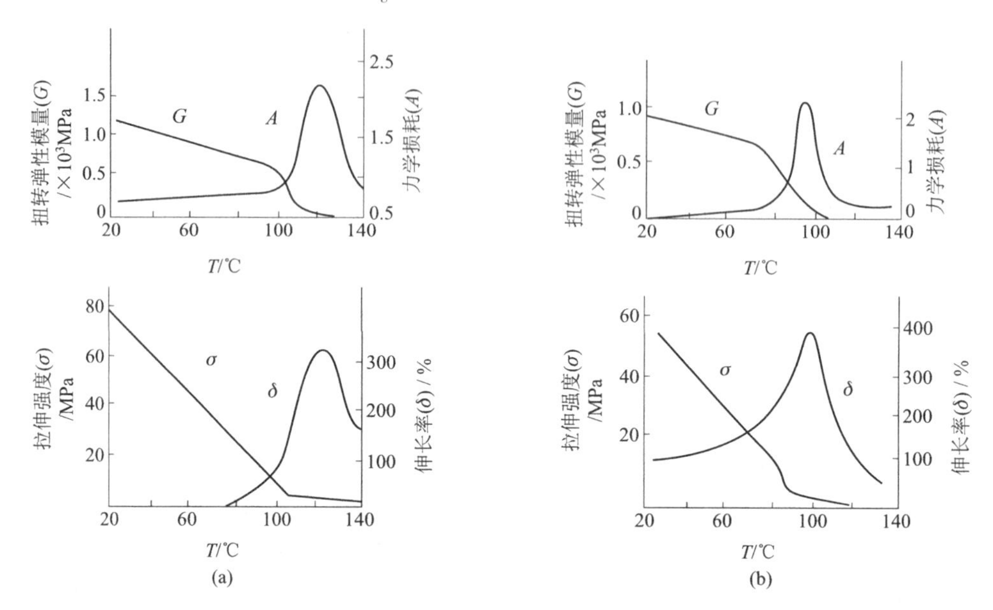

图 9 - 2　力学性能及力学损耗

（a）聚甲基丙烯酸甲酯（PMMA）；（b）聚氯乙烯（PVC）

二次成型产生的形变具有可恢复性，故冻结后所获得的有效形变（即残余形变）与成型条件有关。冻结残余形变的温度（即模具温度）高，成型制品可恢复的形变成分多，获得的有效形变就少，因此模具温度不能过高，一般在高分子的 T_g 以下。另外，成型温度高，材料的弹性形变成分就少。图 9 - 3 所示为 Buchmann 对硬质聚氯乙烯二次成型条件的研究结果。图 9 - 3 表明，在 85℃以下，塑料的收缩很小，塑料所获得的残余形变几乎为 100%；在 T_g 以上加热使塑料收缩时，随收缩温度的提高，制品的形变值增大，残余形变减小；制品在相同的收缩温度下，成型温度高比成型温度低具有更高的残余形变，因此较高温度下成型，可获得形状稳定性较好的制品，且具有较强的抵抗热弹性恢复的能力。但二次成型中材料的伸长率在 T_g 以上的一个适当温度可达最大值，在太高的温度下，相对伸长率急剧下降而得不到稳定的形变，这是因为在高温、长时间（尤其是低速成型）受热下，高分子黏度低、强度小，并可能有热分解，致使高分子受力时容易产生龟裂，而龟裂处成为应力集中点，伸长率下降，以致得不到所需的稳定伸长变形。此外，成型速度（完成一次给定形变所需时间或单位时间内的形变率）也影响成型温度下的塑料伸长率。图 9 - 4 所示为硬质 PVC 在不同温度下的伸长率与成型速度的关系。一般而言，在 T_g 以下温度成型，则成型速度慢，但能获得较高的伸长率；而在 T_g 以上温度成型，成型速度越快，伸长率反而越大，这是因为高温快速成型时，塑料来不及产生龟裂。因此成型温度应根据塑料的伸长率和抗张强度并结合成型速度综合考虑。如硬质聚氯乙烯，最宜成型温度为 92℃ ~94℃，成型速度为 100% ~400%/min。

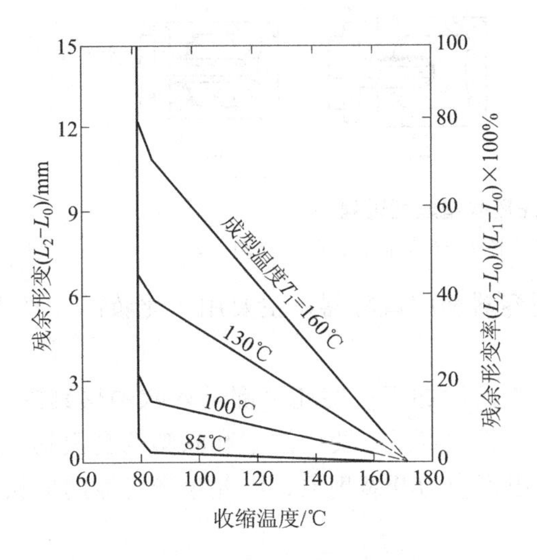

图 9-3 硬质 PVC 二次成型温度与收缩温度对残余形变的影响

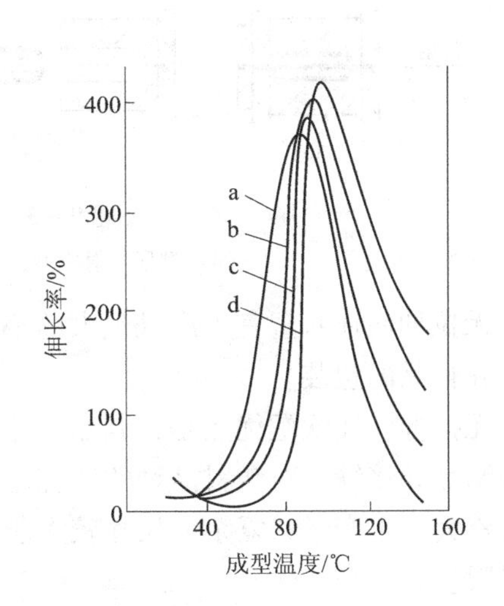

图 9-4 硬质 PVC 于不同成型速度时成型温度与伸长率关系

a—10%/min；b—100%/min

c—1 000%/min；d—6 000%/min

9.2 中空吹塑成型

中空吹塑成型是将挤出或注射成型的热塑性塑料管坯（或型坯）于半熔融的类橡胶状时，置于模具中，并同时通入压缩空气将其吹胀，使其紧贴于模壁上成型为中空制品的成型工艺。

用于中空吹塑成型的热塑性塑料品种很多，最常用的有 PE、PP、PVC 和热塑性聚酯等，也有的用 PA、纤维素塑料和 PC 等，用来制造各种瓶、壶、桶等包装容器。

中空吹塑工艺按照型坯制造方法的不同，分为注坯吹塑（注射吹塑或注塑吹塑）和挤坯吹塑（挤出吹塑）。若将所得的型坯趁热立即送入吹塑模具内吹胀成型，称为热坯吹塑；若是将挤出或注塑所制得的型坯冷却后再重新加热到类橡胶态后放入吹塑模具内吹胀成型，称为冷坯吹塑。目前工业上以热坯吹塑居多。

9.2.1 中空吹塑成型工艺

1. 注射吹塑

注射吹塑时，先注射成型将塑料制成有底型坯，然后再把型坯移入吹塑模具内进行吹胀成型。注射吹塑方法有两种：无拉伸注坯吹塑和注坯－拉伸－吹塑。

（1）无拉伸注坯吹塑。无拉伸注坯吹塑成型过程如图 9－5 所示，先注塑成型有底型坯，然后注射模立即开模，通过旋转机构将留在芯模上的热型坯连同芯模移入吹塑模具内，合模后从芯模通道吹入 0.2 ~ 0.7 MPa 的压缩空气，型坯立即被吹胀而脱离芯模并紧贴在吹塑模的型腔壁上，随即在空气压力作用下冷却定型。

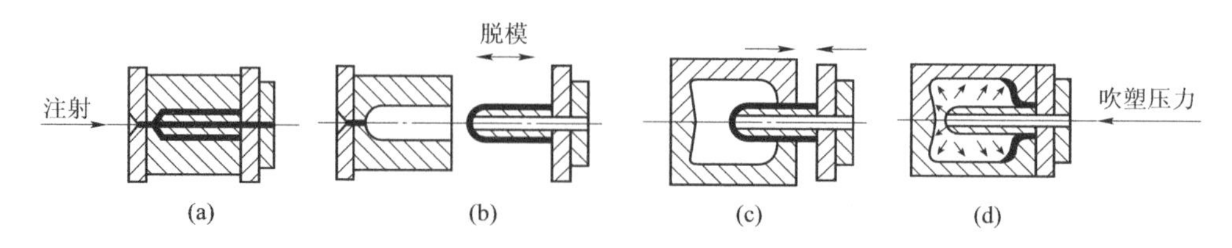

图 9 –5　无拉伸注坯吹塑成型过程

（a）型坯注射成型；（b）型坯热脱模；（c）闭模；（d）吹塑

无拉伸注坯吹塑宜生产批量大的小型精制容器和广口容器，主要用于化妆品、日用品、医药和食品的包装。

无拉伸注坯吹塑优点是：制品壁厚均匀，不需后加工；型坯全部进入吹塑模具内吹胀，所得制品无接缝，对塑料品种的适应范围较宽。其缺点是：要用注塑和吹塑两套模具，故设备投资大；生产形状复杂、尺寸较大制品时易出现应力开裂现象，因此生产容器的形状和尺寸受限。

（2）注坯 – 拉伸 – 吹塑。注坯 – 拉伸 – 吹塑成型过程如图 9 –6 所示。注塑成型的有底型坯经适当冷却后开模脱离型芯，然后移入加热槽内加热到预定的拉伸温度，再移入拉伸吹塑模具内。在拉伸吹塑模具内先用拉伸棒将型坯进行轴向拉伸，然后引入压缩空气使之横向胀开紧贴模壁，并在空气压力下进行冷却定型。

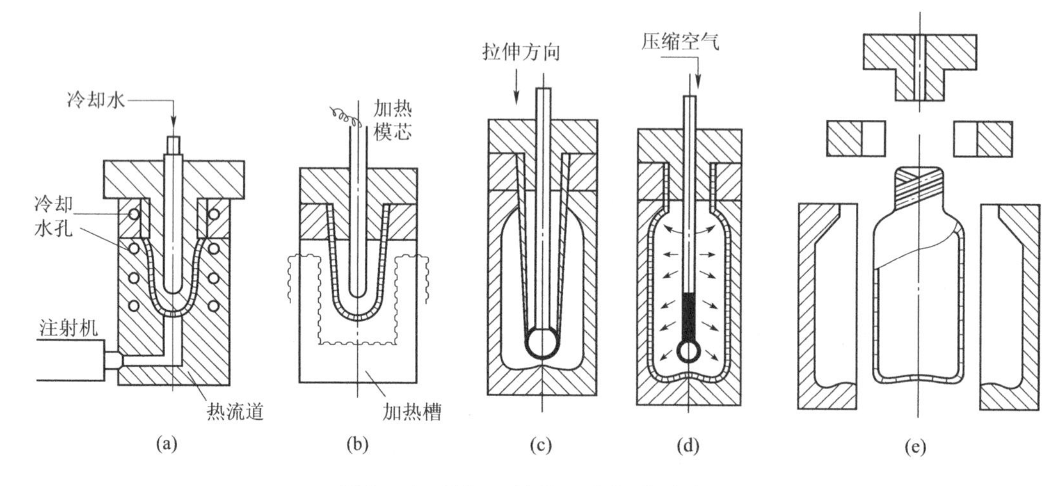

图 9 –6　注坯 – 拉伸 – 吹塑成型过程

（a）型坯注射成型；（b）型坯加热；（c）型坯拉伸；（d）吹塑成型；（e）脱模

注坯 – 拉伸 – 吹塑成型时，通常将不包括瓶口部分的制品长度与相应型坯长度之比定义为拉伸比，而将制品主体直径与型坯相应部位直径之比定义为吹胀比。增大拉伸比和吹胀比可提高制品强度，但不能过大，二者取值为 2 ~ 3 时，可得到综合性能较高的制品。

与无拉伸注坯吹塑相比，注坯 – 拉伸 – 吹塑成型制品的透明度、冲击强度、表面硬度和刚度都有较大的提高，制造同样容量的中空制品，所得制品的壁更薄，可节约物料50%左右。

2. 挤出吹塑

挤出吹塑的型坯是用挤出机经管口模挤出制得。挤出吹塑生产效率高，型坯温度均匀，熔接缝少，制品强度较高；设备简单，投资少，对中空容器的形状、大小和壁厚允许范围较大，故适用性广。挤出吹塑方法有多种，包括单层直接挤坯吹塑、多层共挤出吹塑、挤出－蓄料－压坯－吹塑等。

（1）单层直接挤坯吹塑。单层直接挤坯吹塑成型过程如图9－7所示。型坯从挤出机管口模挤出后，垂挂在口模下方处于开启状态的两吹塑半模中间，当型坯长度达到预定值后，两吹塑半模立即闭合，模具的上夹口依靠合模力将管坯切断，模具下夹口处引入压缩空气使之横向胀开紧贴模壁，并在空气压力下进行冷却定型。

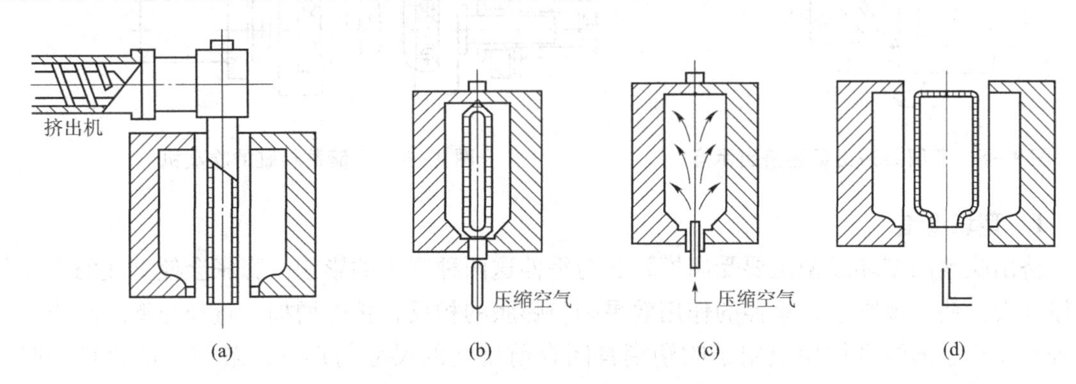

图9－7 单层直接挤坯吹塑成型过程

（a）型坯挤出成型；（b）入模；（c）吹塑成型；（d）脱模

（2）多层共挤出吹塑。多层共挤出吹塑是用两台以上挤出机将不同塑料在不同挤出机内塑化熔融后，在同一个机头口模内复合、挤出多层结构管坯，然后再吹塑制造多层中空制品，其成型过程同单层直接挤坯吹塑无本质差别。图9－8所示为三层管坯挤出示意图。多层共挤出吹塑的关键技术，是控制各层塑料间相互熔合和黏接质量。熔黏的方法既可以是在各层所用物料中混入有黏结性的组分，也可以在原来各层间增加有黏接功能的材料层。多层共挤出吹塑中空制品的生产主要是为了满足化妆品、药品和食品等对塑料包装容器阻透性的更高要求。

（3）挤出－蓄料－压坯－吹塑。制造大型中空制品时，由于挤出机直接挤出管坯的速度不可能很大，当型坯达到规定长度时因自重作用，使其上部接近口模部分壁厚明显减薄而使上下薄厚不均匀，而且型坯的上、下部分由于在空气中停留时间相差较大而存在较大温度差。为此发展了带有蓄料缸的机头，如图9－9所示。先将挤出机塑化的熔体蓄积在一个料缸内，当缸内熔体达到预定量后，用加压柱塞以很高的速率使其经环隙口模压出，制得型坯。

9.2.2 中空吹塑成型的工艺条件及控制

影响吹塑成型过程和制品质量的因素主要有型坯的温度、吹气压力和充气速度、吹胀比、模温和冷却时间等，对拉伸吹塑的影响因素还有拉伸比。

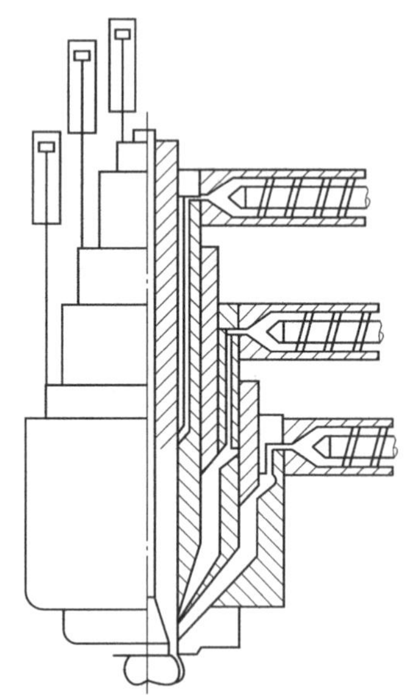

图 9-8　三层共挤出管坯挤出示意

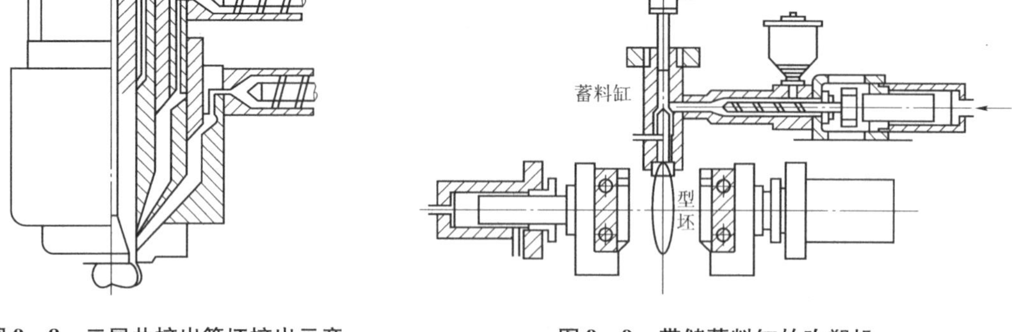

图 9-9　带储蓄料缸的吹塑机

1. 型坯温度

挤出吹塑的型坯成型主要受离模膨胀与垂伸这两种现象的影响。膨胀会使型坯的直径与壁厚变大，使长度减小；垂伸的作用效果则与膨胀的相反，长度增加、直径与壁厚减小。这两种相反现象的综合作用决定了吹塑模具闭合前型坯的尺寸与形状。若型坯的直径膨胀太大，吹胀时会产生过多的飞边，或制品上出现裙皱。吹塑非对称制品时，型坯直径过小会使某些部位（如把手）出现缺料现象。型坯壁厚过小，制品壁会太薄，其机械强度不足；壁厚太大又会造成原料的浪费。

高分子的离模膨胀程度与挤出速率和型坯温度有关。型坯的垂伸量与型坯温度、型坯下降时间或型坯长度有关。其中，型坯的温度是一个主要的影响因素，型坯温度高，离模膨胀程度小，但垂伸量大，极个别情况下还可能出现型坯断裂。各种材料对温度的敏感性不同，对那些黏度对温度特别敏感的高分子要非常小心地控制温度。例如，聚丙烯比聚乙烯对温度更敏感，故聚丙烯中空吹塑加工性差，聚乙烯较适宜中空吹塑成型。若型坯温度太低，离模膨胀会变得严重，使型坯挤出后出现明显的轴向收缩，而且型坯的表面质量降低，出现明显的鲨鱼皮、流痕等。此外，型坯的不均匀度亦随温度降低而有所增加，致使制品的强度差，表面粗糙无光。一般型坯的温度应控制在材料的 $T_g \sim T_f$（或 T_m）间，并偏向 T_f（或 T_m）一侧。

2. 吹气压力和充气速度

型坯被模具夹持后注入压缩空气的目的及作用为：吹胀型坯使之贴紧型腔壁；对已吹胀的型坯施加压力，以得到形状正确、表面文字与图案清晰的制品；辅助冷却制品。吹胀气压一般在 0.2 ~0.7 MPa，取值高低取决于塑料特性（分子柔性及型坯的熔体强度与熔体弹性）、型坯温度、模具温度、型坯壁厚、吹胀比及制品的形状与大小等因素。熔体黏度较低、冷却速率较小的塑料，可以采用较低的吹胀气压。型坯温度或模具温度较低时，要采用较高的吹胀气压。制品体积较大时，型坯吹胀时间长，其温度降低较大，故要求较高的吹胀气压。制品壁厚较大时，型坯冷却较缓慢，处于较低黏度下的时间较长，故吹胀气压可以低些。型坯吹胀后，气压要高些，以保证制品紧贴模腔壁，得到快速、有效的冷却，并清晰地再现模壁上的文字。对某些制品（例如工业制件）的型坯吹胀要分两步进行，即先预吹胀后再完全吹胀，预吹胀可避免型坯内表面的接触、黏附，改善制品壁厚的均匀性。

在型坯的膨胀阶段，尽可能以较大体积流率注入大量的空气，以保证型坯能均匀、快速地膨胀，缩短型坯与模壁接触之前的冷却时间，以提高制品性能。但气流速度过大是不利的，一是在空气入口处内会出现局部真空而使该处型坯内陷，而当型坯完全吹胀时，内陷部分会形成横隔膜片；其次，口模附近的型坯可能被极快的气流拖断，导致吹塑失效。因此，需加大吹管口径或适当增加吹管数量。

3. 吹胀比

吹胀比是制品的尺寸和型坯尺寸之比，亦即型坯吹胀的倍数。型坯尺寸和重量一定时，制品尺寸越大，吹胀比越大。虽然增大吹胀比可以节约材料，但制品壁厚变薄，成型困难，制品的强度和刚度降低。吹胀比过小，塑料消耗增加，壁太厚而使冷却时间延长。一般吹胀比为 2 ~ 4 倍，大小应根据材料的种类和性质、制品的形状和尺寸以及型坯的尺寸来决定。

4. 模温和冷却时间

模温通常不能控制过低，因为塑料冷却过早，形变困难，制品的轮廓和花纹等均会变得不清晰；模温过高时，冷却时间延长，生产周期增加。模温的高低，首先应根据塑料的种类来确定，材料 T_g 较高者，允许有较高的模温，相反则应尽可能采用低模温。

吹塑制品的冷却时间占成型周期的 1/3 ~ 2/3 或更长，视塑料品种、制品形状和壁厚以及型坯温度而定。热传导性较差的聚乙烯比同样厚度的聚丙烯需要更长的冷却时间。通常随制品壁厚增加，冷却时间延长。未经充分冷却即脱模，将造成冷却不均匀及冷却程度不够，致使高分子的弹性恢复作用在制品各部位存在着差异，制品会出现不均匀的形变，引起制品翘曲、瓶颈歪斜等现象。冷却时间长可使制品外形规整，表面图纹清晰，质量优良，但对结晶型塑料，冷却时间长会使塑料的结晶度增大，韧性和透明性降低，而且生产周期延长。为了缩短生产周期、加快冷却速度，除对模具进行冷却外，还可在成型制品中进行内部冷却，即向制品内部通入各种冷却介质（如液氮、二氧化碳等）进行直接冷却。

9.3 拉幅薄膜成型

拉幅薄膜成型是将挤出成型所得厚度为 1 ~ 3 mm 的厚片或管坯重新加热到材料的高弹态下进行大幅度拉伸而成薄膜的成型工艺。拉幅薄膜的生产，既可以将挤出和拉幅两个过程直接联系起来进行连续成型，也可以把挤出片坯或管坯与拉幅工序分为两个独立的过程来进行，但在拉伸前必须将已定型的片坯或管坯重新加热到高分子的 $T_g \sim T_f$（或 T_m）温度范围。目前，用于生产拉幅薄膜的高分子主要有：PET、PP、PS、PVC、PA、PI、PEN、聚偏氯乙烯及其共聚物等。拉幅薄膜成型方法主要有平膜法和管膜法两种，两种方法又有不同的拉伸技术，如图 9 – 10 所示。

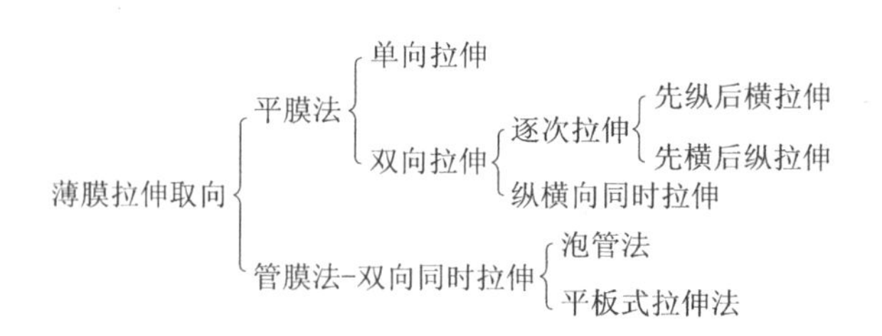

图 9-10　拉幅薄膜成型技术类型

管膜法以双向拉伸为特点，生产设备和工艺过程与吹塑薄膜相似，但制品性能较差，主要用于生产热收缩薄膜。平膜法生产设备及工艺过程复杂，但薄膜质量较高，故目前工业上应用较多，尤其以逐次拉伸平膜法工艺控制较容易，应用最广，主要用于生产高强度薄膜。

9.3.1　拉幅薄膜成型工艺

1. 平挤逐次双向拉伸薄膜成型

平挤逐次双向拉伸有先纵向拉伸后横向拉伸和先横向拉伸后纵向拉伸两种方法，前者生产上用得最多，后者工艺较为复杂。先纵向后横向拉伸的典型成型工艺过程如图 9-11 所示。

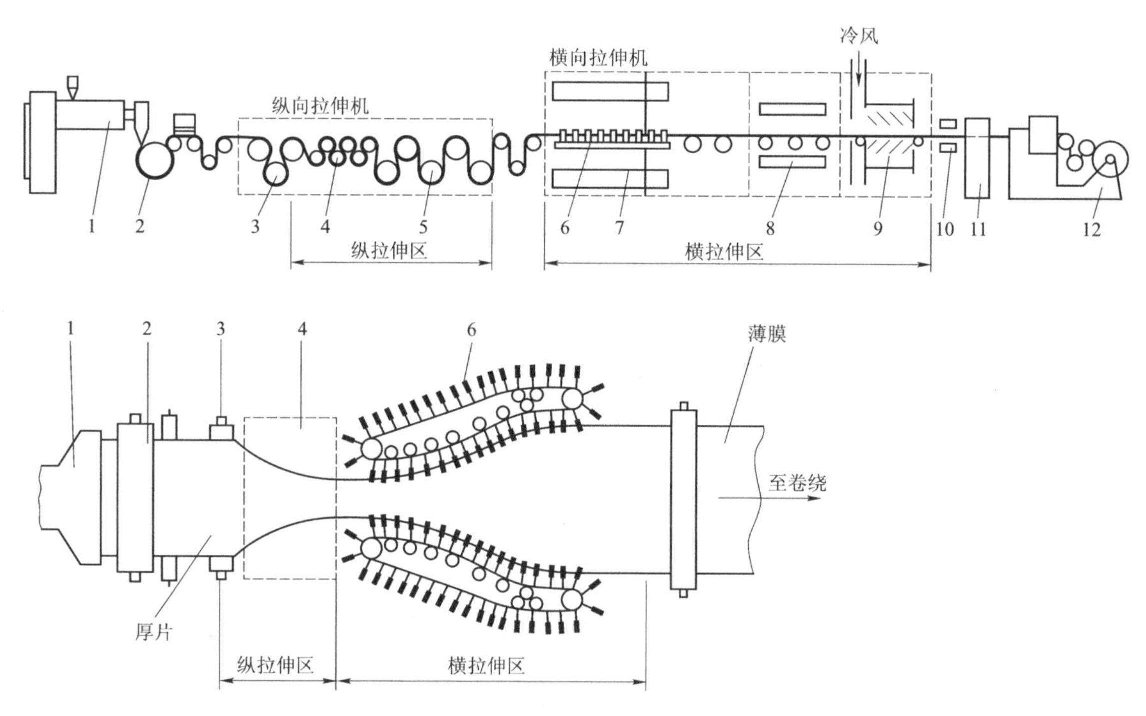

图 9-11　先纵向后横向拉伸的典型成型工艺过程

1—挤出机；2，5—冷却辊；3—预热辊；4—多点拉伸辊；6—横向拉伸装置；7，8—加热装置；9—风冷装置；10—切边装置；11—测厚装置；12—卷绕机

先纵向后横向拉伸 PP 双轴取向薄膜时，经挤出机平缝口模挤出的厚片立即送至冷却辊急冷，然后经预热辊加热到拉伸温度后，引入到具有不同转速的一组拉伸辊进行纵向拉伸，达到预定纵向拉伸比后，膜片经冷却直接送至拉幅机（横向拉伸机），在拉幅机内经过预热、横向拉伸、热定型和冷却，最后经切边和卷绕得到双向拉伸薄膜。

（1）厚片急冷。用于双向拉伸的厚片应是无定型的，所以对PP、PET等结晶型高分子的熔融态厚片要进行急冷。急冷装置是冷却转鼓，其温度控制应力求稳定，分布均一。将强结晶型高分子完全急冷成完全非晶态很困难，工艺上允许有少量微晶存在，但结晶度控制在5%以下。厚片的厚度大致为拉伸薄膜的12～16倍，横向厚度应均匀一致。

（2）纵向拉伸。进行纵向拉伸时有多点拉伸和单点拉伸之分，如果加热到类橡胶态的厚片是由两个不同转速的辊筒拉伸的，称单点拉伸，两辊筒表面的线速度之比是拉伸比，通常为3～9；如果拉伸比是分配至若干个不同转速的辊筒完成的，称为多点拉伸，这时拉伸辊筒的转速是依次递增的。多点拉伸具有拉伸均匀，拉伸程度大，不易产生细劲现象，实际应用较多。

纵向拉伸装置主要由预热辊、拉伸辊和冷却辊组成。预热辊的作用是将急冷后的厚片重新加热到拉伸所需温度。冷却辊的作用是使结晶过程迅速停止，固定大分子的取向结构，张紧厚片避免发生回缩。纵向拉伸后膜片的结晶度增至10%～14%。

（3）横向拉伸。纵向拉伸后的膜片进行横向拉伸前需重新预热，预热温度为稍高于玻璃化温度或接近熔点。横向拉伸的拉幅机有两条张开成一定角度（一般为10°）的轨道和装有很多夹子的链条。膜片由夹子夹住而沿轨道运行，使热膜片在前进的过程中受到强制的横向拉伸作用，达到预定横向拉伸比后夹子松开。横向拉伸后高分子的结晶度通常增至20%～25%。

（4）热定型和冷却。热定型的目的（作用）是：消除内应力，降低收缩率，改善机械强度和弹性。横拉后的薄膜应先通过缓冲段再进入热定型段，以防止热定型温度对拉伸段产生影响。热定型温度至少比高分子最大结晶速率温度高10℃。热定型时薄膜是在张紧状态下进行的。

热定型后的薄膜温度很高，应将其冷却至室温，以免其进一步结晶、解取向和热老化。冷却后，双轴取向薄膜的结晶度可达40%～42%

（5）切边和卷取。双轴取向薄膜冷却后应切去两侧边缘未拉伸均匀的厚边，切边后的薄膜经导辊引入收卷机卷绕成膜卷。

2．管膜双向拉伸薄膜成型

管膜双向拉伸薄膜的成型工艺过程分为管坯成型、双向拉伸和热定型三个阶段，如图9－12所示。从挤出机机头挤出的管坯立刻被水冷夹套冷却至T_g～T_f（或T_m）间，经

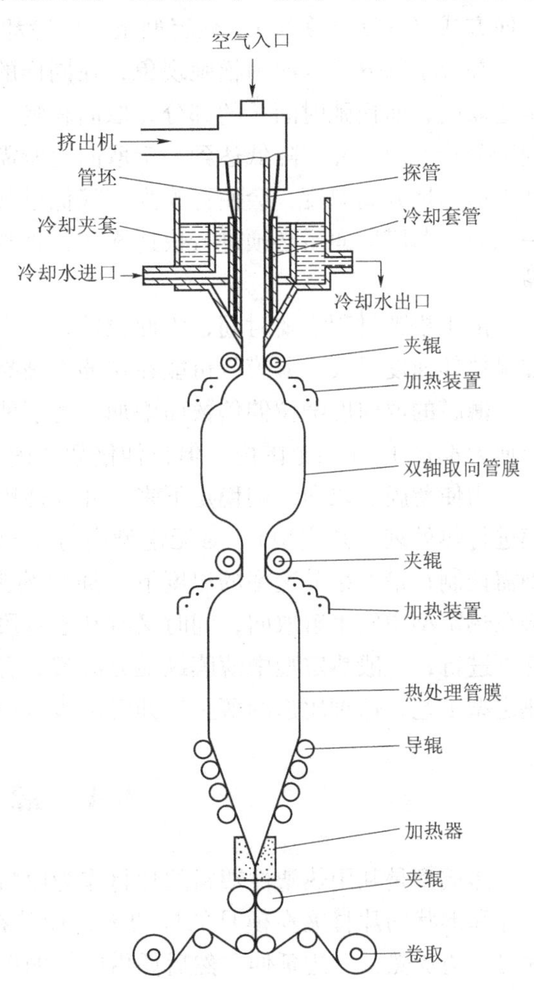

图9－12 管膜双向拉伸薄膜成型工艺

第一对夹辊折叠后进入拉伸区，在此处管坯被由机头和探管通入的压缩空气吹胀，管坯受到横向拉伸并胀大成管形薄膜（称为泡管）。由于管坯在胀大的同时受到下端夹辊的牵伸作用，因而在横向拉伸的同时也被纵向拉伸。调节压缩空气的进入量和压力以及牵引速度，就可以控制纵横两向的拉伸比，此法通常可使纵、横两向接近平衡的拉伸。拉伸后的管泡通过第二对夹辊再次折叠后进入热处理区域，在压力作用保持张紧的情况下进行热处理定型，最后经空气冷却、折叠、切边后，卷绕成膜卷。

管膜双向拉伸薄膜成型生产设备简单、占地面积小。但薄膜厚度不均匀，强度也低。此法主要用于生产 PET、PS 和聚偏氯乙烯等薄膜。

9.3.2 拉幅薄膜成型过程中的影响因素

拉幅成型时，高分子长链在高弹态下受到外力作用而沿拉伸方向伸长和取向，取向后高分子的物理机械性能发生了变化，产生了各向异性现象，强度增加。所以拉幅薄膜是大分子具有取向结构的一种薄膜材料。

拉伸过程中影响高分子取向的主要因素有拉伸温度、拉伸速度、纵横各向的拉伸倍数、拉伸方式（一次或多次）、热定型条件、冷却速度等。

高分子的分子取向为松弛现象，在同样的取向条件下，高分子中松弛时间短的部分能较早地取向，而松弛时间长的部分，取向较晚。松弛时间随温度升高而减少，所以升高温度有利于分子取向，并能降低达到一定取向度所需的拉应力；但温度过高时，解取向也加快，因此不适当地升高温度，会使薄膜强度降低过甚而在拉伸中断裂，故取向温度应适当。根据这一原因，薄膜取向后必须进行快速冷却，否则长时间的高温作用会使薄膜中取向结构消失或减少。

由于松弛过程需要时间，因此拉伸时，大分子取向的松弛过程落后于拉伸速度的变化。如果拉伸速度过大，薄膜就可能在拉伸中破裂。所以，拉伸速度不能过大。

薄膜的取向度随拉伸倍数而增加。为了使薄膜在各个方向都有较均衡的性能，通常纵横拉伸大都在 3 ~ 4 倍范围内，但拉伸倍数的确定还要根据对薄膜性能的要求来决定。

为使薄膜的取向结构稳定下来，并在使用过程不发生显著的收缩和变形，常需对拉伸薄膜进行热处理（热定型）。对无定型高分子热定型温度通常控制在 T_g 附近，而结晶高分子则需控制在最大结晶速率的温度下（通常约为 $0.857T_m$）。为了防止薄膜中高分子的分子主链在热定型中发生解取向，同时又有利于链段松弛，取向薄膜的热定型必须在连续张紧的条件下进行，一般热定型中薄膜纵横方向都会有少量收缩。用作热收缩性用途的薄膜，可省去热定型工艺，这种用途的薄膜拉伸温度也可低一些。

9.4 热成型

热成型是利用热塑性塑料的片材作为原料来制造塑料制品的一种方法。首先将裁成一定尺寸和形状的片材夹在模具的框架上，让其在 $T_g \sim T_f$（或 T_m）间的适宜温度下加热软化，片材一边受热，一边延伸，然后凭借施加的压力，使其紧贴模具的型面，取得与型面相仿的型样，最后经冷却定型和修整后即得制品。

热成型时，施加的压力主要是靠抽真空和引进压缩空气在片材的两面形成压力差，但也有借助于机械压力或液压力的。热成型主要用来生成薄壳制品，一般都是形状较为简单的杯、盘、盖、医用器皿、仪器仪表以及电器外壳和儿童玩具等。制品的壁厚不大，面积可很大，但深度有一定的限制。热成型的特点是：成型压力低，对模具要求低，工艺简单，生产率高，设备投资少。

通常用于热成型的塑料品种有：纤维素、PS、PVC、PMMA、ABS、HDPE、PA、PET等。作为成型原料的片材可用挤出、压延和流延等方法制造，厚度一般为1～2 mm，甚至更薄。

9.4.1　热成型的基本方法

按照制品类型和操作方法不同，热成型方法有几十种，但无论其形式如何，都是以下六个基本方法的改进或适当组合而成。

1. 差压成型

差压成型是最简单的热成型方法，用夹持框将片材夹紧在模具上，并用加热器加热，当片材加热到足够的温度时，移开加热器并采用适当措施使片材两侧产生压差。产生压差的方法有两种：一种是从模具底部抽真空产生压差，称为真空成型，如图9－13所示。另一种是从片材顶部通入压缩空气产生压差，称为加压成型，如图9－14所示。真空成型是借助已预热片材的自密封能力，将其覆盖在阴模腔的口部形成密封空间，当密封空间被抽真空时，大气压使预热片材延伸变形而得到制品的型样。加压成型是借助已预热片材和盖板形成密封的气室，当气室通入压缩空气时，高压高速气流产生冲击式压力，使预热片材以很大的形变速率贴合到模腔壁上而得到制品的型样，差压取得所需形状并冷却定型后，自模具底部气孔通入压缩空气将制品吹出，经修饰后得制品。

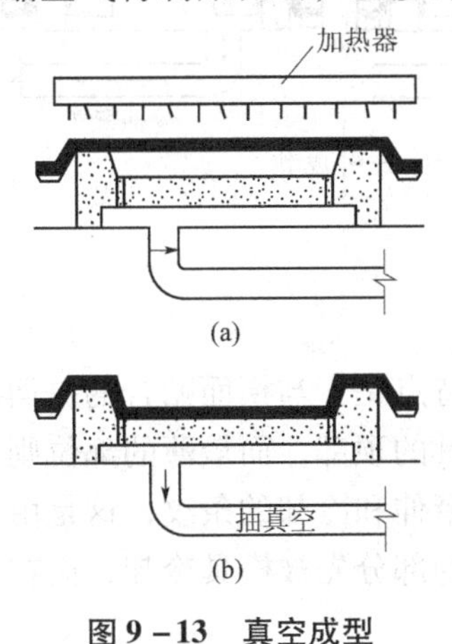

图9－13　真空成型

(a) 片材加热；(b) 抽真空减压

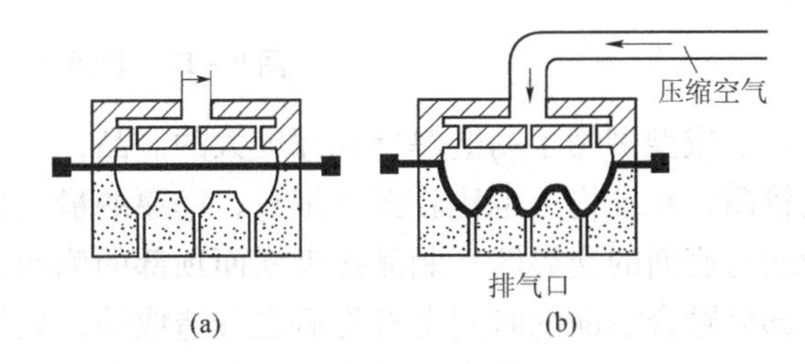

图9－14　加压成型

(a) 预热片材置于阴模上；(b) 通压缩空气加压

差压成型的特点是：制品结构比较鲜明，精细部位是与模具面贴合的一面，光洁度较高；成型时，凡与模具面在贴合时间上越靠后的部位，其厚度越薄；制品表面光泽好，无任何瑕疵，材料原来的透明性在成型后不发生变化。

差压成型的模具通常都是单个阴模，也有不用模具的。不用模具时，片材就被夹持在抽空柜或具有通气孔的平板上，成型时，抽真空或加气压到一定程度即可停止，如图9－15和

图 9－16 所示。这种成型方法主要生产碗状或拱顶状构型制品，所得制品表面十分光洁。许多天窗、仪器罩和窗附属装置都是用此法生产。

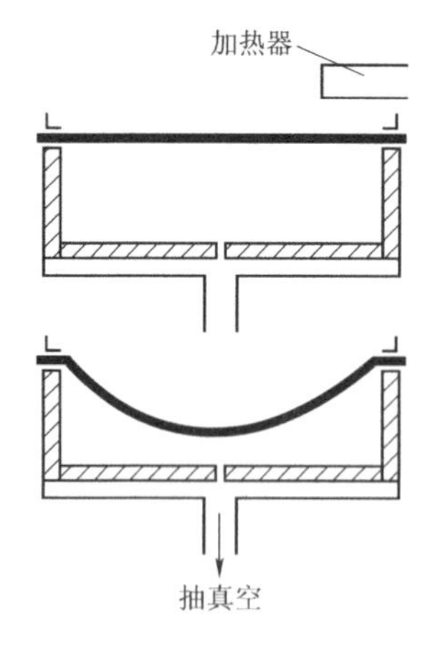

图 9－15　不用模型的真空成型

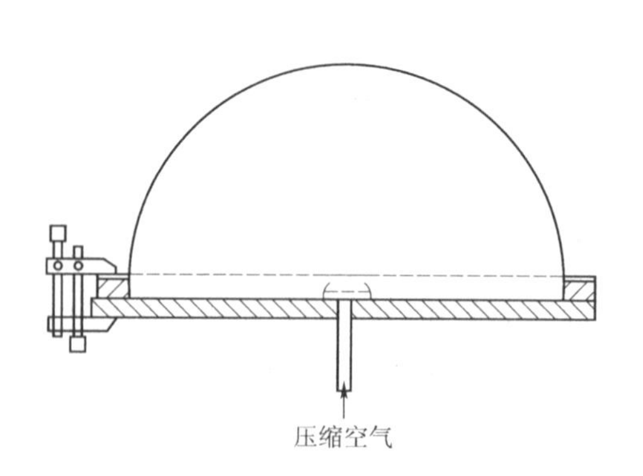

图 9－16　不用模型的加压成型

2. 覆盖成型

覆盖成型的成型过程与真空成型基本相同，不同的是所用模具只有阳模，成型时借助液压系统的推力，将阳模顶入由框架夹持且已加热的片材上（也可用机械力移动框架将片材扣覆在阳模上），并与阳模下边缘形成密封，当软化的塑料与阳模表面间达到良好密封时抽真空，使片材包覆于阳模上而成型。覆盖成型的过程如图 9－17 所示。

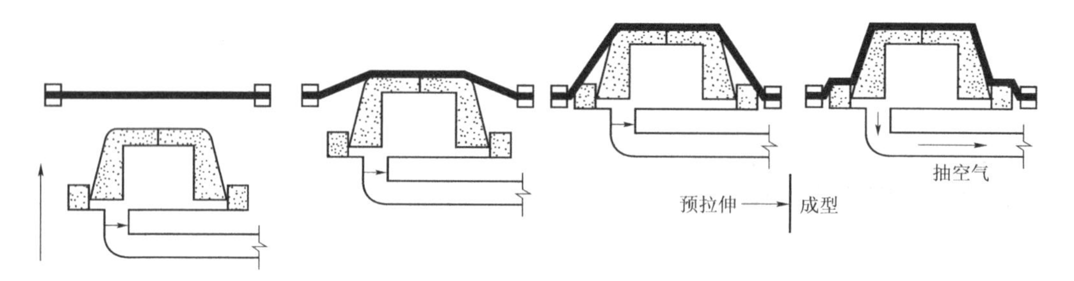

图 9－17　覆盖成型的过程

覆盖成型多用于制造厚壁和深度大的制品，所得制品的特点是：与模面贴合的一面表面质量较高，在结构上也比较鲜明细致；壁厚的最大部位在模具的顶部，而最薄的部位则在模具侧面与底面的交界区；制品接近模面顶部的侧面上常出现牵伸和冷却的条纹，这是由于片材各部分贴合模面的时间上有先后之分造成的，先接触模面的部分先被模具冷却，而在后续的相关过程中，其牵伸行为较未冷却的部分弱。

3. 柱塞助压成型

差压成型的凹形制品底部偏薄，而覆盖成型的凹形制品侧壁偏薄，为了克服这些缺陷，发展了柱塞助压成型方法。此法有两种工艺：柱塞助压真空成型（图 9－18）和柱塞助压气压成型（图 9－19）。成型开始时，将已预热的片材紧压到阴模腔的口部，用机械力推动柱塞下移，拉伸预热片材直至柱塞达到设定位置，然后从阴模底部抽真空（或向片材与柱塞底板间形成的密闭气室通压缩空气），使片材两侧产生压差，迫使片材延伸变形而得到制品的型样，然后冷却、吹气脱模和修整后，即得制品。

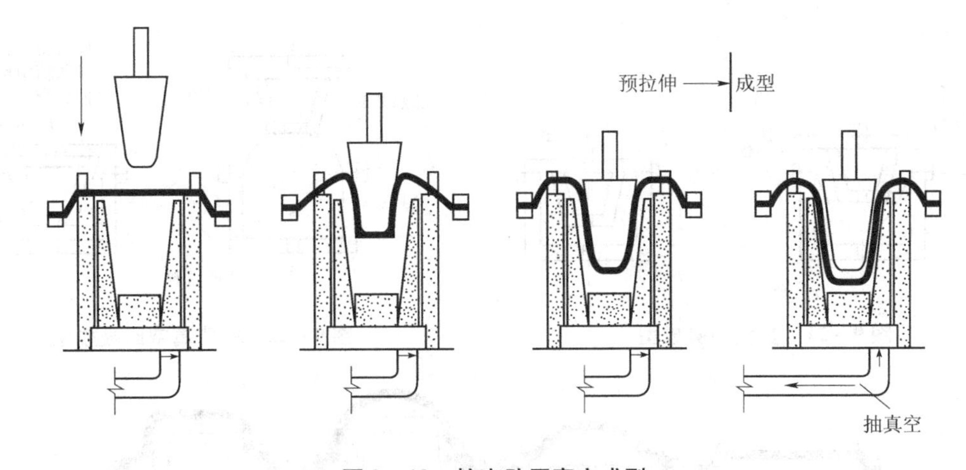

图 9-18 柱塞助压真空成型

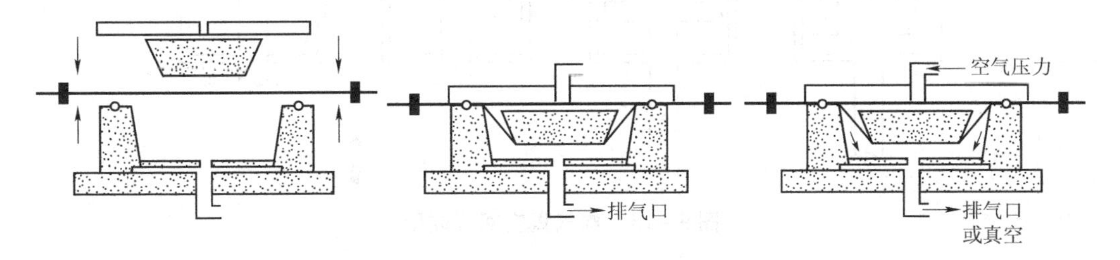

图 9-19 柱塞助压气压成型

为了得到厚度更加均匀的制品，还可在柱塞下降之前，从阴模底通入压缩空气使热软的片材预先吹塑成上凸适当的泡状物，然后柱塞压下，再抽真空或通压缩空气使片材紧贴模具壁面而成型，如图 9-20 所示。前者称为气胀柱塞助压真空成型，后者称为气胀柱塞助压气压成型。气胀柱塞助压成型是采用阴模得到厚度均匀分布制品的最好方法，它特别适合于大型深度拉伸制品的生产，如冰箱的内胆等。另外，柱塞助压成型过程中，柱塞的表面结构最终不成为制品表面结构，故柱塞表面应尽可能光滑。

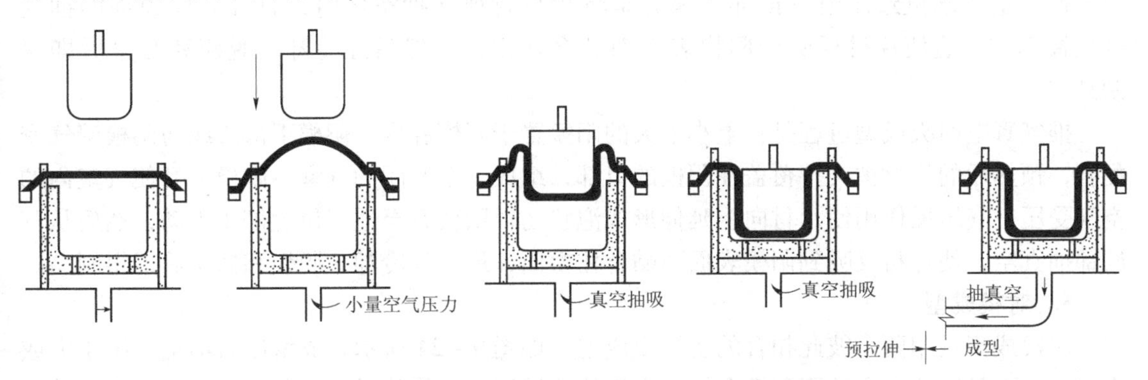

图 9-20 气胀柱塞助压真空成型

4. 回吸成型

回吸成型有三种工艺：真空回吸成型、气胀真空回吸成型和推气真空回吸成型，如图 9-21 至图 9-23 所示。回吸成型可制得壁厚均匀、结构较复杂的制品。

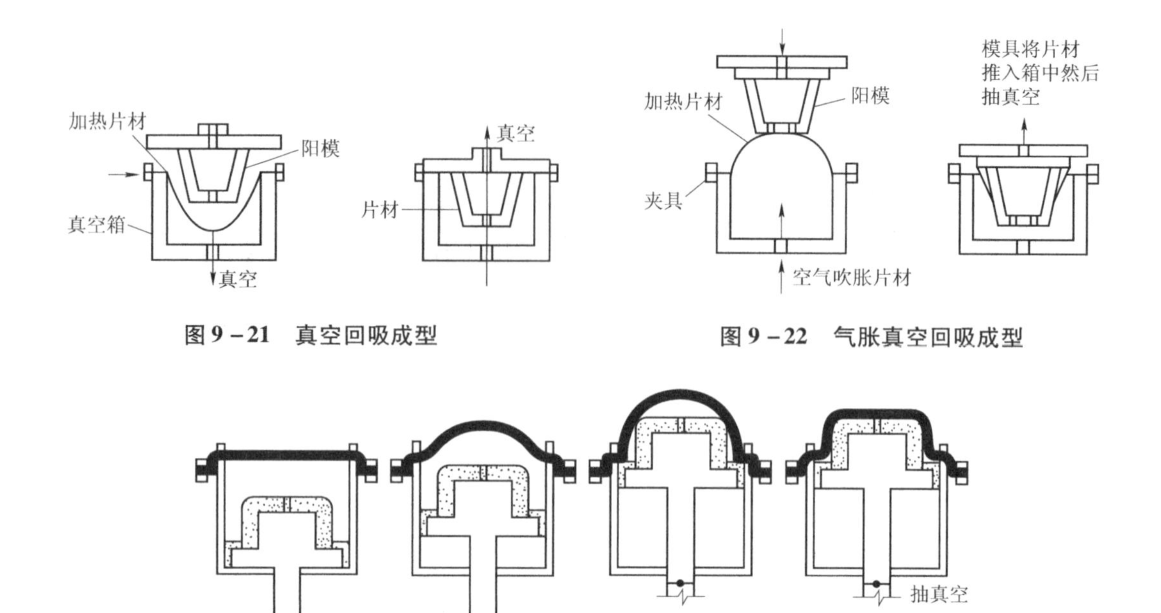

图 9－21　真空回吸成型

图 9－22　气胀真空回吸成型

图 9－23　推气真空回吸成型

真空回吸成型过程是：预热后的片材被夹持覆盖在真空箱的口部，真空箱底部微抽真空使片材向下延伸成为泡状物，同时阳模下降，直至模具边沿紧压在片材的密封边上，使片材完全封死在抽空区上，然后关闭真空箱的真空开关，并在阳模顶部抽真空，迫使泡状物反吸到阳模表面而贴合住模面，最后冷却、脱模和修整后即得制品。

气胀真空回吸成型过程是：预热后的片材被夹持覆盖在阴模的顶部，阴模底部通压缩空气，使片材向上延伸成为泡状物，然后阳模下降将上凸的泡状物逐渐压入阴模内。在阳模向阴模伸进过程中，阴模内维持适当气压，利用片材下部气压的反作用使片材紧包阳模。当阳模伸至适当部位致使模具顶部边缘完全将片材封死在抽空区时，打开阳模顶部的抽气开关抽真空，迫使片材反吸到阳模表面而贴合住模面，然后经冷却、脱模和修整后即得制品。

推气真空回吸成型过程是：上小下大的阳模置于阴模腔内，阳模下部边缘与阴模壁气密配合，预热后的片材被夹持覆盖在阴模的口部，组成一个密闭的气室，阳模上升使气室内的空气受压，气压反作用使片材向上延伸形成泡状物，阳模升至适当位置停止不动，然后从其底部抽真空，使片材反吸到阳模表面而贴合住模面，最后经冷却、脱模和修整后即得制品。

5. 对模成型

对模成型是用两个彼此扣合的阴阳模成型，如图 9－24 所示。成型压力不是气压压力或真空力，而且彼此扣合的阴阳模合拢时产生的机械压力。将片材夹持阴阳模之间，用移动式加热器加热，达到设定温度后，移走加热器，并合拢阴阳模，对片材施压，同时通过模具上的气孔将片材与模具间的空气排出，最后经冷却、脱模和修整后即得制品。

对模成型可制得复制性和尺寸准确性好、结构复杂的制品，可制得具有刻花或刻字的表面，制品厚度分布在很大程度上依赖于制品的样式。

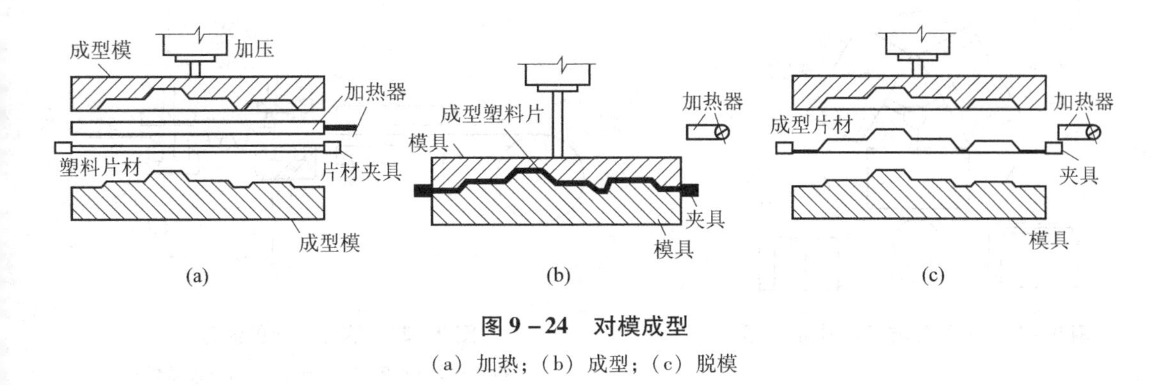

图 9－24　对模成型

（a）加热；（b）成型；（c）脱模

6. 双片热成型

将两片相隔一定距离的塑料片加热到一定温度后，放入上下模具的模框上并将四周夹紧，一根吹针插入两片材之间，将压缩空气从吹针引入两片材间的中空区，同时在闭合模具中抽真空，使片材贴合于两闭合模的内壁而制成中空制品，如图 9－25 所示。

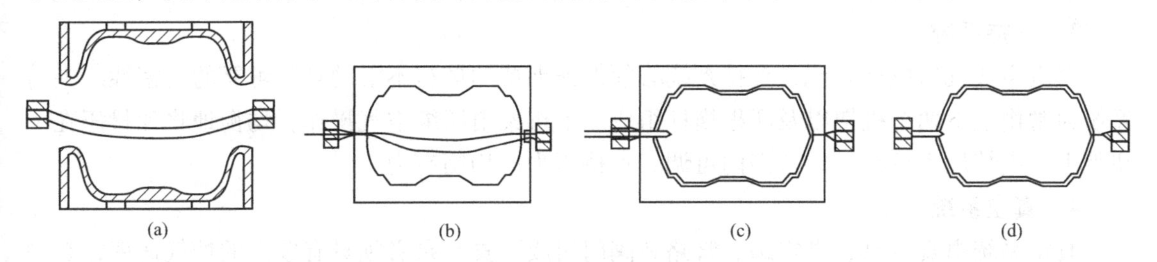

图 9－25　双片热成型

（a）预热片材放入模具中；（b）合模并热合片材边缘；（c）通入压缩空气；（d）脱模得制品

9.4.2　热成型设备和模具

热成型设备包括成型机和与其相适应的加热系统、夹持系统、真空系统、控制系统等辅助设备。

1. 成型机

成型机按供料方式有分批进料和连续进料两种类型。分批进料成型机多用于大型制件生产，原料一般是不易成卷的厚片坯及板材，工业上常用的分批进料设备是三段轮转机，这种设备按装卸、加热和成型的工序分成三段，加热器和模具分设在固定区段内，片材由三个按 120°分隔且可以旋转的夹持框夹持，并在三个区段内轮流转动，如图 9－26 所示。

连续进料成型机一般用于大批量生产薄壁的小型制品，如杯、盘等。原料为成卷的片坯。供料虽属连续性的，但其工作仍然是间歇的，间歇时间自几秒到十几秒，设备也是多段式，每段只完成一个工序，如图 9－27 所示。

2. 加热系统

加热系统常用电加热器或红外线辐射，较厚的片材还须配备烘箱进行加热。加热器的温度一般为 350℃～650℃，为适应不同塑料片材的成型，加热系统应配置温度控制器和加热器与片材距离的调整装置。加热器与片材的距离变化范围为 8～30 cm。

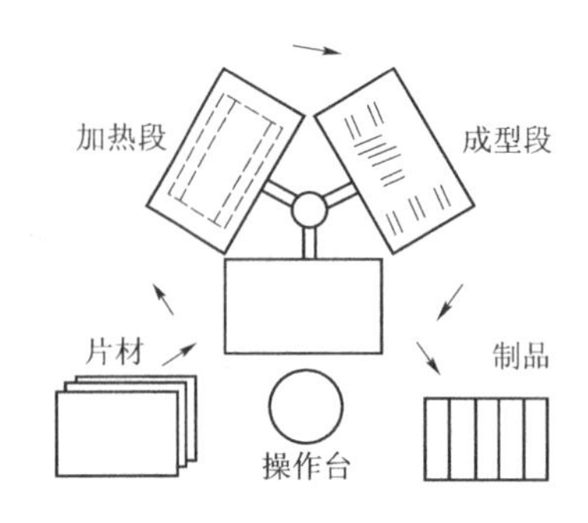

图 9-26　三段轮转机操作示意图

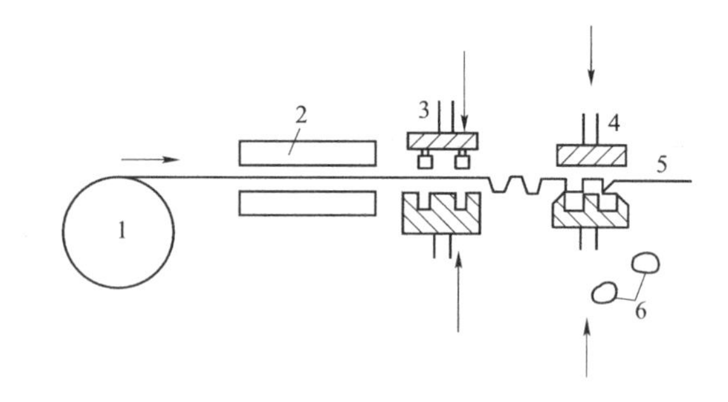

图 9-27　连续进料的流程

1—料卷；2—加热器；3—模具；4—冲裁模；5—边角废料；6—制品

成型时模具温度一般保持在 45℃ ~75℃。金属模具可在模具上设置水道通温水循环；非金属模具，由于传热性较差，只能采用时冷时热的方法来保持模具的温度，加热时用红外线辐射，冷却时用风冷。

3. 夹持系统

对真空或气压成型来说，夹持系统必须保证夹持的坯料不滑动且有可靠的气密性。夹持系统通常由上下两个机架以及两根横杆组成。上机架由压缩空气操作，均衡地将片材压在下机架上。夹持压力可在一定范围内可调，夹持压力应均衡有力。

4. 真空系统

真空系统由真空泵、真空罐、管路和阀门组成。真空泵必须具有较大的抽气速率，真空罐要有足够的容量，以保证能瞬时排除模型与片材间的空气而借助大气压力成型。

5. 压缩空气系统

压缩空气系统由压缩机、储存罐、管路和阀门组成。压缩空气系统不仅用于成型，还可用于脱模、初始冷却和操作机件动作的动力。

6. 冷却系统

为提高生产效率，热成型制品脱模前常需冷却。金属模具可在模具上开设水道通水冷却。硬木、石膏以及塑料等非金属模具，因无法用水冷却，而用风冷，并可另加水雾冷却成型制件的外表面。若要提高制件的耐冲击性能，应自然冷却，因为水冷的制件脆性大。

7. 模具

热成型中，模具是影响产品质量、生产效率和成本的关键。与塑料一次成型相比，热成型模具简单、成本低，模具受到的成型压力低。因此，热成型模具的材料除了钢外，还可以用硬木、石膏、铝材以及某些塑料，设计和制造也都大大简化。在选择和设计热成型模具时，应注意以下几点：

（1）制品的引伸比。引伸比是制品深度与宽度（或直径）之比。引伸比大，成型较难，制件壁厚分布不均匀性增加，还会使制件受到过分牵伸。引伸比以不超过 2:1 为原则，实际生产中一般采用 0.5:1 ~1:1，具体数值由原料品种、片材厚度及模具形状等因素综合确定。单阴模成型时，引伸比通常不超过 0.5:1。单阳模成型时，引伸比可达到 1:1。柱塞协助成型时，引伸比可超过 1:1。

（2）角隅。为了防止制品的角隅部分发生厚度减薄和应力集中，影响强度。制件的角隅部分不允许有锐角，角的弧度应大些，不能小于片材的厚度。

（3）斜度。为了便于制件的脱模，制件在脱模方向应有一定的斜度，即脱模斜度。脱模斜度范围为 0.5°～4°。同样情况下，阴模的脱模斜度可小一些，阳模的脱模斜度要大一些。以 ABS 为例，阴模的脱模斜度为 0.5°～1°，阳模的脱模斜度为 2°～3°，若制品表面有花纹，则应适当增大脱模斜度。

（4）加强筋。由于热成型制件通常厚度薄而面积大，为了保证其刚度，制件的适当部位应设置加强筋。

（5）抽气孔位置和直径。抽气孔的位置要均匀分布在制件的各部分，在片材与模型最后接触的地方，抽气孔可适当多些。抽气孔直径要适中，太小，将影响抽气速率；太大，则制品表面会残留抽气孔的痕迹。抽气孔的大小，一般不超过片材厚度的 1/2，常用直径为 0.5～1 mm。

此外，模具设计还要考虑各种塑料的收缩率。一般热成型制品的收缩率为 0.001～0.04。如果采用多模成型，要考虑模型间距。至于选择阳模还是阴模，则要考虑制品的各部分对厚度的要求，如制造边缘较厚而中间部分较薄的制品，则选择阴模；反过来，若制造边缘较薄而中央部分较厚的制品，则选择阳模。

9.4.3　热成型工艺条件及控制

热成型工艺过程包括片材的准备、夹持、加热、成型、冷却、脱模和制品的后处理等，其中影响工艺和制品质量的因素主要有：加热、成型和冷却脱模等。

1. 加热温度和成型温度

热成型工艺中，片材是在高弹态下拉伸成型的，故成型前必须将片材加热到规定的温度。片材经过加热后所达到的温度，应使塑料在此温度下既有很大的伸长率又有适当的拉伸强度，保证片材成型时能经受高速拉伸而不破裂。温度对材料伸长率和抗张强度的影响规律如图 9-28 所示。

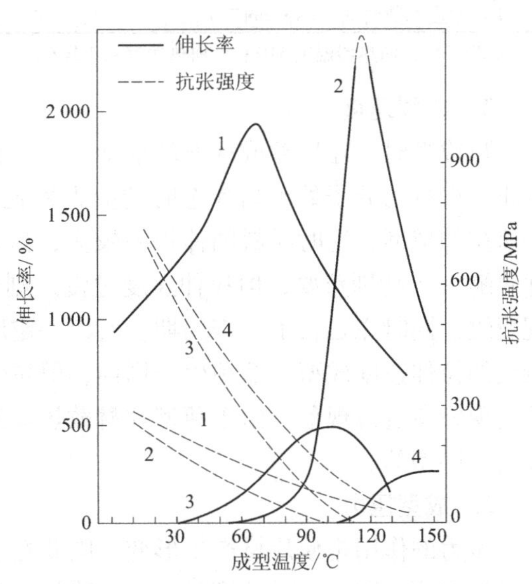

图 9-28　温度对材料伸长率和抗张强度的影响规律（拉伸速度 100 mm/min）

1—PE；2—PS；3—PVC；4—PMMA

从图 9-28 可看出：

（1）随着温度的提高，塑料的伸长率增大，在某一温度时有一极大值，超过这一温度，伸长率反而降低。所以，在一定的成型压力和成型速度下，伸长率最大时的温度应是最适宜的成型温度，也是成型温度上限。在伸长率较大的温度下成型，可以成型壁厚较小且深度较大的制品，这是因为在成型温度上限以下，随着温度提高，制品的壁厚可减少，如图 9-29 所示。

（2）随着温度升高，材料的抗张强度下降，若在最适宜温度下成型压力所引起的应力已大于材料在该温度下的抗张强度，片材会产生局部过度形变，甚至引起破坏，使成型不能进行。这种情况下应降低成型压力或改用伸长率较低的温度成型。较低的成型温度可以缩短冷却时间和节省热源，但考虑到制品轮廓的清晰度和尺寸及形状稳定性，温度过低也不行，因为只有片材的温度较高时，才能将模具上的图案及线条反映在制品上，同时制品的可逆形变才少，形状和尺寸才稳定，不会在使用和储存过程中发生变形。

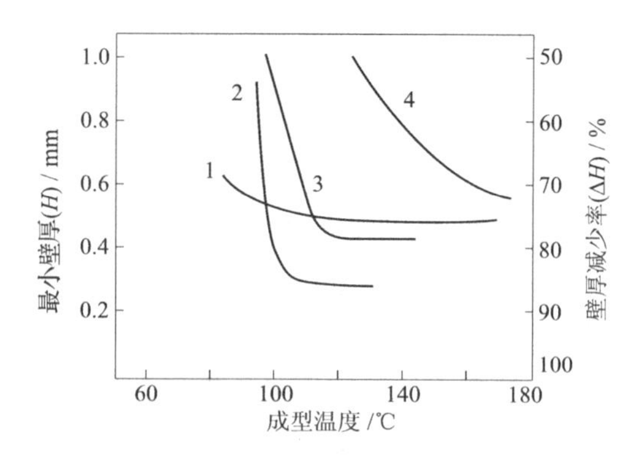

图 9-29 热塑性塑料成型温度与最小壁厚的关系（成型深度 $H/D=0.5$，板厚 2 mm）

1—ABS；2—PE；3—PVC；4—PMMA

在实际加工过程中，片材从加热到成型之间因工序周转而有一短暂的间歇时间，片材会因散热而降低温度，特别是较薄的、比热容小的片材散热速度更快。因此，加热的温度应比成型温度高。

成型时，片材各处温度分布应均匀，因为塑料热传导性能差，所以片材加热时间必须较长，一般占整个成型周期的 50% ~80%，通常加热时间随片材导热系数增大而缩短，随片材厚度和比热增大而延长，但这种缩短和延长都不是简单的直线关系，见表 9-1。通常生产时，当材料确定后，成型温度、加热温度和加热时间在参考经验数据后由试验来最后确定。

表 9-1 加热时间与聚乙烯片材厚度关系

项　目	数　量		
片材厚度/mm	0.5	1.5	2.5
加热到 121℃所用时间/s	18	36	48
单位厚度加热时间/（$s \cdot mm^{-1}$）	36	24	19.2

实验条件：加热器温度 510℃，加热功率 4.3 W/cm^2，加热器与片材的距离 125 mm。

2. 成型速度

热成型时，在压差或柱塞的推动下，片材产生伸长变形，直至形变达到与模具尺寸相当时止。根据高分子处于高弹态时的应力松弛（或蠕变）原理，如果成型温度不高，应采用慢速拉伸成型，这时材料的伸长率较大，这对于成型大的制品（片材拉伸程度高，断面尺寸收缩大）特别重要，但拉伸速度过慢，则材料因过度冷却引起变形能力下降，使制品出现裂纹，同时亦延长了生产周期。所以一定厚度的片材，在适当提高加热温度的同时，宜用较快的拉伸速度成型，缩短生产周期，但拉伸过快常会因为流动的不足而使制品的凹、凸部位出现壁厚过薄现象。由于薄型片材散热降温快于厚型片材，所以薄型片材的成型速度一般要快于厚型的。

3. 成型压力

压力的作用是使片材产生形变，因此在成型温度下，只有当压力在材料中引起的应力大于材料在该温度时的弹性模量时，才能使材料产生形变。由于各种材料的弹性模量不同，且对温度的依赖性也不同，故成型压力随高分子品种、片材厚度和成型温度而变化。一般，分子刚性大、相对分子量高、存在极性基团的高分子需要较高的成型压力。如果在某一温度下所施加的压力不足以使材料产生足够的伸长时，需提高压力或提高成型温度。

4. 冷却脱模

成型好的制品必须冷却到形变温度以下才能脱模，否则脱模后会变形。成型后制品的冷却有内冷与外冷两种方式。内冷是通过模具的冷却来使制品冷却，外冷是用风冷或空气－水雾法直接对制品冷却。内冷和外冷既可单独使用也可组合使用。为缩短成型周期和制品的稳定性，成型完成后对制品的冷却应越快越好，但冷却降温速率也要适中，因为降温速率过快会造成过大的温度梯度而在制品中产生大的内应力，也会造成制品的高度拉伸区域出现微裂纹。冷却降温速率与塑料的导热性和制品壁厚有关。

除因片材加热过度出现高分子分解或因模具成型面过于粗糙而引起脱模困难外，热成型制品很少有黏模倾向，如果偶有黏模现象，也可在模具的成型面涂抹脱模剂。脱模剂用量不宜过多，否则影响制品的光洁度和透明度。热成型常用的脱模剂有：硬脂酸锌、二硫化钼和有机硅油的甲苯溶液等。

5. 材料的热成型性

热成型性是选择材料时常考虑的一个问题。PS 和 PE 的伸长率比 PVC 和 PMMA 高（图 9－28），但 PVC 和 PMMA 在较宽温度范围内伸长率变化小，在成型压力不变时，即使成型温度有较大波动也能顺利成型，而 PS 和 PE 的加工温度小幅度波动时，其伸长率就急剧变化而难以成型。从抗张强度考虑，PVC 和 PMMA 对温度的敏感性大于 PS 和 PE，这种敏感性对生产薄壁制品很不利，因为当材料与模具接触即发生冷却降温时，接触部分的强度和弹性模量增加，以致不容易发生进一步的变形，而未接触的部分则可继续受拉伸而变薄，这样就会使深尺寸制品的侧壁变得很薄，甚至能引起拉伸破裂。

一般地说，伸长率对温度敏感的材料，适于用较大压力下缓慢成型，并且适于在单独的加热箱中加热，再移入模具中成型；而伸长率对温度不敏感的材料，适于用较小压力下快速成型，这类材料宜夹持在模具上，用可移动的加热器加热。

总之，塑料热成型的条件，应根据材料的种类、片材厚度、制品形状、制品表面精度要求、制品使用条件以及成型方式等因素进行综合的考虑。

习题及思考题

1. 二次成型原理是什么？如何确定二次成型条件？
2. 哪些因素影响中空吹塑成型过程和制品质量？如何影响的？
3. 平挤逐次双向拉伸法生产 PP 薄膜时，挤出的厚片为何要急冷？冷却后的厚片在拉伸前为什么又要加热？
4. 哪些因素影响拉幅薄膜的取向？如何影响的？
5. 热成型的基本方法有哪些？
6. 哪些因素影响热成型工艺和制品质量？如何影响的？

第 10 章　塑料其他成型技术简介

在塑料成型加工技术中，挤出、注塑、压制、压延和二次成型等是应用广泛的主要成型加工方法，绝大多数塑料制品都是通过这些方法制得的。但在实际生产中，由于某些材料的性能特殊性，或某些制品有特别的性能要求，上述这些加工方法难以适应，或者缺乏一定的经济性。因此，发展了一些其他成型加工方法。

10.1　冷　成　型

冷成型（或称固相成型）即不属于一次成型也不属于二次成型，系移植金属加工方法（如锻压、辊压、冲压等），使塑料无须熔融或软化到黏流状态而在常温（也可在高分子材料的 T_g 以下）下成型。塑料的冷成型工艺及设备大体上和金属成型相似，根据施力方式不同，大致有以下几种。

（1）锻造。把塑料坯料预热后，移置压机上、下模之间，随上、下模闭合，依靠模具的机械作用力成型为制品。

（2）皮垫成型。压机的上模是一块橡皮垫，塑料坯料与橡皮垫直接接触，下模是阳模。合模时橡皮垫变形变成了阴模，塑料就在金属阳模和橡皮阴模之间成型。

（3）液压成型。上模装有一块橡皮隔膜，流体的压力通过该膜传到塑料上。合模时，流体的压力迫使橡皮隔膜变形把压力传递给塑料，使其在上、下模间成型。

（4）冲压成型。靠机械的冲力将坯料成型为塑料制品，通常冲压法只能成型深度不超过 6.2 mm 的制品。主要用于改性聚丙烯、超高分子量聚乙烯、ABS、聚甲醛、尼龙 6 及尼龙 66 等。

（5）辊压成型。借助于轧光机上辊的机械作用，成型塑料板材和薄膜等。主要用于加工聚乙烯、聚苯乙烯、硬质聚氯乙烯、尼龙 6、尼龙 66、聚四氟乙烯和聚甲醛等。

冷成型的基本条件是：成型材料本身应是完整的坯料，其形状最好近似成型制品，如生产齿轮时使用的坯料为圆盘或圆环；进行成型的温度范围，由室温至高于室温 10℃ ~20℃，甚至低于熔点或软化点的温度均可。另外成型制品是在屈服点加压进行的，用固相成型加工塑料时，确定工艺参数时要注意这些条件，也应防止加工材料结构弊病出现。

冷成型方法具有的很多优点：避免了高分子在高温下降解，提高了制品的性能；冷成型时，高分子迅速取向，制品的性质得到明显改善；成型工艺无加热和冷却阶段，生产工序大量减少，生产周期大大缩短；成本低，在大规模生产的条件下，设备成本较注射成型的成本低 50% ~70%；可以加工分子量非常高的高分子材料，不受加工方法的限制；制品不存在流动时的熔接缝和浇口痕迹等。冷成型也存在一些不足：制品的尺寸、形状和精密度差，这是由于塑料解除加工力后的弹性恢复力比金属材料大得多，而弹性模量又小得多之故；制品中存在明显的分子取向，引起强度的各向异性。

目前用冷成型方法生产塑料制品已有较大的发展，如奶油罐、齿轮、汽车零件等，还有用固相成型技术制人造岛、浮桥等大型塑料制品。

10.2 铸塑成型

塑料的铸塑成型是从金属的浇铸技术演变而来的，是将高分子的单体、预聚体、塑料熔融体、高分子溶液、分散体等加入到一定形状规格的模具里，而后使混合体系发生固化反应而定型得到制品的成型方法。

铸塑成型的特点是：设备较简单，成型时一般不需要加压，对模具强度的要求也低，且由于物料流动温度一般不是很高，故可以直接用金属或合金、玻璃、木材、石膏、塑料和橡胶等材料制造模具；对制品的尺寸限制较少，宜生产小批量大型制品，制品中大分子取向低，内应力小，质量较均匀。但铸塑成型存在生产周期长，制品尺寸精度低等缺点。目前属于铸塑成型技术的成型方法有静态浇铸、嵌铸、流延浇铸、搪塑和滚塑等。

10.2.1 静态浇铸

静态浇铸是铸塑成型技术中较简便和使用广泛的成型工艺，生产时把液状单体、部分聚合或缩聚的浆状物以及高分子与单体的溶液等主体原料，与催化剂（或引发剂）、促进剂或固化剂混合后注入模腔中，混合物料在模具中完成聚合或缩聚反应而固化定型，从而得到与模具型腔相似形状的制品的成型方法。用于静态浇铸的塑料品种主要有PMMA、PS、PA、PU、PF、UP、环氧树脂和有机硅树脂等。

静态浇铸工艺过程包括：模具准备、浇铸液的配制和处理、浇铸及硬化（或固化）、制品后处理。

1. 模具准备

模具准备包括模具的清洁、涂脱模剂及预热等操作。有的物料（如PMMA）不需要脱模剂，但黏性很强的物料（如环氧树脂）必须用脱模剂，否则将造成脱模困难以致损坏制品或模具。常用脱模剂有机油、液状石蜡、凡士林、201油膏、4号高温润滑脂等。当采用石膏、木材等多孔性材料做的模具时，所选用脱模剂不能渗入到模具的微孔内，也要能阻止模具内的水分进入模具内。某些浇铸过程（如尼龙单体的浇铸）应将模具预热到固化温度（如160℃）。

2. 浇铸液的配制和处理

按一定的配方将各种组分配制成混合物。不同原料的浇铸液配制过程有所不同。但配制过程应保证各组分完全混合均匀，排出物料中的空气及挥发物，控制好固化剂、催化剂等的加入温度。配制好的浇铸料，要过滤除去机械杂质，抽真空或常压下放置脱泡。

3. 浇铸及硬化（或固化）

将处理过的浇铸液用人工或机械法注入模具内。注入时注意不要将空气卷入，必要时进行排气操作。

物料在模具内完成聚合反应或固化反应而硬化为制品。硬化过程通常需要加热，升温要逐步进行。升温过速，制品会出现大量气泡或收缩不均匀，产生内应力。硬化温度和时间随树脂的种类、配方及制品的厚度而异。通常，硬化是在常压或在低压下进行的，而PMMA

聚合反应可在 1 MPa 的高压下进行，因为这样可适当提高固化温度，缩短生产周期。

4. 制品脱模后处理

制品固化后即可脱模，然后经过适当后处理。后处理包括热处理、机械加工、修饰、装配和检验等。

10.2.2 嵌铸

嵌铸，又称封入成型，是将各种非塑性样品、零件等包封到塑料中的成型技术。它是在模型内预先安放经过处理的嵌件，然后将准备好的浇铸料注入模内，在一定的条件下硬化（或固化）成型，嵌件便包裹在塑料中。嵌铸成型常用于包封各种生物和医用标本、商品、样品、纪念品等，以便长期保存，所用的塑料品种主要有 PMMA、UP 及 UF 等透明塑料；也有用于包埋电气元件及电子零件，使之与外界隔离，起到绝缘、防腐、防振等作用，所用的塑料主要是环氧树脂等。

嵌铸工艺过程包括：嵌件预处理、嵌件固定、浇铸。

1. 嵌件预处理

为使塑料与嵌件间能够紧密结合，避免出现气泡等不良现象，常需对嵌件进行预处理。

（1）干燥。如嵌件带有水分，则在高温下汽化而使制品带有气泡，故必须先干燥。若嵌件不能承受常压干燥或真空干燥，如鱼、蛙之类，可依次在 30%、50%、80%、100% 的甘油中各浸一天，把内部的水分抽出来，然后取出用吸湿纸把表面吸干即可嵌铸。

（2）嵌件表面润湿。如用不饱和聚酯嵌铸时，为避免塑料与嵌件间黏合不牢或夹带气泡，可先将嵌件在苯乙烯单体（不饱和聚酯交联剂）中润湿一下。

（3）表面涂层。某些嵌件会对塑料的硬化过程起不良影响，如铜或铜合金对丙烯酸类树脂的聚合有阻聚作用，但又不能找到其他代替嵌件材料时，可在嵌件表面涂一层惰性物质（如水玻璃、醋酸纤维素或聚乙烯醇等），然后再进行嵌铸。

（4）表面粗糙化。嵌铸某些电子元件时，由于金属与塑料的热膨胀系数不同，且金属元件可能发热，而导致塑料层开裂，造成塑料与嵌件的连接不牢。除在塑料品种、配方及嵌件大小、外形上适当考虑外，也可将嵌件进行喷砂或用粗砂纸打磨使表面粗糙，以提高嵌件与塑料的黏结力。

2. 嵌件的固定

采用适当的方法将嵌件固定在模具指定位置，保证嵌件不发生上浮或下沉。也可分次浇铸，以便嵌件能固定在制品准确位置。

3. 浇铸

不饱和聚酯及环氧树脂等的浇铸与静态浇铸基本相同，但对 PMMA 嵌铸则要用预聚体。PMMA 嵌铸制品的厚度较大，聚合过程产生大量的聚合热因无法逸散而易引起爆聚，为此可采用在高压釜中引入惰性气体进行聚合的方法。

10.2.3 离心浇铸

离心浇铸是将树脂液加入到高速旋转的模具中，在离心力作用下，树脂液充填到模具的成型部位，而后使之硬化定型为制品的成型方法。与静态浇铸的区别仅在于模具要转动。离心浇铸生产的制品大多为圆柱形或近似圆柱形，如大直径的管制品、中空制品、轴套等，也可用于生产齿轮、滑轮、转子和垫圈等。离心浇铸常用于熔体黏度小、热稳定性好的塑料，如聚酰胺、聚烯烃等。

与静态浇铸相比，离心浇铸的优点是：宜生产薄壁或厚壁的大型制品，制品内无内应力或内应力很小，力学性能高，制品的精度较高，机械加工量少。但缺点是：成型设备较为复杂，生产周期长，难以成型外形较为复杂的制品。

根据制品的形状和尺寸，离心成型设备有立式和卧式之分。轴线方向尺寸较大的制品，宜采用卧式设备。直径较大或轴线方向尺寸较小的制品，宜采用立式设备。单方向旋转的离心浇铸设备一般用来生产空心制品。当制造实心制品时，除需单方向旋转外还需在紧压机上进行旋转，以保证制品质量。此外，也有同时使模具做两个方向旋转的。立式离心浇铸实心制品的生产示意如图 10－1 所示。

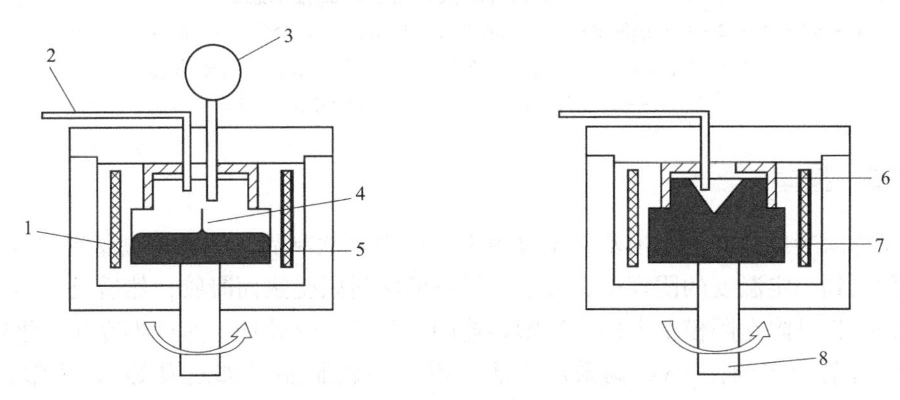

图 10－1　立式离心浇铸实心制品的生产示意图

1—红外灯或电阻丝；2—惰性气体送入管；3—挤出机；4—储备塑料部分；
5—塑料；6—绝热层；7—模具；8—转动轴

10.2.4　流延浇铸

流延浇铸是将热塑性或热固性塑料溶于溶剂中配制成一定浓度的溶液，然后以一定速度流布在连续回转的基材上（一般为无接缝的不锈钢带），通过加热使溶剂蒸发而使塑料固化成膜，最后从基材上剥离即为膜制品的成型方法。薄膜的宽度取决于基材的宽度，而薄膜的长度则可以是连续的。薄膜的厚度取决于溶液浓度、钢带回转速度、胶液的流布速度及次数等。目前，用于流延浇铸生产薄膜的塑料有醋酸纤维素、聚乙烯醇、聚乙烯－醋酸乙烯酯共聚物、聚碳酸酯和 PET 等。某些高分子在高温下易降解或熔融黏度高，不易用挤拉、吹塑等方法加工成膜，可用流延浇铸成膜。

流延浇铸法得到的薄膜薄而均匀，最薄可达 0.05～0.1 mm，透明度高，内应力小，较挤拉、吹塑薄膜可更多地用在光学性能要求高的场合，如电影胶片、安全玻璃的中间夹层等。其缺点是：生产速度慢，设备昂贵，生产过程复杂，热量和溶剂消耗量大，需考虑溶剂的回收及安全等问题，制品成本较高而强度较低。

流延浇铸工艺过程包括：塑料溶液配制、溶液流延铸塑成膜、薄膜干燥和溶剂回收等操作。图 10－2 所示为目前产量最大，也是最成熟的三醋酸纤维素流延薄膜的生产流程。

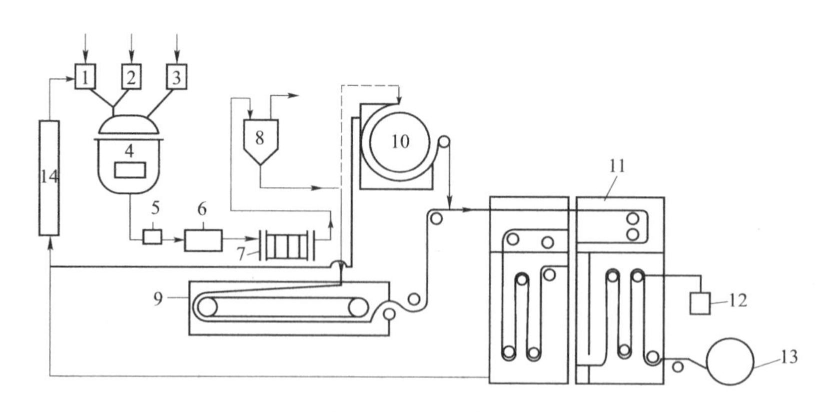

图 10-2　三醋酸纤维素薄膜生产流程示意图

1—溶剂储槽；2—增塑剂储槽；3—三醋酸纤维素储槽；4—混合器；5—泵；6—加热器；7—过滤器；8—脱泡器；9—带式机；10—转鼓机；11—干燥室；12—平衡重块；13—卷取辊；14—溶剂回收系统

10.2.5　搪塑

搪塑又称涂凝成型或涂凝模塑，主要用于成型中空软制品。它是将糊塑料（塑性溶胶）倾倒在已预热到一定温度的阴模中，接近阴模壁的塑料因受热而凝胶，然后及时倒出没有凝胶的塑料，并将已附在阴模壁上的一层塑料连同模具进行热处理，然后再冷却固化后可得到中空制品。目前较多的是 PVC 糊采用该法生产空心软制品（如玩具等），成型过程如图 10-3 所示。先将 PVC 糊灌满已升温至规定温度（一般为 130℃左右）的模型中，使整个模壁为糊塑料所润湿，停放一段时间（15～30 s），将模具倒置使未凝胶的糊塑料倒入储料槽，这时模壁上附着一定厚度已部分凝胶的料层（如果仅预热模具不能使胶凝层的厚度达到制品壁厚的要求，可待糊塑料注满模具后短暂加热，加热方法可采用红外线照射，也可以将模具浸入热水或热油浴中），随后将模具放入 165℃左右的加热装置中处理 15～50 min，使凝胶料塑化，塑化完毕后从加热装置中移出模具，用风冷或水喷淋冷却使模温降至 80℃，即可将制品从模具中取出。

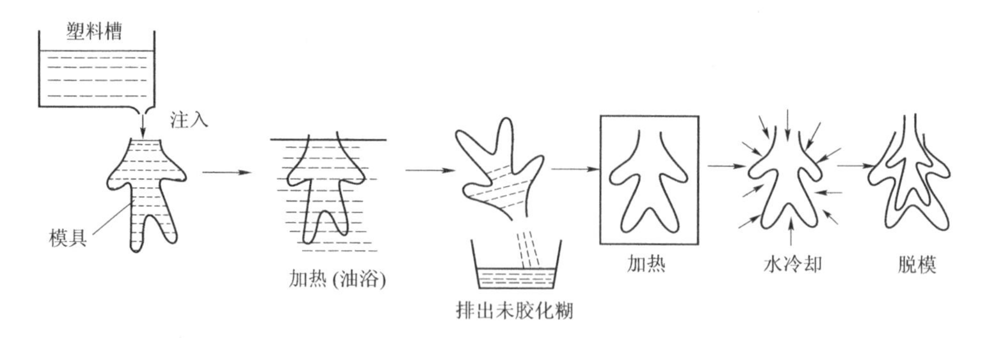

图 10-3　PVC 糊搪塑成型工艺过程

糊塑料由悬浮体变为制品的过程是树脂在受热下继续溶解为溶液的过程，工艺上称这一过程为糊塑料的热处理（烘焙）。热处理过程一般分为“胶凝”和“熔化”两个阶段（图 10-4）。

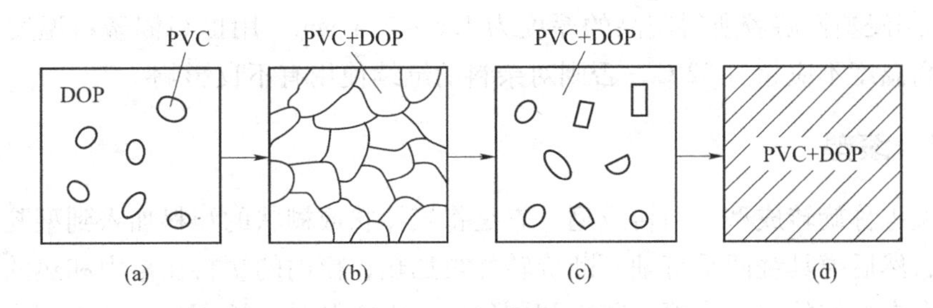

图 10－4　PVC 糊塑料的胶凝与熔化

(a) 增塑糊；(b) 凝胶阶段；(c) 未完全熔融；(d) 完全熔融

胶凝阶段是指糊塑料从开始受热到形成具有一定力学强度的固体物的物理变化过程。糊塑料开始为微细粒子分散在液态增塑剂连续相中构成悬浮液，如图 10－4（a）所示；受热使增塑剂的溶剂化作用增强，致使树脂粒子吸收增塑剂而发生体积膨胀，随受热时间延长和加热温度提高，糊塑料中液体逐渐减少，树脂粒子因体积不断增大，相互越加靠近，最后残余的增塑剂完全被树脂粒子吸收，糊塑料变为表面无光而易碎的胶凝物料，如图 10－4（b）所示。

熔化是胶凝物在连续受热下，其力学性能渐趋最佳值的物理变化过程。在这一阶段，充分膨胀的树脂粒子先在界面间发生黏结（即开始熔融），树脂粒子间的界面变得越来越模糊，如图 10－4（c）所示。随之界面越来越小直至完全消失，树脂也逐渐由颗粒形式变成连续的透明体或半透明体，形成十分均匀的单一相，如图 10－4（d）所示，而且冷却后能长久地保持这种状态，并且具有较高的力学性能。

10.2.6　蘸浸成型

蘸浸成型又称蘸浸模塑，生产方法与搪塑大体相似，不同的只是所用模具是阳模而不是阴模。成型时，将预热到一定温度的阳模浸入糊塑料中，然后将模具慢慢提出，即可在其表面蘸涂上一层糊塑料，通过热处理与冷却后即可从阳模上剥下得中空制品。其成型工艺过程如图 10－5 所示。

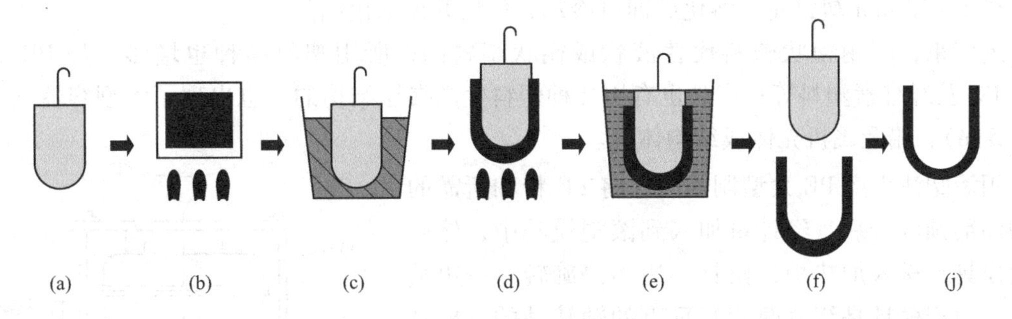

图 10－5　蘸浸成型工艺过程

(a) 成型模具；(b) 模具加热；(c) 蘸涂；(d) 加热固化；(e) 冷却；(f) 脱模；(j) 最终制品

用有机溶剂和塑性溶胶蘸浸一次所能制得的厚度为 0.003～0.4 mm 和 0.02～0.5 mm，厚度取决于糊塑料的黏度。如需厚度较大的制品，可多次蘸浸、预热模具或提高糊塑料温度等。用预热模具进行蘸浸时，伸入糊塑料的速度应很快，但提出的速度与不预热的完全相同，通常为 10～15 cm/min。制品增厚的程度取决于模具的预热温度，多数情况下，用

150℃的模具蘸浸塑性溶胶所得制品的厚度为1.6～2.4 mm。用提高糊塑料温度来增加制品厚度时，最高温度不应超过32℃，否则对余料的继续使用有不良影响。

10.2.7 滚塑

滚塑成型也称旋转成型、回转成型。它是将液体状或糊状的塑料加入到型腔可以完全闭合的模具中，然后模具绕两垂直轴不断旋转并被加热，模内的塑料在重力和热的作用下，逐渐均匀地涂布在模腔的整个表面，待冷却硬化后得中空制品。滚塑成型工艺过程如图10－6所示。滚塑与离心铸塑类似，但滚塑的转速不高，设备比较简单，更有利于小批量生产大型的中空制品。滚塑制品的厚度较挤出吹塑的均匀，无熔接缝，废料少，制品几乎无内应力，因而不易发生变形、凹陷等缺陷。

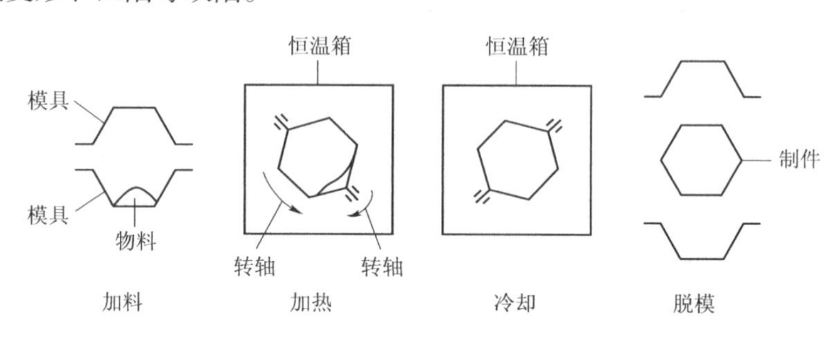

图10－6　滚塑成型工艺过程

用PVC糊塑料生产小型制品时，先将定量的PVC糊塑料加入到模具中，闭合并锁紧模具，然后将模具固定在能够绕着两正交的轴同时进行旋转的装置上。当模具旋转时，即用热空气或红外线等对其加热。模具的主轴旋转速度为5～20 r/min，次轴旋转速度为主轴的1/5～1，并且可调。模内半液态塑料在自重作用下向着模具转动的反方向向下滑动。当模腔表面旋转而接触物料时，就能从中带走一层，直至积存的半液态塑料耗尽为止。模内的糊塑料在随模具旋转并受热的情况下，就能均匀地分布在型腔的表面，并逐渐由凝胶达到完全的熔化，一般加热5～20 min塑料完全熔化后即可冷却，然后开模取出制品。

近年来，有用粉状塑料代替液状或糊状塑料的，所用塑料品种也增多，如PE、PS、PA、PC及纤维素塑料等；产品也有用几种塑料生产夹层结构的，也出现了大型容器（直径达2.5 m）、船及飞机壳体或结构体等。

用滚塑法生产PE大型制品时，将PE粉和所需的各种助剂预混合后，经计量加入到滚塑模具中，然后锁紧模具，送入加热炉，模具一边不停旋转，一边被加热。由于模具是绕着两相互垂直的轴转动的，模具中的物料得以与模腔壁上的各点逐一接触，同时从模壁上传入的热量使塑料逐渐塑化并黏附于整个模具内表面上，形成所需要的形状。塑化充分后，仍在转动下自然冷却或水喷淋冷却使形状固定下来后再开模取制品。生产所用设备为图10－7所示的单模式旋转成型机。

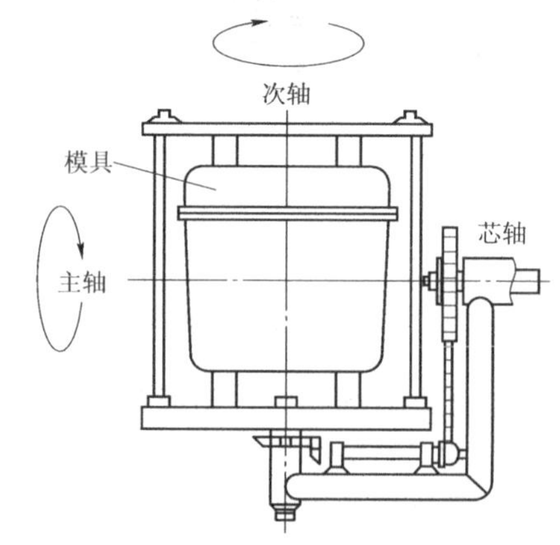

图10－7　单模式旋转成型机

10.3 冷压烧结成型

某些高分子在分解温度以上，仍不能呈现流动状态或即使具有流动性，也不适合用常用热塑性塑料成型方法生产制品，只能以类似粉末冶金烧结方法成型，这种方法俗称冷压烧结成型。它是先将一定量的高分子树脂放入常温模具中，在外加压力作用下压制成密实的型坯(也称为锭料、冷坯或毛坯)，然后送入高温炉进行烧结，冷却后即成为制品。目前，聚四氟乙烯、超高分子量聚乙烯和聚酰亚胺等难熔树脂的制品主要采用此方法成型，其中聚四氟乙烯最早采用，成型工艺也最成熟。聚四氟乙烯冷压烧结成型工艺如下。

1. 冷压制坯

聚四氟乙烯树脂是纤维状粉末，储存或运输过程中容易结块成团，致使冷压时加料发生困难，或其型坯密度不均。所以在使用前必须松散处理，用20目的筛子过筛备用。将过筛的聚四氟乙烯粉末按制品所需量加入模腔，用刮刀刮平，使树脂均匀地分布在型腔中。对于施压方向和壁厚相同的制品，型坯应一次完成加料，否则制品可能在各次加料的界面上开裂。对于形状复杂的制品，可分次加料，每次加料量应与其填充部分的模腔容积相适应，并且应用不同的阳模分次对粉料施压。加料完毕后应立即加压制坯，加压宜缓慢进行，严防冲击。根据制品的高度和形状确定升压速度。直径大而长的型坯升压速度应慢（5~10 mm/min），反之则快（10~20 mm/min），成型压力一般为30~50 MPa，保压时间为3~5 min（直径大而长的制品保压时间可延长至10~15 min）。对压制截面积较大的坯件，加压过程中可进行几次卸压排气，以免制品产生夹层和气泡。然后缓慢卸压并小心脱模，以免型坯强烈回弹，产生裂纹和碰撞损坏。

2. 烧结

将坯件加热到聚四氟乙烯的熔点327℃以上，并在该温度下保持一定时间，再升温至370℃~380℃，使分散的单颗粒树脂互相扩散，并熔结成一个密实的整体。按操作方式不同，烧结有连续烧结和间歇烧结。连续烧结适用于生产小型管件，而间歇烧结常用于模压制品。烧结过程可大体分为升温和保温两个阶段，其烧结工艺见表10-1。

表10-1 聚四氟乙烯树脂的烧结工艺

制品直径或厚度/mm	升温速率/（$℃\cdot h^{-1}$）		保温时间/h		冷却速率/（$℃\cdot h^{-1}$）
	室温至200℃	200℃~380℃	(380±5)℃	降至315℃	
<10	快速升温	60~80	0.5	0.5	60~80
10~20	快速升温	60~80	1	0.5	60~80
20~40	快速升温	60~80	2	0.5	60~80
40~60	快速升温	60~80	3	1	60~80
60~80	快速升温	60~80	4	1	60~80

（1）升温阶段是将坯件由室温加热到烧结温度的阶段。由于聚四氟乙烯导热性差，若升温太快会使坯件的内外温差过大，造成各部分膨胀不均匀，产生内应力，大型制件还会出现裂纹。再者升温过快，则当外层温度已达到要求而内层温度仍很低，若此时冷却，会造成“内生外熟”的现象。升温太慢，生产周期会延长。实际生产中，升温速率需要考虑坯件的大小和厚度等因素。大型制品的升温速率通常为（30~40)℃/h，为确保烧结物内外温度的

均匀性，应在线膨胀系数较大的温度（300℃～340℃）保温一段时间，以使其内外膨胀一致。小型制品的升温速率可为（80～120）℃/h。制薄板时，升温速率以（30～40）℃/h 为宜。

聚四氟乙烯的烧结温度应根据树脂的热稳定性来确定。热稳定性高的，烧结温度可控制在 380℃～400℃；热稳定性差的，烧结温度可低些，通常为 365℃～375℃。烧结温度高，制品结晶度高，密度大，但收缩率也增大，故不适当的烧结温度会降低制品的物理机械性能。

（2）保温阶段是将到达烧结温度的坯件在该温度下保持一段时间使其完全“烧透”的阶段。保温时间的长短取决于烧结温度、树脂的热稳定性和坯件的厚度等因素。烧结温度高、树脂热稳定性差，保温时间应缩短，以免造成树脂的热分解，致使制品表面不光、起泡以及出现裂纹等缺陷。

粒径小的树脂粉料经冷压后，坯件中孔隙含量低，导热性好，升温时坯件内外温差小，可适当缩短保温时间。对于大型厚壁坯件，要使其中心也升温到烧结温度，应适当延长保温时间，一般大型制品应用热稳定性好的树脂，保温时间也较长。生产中，大型制品的保温时间为 5～10 h，小型制品的保温时间为 1 h。

3. 冷却

烧结好的制品随即冷却。冷却的快慢决定了制品的结晶度，也直接影响制品的物理机械性能。通常聚四氟乙烯在 310℃～315℃的温度范围内结晶速率出现最大值，温度降到 260℃时结晶速率已小到忽略不计的程度。因此，若使制品快速冷至 260℃以下，则结晶度小（50%～60%）、韧性好、断裂伸长率大、抗张强度低和收缩率小，这种快速冷却的工艺过程称为“淬火”。如果缓慢冷却，则制品结晶度大（63%～68%）、抗张强度较大、表面硬度高、耐磨、断裂伸长率小，但收缩率大。

大型制品冷却速率过快，会使其内外冷却不均，导致不均匀的收缩，制品内应力较大，易出现裂缝。因此，大型制品一般不淬火，冷却速率控制在（15～24）℃/h，同时在结晶速率最快的温度区间保温一段时间，再冷却至 150℃后从烘炉中取出，放入保温箱中缓慢冷却至室温，总的冷却时间为 8～12 h。中型制品冷却速率控制在（60～70）℃/h，待温度降至 250℃时取出制品，总的冷却时间为 5～6 h。小型制品应根据用途来决定是否淬火。

10.4 传递模塑

传递模塑又称传递成型或注压成型，它是在模压成型基础上发展起来的热固性塑料成型方法。它是将预热或未预热的热固性塑料加入一加料室内继续加热熔化，在塑料熔化同时施压使塑料熔体通过铸口注入模腔，塑料在模腔内发生固化反应而定型，固化完成后即可脱模取出制品，如图 10－8 所示。

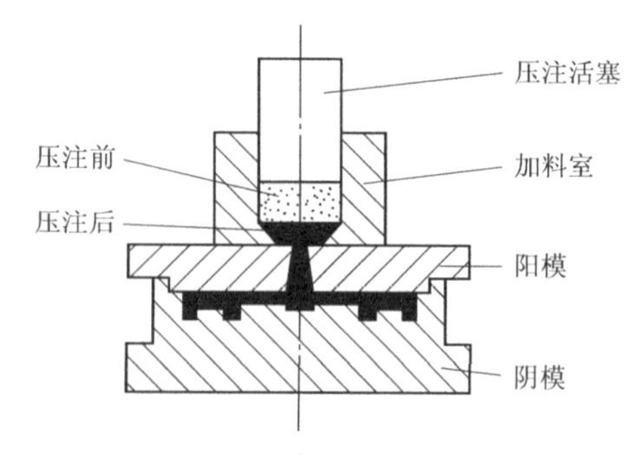

图 10－8 传递模塑成型原理

与模压成型相比，传递模塑能制造外形复杂、薄壁或壁厚变化很大、带有精细嵌件的制品，制品尺寸精度较高，生产周期短。同时，传递模塑成型温度比模压成型低 15℃～30℃（塑料通过铸口时会产生摩擦热)。但传递模塑所需成型压力比模压高，前者为 70～200 MPa，后者仅为 15～30 MPa；传递模塑的模具结构复杂、笨重，制造成本高；传递模塑生产时产生的废料多。

10.5　发泡成型

泡沫塑料是含有许多气孔的塑料制品，它是以气体物质为分散相、以固体树脂为分散介质所组成的分散体，也可看作是气体与固体塑料的共混复合材料。按照气孔的结构不同，泡沫塑料可分为开孔（孔孔间是相通的）和闭孔（各气孔间互不相通）两种。按成品的软硬程度可分为软质、硬质和半硬质三种。由于泡沫塑料具有质轻、导热系数低、吸湿性小、弹性好、比强度高、隔音绝热等优点，因此被广泛用作消音隔热、防冻保温、缓冲防振以及轻质结构材料，在交通运输、房屋建筑、包装、日用品及国防军工中广泛应用。一般而言，无论热塑性塑料还是热固性塑料都可以做成泡沫塑料，目前主要有聚氯乙烯、聚乙烯、聚氨酯、脲醛树脂、酚醛树脂等。

泡沫塑料的发泡原理是利用机械、物理或化学的作用，使产生的气体分散在树脂中形成气泡，此时树脂或受热熔化，或链段逐步增长到一适当黏度，或交联到一适当程度使气体不能溢出，形成体积膨胀的多孔结构，同时树脂适时固化，使多孔结构稳定下来。按发泡原理，泡沫塑料的制造方法分为机械法、物理法和化学法三种。

10.5.1　机械发泡法

机械发泡法又称气体混入法，是借助强烈的机械搅拌作用，将空气卷入树脂液中，使其成为均匀的泡沫物，而后再通过物理或化学变化使泡沫物稳定而形成泡沫结构。为了便于搅拌，树脂液应有足够的流动性，所以往往为溶液、乳液或悬浮液。为了便于混入空气，常在搅拌的同时直接通入空气，并加入表面活性剂降低表面张力使泡沫能稳定一定时间，最后通过冷却、聚合或交联而使泡沫固定下来。此法以空气为发泡剂，没有毒性，工艺过程简单，成本低廉。

脲醛泡沫塑料常用机械发泡法生产。将尿素和甲醛按比例混合，在弱酸中反应生成脲甲醛树脂溶液，加入表面活性剂二丁基萘磺酸钠和催化剂磷酸，经强烈机械搅拌和鼓入空气，形成密集的气孔，同时树脂进一步缩聚，将气孔固定下来成为泡沫材料。

10.5.2　物理发泡法

物理发泡方法很多，比较常用的有加惰性气体溶入法、低沸点液体汽化法、物质溶出法、中空微球混合法等。

1. 惰性气体溶入

在加压的情况下，使氮气、二氧化碳等惰性气体扩散到树脂熔体中或树脂糊中，然后减压、加热让气体释放而在树脂中形成气孔。此法的优点是发泡后不会留下发泡剂的残渣，对制品的性能无不良影响。但此法需要高压设备，又不能制成所需要的几何形状。

该法典型产品是软质聚氯乙烯泡沫。生产时，先把聚氯乙烯用增塑剂或溶剂配制成糊并加入压力釜中，而后在搅拌情况下以 20～30 个大气压的压力向釜内通入惰性气体（如二氧化碳），待压力稳定达到设定值时，立即从釜底的喷嘴将充气的聚氯乙烯糊注入模具中，并很快送入 110℃ ~135℃烘室中熔化一定时间（厚 75 mm 的泡沫物需 3 h），再经冷却、脱模即得制品。在敞口模具中制成的泡沫制品是开孔结构，而密闭模具中则是闭孔结构。

2. 低沸点液体汽化

先将低沸点液体均匀混合于树脂中，而后再加热使其在树脂中汽化而发泡。该法典型产品是聚苯乙烯泡沫和酚醛泡沫。

聚苯乙烯泡沫生产工艺过程分为溶胀、预发泡、熟化和成型四个工序。

（1）溶胀。相对分子质量为（5.5 ~6）万的聚苯乙烯珠粒、低沸点碳氢化合物或卤代烃（如丁烷、戊烷、石油醚等）和肥皂水加入到压力釜中，给釜内加 1.0 MPa 以下的气压并加热到 80℃ ~90℃，使低沸点液体溶胀到变软的聚苯乙烯珠粒内，保持 4 ~12 h 后降温、水洗，制成可发性聚苯乙烯珠粒。将可发性聚苯乙烯珠粒在 15℃左右停放，靠分子运动使低沸点液体在珠粒内分散均匀。

（2）预发泡。预发泡是为了使制品泡孔均匀并达到要求的密度。预发泡是在预发泡机上进行，机内有搅拌并直接通入蒸汽加热，珠粒温度升到 80℃以上聚苯乙烯开始软化，低沸点液体气化产生压力，在珠粒内部形成气孔，珠粒膨胀。这时，低沸点液体汽化后会向外扩散，水蒸气会扩散进去。双向扩散的结果使珠体膨胀，甚至会使气孔壁破裂。所以预发泡到一定程度就要离开预发泡机冷却下来。

（3）熟化。经过预发泡的珠粒冷却后，气孔内的气体、水蒸气要冷凝成为液体。气孔内出现负压，暴露在空气中，空气会渗透到泡孔中去，直到气孔内外压力平衡，这过程称为熟化。当然，熟化过程中低沸点气体要扩散逸出。所以熟化时间不宜过长，通常在室温熟化 8 ~10 h 即可。

（4）成型。熟化后的可发性聚苯乙烯珠粒可以用模压法生产各种制品。通常模具温度控制在 100℃ ~130℃，模压时间视制品大小而定。也可以投入挤出机内挤出生产可发性聚苯乙烯泡沫塑料片材或薄膜。

酚醛泡沫的制备方法是将热固性酚醛树脂液与表面活性剂、发泡剂、固化剂和其他助剂充分搅拌混合后，均匀平铺在连续发泡机输送带上，随输送带进入发泡机内。在发泡机热室内，酚醛树脂受热发生交联固化反应，同时发泡剂汽化使树脂体不断发起胀大。5 ~10 min 固化结束，泡体生长也停止，酚醛泡沫也就制得了。

3. 物质溶出

先将颗粒细小的物质（食盐或淀粉等）混入树脂中，而后用溶剂或伴以化学方法，使其溶出而形成泡孔。聚乙烯醇缩甲醛泡沫多采用此法制造。首先将淀粉按一定比例配制成一定浓度的水溶液，搅拌均匀后添加一定量的消泡剂后备用。将 PVA 在 95℃以上水浴中充分溶解，然后降温至 72℃，加入淀粉溶液，充分搅拌后降温至 54℃，再加入一定量的甲醛溶液混合均匀，待溶液降温至 51℃时，加入一定量的催化剂，搅拌 15 min 后倒入模具，置于 62℃的烘箱中反应 10 h。最后取出产品，用清水浸泡、洗涤多次，将淀粉溶出成孔。

4. 中空微球混合

先将微型空心球等埋入熔融的热塑性树脂或液态热固性树脂中，而后冷却或交联而成为多孔的固体物。中空微球直径在 20 ~250 μm，壁厚为 2 ~3 μm，可以用塑料、玻璃、陶瓷制造。

10.5.3　化学发泡法

化学发泡法的发泡气体是由混合原料的某些组分发生化学反应释放出来的。按发泡气体产生原理不同，工业上常用的化学发泡法有两种：一是发泡气体是由特意加入的热分解物质（即发泡剂）受热分解产生的；二是发泡气体是聚合反应或固化反应所产生的副产物。

第一种方法多用于软质聚氯乙烯泡沫塑料生产，所用发泡剂为偶氮二甲酰胺。生产时，把聚氯乙烯粉、热稳定剂、增塑剂、发泡剂及其他助剂混炼均匀后，用开炼机压出坯材。把坯材放入模具中并加热使聚氯乙烯塑化和发泡剂分解，坯体发起胀大，然后冷却、脱模即得制品。

第二种方法典型产品是聚氨酯泡沫。先将低黏度的聚酯或聚醚树脂与二异氰酸酯混合反应生成含有大量过量异氰酸基团的预聚体，然后再加入催化剂、水、表面活性剂等组分，进一步混合发泡。或将一半树脂与二异氰酸酯混合，另一半树脂与催化剂及其他组分混合，然后再把这两部分混合即可发泡成型。

第 11 章　橡胶成型加工

生胶具有高弹性和韧性，难以直接成型或加工成制品，往往需要经过加工成为具有一定塑性的材料，才能制成各种各样的半成品，并在成型后或成型过程中，通过化学键的交联，使橡胶恢复和增强弹性。所以橡胶的成型加工是橡胶经过一系列物理和化学作用制成橡胶制品的过程。这一过程主要包括生胶的塑炼、塑炼胶与配合剂的混炼、挤出、压延、制品成型及硫化等工艺。

11.1　橡胶的成型加工设备

完整的橡胶成型加工工序有破胶、胶料加工、成型和硫化定型等，故所需设备多。根据功能，橡胶的成型加工设备可分为破胶设备、橡胶加工设备、制品成型设备和硫化设备等四大类。

11.1.1　破胶设备

破胶就是把生胶（天然橡胶或合成橡胶）的胶块（胶包）和回收橡胶切成、破碎易于进行加工的小胶块的工艺。破胶所用设备有切胶机和破胶机。

1. 切胶机

切胶机有多种类型，分类方法也多。按照切胶机架体结构可分为立式切胶机和卧式切胶机，按照刀具的冷热可分为冷刀切胶机和热刀切胶机，按照切刀的片数可分为单刀切胶机和多刀切胶机，按照切胶机的工作原理可分为液压切胶机、气动切胶机和电动切胶机等。

立式切胶机主要由切胶刀、机架、工作油缸、底座、辅助工作台及液压系统、电气系统等部分组成，如图 11－1 所示。切胶刀下面的底座上装有尼龙或软铅垫板，以保护切胶刀的刀刃。切胶时，将胶料输送至切胶刀的下方，然后按下启动按钮，则切胶刀在活塞杆的带动下沿机架上的滑道落下将胶料切开。机架上装有上下两个限位开关，以控制换向阀改变切胶刀的运动方向，同时，也可保护活塞缸缸盖。

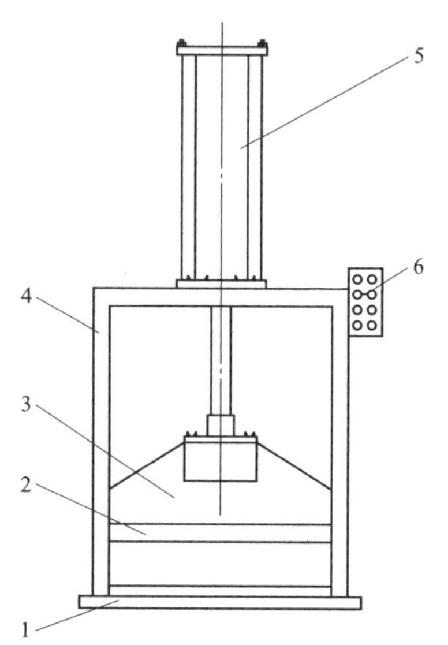

图 11－1　立式切胶机结构

1—底座；2—切胶刀；3—刀架；4—机架；5—活塞缸；6—控制箱

卧式液压切胶机，装有星式十刃切刀，用油压能将未经加热的胶块切成十个楔形小块，通过刀隙，送入连续加热室中加热，以供塑炼之用。

热刀切胶机的刀具为篦式设计，而且具有自动温控加热功能，保证切解烘胶时不会出现烧胶、结焦的情况。热刀切胶机可以在冬季 -20℃ 以上时不需要烘胶情况下快速切解标胶、烟胶等各类橡胶胶块，这是冷刀切胶机完全所不能及的。

2. 破胶机

破胶机的结构与开炼机基本相同，其核心工作单元也是辊筒，采用坚硬耐磨的钒钛合金冷硬铸铁制造，前辊表面为光滑圆柱面，后辊为斜齿沟槽辊，辊为中空结构，可设置加热冷却装置，以控制辊表面温度。

破胶机工作时，两个辊筒以不同的速度做相对回转，使胶料咬入两辊缝中受机械挤压、劈裂而破碎。

破胶机的主要技术参数有：辊筒尺寸、前辊筒线速度、辊筒速比及辊距。

(1) 辊筒尺寸。破胶机辊筒粗而短，常用的辊筒尺寸（直径×长度）有 400 mm×600 mm、450 mm×600 mm、450 mm（后辊 510 mm）×760 mm、560 mm（后辊 510 mm）×800 mm。

(2) 前辊筒线速度和辊筒速比。前辊线速度为 0.28～0.45 m/s，辊筒速比一般为 1∶1.28～1∶1.38。

(3) 辊距。一般辊距为 0～10 mm，可调。也有的最大辊距可达 20 mm。

11.1.2 橡胶的加工设备

橡胶的加工，也叫作胶料加工，就是把生胶加工成具有流动性的胶料，然后与各种配合剂混合分散均匀，最后通过压延和挤出成型加工成胶片、胶板、胶条等胶坯的工艺。橡胶加工所用设备主要有炼胶机、压延机、压出机（挤出机）。炼胶机主要有开炼机、密炼机和螺杆挤出机，这三种设备的结构特点和工作原理已在第 4 章和第 5 章详细介绍过，这里不再重复。压延机和压出机（挤出机）的基本结构及工作原理与塑料成型加工设备是基本相同的，这里仅介绍橡胶加工用的主要不同之处。

1. 压延机

橡胶压延机的作用是让混料胶，或连同骨架通过辊间隙制成一定规格和尺寸的胶布、胶片、胶板等。这些产品仅少部分去硫化定型成为橡胶制品，而大部分是作为橡胶制品成型用的坯料。

根据橡胶压延的不同工艺要求，橡胶压延机有多种类型。

(1) 压片压延机。用于压片或纺织物贴胶，一般为三辊或四辊，辊面光滑，各辊直径和转速相同。

(2) 擦胶压延机。用于纺织物擦胶，一般为三辊，辊面光滑，各辊直径相同，但转速不同而有一定的辊速比。

(3) 通用（万能）压延机。兼有贴胶和擦胶两种功能，一般为三辊或四辊，辊面光滑，各辊直径相同，辊速比可调节。

(4) 压型压延机。用于制造表面有花纹或有一定断面形状的胶片，有两辊、三辊和四辊，最后一个辊面刻有花纹或沟槽。

(5) 钢丝压延机。用于钢丝帘布的贴胶，一般为四辊。

2. 压出机

橡胶压出机的作用是让混料胶通过口模制成具有一定截面形状和尺寸的管、条、异形物等。这些产品仅少部分去硫化定型成为橡胶制品，而大部分是作为橡胶制品成型用的坯料。

橡胶压出机为螺杆挤出机，其螺杆螺纹有单头、双头和复合螺纹。单头螺纹多用于滤胶；双头螺纹的螺杆两螺槽同时出胶，出胶快而均匀，适于压出成型；复合螺纹螺杆的加料段为单头螺纹，便于进料，出料段为双头螺纹，使出料均匀。

与塑料挤出机相比，橡胶压出机的螺杆长径比（*L/D*）较小，这是因为与大多数热塑性塑料相比，橡胶的黏度要高出一个数量级，在挤出过程中会产生大量的热，缩短螺杆长度，可保持温度的升高在一定限度之内，防止胶料过热或焦烧。橡胶压出机的螺杆长径比大小，取决于是冷喂料还是热喂料，冷喂料的 *L/D* 为 15 ~20，排气冷喂料的 *L/D* 可达 20 以上，热喂料的 *L/D* 为 4 ~5。

与塑料挤出机螺杆另一个主要区别是橡胶压出机的螺杆螺槽深度较大，通常螺纹深度为螺杆外径的 18% ~23%，螺槽深是为了减少剪切及黏性生热。橡胶压出机的螺杆压缩比也较小，一般为 1.3 ~1.4，冷喂料的压缩比一般为 1.6 ~1.8；滤胶的压缩比一般为 1，且等距等深螺杆。

11.1.3　橡胶制品的成型设备和硫化设备

橡胶制品成型就是用混料胶、压延和挤出成型的胶坯或连同骨架制成一定规格和尺寸的半成品及成品。橡胶制品成型用的主要设备有热压机、注射机及模具，此外还有挤出机和压延机。热压机还是硫化设备，其结构和工作原理同热固性塑料压制成型用的下压式压机，如图 7 -2 所示。

橡胶注射机与塑料注塑机的结构特点及工作原理是相同的，二者主要区别有两个方面。

（1）加热冷却装置。橡胶注射成型时，要求胶料在料筒中能快速塑化，并达到良好的流动性。同时要求胶料在模腔中能达到硫化温度，快速硫化，以提高生产率。由于胶料塑化温度较低，为防止胶料在料筒中停留时间过长而焦烧，通常料筒采用水和油作为加热介质，而注射模具则采用电或蒸汽加热。

（2）模型系统。模型体系是橡胶注射成型的重要部分，包括模台、模具和合模装置。其中，模台是供模具进行合模、注射、硫化、开模等操作之用的设施。有单模台和多模台注射机之分。单模台注射机的模台固定不动，硫化和脱模阶段模台停止运转，因而效率不高，适合小部件产品和硫化速度非常快的产品生产。多模台注射机的模台安装形式多样，一种是同塑料多模注射机，模台安装在转台（或转盘）上，模台旋转，注射装置固定；另一种是注射装置定向旋转，模台固定，且扇形地排列在注射装置的前方。如果制品硫化时间较长，也可将模台平行分列于注射装置的两侧，注射装置沿轨道前进逐排注射。柱塞式注射机一般设置 2 ~4 个模台，移动螺杆式注射机因塑化效率高，可有 10 个以上的模台。多模台注射机可“连续”注射、硫化和脱模，因而生产率大大提高，适用于生产用胶量大、硫化时间长、脱模时间长、有金属骨架的制品。

橡胶制品生产模具的基本结构与塑料模具的大体相同，但有其特殊之处。

（1）为保证能压实制品，胶料一般总要稍过量。因此必须在型腔周围的分型面上开设流胶道（余胶槽）以储存被挤出的余料。流胶道的容积为型腔容积的 5% ~10%。设计时，通常采用 1 mm 深、2 mm 宽的半圆沟槽，也可以采用三角形或矩形沟槽。余胶槽与型腔壁的距离一般取 2 ~3 mm，现有了 0.3 ~0.5 mm 的距离，这么短的距离使胶边几乎消失。

（2）除橡胶注射模具外，橡胶压模和压铸模的开启、闭合和取制件需要单独的装置和手工操作，故模具上要设置启模口和便于装置及工具操作的结构。

（3）橡胶制品的硫化定型是在模具中高温和高压进行的，故橡胶模具要用耐高温（可达240℃以上）、耐高压（至少 100 MPa）的特殊模具钢制造。此外，为了控制胶边量，要求模具加工精度高。所以，橡胶模具造价高。

橡胶硫化设备实质就是一个加热装置和设备，其作用是对成型后的半成品加热或提供能量，引发交联反应进行，使橡胶分子由线性结构变成空间网格结构，使制品形状和尺寸固定，并达到应有物理机械性能和化学性能。除了注射成型和模压成型是成型和硫化一体外，其他成型方法的成型与硫化是分开的。因橡胶制品品种、规格及胶料特性不同，硫化设备种类繁多、差别也很大，而硫化设备与硫化方法紧密相连，故这里不作单独介绍，见 11.3.2 小节。

11.2　橡胶的加工

橡胶的加工包括生胶的塑炼、胶料的混炼、混炼胶的压延和挤出成型等工艺。

11.2.1　生胶的塑炼

1. 生胶塑炼的目的

生胶弹性很大，若不首先降低生胶的弹性，在成型加工过程中，大部分机械能被消耗在弹性变形上，获得的形状在机械力去除后会很快恢复而无法保留下来。为此，必须破坏生胶的强韧弹性状态，使之转变为柔软而便于加工的塑性状态。把具有弹性的生胶变成具有可塑性的胶料的工艺过程叫塑炼。经过塑炼获得一定可塑性的胶料称为塑炼胶。生胶经塑炼后，可加工性能得到改善和提高：

（1）可塑性增加，利于混炼时配合剂的混入和分散均匀；

（2）流动性改善，便于混炼、压延、挤出等工艺操作，使胶坯形状和尺寸稳定；

（3）黏附性增大，便于成型操作；

（4）溶解性提高，便于制浆，并降低胶浆黏度，使之容易渗入纤维空隙中而增加附着力；

（5）充模性改善，使充模顺利和模型制品的花纹饱满清晰。

所以，塑炼是后续工艺的基础，只有经过塑炼，生胶才能获得一定的可塑性，才能适合于混炼、压延、挤出成型等工艺操作。

2. 塑炼胶的可塑性要求及表征方法

塑炼胶的可塑性过大或过小，都会造成粉状配合剂的混入分散不好，也会导致混炼不均匀。压延和挤出成型工艺中，塑炼胶只有适合的可塑性才能取得良好的工艺效果，如操作顺利、半成品表面光滑、收缩小、胶料的自黏性好、与帘帆布的黏合性好等。生胶的过度塑炼又会给硫化胶的性能带来不良的影响。试验表明，可塑性大的胶料，其硫化胶的机械强度、弹性、耐磨性、耐老化等性能下降。因此，生胶的塑炼应控制在能满足生产工艺要求的前提下，尽量避免塑炼过度。

塑炼胶的可塑性大小用可塑度表示。可塑度通常用威廉氏可塑度、门尼黏度和德弗硬度表征。

（1）威廉氏可塑度 P。

$$P=\frac{h_0-h_2}{h_0-h_1} \tag{11-1}$$

式中，h_0 为试片原高度；h_1 为试片在 70℃的温度下，在平行板间受到 5 kg 负荷挤压 3 min 后的高度；h_2 为试片去掉负荷，在室温恢复 3 min 后的高度。

显然，$0\leqslant P\leqslant 1$。当 $P=0$ 时，表示为绝对弹性体；当 $P=1$ 时，表示为绝对流体。因此 P 值越大，表示塑炼胶的可塑性越大。常用塑炼胶要求的威廉氏可塑度见表 11－1。

表 11－1　常用塑炼胶要求的威廉氏可塑度

塑炼胶种类	威廉氏可塑度	塑炼胶种类	威廉氏可塑度
胶布胶浆用塑炼胶（含胶率 45% 以上）	0.52～0.56	压延用塑炼胶（膜厚 0.1 mm 以上）	0.35～0.45
胶布胶浆用塑炼胶（含胶率 45% 以下）	0.56～0.60	压延用塑炼胶（膜厚 0.1 mm 以下）	0.47～0.56
擦胶用塑炼胶	0.49～0.55	挤出用塑炼胶	0.25～0.35
海绵用塑炼胶	0.50～0.60	胎面用塑炼胶	0.21～0.24
胶管外层用塑炼胶	0.30～0.35	胎侧用塑炼胶	0.35 左右
胶管内层用塑炼胶	0.25～0.30	内胎用塑炼胶	0.42 左右
运输带覆盖用塑炼胶	0.30 左右	胶鞋大底用塑炼胶	0.35～0.41
三角带线绳浸胶用塑炼胶	0.5 左右	胶鞋大底（模压）用塑炼胶	0.38～0.44

（2）门尼黏度。表征试样在一定温度、压力和时间的情况下，在活动面和固定面之间扭转变形时所受的扭力，如图 11－2 所示。检测时，将试样放入模腔内，在 100℃下预热 1 min，待转子转动 4 min 时测取扭力值（用百分表表示）。一般表示为 ML（1＋4）100℃，其中 M 表示门尼，L 表示大转子（转子直径 38.10 mm±0.03 mm）。测定数值越大，表示所受扭力越大，则可塑性越小。

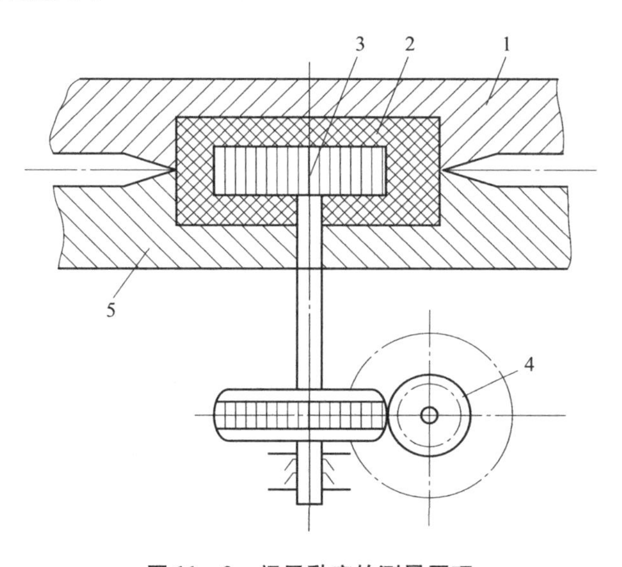

图 11－2　门尼黏度的测量原理

1—上模腔；2—胶料；3—转子；4—蜗杆；5—下模腔

（3）德弗硬度。表征试样在一定温度和时间内压至规定高度所需的负荷。负荷大，可塑性小。

3．塑炼机理

生胶分子间作用力相对较小，但平均分子量很大［$\overline{M_n} = (1 \sim 10) \times 10^5$］，每一根分子链所受到的总作用力非常大，因此生胶分子链的相对位移很困难，表现为黏度很高、弹性很大。故只有降低生胶分子量使其弹性下降，才能使其获得可塑性。所以，生胶经塑炼增加可塑性的实质是使生胶分子链断裂，相对分子质量降低。

生胶的塑炼是将其置于炼胶机中进行轧炼。轧炼过程中，橡胶分子链在机械力、热、电、氧和增塑剂的作用下断裂。其中，氧和机械力起主要作用，而且两者相辅相成。塑炼方法分为机械塑炼法和化学塑炼法两大类，其中机械塑炼法应用最为广泛。机械塑炼又分为低温塑炼和高温塑炼，前者以机械降解作用为主，氧起稳定游离基的作用；后者以自动氧化降解作用为主，机械作用强化橡胶与氧的接触。

1）机械塑炼机理

（1）机械力作用。非晶态橡胶分子的构象是卷曲的，分子之间以范德华力相互作用。塑炼时，由于反复受到剧烈摩擦、挤压和剪切作用，卷曲缠结的大分子链互相牵扯，容易使机械应力局部集中，当应力大于分子链上某一个键的断裂能时，则造成大分子链断裂，生成自由基。

$$R-R \xrightarrow{\text{机械力}} R^{\cdot} + R^{\cdot}$$

相对分子量降低，因而可获得可塑性。

塑炼时，橡胶分子接受机械作用的断裂并非杂乱无章，而是遵循着一定的规律：

① 当有剪切力作用时，大分子将沿着流动方向伸展，分子链中央部分受力最大，伸展也最大，而链段的两端仍保持一定的卷曲状。

② 当剪切力达到一定值时，大分子链中央部分首先断裂，分子链断裂的概率与作用于分子链上的机械功呈正比。

③ 分子质量高的分子链所受的机械力大，分子链中央部位所受剪切力也大，总是首先被切断，分子量较小的分子链不易被切断（据测定，天然橡胶平均分子量在 10 万以下的级分一般不易受机械力的作用；顺丁胶为 4 万；丁苯胶为 3 万）。

④ 由于橡胶大分子的主链比侧链长得多，大分子间的范德华力和缠结使得主链上受到的应力要比侧链上受到的应力大得多，故主链断裂的可能性比侧链断裂的可能性大得多。

所以，机械力作用结果是，橡胶平均分子量下降到一定程度后即达到稳定；平均分子量大的级分首先断裂而逐渐消失，平均分子量小的级分几乎不变，平均分子量居中的级分逐渐增多，这就使生胶相对分子质量下降的同时，其相对分子质量分布变窄，如图 11－3 所示。

（2）氧的作用。试验表明，在氧气中进行塑炼时，橡胶的可塑性增加得很快；而在氮气中塑炼时，橡胶的可塑性几乎不变，如图 11－4 所示。这说明，氧在橡胶塑炼过程中起着重要的作用。

低温时，橡胶大分子受机械力的作用，分子链被切断而形成自由基，这种自由基能迅速地与氧产生化学反应，生成稳定的过氧化自由基：

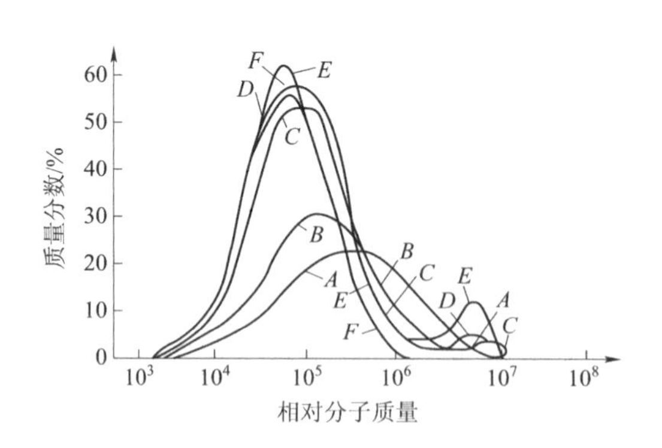

图 11－3　塑炼对天然橡胶相对分子质量分布的影响

（塑炼时间/min：*A*—8；*B*—21；*C*—38；*D*—43；*E*—56；*F*—76）

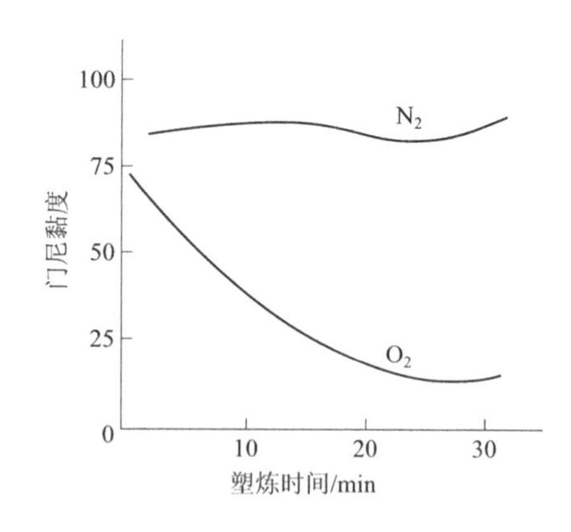

图 11－4　橡胶塑炼时介质对门尼黏度的影响

$$R^{\cdot} + O_2 \longrightarrow R-O-O^{\cdot}$$

无氧（氮气保护）存在时，断链所形成的自由基可发生偶合或歧化反应：

$$R^{\cdot} + R^{\cdot} \longrightarrow \begin{cases} R-R \\ R=R \end{cases}$$

从而得不到塑炼效果。

高温时，氧的活性很大，能直接导致橡胶氧化断链

$$R-R+O_2 \longrightarrow R-0-0^{\cdot} + R^{\cdot}$$

同时，氧迅速捕捉自由基 $R^{\cdot}$

$$R^{\cdot} + O_2 \longrightarrow R-O-O^{\cdot}$$

由于氧化作用对所有分子链都能产生，因此高温塑炼时，橡胶的平均分子量变小，分子量分布则整体地向分子量低的方向移动。

实验证明，生胶结合 0.03% 的氧就能使其相对分子量降低 50%；结合 0.5% 的氧，相对分子量可从 10^5 降低到 5×10^3。

（3）温度的作用。温度对橡胶的塑炼效果有很大影响，而且在不同温度范围内的影响也不同。天然橡胶在空气中塑炼时，塑炼效果与塑炼温度之间的关系如图 11－5 所示。由图 11－5 可以看出，温度对塑炼效果的影响呈 U 形，随着塑炼温度的升高，塑炼效果先是下降的，在 110℃ 左右达到最低值；温度继续升高，塑炼效果开始不断增大。低温塑炼时（110℃以下），氧的活性不大，氧化作用不显著，塑炼主要是机械力作用的结果，随着温度升高，生胶黏度下降，塑炼时受到的作用力较小，因而塑炼效果下降；相反，高温塑炼时（110℃以上），虽然机械力作用下降，但氧的活性大，氧化作用显著，而且热和氧的自动催化氧化破坏作用随

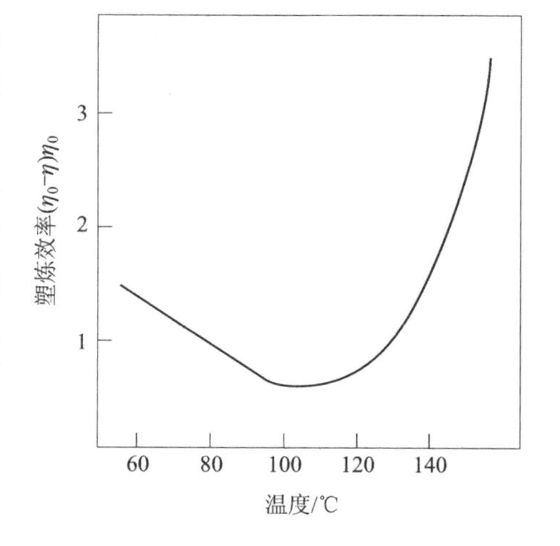

图 11－5　温度对天然橡胶塑料效果的影响

η_0－塑炼前特性黏度；η－塑炼后特性黏度

着温度的升高而急剧增大，大大加快了橡胶大分子的氧化降解速度，塑炼效果也迅速增大。所以，高温机械塑炼和低温机械塑炼的机理是不同的。

（4）静电作用。在塑炼过程中，橡胶之间、橡胶与机械设备之间不断产生摩擦，导致橡胶表面带电，电压可达数千伏到数万伏，这样高的电压必然引起放电现象。高压放电会使周围空气中的氧活化生成活性很高的原子态氧或臭氧，从而促进橡胶分子进一步氧化断裂。

2）化学塑炼机理

在低温和高温塑炼过程中，加入化学增塑剂能加强氧化作用，促进橡胶分子断裂，从而增加塑炼效果。化学增塑剂主要有三大类。

（1）自由基接受体型。如苯硫酚、五氯硫酚、苯醌和偶氮苯等，能与低温塑炼时产生的橡胶自由基结合

$$R^{\cdot} + \phi - SH \longrightarrow RH + \phi - S^{\cdot}$$

$$R^{\cdot} + \phi - S^{\cdot} \longrightarrow R - S - \phi$$

于是，断链的橡胶分子自由基被稳定，保证橡胶分子量下降。

（2）引发型。如过氧化二苯甲酰、偶氮二异丁腈等，它们在高温下分解成极活泼的自由基，引发橡胶大分子生成大分子自由基，进而引发橡胶氧化断链。但注意这类化合物常常也会引起橡胶的交联。

（3）混合型或链转移型。如硫醚类和二邻苯甲酰氨基苯基二硫化物类，它们在较低温度时为自由基接受体，高温时又能分解出自由基引发橡胶的氧化断链反应。

4. 塑炼工艺

用于塑炼的机械有开炼机、密炼机和螺杆式塑炼机。生胶塑炼之前需先经过烘胶、切胶、选胶和破胶等准备工序，然后进行塑炼。

1）塑炼前的准备

（1）烘胶。烘胶是为了降低生胶的硬度，便于切割，同时还能解除生胶的结晶。烘胶多数是在烘胶房（下面和侧面安装蒸汽加热器）中进行，温度一般为50℃～70℃，不宜过高，否则会降低橡胶的物理机械性能；烘胶时间一般长达数十小时，依胶种和季节而定，天然橡胶在春、夏、秋季一般为24～48 h，冬季一般为36～72 h；氯丁橡胶的烘胶时间为2.5～3 h，若烘胶温度降为24℃～40℃，则烘胶时间为4～6 h。

（2）切胶。切胶是把从烘房内取出的生胶用切胶机切成小块，便于塑炼。天然橡胶一般切成10～20 kg左右的块，氯丁橡胶一般每块不超过10 kg，其他合成橡胶一般每块为10～25 kg。切胶胶块最好呈三角棱形，以便破胶时顺利进入辊缝。

切胶后应人工清除表面砂粒和杂质。如果胶包内部有发霉现象，切胶时应加以挑选，并按质量等级分别存放。

（3）破胶。天然橡胶和氯丁橡胶的切胶块在塑炼前必须用破胶机进一步破碎，以提高塑炼效率。其他合成橡胶的切胶块一般无须破胶而直接塑炼。破胶时的辊距一般为2～3 mm，辊温控制在45℃以下。破胶后，胶料要卷成25 kg左右的胶卷，以备塑炼。

夏季高温季节，胶包比较柔软，有时也可以不经破胶而直接塑炼，但这时塑炼操作应特别小心，以保证设备安全。塑炼时间也应相应延长。

目前生产中常将破胶和塑炼一起用开炼机连续进行，而不专门用破胶机破胶。用开炼机

破胶时，应将挡料板适当调窄，并在靠齿轮一端操作，以防损伤设备，辊距可用 1～2 mm，辊温控制在 45℃～55℃。

2）开炼机塑炼

开炼机塑炼是最早的塑炼方法，塑炼时生胶在辊筒表面摩擦力的作用下，被带入两辊的间隙中。由于两辊相对速度不同，对生胶产生强烈的剪切、碾压和拉撕作用，橡胶分子链因而被扯断而获得可塑性。开炼机塑炼所得塑炼胶质量好、可塑度均匀、收缩性小，但生产效率低、劳动强度大。因此，开炼机塑炼主要适用于胶料品种多，耗胶量少的情况。

（1）开炼机塑炼工艺。开炼机塑炼，通常有薄通塑炼、一段塑炼、分段塑炼和添加塑解剂塑炼。

① 薄通塑炼。薄通塑炼是将生胶在 0.5～1.0 mm 辊距下通过辊缝不包辊而直接落盘，然后把胶扭转 90°再通过辊缝，反复多次至规定次数或时间，直至获得所需可塑度为止。此法塑炼效果好，获得的可塑度大而均匀，胶料质量高，对各种橡胶都适应，故是常用的机械塑炼法。

② 一段塑炼。一般塑炼是将生胶在较大辊距（5～10 mm）下包辊后连续塑炼，直至达到要求的可塑度为止。在塑炼过程中不停放，只是通过多次割刀达到散热和均匀塑炼。此法适用于并用胶的掺和及易包辊的合成橡胶。一次塑炼法所需塑炼时间较长，塑炼效果也较差。

③ 分段塑炼。分段塑炼是将整个塑炼过程分成若干段来完成，每段塑炼一定时间后，胶片下片停放冷却降温，这样反复数次，直至达到要求的可塑度。塑炼可分为 2～3 段，每段塑炼时间 15～20 min，每段停放冷却 4～8 h。此法生产效率高，可获得较高的可塑度。对天然橡胶，一段塑炼威廉可塑度可达 0.3 左右，二段塑炼威廉可塑度可达 0.45 左右，三段塑炼威廉可塑度可达 0.55 左右。

分段塑炼的生产效率高，塑炼胶可塑度高且均匀，因而生产中广泛采用。但占地面积大，不适合连续化生产。

④ 化学塑解剂塑炼。在薄通塑炼和一次塑炼的基础上，添加化学塑解剂进行塑炼。此法可提高塑炼效率，缩短塑炼时间，如天然橡胶用 0.5 份促进剂 M，塑炼时间可缩短 50% 左右。操作方法一样，只是塑炼温度应适当提高一些，以充分发挥塑解剂的化学作用。一般塑解剂用量为生胶量的 0.5%～1.0%，塑炼温度为 70℃～75℃。为避免塑解剂飞扬损失和提高分散效果，通常先将塑解剂配制母炼胶，然后在塑炼开始加入。

（2）开炼机塑炼工艺控制。开炼机塑炼时，影响塑炼质量的主要因素有辊温、塑炼时间、辊距、辊筒速比、装胶量和塑解剂等。

① 辊温和塑炼时间。辊温越低，胶料黏度越大，剪切越剧烈，塑炼效果越好，所以塑炼过程中应对辊筒冷却。天然橡胶辊温控制在 45℃～55℃以下，合成橡胶一般控制在 30℃～45℃以下。但辊温不能太低，否则胶料过硬难以通过辊缝。塑炼在最初的 10～15 min 内塑炼效果显著，随着时间的延长，胶料温度升高，塑炼效果下降。要提高塑炼效果，最好采用分段塑炼。

② 辊距和辊筒速比。辊筒速比一定时，辊距越小，胶料受到的剪切作用越大，且胶片较薄也易冷却，塑炼效果也越大。辊筒速比越大，胶料所受的剪切作用越大，塑炼效果就越

好，但同时胶升温加速，电能消耗大。通常辊筒速比控制在 1∶1.15～1∶1.27。

③ 装胶容量。装胶容量是一次炼胶的胶料体积，依开炼机大小和胶种而定，容量过大，堆积胶过多，热量难以散发，塑炼效果差。但容量过小，胶料受剪和挤压强度小，塑炼慢，生产效率低。合理的装胶容量为

$$V = KDL \tag{11-2}$$

式中，V 为装胶容量，L；K 为经验系数，一般取值范围 0.006 5～0.008 5 L/cm^2；D 为辊筒直径，cm；L 为辊筒包胶宽度，cm。

合成橡胶塑炼生热较大，升温快，应适当减少装胶容量，如丁腈橡胶的装胶容量一般比天然橡胶低 20%～25%。

④ 化学塑解剂。使用化学塑解剂能缩短塑炼时间，减少弹性复原现象，提高塑炼效果。

⑤ 翻捣。为增强塑炼效果和缩短塑炼时间，要采用刀割、翻动、折叠等操作方法多次反复翻炼捣胶。

3）密炼机塑炼

密炼机塑炼时，生胶一方面在转子与密炼室壁之间受剪切力和摩擦力作用，另一方面还受到上顶栓的压力作用。于是，胶料在密炼机中受到十分强烈的机械捏剪作用，生热量极大并来不及冷却，故密炼机塑炼属于高温塑炼，温度通常超过 120℃，甚至处于 160℃～180℃。所以，生胶在密炼机中主要借助于高温下的强烈氧化断链机理来提高橡胶的可塑性。密炼机塑炼的生产能力大，劳动强度低，自动化程度高，但由于是密闭系统，清理相对困难。

（1）密炼机塑炼工艺。密炼机塑炼有一段塑炼、分段塑炼和添加塑解剂塑炼。

① 一段塑炼。将生胶一次加入密炼室内，在一定温度和压力下塑炼一定时间，直至达到所要求的可塑度为止。

② 分段塑炼。分段塑炼通常分两段进行。先将生胶加入密炼室内，在某一转速下塑炼一定时间（转速 20 r/min 时塑炼 10～15 min），然后排胶、捣合、压片、下片，停放 4～8 h 后再进行第二段塑炼（塑炼时间为 10～15 min），两段塑炼后威廉可塑度可达到 0.35～0.50。生产中常将第二段塑炼与混炼工艺一并进行，以减少塑炼胶储备量，节省占地面积。如果塑炼胶可塑度要求 0.5 以上时，也可进行三段塑炼。

③ 化学塑解剂塑炼。由于密炼机塑炼温度高，采用塑解剂塑炼效果要比开炼机低温塑炼下的增塑效果大。塑炼温度可以比不加塑解剂塑炼温度低。使用促进剂 M 进行塑炼时，排胶温度可以从纯胶塑炼的 170℃左右降低到 140℃左右，而且塑炼时间可缩短 30%～50%。

（2）密炼机塑炼工艺控制。密炼机塑炼效果取决于塑炼温度、时间、转子的转速、装胶量和上顶栓压力等。

① 塑炼温度。密炼机塑炼效果随温度升高而增大，但温度过高会导致橡胶分子过度氧化降解，使其物理机械性能下降，还会导致橡胶分子发生支化、交联反应，反而使可塑性降低。因此，要严格控制塑炼温度，对于天然橡胶，塑炼温度一般控制在 140℃～160℃为宜，丁苯橡胶塑炼温度应控制在 140℃以下。

② 塑炼时间和转子的转速。塑炼温度一定时，生胶的可塑性随塑炼时间的延长而不断增大，但经过一定时间以后，可塑性增长速度逐渐变缓，故塑炼时间一般不超过 20～25 min。在一定温度下，转子速度越快，胶料所受到的剪切越剧烈，胶料达到同样可

塑度所需的塑炼时间就越短。所以，提高转子速度可以大大提高生产效率，目前密炼机转子转速已从原来 20 r/min 提高到 40 r/min、60 r/min，甚至 80 r/min，塑炼时间由原来二十几分钟缩至几分钟。但转速越快，胶料发热量越大，必须采用有效冷却措施。为了适应生产工艺要求，近年来出现了多速或变速密炼机。

③ 装胶容量。装胶容量过小，胶料受到剪切和挤压程度低，甚至无机械力作用，塑炼效果差，且生产效率低。但装胶容量过大，散热困难造成胶料温度过高，胶料可塑性不均匀，且设备负荷大易受损伤。适宜装胶容量为

$$V = KV_0 \tag{11-3}$$

式中，V 为适宜装胶容量，L；K 为填充系数（通常在 0.55 ~0.75）；V_0 为混炼室总容积，L。

④ 上顶栓压力。上顶栓的压力作用，使胶料与转子、混炼室壁间不会打滑，顶栓的压力大，剪切作用就大，越有利于塑炼，但过大会使设备负荷过大。通常，转子转速为 20 r/min 时上顶栓压力控制在 0.5 ~0.6 MPa，转子转速为 40 ~60 r/min 时上顶栓压力控制在 0.6 ~0.8 MPa。

⑤ 化学塑解剂。化学塑解剂在密炼机高温塑炼中的应用比在开炼机中更为有效，这是因为温度对化学塑解剂有促进作用。在不影响硫化速度和物理机械性能的条件下，使用少量化学塑解剂（生胶的 0.3% ~0.5%），不但可降低塑炼温度，而且可缩短塑炼时间 30% ~50%。

4） 螺杆挤出机塑炼

螺杆挤出机塑炼是在高温下进行的连续塑炼，在螺杆挤出机中生胶一方面受到螺杆的螺纹与机筒壁的摩擦搅拌作用，另一方面由于摩擦产生大量的热使塑炼温度较高，致使生胶在高温下氧化裂解而获得可塑性。螺杆塑炼机生产能力大，生产效率高，能连续生产。但由于温度高，胶料的塑炼质量不均，对制品性能有所影响。

螺杆挤出机塑炼前对生胶先切成小块并要预热，而且螺杆挤出机的料筒、机头都要预热到设定的温度，再进行塑炼。一般料筒温度以 95℃ ~110℃为宜，机头温度以 80℃ ~90℃为宜。料筒温度超过 120℃时，胶发黏，不易后续加工。料筒温度低于 90℃时，设备负荷大，塑炼胶会出现“夹生”现象。

5. 常用橡胶的塑炼特性

橡胶的塑炼特性随其化学组成、分子结构、平均分子量、分子量分布等的不同而有显著差异。一般地说，天然橡胶的塑炼比较容易，合成橡胶的塑炼比较困难。

（1） 天然橡胶。天然橡胶采用开炼机和密炼机塑炼都能得到很好的塑炼效果。用开炼机塑炼时，采用低温（40℃ ~50℃）和薄通（辊距 0.5 ~1 mm）塑炼效果好。用密炼机塑炼时，温度宜在 155℃以下，110℃ ~120℃最好。

（2） 丁苯胶。丁苯胶的初始门尼黏度一般在 54 ~64，可不塑炼或只做轻微塑炼。长时间的机械塑炼也只能稍许地提高其可塑性，比较有效的是采用高温塑炼法，但必须注意控制温度和时间，以 130℃ ~140℃的温度范围最好，当温度低于 120℃时塑炼效果不大，但当温度高于 150℃时，又容易生成凝胶；塑炼时间过长也会导致凝胶生成。

（3） 顺丁橡胶。常用的顺丁橡胶初始门尼黏度在 45 ~55 之间，一般不需塑炼。

（4） 氯丁橡胶。通用型和 54 -1 型氯丁橡胶的初始门尼黏度都较低，一般不需塑炼。但在储存期间，氯丁胶的可塑性会逐渐下降，故氯丁橡胶仍需经塑炼加工，才能获得所要求的

可塑性。氯丁橡胶对温度的敏感性大，随着温度的不同，它在辊筒上的状态有明显的变化，当温度在 70℃以下时，生胶呈弹性态，不粘辊；在 80℃ ~90℃时，生胶呈松散的颗粒状，严重地粘辊；至 100℃以上时，生胶则呈塑性态。因此，在塑炼时，应严格控制温度在 70℃以下。

（5）丁腈橡胶。丁腈橡胶的品种较多，各品种的初始门尼黏度差异很大，一般在 20 ~120。门尼黏度在 65 以下者称为软丁腈胶，大于 65 者称为硬丁腈胶。软丁腈胶一般不需塑炼，硬丁腈胶则必须进行充分的塑炼。硬丁腈胶的塑炼应采用开炼机塑炼，应在低温（40℃以下）、小辊距（1 mm 左右）和低容量（约为天然橡胶容量的 1/3 ~1/2）条件下进行。高温下塑炼丁腈胶很容易生成凝胶，故不宜用密炼机塑炼。

（6）丁基橡胶。丁基橡胶具有自冷性，其门尼黏度在 38 ~75 的品种一般不需要塑炼。采用开炼机塑炼，应低温、小辊距塑炼。采用密炼机塑炼，塑炼温度应在 120℃以上，并且加入塑解剂高温塑炼可取得较好的塑炼效果。

（7）乙丙橡胶。乙丙橡胶一般在合成中控制可塑度，其生胶薄通 5 ~6 次可包辊加料。

11.2.2　胶料的混炼

混炼就是通过机械作用使胶料（包括塑炼胶和生胶）与各种配合剂均匀地混合的过程，其目的是为了提高橡胶产品的使用性能，改进橡胶工艺性能和降低成本。

为保证半成品和产品的性能，必须对混炼胶的质量进行控制。通常采用的检查方法和项目有：① 目测或显微镜观察粉状分散剂的混合和分散程度；② 测定混炼胶可塑性；③ 测定比重；④ 快速硫化后测定硫化胶的硬度和力学性能。通过对这些项目的监测可以判断胶料中配合剂的分散是否良好，有无漏加和错加，以及操作是否符合工艺要求。

1. 混炼机理——配合剂的分散过程

橡胶混炼包含胶料与配合剂的混合、分散和产生结合等过程，又包含着橡胶产生各种流动的过程。混炼既受到胶料和配合剂本身性质的影响，又受到工艺条件、操作方法的影响。对混炼机理目前存在两种代表性观点。

1）传统混炼机理——黏性体流动混炼

用量最大的配合剂是炭黑。传统的观点认为，橡胶在混炼条件下是黏流体，处于流动状态。炭黑在橡胶中的均匀分散过程分三个阶段，如图 11 –6 所示。

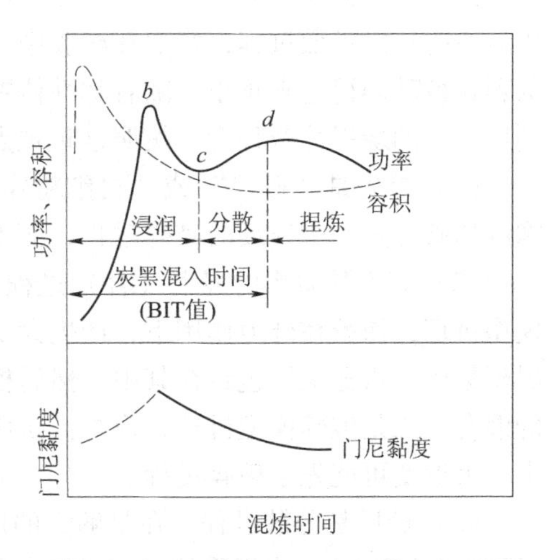

图 11 –6　橡胶混炼时的功率曲线变化

第一阶段为图 11 –6 中的 *bc* 段，是炭黑颗粒被橡胶润湿的过程，即橡胶分子逐渐进入炭黑颗粒聚集体的空隙中成为包容橡胶。润湿过程中，混合体系的比容逐渐减少，所需功率逐渐下降，到最低点 *c* 时，比容达到最低而恒定，润湿过程终结。润湿过程终了时，炭黑颗粒聚集体的空隙几乎消失，炭黑被混合，但未被分散。在这一阶段，要求橡胶具有较低的黏度，使炭黑等粉料易于混入。但黏度太小，会对后面的分散不利。

第二阶段为图 11－6 中的 *cd* 段，是炭黑的分散过程，含高浓度炭黑的包容橡胶在剪切力的作用下被搓开，变成较小的团块分散于整个胶料中，并与橡胶逐渐生成结合橡胶，所以功率曲线上升，直到第二个峰值（*d* 点）。此时挤出膨胀率和结合胶量达到最大值，炭黑基本上分散均匀，可认为分散阶段结束。这时的时间称为炭黑均匀分散所需时间，简称 BIT 值。BIT 值作为胶料混炼性能优劣的判断依据，值越小表示越易混炼。

若胶料受到的剪切作用足够大，已混入橡胶中的炭黑聚集体（二次结构）破裂，以更细的颗粒（或一次结构）充分分散于橡胶中。当炭黑粒子被细分到一定程度（通常为 5～6 μm）时，则不能进一步分散了，这时的混合只改变粒子的位置，只是单纯混合。

第三阶段为图 11－6 中 *d* 点以后的段，是混料胶的捏炼过程。功率曲线在第二个峰值（*d* 点）之后逐渐下降，这是由于橡胶分子链断裂，也可能是混炼胶温度升高而黏度下降所致。虽然在配合剂基本分散后再适当混炼可改善均匀程度，但分子链断裂会导致硫化胶性能的下降。

按上述配合剂的分散过程，要使粉状配合剂均匀地分散于橡胶中，首先要求各种配合剂的粒子容易被生胶所湿润。按表面特性，配合剂一般可分为两类：一类具有亲水性，如碳酸钙、陶土、氧化锌、锌钡白等；另一类具有疏水性，如各种炭黑等。亲水性的表面持性与生胶不同，因此不易被橡胶润湿；疏水性的表面特性与生胶相近，易被橡胶润湿。为获得良好混炼效果，采用亲水性配合剂时需加入表面活性剂，改善无机配合剂与橡胶的界面状况，常用的表面活性剂有硬脂酸、高级醇、含氮有机化合物、二甘醇等。

炭黑的分散性与其粒子大小和结构性有关。通常小粒子的炭黑难分散，而结构性强（二次结构）的炭黑易分散。这是因为，随着粒子直径的减少，粒子间接触点的数目按粒子直径的三次方的倒数增加，包容胶分散时须破坏这些接触点，所以炭黑粒子越细，在橡胶中的分散就越困难。

2）弹性体形变混炼机理

中岛伸之在研究生胶断裂特性的基础上，提出了新观点。中岛认为：在混炼条件下的橡胶处于弹性状态，而非流动状态，应把橡胶看作是黏弹性的固体，因此混合分散过程用形变描述比用流动描述更为恰当；在实际的混炼条件范围内，由于橡胶的黏度很大，故不可能产生炭黑的自发扩散过程，炭黑在橡胶中的无规分布只是机械作用的结果；混炼过程中弹性体的颗粒被破碎得越来越小，随着弹性体颗粒变小，它与炭黑混合的均匀性得到改善，从而达到所要求的炭黑分散程度。按照这种观点，混炼过程中炭黑的分散过程应为：

（1）首先是“破碎”或“再细粉碎”的过程。外力将大块的胶团或聚集体打碎成小块。橡胶的破碎是一个连续的破碎过程，而不是一个单元过程。

（2）其次是炭黑的混入（合）过程。包含两种同时进行的机理（图 11－7）。一是层状模型机理，橡胶在外力作用下，产生大变形而未断裂，其表面积增加，通过层状机理接受炭黑聚集体，再把炭黑包封在其中，然后松弛。大变形和弹性恢复的重复，促进了橡胶与炭黑的混合。二是破碎模型机理，橡胶被挤压破碎成小块，再与炭黑混合，然后把炭黑包封在其中。大形变可能先于破碎过程。

（3）最后是分散过程。在足够大的应力作用下橡胶产生大形变（图 11－8）和被破碎（颗粒尺寸变小），炭黑聚体也被破碎。伴随着微观分散（炭黑二次结构的破裂）过程，炭黑与橡胶表面接触紧密。

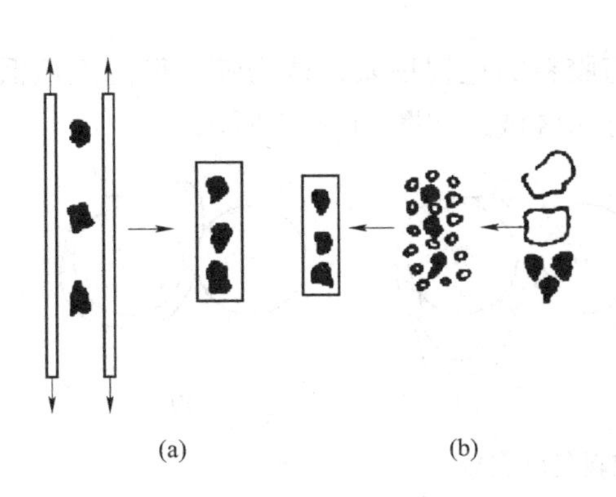

图 11－7　炭黑混入橡胶机理示意图

（a）层状模型；（b）破碎模型

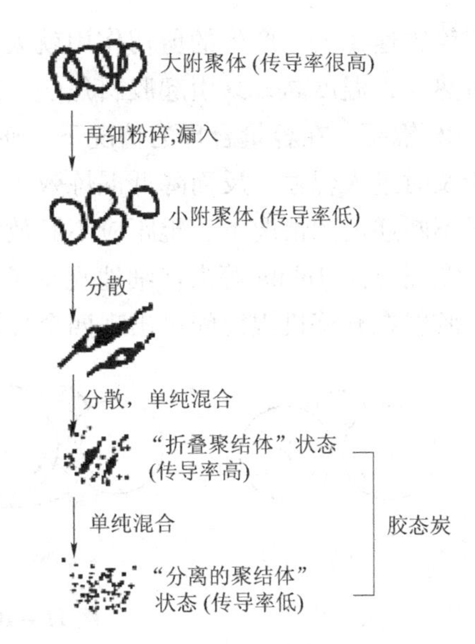

图 11－8　混炼过程中炭黑形态的变化

（4）最后为单纯混合过程，即宏观均化过程。

3. 混炼工艺

目前，混炼工艺按其使用设备，一般分为开炼机混炼和密炼机混炼。

1）开炼机混炼

开炼机是最早使用的混炼机械，混炼适用性强，可混炼各种胶料，但生产效率低，劳动强度大，污染严重，所以主要适用于实验室、工厂小批量生产和其他机械不宜使用的胶料。

（1）开炼机混炼工艺。开炼机混炼经历包辊、吃粉、翻捣三个阶段。混炼时，先将胶料投到辊缝中，辊距控制在 4～8 mm，经辊压 3～4 min 后，一般便能均匀连续地包于前辊，形成光滑无缝的包辊胶（图 11－9）。然后，将胶全部取下，再把胶投入轧炼 1 min 左右。根据包辊胶的多少割下部分余胶，使辊缝上方保持适量的堆积胶，然后根据配方依次在堆积胶上加入各种配合剂（吃粉）。当全部配合剂加完后，进行多次反复翻炼（通常有手工割刀法和机械割刀法）捣胶，使橡胶与配合剂互相混合。翻炼完毕后放宽辊距（4～5 mm），再用切落法补充翻炼 2～3 次，辊温控制在 45℃左右。

混炼操作可采用一段混炼和分段混炼。对于含胶率高或天然橡胶与较少合成橡胶并用且炭黑用量较少的胶料，一般采用一段混炼法。对于天然橡胶与较多合成橡胶并用且炭黑用量较多的胶料，可采用二段混炼法，以使橡胶与配合剂混合得更均匀。第一段混炼后，胶料至少停放 8 h 以上，再进行第二段混炼。

（2）开炼机混炼工艺控制。混炼时，应根据胶料配方中橡胶及配合剂的特点来控制辊筒转速、速比、辊温、辊距及混炼时间等工艺条件。

① 辊速和辊速比。辊筒转速快，配合剂在胶料中的分散速度就快，混炼时间短，但转速过快，则操作困难，也不安全，故辊速一般控制在 16～18 r/min。

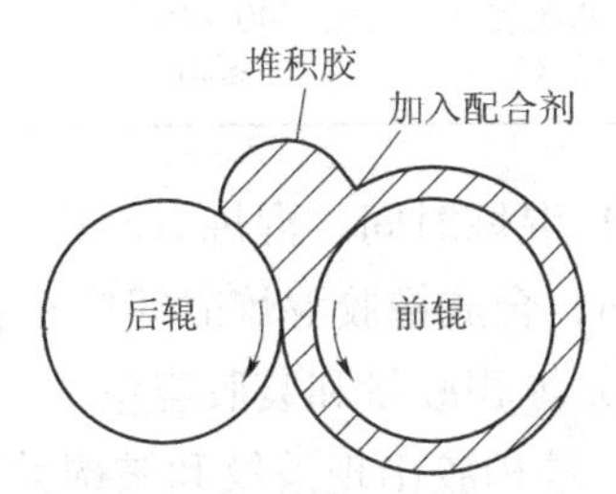

图 11－9　开炼机混炼时胶料正常状态

两辊筒辊速比大，产生的剪切作用就大，可促进配合剂在胶料中的分散，但速比大，胶料摩擦生热大，温度高，易引起胶料焦烧，通常混炼适宜辊速比为1:1.1~1:1.2。

② 辊距。在容量合理的情况下，辊距一般为4~8 mm。辊距太小，堆积胶过多，胶料不能及时进入辊隙，反而降低混炼效果。为了使堆积胶保持适当，在配合剂不断加入、胶料总量不断递增的情况下，辊距应不断放大。

③ 辊温。Tokita等人仔细地观察了辊筒温度与胶料的包辊现象，认为随辊筒温度从低到高、胶料在开炼机辊筒间可出现四个界限分明的行为区域，如图11-10所示。

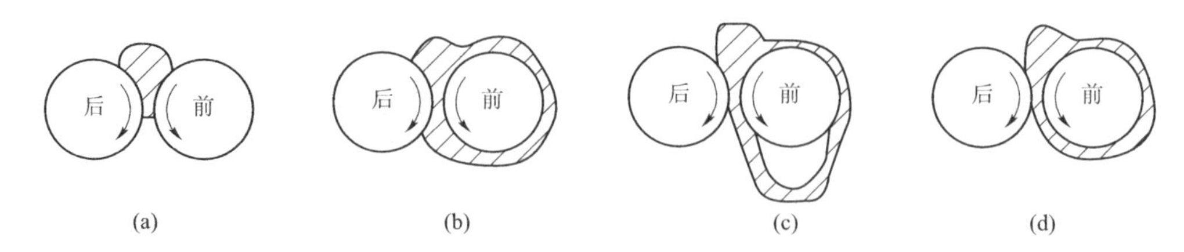

图11-10　塑炼时胶料包辊现象

(a) 1区；(b) 2区；(c) 3区；(d) 4区

1区，辊温较低，胶太硬、弹性大、易滑动，则难以通过两辊间隙，而以“弹性楔”的形式留在辊筒上，如强制压入则胶料变成碎块，配合剂也不能混入。随温度升高而进入2区，胶料比在1区容易变形，可包在前辊上，形成一条弹性带，既有塑性流动又有适当的弹性变形，由于胶带不易破裂，故最适宜于炼胶操作，混炼分散好。温度进一步升高，到3区，胶料流动性增加，分子间力减小，胶带强度下降而不能紧包在辊筒上，出现脱辊或破裂现象，无法进行炼胶操作。第4区，温度更高，胶料呈黏性液体状而包在辊筒上并产生黏性流动，但此时会引起胶料焦烧以及低熔点配合剂熔化结块而无法分散。

所以，开炼机混炼时辊筒温度要适当。辊温一般控制在50℃~60℃时，胶料能包在一个辊筒上，操作方便。混炼过程中，胶料会因摩擦产生大量的热，为了保持辊温，在开炼机辊筒内应通冷却介质降温。不同胶料开炼机混炼时辊筒温度见表11-2。

表11-2　不同胶料开炼机混炼时辊筒温度

胶种	辊温/℃		胶种	辊温/℃	
	前辊	后辊		前辊	后辊
天然橡胶	55~60	50~55	顺丁橡胶	40~60	40~60
丁苯橡胶	45~50	50~55	三元乙丙橡胶	60~75	85左右
氯丁橡胶	35~45	40~50	氯磺化聚乙烯	40~70	40~70
丁基橡胶	40~45	55~60	氟橡胶23~27	77~87	77~87
丁腈橡胶	≤40	≤45	丙烯酸酯橡胶	40~55	30~50

④ 混炼时间。混炼时间以辊筒转速、容量及配方而定。天然橡胶混炼时间一般在20~30 min，合成橡胶混炼时间应稍长些。

⑤ 堆积胶量和装胶容量。开炼机混炼时，辊缝上方必须保持适当的堆积胶，随着辊筒转动，堆积胶出现波纹和皱褶并不断更新，夹裹着配合剂进入辊缝，并产生横向混合作用，使配合剂分散到胶料中。堆积胶量过多，堆积胶只在辊缝上方自行打转，失去了折纹夹粉的

作用，延长混炼时间，胶料物性降低，同时会增大能耗和设备负荷而易使设备损坏；堆积胶量过少或没有，吃粉困难，生产效率低。

堆积胶量随装胶容量增加和辊距减小而增大，故为保持适当的堆积胶量，装胶容量要适当，辊距要适当调节。合理的装胶容量可按式（11－2）确定。式（11－2）是一个经验公式，实际上，装胶量随配方的不同而变化，填充量多、相对密度大的配方和合成胶的装胶量宜小一些，含胶率高的配方装胶量可大些。在混炼过程中，可通过调节辊距来保持堆积胶适量，装胶量少的，辊距调小些，随配合剂的加入，胶料体积增大，辊距应适当调大。

⑥ 配合剂的加入。加料时应将配合剂沿辊筒轴线方向均匀投到堆积胶上，使堆积胶上都覆盖有配合剂，这样会缩短吃粉时间，也有利于分散。配合剂加到堆积胶后，开始时是以较快的速度混入胶料中，随着配合剂的混入，堆积胶上的配合剂就减少，混入速度就逐渐降低。所以，混炼一开始就应把配合剂加足，并及时将其余配合剂按次序加入，这样可以让配合剂以较快速度混入，缩短混炼时间。

加料顺序对混炼操作和混炼胶的质量都有很大影响，一般的原则是：难分散的、量少的先加，易分散的、量多的后加；硫化剂和促进剂分开加，以免一起加入时因局部温度过高而使胶料焦烧；硫黄最后加。通常的加料顺序为：

胶料（包括塑炼胶、并用胶、母胶和再生胶）→固体软化剂→小料［促进剂（不包括超速促进剂和超高速促进剂）、活性剂、防老剂等］→补强剂、填充剂→液体软化剂→ 硫黄及超速促进剂。

对于特殊配方要做特殊处理：补强填充剂多的配方，可以是补强填充剂与液体软化剂分批交替加入，但不能一起加，以免粉剂结团；硫黄含量高达 30% ~50% 的硬质胶，应先加硫黄，后加促进剂。

生产中，常把各种配合剂与橡胶混炼以做成母炼胶，如促进剂母炼胶，或把软化剂配成膏状，再用母炼胶按比例配料，然后进行混炼。这样可提高混炼的均匀性，减少粉剂飞扬，提高生产效率。

⑦ 翻捣。包辊胶里层与辊筒相对静止，配合剂难以混入而成为呆滞层。呆滞层约为胶层厚度的三分之一，为使配合剂在胶料中分散均匀，要采用刀割、翻动、折叠等操作方法多次反复翻炼捣胶。

2）密炼机混炼

密炼机混炼容量大，混炼时间短，生产效率高，自动化程度高，劳动强度低，几乎无污染。但混炼温度高，不能用作对温度敏感的胶料。

（1）密炼机混炼工艺。密炼机混炼一般要和压片机配合使用，先把生胶和配合剂按一定顺序投入密炼机的混炼室内，使之相互混合均匀后，排胶于压片机上压成片，并使胶料温度降低（不高于 100℃），然后再加入硫化剂和需低温加入的配合剂，通过捣胶装置或人工捣胶反复压炼，以混炼均匀。经密炼机和压片机一次混炼就得到均匀混炼胶的方法称为一段混炼。有些胶料，如氯丁胶料、顺丁胶料经密炼机混炼后，于压片机压片冷却，并停放一定时间（一般在 8 h 以上）后，再次回到密炼机上进行混炼，然后再在压片机上冷却后加入硫化剂和超促进剂等，并混合均匀，得到均匀的混炼胶，这种混炼方法称为二段混炼。

胶料混炼后都要压成胶片或经过造粒，并立即加以强制冷却，使其温度降至30℃～35℃以下，以免胶料产生焦烧和喷霜现象。同时胶片或胶粒表面涂隔离剂，然后经风冷吹干，防止胶料在停放、运输或储存过程中互相黏结。冷却后的胶片要停放8 h以上才能使用，停放过程中胶料应力松弛，配合剂能进一步扩散，橡胶与炭黑之间能进一步相互作用，从而提高补强效果。

（2）密炼机混炼工艺控制。密炼机混炼效果取决于混炼温度、时间、转子的转速、装胶量和上顶栓压力等。除了混炼温度，其他工艺控制与塑炼的相同。

① 混炼温度。密炼机混炼时胶料受到剧烈的剪切摩擦作用，胶料温度升高很快。温度过高，胶料太软，不但剪切作用下降，而且还会促使炭黑与橡胶生成过多的炭黑凝胶而影响混炼，另外也可能加剧橡胶分子热降解，因此密炼机要用冷却水控制温度。通常排胶温度控制在100℃～130℃。慢速密炼机混炼排胶温度一般控制在120℃～130℃。快速密炼机混炼排胶温度一般控制在160℃以上。近年也有采用170℃～190℃高温快速密炼。

② 加料顺序。密炼机混炼加料顺序一般为：生胶（或塑炼胶）→固体软化剂→小料（促进剂、活性剂、防老剂等）→补强剂、填充剂→液体增塑剂。

除上述两种混炼方法外，目前还出现一种新的混炼法——螺杆挤出机混炼。该法特点是连续混炼，生产效率高，可使混炼与压延、压出联动，便于实现自动化。

11.2.3 橡胶的压出成型

橡胶的压出（挤出）成型与热塑性塑料的挤出成型，在设备及加工原理方面基本相似。二者的区别在于，进橡胶挤出机的料是胶条，从橡胶挤出机出来的不是成品，而是未硫化的胶坯或半成品，以达到初步造型的目的。橡胶的压出成型广泛用于制造轮胎胎面、内胎、复合胶管内外层胶层、胶带以及各种复杂断面形状或空心的半成品，并可用于包胶操作（如电线、电缆外套等），挤出薄片（如防水卷材、衬里用胶片等）及快速密炼机压片。

橡胶压出成型工艺分为热喂料挤出和冷喂料挤出两种。热喂料挤出时，胶料先经热炼机预热后再进料。冷喂料挤出时，胶料无须热炼直接室温进料，劳动成本低，设备投资小，有利于自动化，但胶料中各组分混合分散均匀性较热喂料挤出差。目前，热喂料挤出是国内采用的主要方法。

1. 热喂料挤出

橡胶热喂料挤出工艺通常包括胶料的热炼、压出、冷却定型、裁断等。

（1）热炼。就是预热，其目的是进一步提高胶料中填料分散的均匀性和热可塑性，使胶料柔软，易于成型，同时消除气泡、疙瘩。胶料热炼在开炼机或者密炼机中进行，其中以开炼机为多。开炼机热炼一般采用二次热炼法，第一次为粗炼，辊距1～2 mm、辊温45℃左右、过辊翻炼7～8次，目的是进一步提高胶料的均匀性和可塑性。第二次为细炼，辊距5～6 mm、辊温60℃～70℃、过辊翻炼6～7次，目的是进一步提高胶料的热塑性。热炼温度越高、时间越长，胶料热塑性越高，压出越容易，但热塑性过高，压出的半成品缺乏挺性，易变形下塌，因此热塑性应适度。常见胶种热炼工艺条件见表11－3。

表11-3 常见胶种热炼工艺条件

胶种	辊温/℃		胶片厚度/mm	时间/min
	前辊	后辊		
天然橡胶	76	60	10~12	8~10
丁腈橡胶	40	50	4~6	4~5
氯丁橡胶	<40	<40	4~6	3~4
天然橡胶/丁苯橡胶	50	60	10~12	8~10
天然橡胶/顺丁橡胶	50	60	10~12	8~10

热炼后的胶料先切成一定规格的胶条后，再通过人工填料（或皮带运输带）向挤出机供料，供料应连续均匀，并与挤出速度相配合，以免造成机出机喂料口脱节或过剩而影响压出质量。

(2) 压出成型。同塑料挤出成型一样，橡胶压出成型之前，挤出机的料筒、机头、口模和芯模要预先加热到规定温度，使胶料在挤出机的工作范围内处于热塑性流动状态。开始供胶后，首先要调节螺杆的转速、口模位置和接取速度，并调节各压出工艺参数，直至压出半成品完全符合工艺要求的公差范围，就可正常挤出。

一般情况下，螺杆转速控制在30~50 r/min，挤出速度控制在3~20 m/min，挤出机各段温度见表11-4。

在实际操作中，选择挤出温度时，还要考虑胶料的含胶率。若胶料中含胶量较多时，可塑性较小，需要较高的温度，应该取温度上限，反之，则取下限；两种或两种以上橡胶并用时，以含量大的组分为主；两种胶量相等时，可取两者的平均值作参考。

表11-4 部分橡胶挤出成型各段温度控制

胶种	料筒温度/℃	机头温度/℃	口模温度/℃	螺杆温度/℃
天然橡胶	50~60	75~85	90~95	20~25
丁苯橡胶	40~50	70~80	90~100	20~25
丁基橡胶	30~40	60~90	90~120	20~25
丁腈橡胶	30~40	65~90	90~110	20~25
氯丁橡胶	20~35	50~60	<70	20~25
顺丁橡胶	30~40	40~50	90~100	20~25

(3) 冷却、裁断、称量和卷取。挤出的胶坯（或半成品）要迅速冷却到25℃~35℃，防止胶坯（或半成品）变形和在存放时发生自硫化。生产上常用水喷淋或水槽冷却。为了防止挤出物相互黏结，可以在冷却水槽中定量加入滑石粉，并借助搅拌以造成悬浮隔离液。也可使挤出物先通过滑石粉，然后在空气中进行冷却。如果压出空心制品，则空心部分应喷射隔离剂。

经冷却后的胶坯（或半成品），有些（如胎面、胶板）需经定长，裁断，称量等步骤，然后接取停放。有些（如胶管、胶条）冷却后可卷在容器或绕盘上停放。有些还需打磨、喷浆等处理。

2. 冷喂料挤出

冷喂料挤出工艺与热喂料挤出工艺的区别是在加料前，需将料筒和机头预热，并快开转速，使挤出机各部位温度普遍升高到120℃左右。然后开冷却水，在短时间内（2 min），使温度骤降到料筒65℃左右、机头70℃左右、加料口55℃左右，螺杆80℃左右，若挤出合成橡胶，加料后可不通蒸汽，甚至还开冷却水。

11.2.4 橡胶的压延成型

橡胶的压延成型包括胶片压延、胶片压型、骨架挂胶及压延贴合等工艺。

1. 压延前的准备

1）胶料的热炼

胶料的热炼通常在两台开炼机上进行，采用二次热炼法，粗炼辊距2～5 mm、辊温40℃～50℃、过辊翻炼7～8次，细炼辊距7～10 mm、辊温60℃～70℃、过辊翻炼6～7次。

不同压延工艺对热炼胶可塑度要求不同。擦胶要求胶料有较高的可塑度，以便胶料能渗入到织物组织的孔隙中；压片和压型用胶料可塑度不能过高，以使胶料有较好的挺性；贴胶用胶料不能太软也不能太硬，故可塑度介于前两者之间。天然橡胶热炼胶要求的威廉氏可塑度见表11－5。

表11－5 天然橡胶热炼胶要求的威廉氏可塑度

压延工艺	威廉氏可塑度	压延工艺	威廉氏可塑度
擦胶	0.45～0.65	压片	0.25～0.35
贴胶	0.35～0.55	压型	0.25～0.35

热炼后的胶料用皮带运输带向压延机供料。生产中，有连续和间歇两种供料方式。间歇供料是根据压延机的大小和操作方式先把热炼胶打成一定大小的胶卷或制成胶条，然后再向压延机供料。供料时，按胶卷的先后顺序供料。胶卷停放时间不能过长，一般不超过30 min，以防胶料早期硫化。

连续供料时在供料用的开炼机上，用圆盘式或平板式切刀，从辊筒上切下一定规格的胶条，由皮带运输机均匀地、连续不断地给压延机供料。运输带的线路不能过长，以防止胶条温度下降过多而影响压延质量。

2）骨架挂胶

挂胶就是使骨架内部和表面含有与胶料性质相同或相近的胶料，以使胶与骨架结合牢固，硫化后能形成一个整体。多数橡胶制品由于使用性能的要求，需要各种骨架材料与橡胶复合。如轮胎中使用帘布、帆布和钢丝帘布等，可极大提高轮胎的抗压和载重能力。

（1）纺织材料骨架挂胶。纺织材料骨架挂胶时，要先除毛、接缝与干燥，然后才能挂胶。

① 除毛、接缝与干燥。除毛就是去掉织物表面上的毛刺，敞开织物表面孔隙，利于胶液渗入到织物内部组织，增强胶料与织物的附着力。接缝就是织物头与头的连接，以保证骨架有一完整形状。干燥就是降低织物的含水量，并提高骨架的温度，保证胶料与织物之间的黏合强度。

干燥后织物不能停放时间过长，以免吸湿回潮、温度降低。因此，生产中织物干燥往往与压延机组成联动装置。

② 挂胶。挂胶方法有四种：浸胶、涂胶、擦胶和贴胶。后两者使纺织物和胶料硫化后能形成一个整体，赋予橡胶制品既有弹性又有足够的强度。若纺织物纤维较粗或密度较高，

且要求高附着力时，应在贴胶和擦胶前浸、涂胶一遍或两遍。

a. 浸胶。浸胶多适用于合成纤维、人造丝织物。浸胶时，一般是先把织物直接放到胶乳或浓度为 1/3 ~1/6 的稀溶剂胶浆中进行浸渍，浸后再经 80℃ ~100℃热空气干燥，以除去溶剂和水分。常用的浸胶液有橡胶浆、胶乳及其他树脂类胶黏剂溶液。浸胶后，胶液渗入到织物的内部组织，能大大提高胶料的附着力。

b. 涂胶。涂胶适用于棉帆布、细布和玻璃布。涂胶时，先用涂胶机将胶浆涂刮到织物上，涂后再在 60℃ ~100℃环境下干燥。根据需要厚度，可进行多次涂胶和干燥。干燥具体温度应视所用溶剂的沸点选择，不能过高也不能过低，过高会使涂胶布自硫化、起泡或引起化纤材料轴向收缩起皱；温度过低溶剂挥发不尽，会引起硫化后起泡。

c. 擦胶。擦胶适用于棉帆布、细布和玻璃布。该法不用溶剂、无污染，并且胶料与纺织物的黏合力强，但设备投资大且有时会损伤纺织物。根据要求有的无须涂胶，可直接擦胶。若纤维较粗或密度较高，且要求高附着力时，应在擦胶前涂胶一遍或两遍。

擦胶通常在三辊或四辊压延机上进行，它是利用压延机的两个不同转速的辊筒将预热后具有一定塑性和黏性的胶料擦入到纺织物中。一般，在三个辊筒上进行单面擦胶，工作辊筒的速比在 1∶1.3 ~1∶1.5，速比越大，搓接力越大，胶料渗透性也越好，但织物所受的伸张力也越大。擦胶工艺有两种，一种是中辊包胶法（又称为薄擦或包擦），当织物经过中、下辊时，部分胶料被擦入织物中，余胶仍包在中辊上，如图 11 -11（a）所示，这种方法所得的胶布附着力较高，但挂胶少，成品耐屈挠性较差。另一种是中辊不包胶法（又称厚擦或光接法），如图 11 -10（b）所示。这种方法所得的胶层较厚，可提高制品的耐屈挠性，但附着力较低。

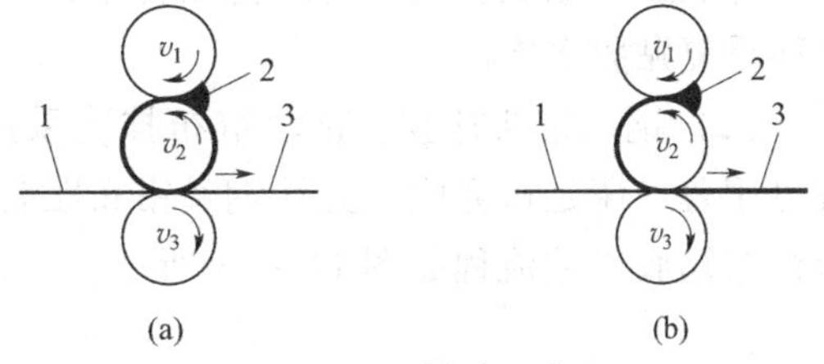

图 11 -11　擦胶示意图

（a）中辊包胶（$v_2 > v_1 = v_3$）（$T_1 > T_3 > T_2$）；
（b）中辊不包胶（$v_2 > v_1 = v_3$）（$T_1 > T_2 > T_3$）
1—纺织物；2—胶料；3—擦好胶的胶布

擦胶速度要适中，太快，纺织物和胶料在辊筒缝隙间停留时间短，受力时间短，二者附着力低，尤其是合成纤维更甚；太慢，生产效率低。因此，生产中薄布擦胶速度控制在 5 ~25 m/min，厚帆布擦胶速度控制在 15 ~35 m/min。

d. 贴胶。贴胶适用于要求胶层厚的情况，其优点是速度快，对织物损伤少，帘线耐疲劳性能高，但胶料不易渗入到布的孔隙中，布与胶的附着力较差，而且双面贴胶时，两面胶层之间有空隙，容易产生气孔。

贴胶通常在三辊或四辊压延机上进行，它是利用压延机的两个相同转速的辊筒将上一对辊筒预先压制的具有一定厚度和黏性的胶片贴到纺织物上，工作辊筒的速比为 1∶1。贴胶方法有一面贴胶、两面贴胶、一面擦胶而另一面贴胶。贴胶工艺有普通贴胶、压力贴胶和外加压力贴胶三种，如图 11 -12 所示。

普通贴胶的织物是经过浸胶或涂胶后的织物。普通贴胶对织物无损失，布面无透胶现象，可重复贴 2 ~3 次。缺点是黏附强度低，单贴一次较厚胶层时，胶面易起小泡和呈现橘皮状收缩。

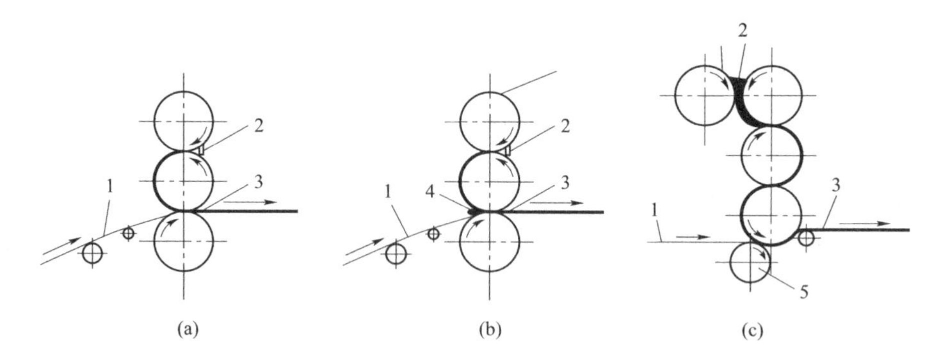

图 11-12　贴胶示意图

（a）普通贴胶；（b）压力贴胶；（c）外加压力贴胶

1—纺织物；2—胶料；3—贴好胶的胶布；4—堆积胶；5—压辊

压力贴胶又称半擦。因堆积胶的存在，增加了挤压力，使胶容易渗透到织物组织中，从而增加了胶层与织物的黏接强度，胶层无条状泡痕及小泡等。缺点是单面胶的布面易透胶，造成胶面外表不美观；两面覆胶时，易使织物纬线移位，用这样的胶布制充气制品，充气后的制品外形线条易歪斜成畸形。

外加压力贴胶，胶片与织物结合紧密，制出的胶布布面透胶美观，织物纬线不位移，可单面重复贴胶多次。

（2）钢丝帘布挂胶。钢丝帘布挂胶采用贴胶法，分有纬和无纬两种。有纬钢丝帘布贴胶可用普通压延机完成。无纬钢丝帘布贴胶又有冷、热贴胶之分，目前多采用热贴工艺。钢丝帘布贴胶工艺流程如图 11-13 所示。

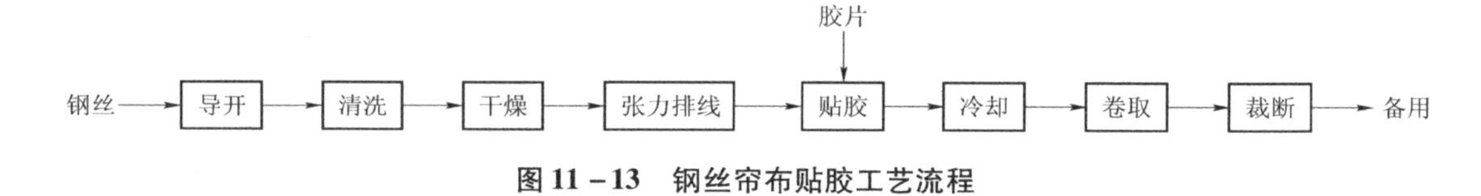

图 11-13　钢丝帘布贴胶工艺流程

2. 胶片压延（压片）

预热好的胶片用压延机压制成一定厚度和宽度的胶片的工艺过程称为胶片压延，简称压片。压片是制胶布、胶板半成品及其他制品的胶坯。压延胶片一般采用三辊或四辊压延机来完成，采用四辊压延所得胶片的精度比用三辊的高。胶片压延后表面应光滑、无气泡、不皱缩，厚度均匀。

胶片压延工艺如图 11-14 所示。图 11-14（a）、（c）的中、下辊间不积胶，下辊温度低仅用于冷却；图 11-14（b）的中、下辊间有积胶，下辊与中辊温度接近，或稍低些，适量的积胶可使胶片光滑，减少气泡，而且胶片的致密性好，但会增大压延效应。积胶法适用于丁苯橡胶，但积胶不宜太多，否则会带入气泡。不积胶法适用于天然橡胶。影响压片质量的因素有胶料的预热、辊温、胶料可塑度、辊速等。

（1）辊温。压延机的辊温应根据胶料性质而定。通常含胶量高的或者弹性大的胶料，辊温应高些；含胶量低、弹性小的胶料，辊温宜低些。为了使胶片在辊筒间顺利转移包辊，各辊筒应有一定的温度差。例如，天然橡胶易包热辊上，故后辊温度应高于前辊的；丁苯橡胶易包冷辊，则后辊温度应低些。

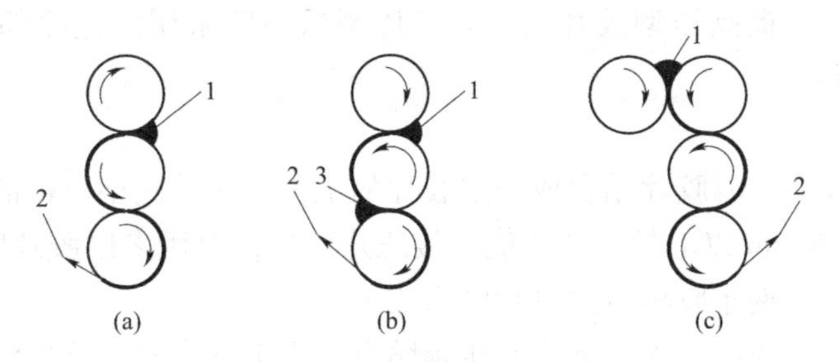

图 11－14 胶片压延工艺示意图

1—进料；2—压片出料；3—堆积胶

（2）胶料可塑度。胶料可塑度大，流动性好，容易得到光滑的胶片；但可塑度太大，又容易产生粘辊现象。可塑性小，则压片表面不光滑，收缩率大。一般压片胶料的威廉氏可塑度为 0.25 ~0.35。

（3）辊速。压延机辊速快，生产能力就大。但辊速应根据胶料的可塑度来定，对可塑度大的胶料，辊速可快些；可塑度小的，辊速应慢些。辊筒间有速度比，有助于排除气泡，但对胶片的光滑度不利。为了解决这个矛盾，通常在三辊压延机中采用中、下辊等速，中、上辊低速比。

胶料中橡胶和配合剂分子经压延作用产生取向，故压延后的胶片存在压延效应。压延效应对于某些制品（如球胆）是有害的，但对某些需要纵向强韧性高的制品，则可利用压延效应。适当提高压延机的辊温或热炼温度，使胶料热塑性增强，可减少压延效应。胶料中使用各向异性配合剂（如滑石粉、陶土、碳酸镁等），可增大压延效应。

3. 胶片压型

胶片压型是指将热炼后的胶料压制成具有一定断面形状或表面具有某种花纹的胶片的工艺。此种胶片用作鞋底、车胎胎面等的胶坯。

压型用压延机有双辊、三辊或四辊，其最后一个辊筒的表面刻有一定的图案及花纹。各类型的压型方法如图 11－15 所示。

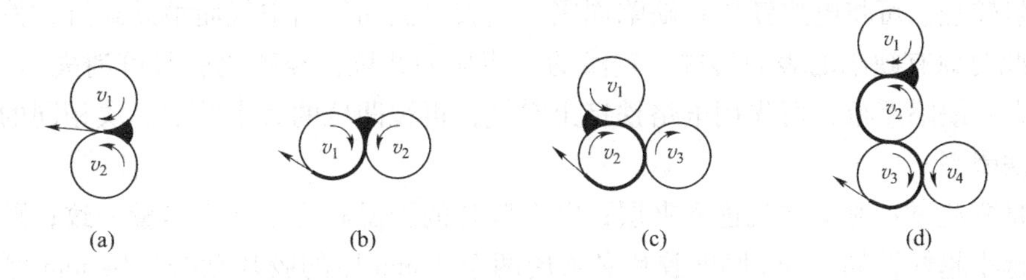

图 11－15 胶料压型方法示意图

（a）两辊压型（$v_1=v_2$）；（b）两辊压型（$v_1=v_2$）；

（c）三辊压型（$v_1 \geqslant v_2=v_3$）；（d）四辊压型（$v_1 \geqslant v_2=v_3=v_4$）

压型的操作及工艺要点与压片大致相同，但压型制品要求花纹清晰、尺寸准确、胶料致密性好，因此对胶料的配方和工艺条件有特别的要求。由于橡胶具有可恢复的弹性，当含胶率较高时，压延后的花纹易变形，因此在可能的条件下，配方中可多加填充剂和适量的软化剂或者再生胶，以防止花纹扁塌。压型主要是依靠胶料的流动性而不是靠压力来造型，因而要求胶料应具有一定的可塑性（威廉氏可塑度为 0.25 ~0.35），所以压型操作中可以采用高辊温、低辊速等方法来提高压型胶片的质量。压型后一般采用急速冷却的办法，使花纹定型、清晰，防止变形。

4. 压延贴合

贴合是将两层或多层薄胶片贴合成一层胶片的工艺。压片成型所得的胶片厚度一般不超过 6 mm，故厚度在 6 mm 以上的胶片不能直接压片成型，要用多层胶片贴合到规定的厚度。不同胶料组成的胶片、夹布胶板也要进行贴合成型。

胶片的贴合方法有两种，人工贴合和压延贴合。人工贴合时，首先将压出的热胶片平铺于案板上，再取一卷胶片，将其一端与平铺胶片的一端辊压粘贴并向平铺胶片的另一端滚动，滚动过程中边滚动边用压辊辊压而使胶片严密贴合在一起。

压延贴合是将要贴合的胶片同时通过压延机的辊隙，胶片在压延机两辊的压力作用下而黏合在一起。压延贴合常和压延同时进行，如图 11－16 所示。

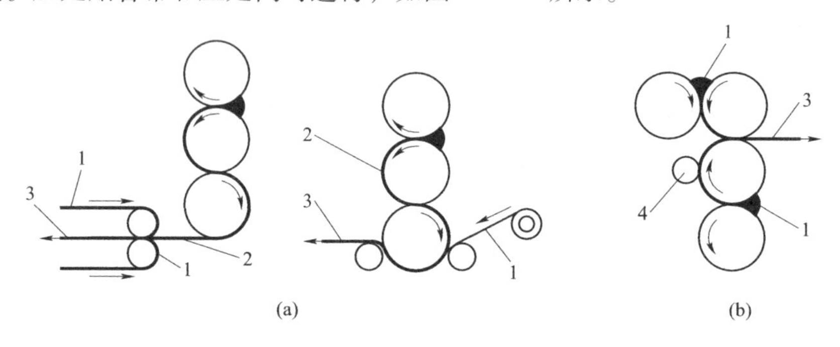

图 11－16 胶料压型示意图

（a）三辊压延贴合；（b）四辊压延贴合

1—一次胶料；2—二次胶料；3—贴合胶片；4—压辊

夹布胶板的贴合方法与纯胶胶板的基本相同，其主要不同点是纺织物贴合前要先涂胶或擦胶。

如果贴合的胶片或贴合好的胶板表面有气泡，应用专用的电烙铁修理。若胶板表面气泡较小、缺陷较轻，可将电烙铁压在缺陷周围，使胶料流动挤出空气而填满缺坑，然后再将表面压平（此时原有缺陷的表面形成一较浅的不明显的凹坑，经硫化后就可消失）。若胶板表面气泡较大、缺陷严重，可先用电烙铁挤出空气，再视凹坑的大小补上一块相同的胶料，最后用电烙铁熨平。

贴合时要注意：避免空气进入夹层；贴合胶片的胶温和可塑度应尽量一致；贴合胶片间的厚度差越小越好，如 8 mm 厚度胶片必须用两个 4 mm 厚的胶片贴合，14 mm 厚度胶片应用两个 5 mm 和 1 个 4 mm 厚的胶片贴合；送胶和卷取的速度要一致；贴合时所用的压辊应外覆胶，且其直径应不大于压延机下辊直径的三分之二。

11.3 橡胶制品的成型和硫化

11.3.1 橡胶制品的成型

橡胶制品的成型方法很多，有压出（挤出）成型、压延成型、注压（注射）成型、模压成型和浸渍成型等。这些成型的基本工艺过程或者同塑料制品成型工艺过程（如注射成型、挤出成型和浸渍成型），或者同橡胶的加工工艺过程（如挤出成型和压延成型）。其差别仅在于进料的形态和产品的用途。

模压成型中，仅有少部分用混料胶直接成型，绝大部分先经压延、压出及裁剪制得一定形状的坯料，然后将坯料或连同骨架粘贴成的半成品，置于模具中成型和硫化定型，如 O 形圈、旋转轴唇密封圈的生产，二者生产工艺流程如图 11－17 和图 11－18 所示；有的要在专门的成型设备上将坯料和骨架或增强材料粘贴、压合成半成品，再经硫化定型，如普通充气轮胎外胎生产时，通过压出得胎面坯料，压延得橡胶帘布及胶片，然后在轮胎成型机上将胎面、胶布及胶片等粘贴组成轮胎半成品，再放入模型中硫化得橡胶轮胎制品，其生产工艺流程如图 11－19 所示。

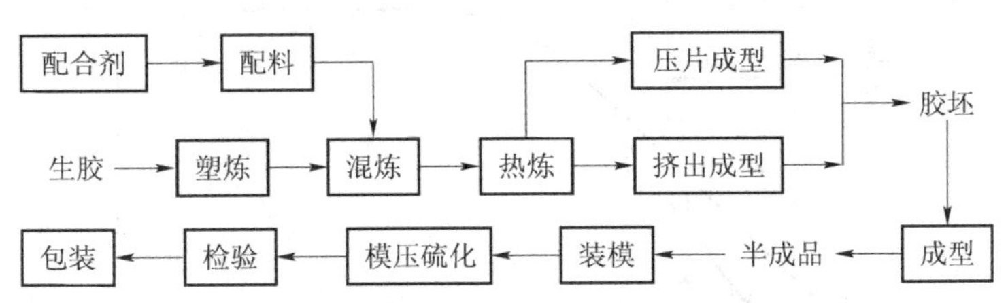

图 11－17　O 形圈生产工艺流程

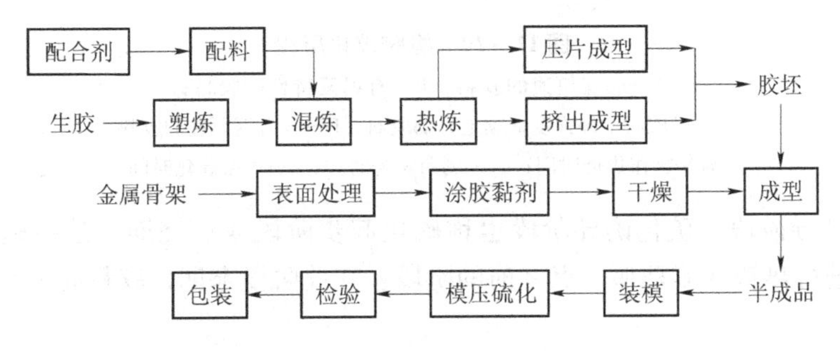

图 11－18　旋转轴唇密封圈生产工艺流程

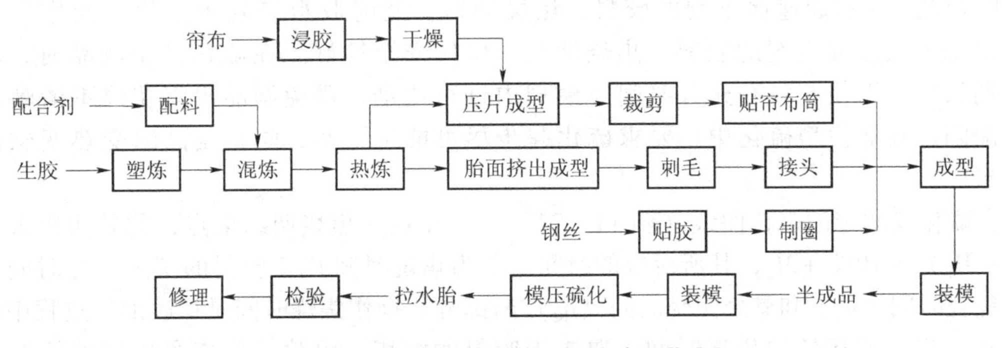

图 11－19　普通充气轮胎外胎生产工艺流程

11.3.2　橡胶的硫化

硫化的含义就是交联。因为橡胶工业一开始所用的交联剂是硫黄，目前橡胶工业中应用最广、用量最大的交联剂还是硫黄，所以硫化一词长期以来专门用于橡胶交联的术语。在硫化过程中，橡胶的化学结构发生变化，由线性结构变成网状结构（或体系结构），其物理机械性能和化学性质随之得到显著改进。硫化是橡胶制品生产的关键过程和完成过程，硫化胶的性能不仅取决于被硫化橡胶的性能和配方组成，也取决于主要由硫化体系和硫化条件决定的空间网络结构。

1. 硫化过程

生产上按硫化胶的定伸强度随硫化时间变化的特点，把硫化过程分为四个阶段：硫化诱导阶段、预硫阶段、正硫阶段和过硫阶段，如图 11－20 所示。

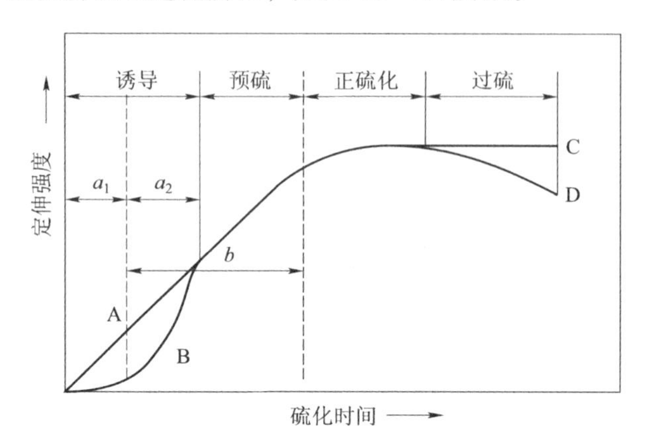

图 11－20　橡胶硫化历程

A—起硫快速的胶料；B—有迟延特性的胶料；

C—过硫后定伸强度继续上升的胶料；D—具有返原性的胶料

a_1—操作焦烧时间；a_2—剩余焦烧时间；b—模型硫化时间

（1）硫化诱导阶段。硫化诱导阶段也称硫化起步阶段或焦烧期，是指硫化时胶料开始变硬而后不能进行热塑性流动那一点之前的阶段。在此阶段末期，胶料尚未有效交联，仍具有良好流动性。

胶料硫化起步的快慢，直接影响胶料的焦烧性和操作安全性。这一阶段的长短取决于所用配合剂。用有超速促进剂的胶料，焦烧期短，此时胶料易发生焦烧，操作安全性差。而用迟效性促进剂的胶料，焦烧期长，操作安全性好。在硫化模型制品时，希望焦烧期长些，以便胶料有充分时间在模型内进行流动，避免制品出现花纹不清晰或缺胶等缺陷。在非模型硫化中，要求硫化起步尽可能早一些，防止制品因受热变软而发生变形。

在硫化仪测定的硫化曲线（图 11－21）中，E 点为焦烧期结束点，此处扭矩大小为 $(M_H - M_L) \times 10\% + M_L$，其所对应的时间定义为焦烧时间 t_{10}。胶料的实际焦烧时间包括操作焦烧时间（a_1）和剩余焦烧时间（a_2）两部分。操作焦烧时间是橡胶加工过程中由于热积累效应所消耗掉的焦烧时间，取决于胶料的混炼、停放、热炼和成型的情况。剩余焦烧时间是胶料在模型中加热时保持流动性的时间。如果胶料在混炼、停放、热炼和成型中所耗的时间过长或温度过高，则操作焦烧时间长，剩余焦烧时间短，易发生焦烧。因此，为了防止焦烧，一方面设法使胶料具有较长的焦烧时间，如加后效性促进剂；另一方面在混炼、停放、热炼和成型等加工时应低温、迅速，以减少操作焦烧时间。

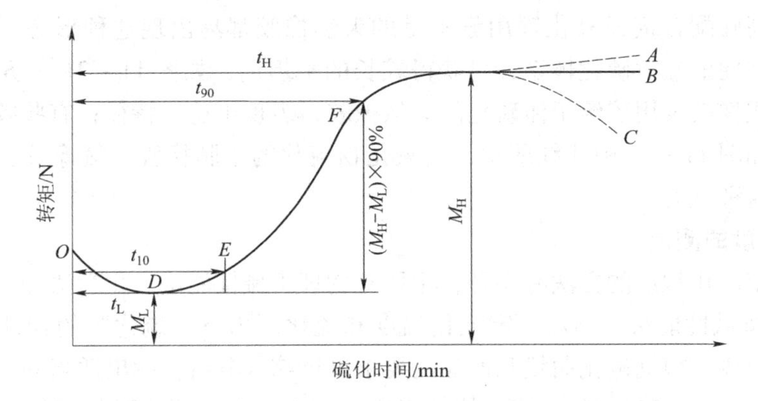

图 11－21　橡胶硫化曲线

（2）预硫阶段。预硫阶段又称欠硫阶段，是硫化起步终点与正硫化点之间的阶段，即图 11－21 中 *EF* 段。从 *E* 点开始，交联反应开始有效进行，随着交联反应的进行，交联程度增加，并形成网格结构，橡胶的物理机械性能逐渐上升，但即使在预硫阶段终点 *F*，胶料仍未达到硫化胶应有的水平。在此阶段后期，制品轻微欠硫，其抗撕裂性、耐磨性和抗动态裂口性优于正硫化胶料。因此，如果着重要求这几种性能时，制品可轻微欠硫。

图 11－21 中，欠硫阶段结束点 *F* 处扭矩大小为 $(M_H-M_L)\times90\%+M_L$，其所对应的时间定义为正硫化时间 t_{90}。

（3）正硫阶段。正硫阶段是指达到适当交联度的阶段。在此阶段，硫化胶的各项机械性能分别先后达到或接近最高值，制品综合性能好。此阶段开始所取的温度和时间称为正硫化温度和正硫化时间。正硫化时间长短可以根据制品所要求的性能和制品断面的厚薄而定。如，着重要求抗撕裂性好的制品，正硫化阶段应短，甚至可不需要正硫化。对于厚制品，在选择正硫化时间时，应将“后硫化”考虑进去。橡胶导热性差、降温很慢，当制品硫化取出后，硫化仍继续进行，于是特将它称为“后硫化”。“后硫化”导致制品的抗张强度和硬度进一步增加，弹性和其他机械性能降低，制品的使用寿命降低。所以，厚制品应考虑“后硫化”。

一般情况下，可根据抗张强度最高值略前的时间或以强伸积（抗张强度与伸长率乘积）最高值的硫化时间定为正硫化时间。

（4）过硫阶段。正硫化阶段以后，继续硫化便进入过硫阶段。对于一般橡胶来说，此阶段的前期为各项物理机械性能基本保持稳定的阶段，定义为硫化平坦期。过了硫化平坦期后继续硫化，会出现两种情况，一种是硫化胶发软，这种情况称为过硫或硫化返原（返硫）。另一种是硫化胶发硬，这是因为交联反应、交联键和链段热断裂反应贯穿于橡胶硫化过程的始终，只是在不同的阶段，这两种反应所占的比重不同，在过硫化阶段，若交联仍占优，则橡胶因交联密度大而发硬；反之若断裂反应占主导地位，胶料会因物理机械性能下降而变软；若交联和断裂反应平衡，则胶料的理机械性能几乎不发生变化。

在硫化平坦期内，硫化胶有较好的机械性能，并不发生明显变化。所以，硫化平坦期的长短表明硫化胶热稳定性的高低。一般，要求硫化平坦期长一些，以防止过硫。硫化平坦期的长短主要与所用促进剂的种类和用量、硫化温度有关。硫黄硫化体系采用 TMTD 促进剂，易产生硫化返原，如图 11－21 中 *C* 线所示，甲基硅橡胶、乙烯基硅橡胶、氟硅橡胶、丁基橡胶以及采用高硫配合剂或氧化锌用量不足的天然橡胶都易出现这种形态；非硫黄硫化体系，或者低硫高促的硫黄硫化体系，可获得较长的平坦期，如图 11－21 中 B 线所示，硫黄硫化的多数合成橡胶及用硫给予体硫化的天然橡胶，表现出这一特征；有些胶料出现性能仍上升的现象，如图 11－21 中 A 线所示，过氧化物硫化的丁腈橡胶、氟橡胶、乙丙橡胶及丁苯橡胶可呈现这种状态。

2. 硫化程度的测定

目前，测定硫化程度的方法有多种，主要有物理机械性能法、化学法和专用仪器法。

（1）物理机械性能法。测定一定硫化温度和硫化压力下，硫化胶的物理机械性能与硫化时间的关系曲线。根据硫化曲线和产品的要求进行综合分析，找出适当的正硫化点。所测的物理机械性能有：300% 定伸强度、拉伸强度、压缩永久变形或强伸积等。物理机械性能法较麻烦，不经济。

（2）化学法。测定硫化胶在硫化过程中游离硫的含量，以及用溶胀法测定硫化胶的网状结构的变化来确定正硫化点。此法误差较大，适用性不广，有一定局限。

（3）专用仪器法。就是用专门的测试仪器来测定橡胶硫化特性并确定正硫化点。目前测定硫化程度的仪器有 10 余种，其中转子旋转振荡式硫化仪不仅具有方便、精确、经济、快速、重现性好，并能连续测定与加工性能和硫化性能有关的参数，而且只需进行一次试验便能得到完整的硫化曲线。由此曲线可直观地或经简便计算便得到全套硫化参数数据，如初始黏度、最低黏度、诱导时间、硫化速度、正硫化时间和活化能等。

转子旋转振荡式硫化仪的测定基本原理是，胶料的剪切模量 G 与交联密度 D 成正比。

$$G = D \cdot R \cdot T \tag{11-4}$$

式中，R 为气体常数；T 为绝对温度。

测定时，在一定压力和温度下，试样室中的胶料在经按一定频率和幅度摆动的转子的作用下，产生正反向扭动变形。当胶料的交联度随硫化时间变化时，转子所受胶料变形的抵抗力也随之变化，连续变化的抵抗力通过应力传感器以转矩的形式连续记录下来，即得如图 11－21 所示的硫化曲线。

由图 11－21 可知：D 点之前，胶料未交联，因受热升温而黏度逐渐下降，故转矩随时间下降，最小转矩 M_L 反映胶料在一定温度下的流动性或可塑性；D 点时胶料开始交联，随时间延续，交联度逐渐大，黏度和转矩随之增大，曲线也随之上升，但在 E 点之前，胶料并未有效交联仍能很好流动；E 点之后，胶料已不能塑性流动，以一定速度进行交联直至正硫化点 F；（$t_{90} - t_{10}$）表示硫化反应速度大小，其值越小，硫化速度越快。

3. 硫化条件的确定

硫化条件通常是指橡胶硫化的温度、时间和压力。

（1）硫化温度。硫化温度决定硫化速度，随硫化温度升高，硫化速度加快。温度每增加（或降低）8℃～10℃，硫化时间可缩短（或增加）一倍。所以可通过提高硫化温度来提高生产率。高温短时间硫化是橡胶工业发展的一个趋势。但是，硫化温度的提高不是任意的，它与胶种、胶料配方、制品尺寸、硫化体系等密切相关。

① 胶种。试验获得部分橡胶最宜硫化温度见表 11－6。天然橡胶、氯丁橡胶和异戊橡胶随硫化温度升高，硫化速度有时会下降，且硫化胶的性能尤其是抗张强度和抗撕裂强度显著下降，因此这类易硫化返原的橡胶的硫化温度不能超过硫化温度上限。很多合成橡胶升高硫

化温度，硫化速度有不同程度增加，且硫化胶的物理机械性能变化很小甚至不变，因而可适当提高硫化温度。

表 11-6　部分橡胶制品的常用硫化温度

胶种	硫化温度/℃	胶种	硫化温度/℃	胶种	硫化温度/℃
天然橡胶	143～160	氯丁橡胶	143～170	乙丙橡胶	150～160
顺丁橡胶	143～160	丁基橡胶	143～170	丁腈橡胶	150～160
氟橡胶	135～200	硅橡胶	150～200	丁苯橡胶	150～190

② 硫化体系。硫黄硫化体系的胶料，交联时生成的多硫键较多，键能较低，硫化胶的热稳定性差，硫化温度不宜高。需要硫化温度高的不饱和橡胶，应考虑采用低硫高促或无硫硫化体系及亚磺酰胺（主促进剂）与秋兰姆（副促进剂）并用体系等，若用超促进剂（如TMTD）作主促进剂的硫化体系，往往易焦烧，且硫化平坦段短。

③ 制品的厚度。由于橡胶是热的不良导体，对于厚制品的硫化，宜采用较低的温度，以保证厚制品内外层硫化程度的一致，否则会出现外层正硫化内层欠硫化或内层正硫化外层过硫化。

④ 织物骨架。制品中含有纺织物时，纺织物的强度损失将随硫化温度提高而增加，尤其是棉织品和人造丝更为显著，因此这类制品不宜高温硫化。合成纤维的耐热性较高，故含有合成纤维织物的制品可采用较棉织品和人造丝更高的硫化温度。

（2）硫化时间。对于给定的胶料来说，在已定的硫化温度和压力下，硫化时间通常用硫化仪确定。为了准确了解硫化胶的性能，通常还需在同一温度下用不同硫化时间制备若干试片，测定其主要性能，以选取综合性能最优的硫化时间。对于多部件、多配方胶料的产品，还要测定其平坦硫化时间，所选择的硫化时间必须落在其共同的平坦期内。对于薄壁制品可以用正硫化时间作为生产工艺使用的硫化时间，对厚制品则根据传热性能和硫化效应适当延长硫化时间。如果认为硫化时间太长，可以适当提高硫化温度。如果认为硫化曲线平坦段太短，则降低硫化温度，必要时要修改配方。

生产中，当硫化温度发生变化时，可根据下式的关系来调整硫化时间。

$$\frac{t_1}{t_2}=K^{\frac{T_2-T_1}{10}} \qquad 或 \qquad t_1=t_2\cdot K^{\frac{T_2-T_1}{10}} \tag{11-5}$$

式中，t_1 为硫化温度为 T_1 时所需要的硫化时间，min；t_2 为硫化温度为 T_2 时所需要的硫化时间，min；K 为硫化温度系数，试验证明，在 120℃～180℃ 内，$K=1.5\sim2.5$，为便于计算，生产上多取 $K=2$。

（3）硫化压力。目前，大多数橡胶制品的硫化是在一定压力下进行的，只有少数橡胶制品（如胶布）的硫化是在常压下进行的。硫化时对橡胶制品进行加压的作用及目的如下：

① 防止在制品中产生气泡。由于胶料中含有一定的空气和水分或某些挥发物以及在硫化时所产生的副产物，它们在硫化温度下将会形成气泡，如果不施加一定压力来阻止气泡的形成，就会在硫化后的制品中出现一些空隙，导致橡胶制品的性能下降。

② 使胶料流动且充满模型。模型制品，特别是花纹比较复杂的模型制品，在硫化时，必须施压使胶料在硫化起步之前能很好地流动而充满模型，防比出现缺胶现象，保证制品的花纹完整清晰。

③ 提高胶料与织物或金属骨架的黏合力。对有纺织物的制品（如轮胎）在硫化时施加合适的压力，可以使胶料很好地渗透到纺织物的缝隙中，从而增加它们之间的黏合力，有利于提高制品的强度和耐屈挠性。

硫化压力过低或过高对制品均有不良影响。硫化压力过低，会出现起泡、脱层和呈海绵状等缺陷；硫化压力过高，会将纺织物压扁而难以使胶料很好地渗入到织物缝隙中去或使织物本身受到损害。硫化压力的大小，要根据胶料性能（主要是可塑性）、产品结构及工艺条件而定。其原则是：胶料流动性小者，硫化压力应高一些，反之硫化压力可以低一些；产品厚度大、层数多和结构复杂的需要较高的压力。多数制品的硫化压力，通常在 2.55 MPa 以下。当采用注压工艺时，由于胶料的充模全靠注射压力来完成，所以要采用 80 ~ 155 MPa 的高压。对于薄制品（如雨布）在生产上采用脱水剂（如氧化钙）或机械消泡方法后，已实现连续常压硫化。部分橡胶制品常用的硫化压力见表 11 – 7。

表 11 – 7　部分橡胶制品常用的硫化压力

橡胶制品	加压方式	硫化压力/MPa	橡胶制品	加压方式	硫化压力/MPa
一般模型制品	平板加压	1.5 ~ 2.4	汽车内胎	蒸汽加压	0.5 ~ 0.6
汽车外胎	过热水加压	2.2 ~ 2.8	传动带	平板加压	0.9 ~ 1.6
汽车外胎	外模加压	14.7	输送带	平板加压	1.5 ~ 2.5

4. 硫化介质及硫化方法

（1）硫化介质。在硫化过程中，凡是借以传递热能的物质通称硫化介质。常用的硫化介质有：饱和蒸汽、过热蒸汽、过热水、热空气以及热水等。近年来还有采用共熔盐、共熔金属、微粒玻璃珠、高频电场、红外线、γ – 射线等作硫化介质的。硫化介质在某些场合下又兼为热媒。目前，国内广泛使用饱和蒸汽、过热水、热空气和热水作为硫化介质。

（2）硫化方法。橡胶制品的硫化方法很多，在工业上可按使用的设备、传热介质的不同划分。

① 平板硫化。这种硫化方法是将半成品或连同模具置于平板硫化机（即热压机，其结构见图 7 – 2）上，在上、下两个平板加热加压作用下进行硫化。该法主要用来硫化各种模型制品，也可硫化传动带、输送带、胶管、胶布和胶板等制品。硫化温度一般在 120℃ ~ 160℃，常用温度为 140℃。一般模型制品的硫化压力为 1.5 ~ 2.4 MPa，硬质胶制品的硫化压力可达 7 MPa。

平板硫化机硫化胶板时，下加热板两端各放一块比胶板厚度薄 4% ~ 20% 的垫铁，组成模框。胶板半成品置于模框中依次逐段硫化。为提高胶板表面光泽度可在胶板上下各加一张光滑的钢板。为防止胶板接头处起泡或产生海绵现象而引起胶板接头黏结不良，和为防止接头部位二次硫化时硫化过度，在接头处应通冷却水。为使胶板表面质量好，无缺胶、无气孔，可使用特制的无纺布覆盖在胶板表面，无纺布不仅起脱模剂作用，而且能导出气体，使胶料流动性好。

② 注压硫化。此法是集成型和硫化为一体的硫化工艺，注压模直接安装在硫化机台上，胶料由注射机强行快速注入闭合的模具内，然后保压硫化。

③ 硫化鼓硫化。硫化鼓是胶板连续生产用的专用硫化设备，如图 11 – 22 所示。胶板半

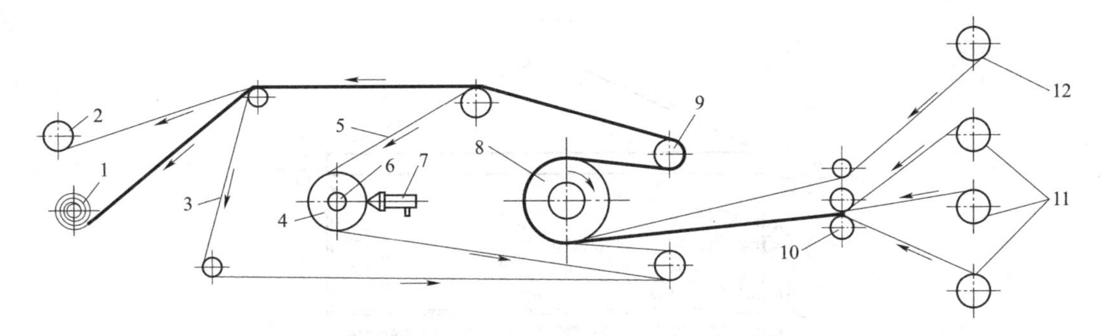

图11－22　硫化鼓硫化胶板工艺示意图

1—成品辊；2，12—垫布辊；3—夹布胶带；4—张紧鼓；5—钢带；6—张紧辊；7—液压缸；8—蒸汽加热鼓；9—压辊；10—贴合辊；11—压延胶片卷

成品同垫布一起通过蒸汽加热的硫化鼓和钢带的间隙并被钢带压紧而硫化。硫化温度为150℃～155℃，压力为1.2 MPa，硫化速度为2～20 m/h。

④ 硫化罐硫化。硫化罐实质就是一个压力容器，小型的为无搅拌装置的压力釜，大型的类似油罐。硫化时，把被硫化的橡胶半成品或连同模具置于罐中，然后向罐内通蒸汽、过热水、热空气以及热水等硫化介质。此法硫化制品数量多，可同时硫化不同规格和品种的橡胶制品，在装备制造业广泛应用。

硫化罐硫化胶板时，先将半成品胶片缠绕在直径为600 mm的金属辊筒上（缠绕厚度为40 mm左右，），放入硫化罐内蒸汽硫化。硫化空气压力为0.3 MPa，蒸汽压力为0.4～0.5 MPa，其他硫化条件随工艺要求而定，普通硫化胶板升温时间为120 min，恒温为105 min。为防止胶片粘连，胶片层间要涂滑石粉隔离剂或垫湿布。

⑤ 硫化室（柜）硫化。硫化室（柜）即是一个用热空气加热的室（柜）。硫化时，把橡胶半成品或连同模具置于室（柜）内，然后向室（柜）内通入热空气。硫化室（柜）气密性差，故仅用于常压硫化的橡胶制品。图11－23所示为硫化柜连续硫化胶布。

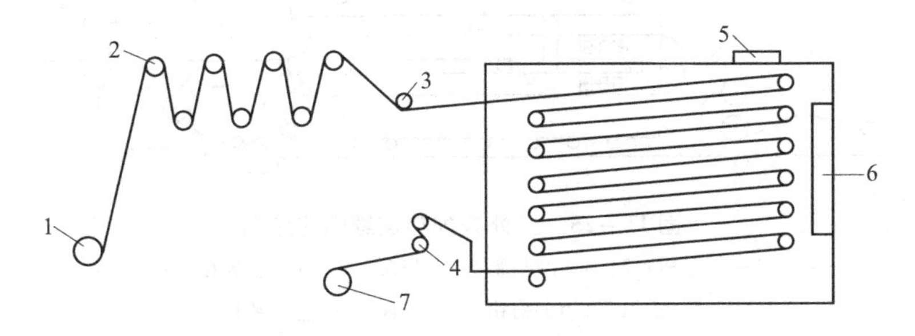

图11－23　硫化柜连续硫化胶布

1—涂有隔离剂的未硫化胶布；2—储布器；3—针板拉幅链式装置；4—冷却辊；5—余气出口；6—热风装置；7—缠卷装置

⑥ 个体硫化机硫化。个体硫化机是带有固定模型的特殊结构硫化机，模型上半部（或下半部）安装在不动的外壳上，另一半模型则用压缩空气、液压或立杆活动机构做上下活动。两半部模型均有蒸汽加热腔。个体硫化机多用于轮胎的硫化。

⑦ 沸腾床硫化。如图11－24所示，沸腾床是以直径为0.1～0.25 mm的玻璃珠为传热

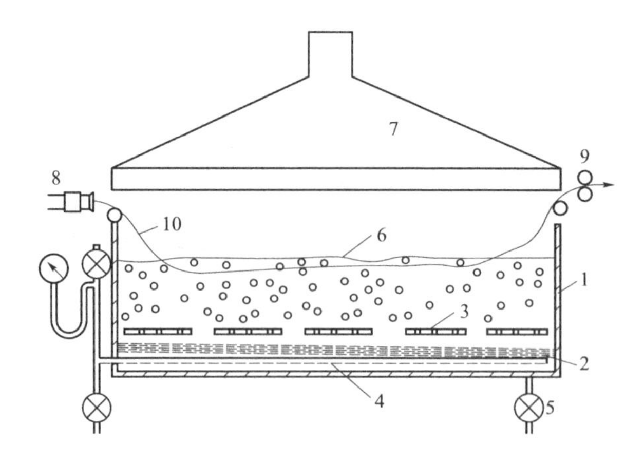

图 11－24　沸腾床硫化工艺示意图

1—床体；2—微孔隔板；3—电热器；4—进气管；5—阀门；
6—玻璃珠床层；7—排气罩；8—压出机头；9—导辊；10—橡胶半成品

介质。被电加热的玻璃珠在气体的吹动下搅动并漂浮起来成沸腾状态。硫化时，橡胶半成品通过沸腾床并被玻璃珠所覆盖而进行硫化。沸腾床硫化主要硫化连续压出制品及胶布。

⑧ 共熔盐硫化。共熔盐硫化是一种较新而又简便的硫化方法。共熔盐由 53% 硝酸钾、40% 亚硝酸钠、7% 硝酸钠组成，其熔点为 142℃，沸点为 500℃。硫化时，将共熔盐装在槽内加热到 200℃ ~300℃，然后使橡胶半成品通过共熔盐进行硫化。

⑨ 红外线硫化。使用红外灯为热源加热橡胶半成品，使其在常压下硫化。图 11－25 所示为红外线加热连续硫化胶布。

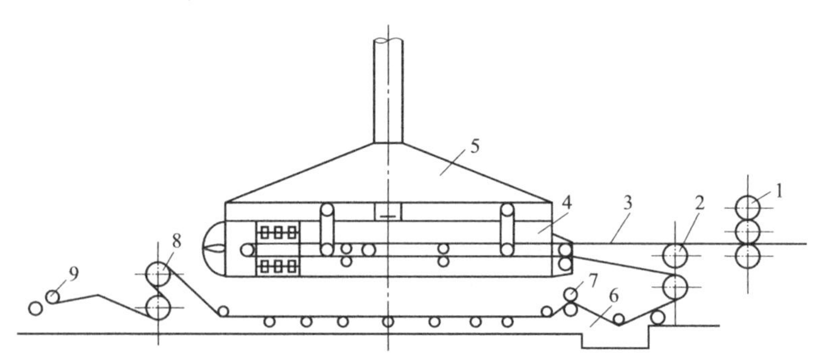

图 11－25　红外线加热连续硫化胶布

1—压延机；2，8—冷却辊；3—胶布；4—红外线硫化箱；
5—通风罩；6—粉箱；7—压辊；9—卷布装置

⑩ 高频和微波硫化。将橡胶半成品置于高频电场中，橡胶分子链段因介电损耗而温度升高，使硫化交联反应发生。图 11－26 所示为压出制品的微波连续硫化。

⑪ 高能辐射硫化。将橡胶半成品置于高能射线（如 γ－射线、X 射线）或高能质点（如 β－射线、高速运动的电子、质子）场内，使橡胶分子受引发产生自由基而交联。

⑫ 本体硫化。衬胶容器如果很大，不能用硫化罐等硫化方法硫化时，可以把衬胶容器当作硫化罐，将蒸汽通入封闭或可以封闭的衬胶容器中进行硫化，反应釜、储罐橡胶衬里都采用本体硫化。

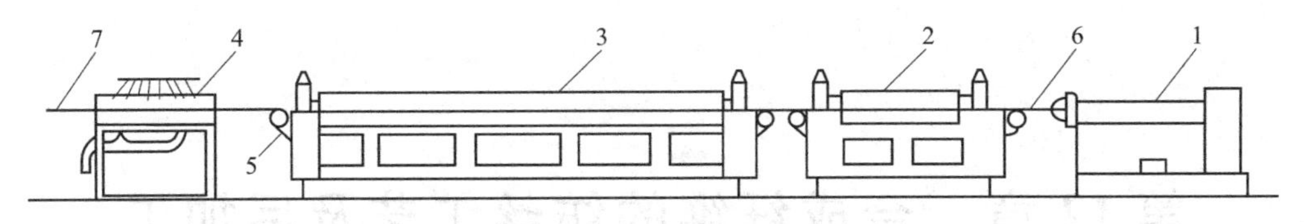

图 11－26　压出制品微波连续硫化

1—压出机；2—微波加热装置；3—热风炉；4—冷却水槽；5—运输带；6—半成品；7—成品

习题及思考题

1．为什么生胶必须经过塑炼后才能加工成型？塑炼后，生胶的可加工性能得到怎样的改善和提高？

2．简述生胶的塑炼机理和塑炼工艺。

3．简述开炼机和密炼机的塑炼工艺及塑炼工艺控制。

4．简述胶料传统混炼机理。

5．简述开炼机和密炼机的混炼工艺及混炼工艺控制。

6．简述纺织物挂胶方法。

7．混料胶成型前，为什么要先进行热炼？模压成型、压出成型和压延成型时的热炼工艺有何不同？

8．硫化过程四阶段中胶料有何变化和特性？

9．厚制品确定正硫化时间时，为什么要考虑“后硫化”？

10．哪些因素影响硫化温度的提高？

11．硫化时加压的目的及作用是什么？确定硫化压力大小的原则是什么？

12．某胶料的硫化温度系数为 1.8，当硫化温度为 140℃时，硫化时间为 80 min，若在 138℃硫化 90 min 能否达到正硫化？

第 12 章　合成纤维的纺丝工艺及后加工

合成纤维纺丝成型就是将人工合成的、具有成纤能力的高分子制成具有纺织纤维基本结构的成型加工方法。一般的纺丝方法是将高分子制成纺丝液后，用齿轮泵定量供料，使之通过喷丝板的小孔形成黏性细流，然后进入定型通道凝固或冷凝成固态纤维。纺丝液有熔体和溶液之分。用熔体进行的纺丝方法称为熔体纺丝。用溶液进行的纺丝方法称为溶液纺丝，黏胶、维纶、腈纶多采用此法。根据凝固介质不同，溶液纺丝又分湿法纺丝和干法纺丝两种，前者凝固介质为液体，后者凝固介质为热空气。

12.1　纺丝液的准备

12.1.1　纺丝液的选择

纺丝前，成纤高分子必须制成纺丝液，而且制备过程中不希望高分子发生化学反应以及分子链结构的变化。因此，成纤高分子必须在熔融时不分解，或能在溶剂中溶解而形成浓溶液，并具有充分的成纤能力和随后使纤维性能强化的能力，保证最终所得纤维具有一定的良好综合性能。纺丝液是选择熔体还是溶液，首先由高分子在熔融时的热稳定性来决定。主要成纤高分子的热分解温度和熔点见表 12－1。

表 12－1　主要成纤高分子的热分解温度和熔点

高分子	热分解温度/℃	熔点/℃	高分子	热分解温度/℃	熔点/℃
聚乙烯	350～400	138	聚己内酰胺	300～350	215
等规聚丙烯	350～380	175	聚对苯二甲酸乙二酯	300～350	265
聚丙烯腈	200～250	320	纤维素	180～220	
聚氯乙烯	150～200	170～220	醋酸纤维素	200～230	
聚乙烯醇	200～220	225～230			

由表 12－1 可见，聚乙烯、等规聚丙烯、聚己内酰胺和聚对苯二甲酸乙二酯的熔点远低于热分解温度，可以采用熔体为纺丝液，进行熔融纺丝。聚丙烯腈、聚氯乙烯和聚乙烯醇的熔点与热分解温度接近，甚至高于热分解温度，而纤维素的熔点明显高于热分解温度，这类成纤高分子只能采用溶液为纺丝液，只能进行溶液纺丝。

12.1.2　纺丝液的制备

1. 纺丝熔体的制备

工业生产上，熔体纺丝的实施方法有直接纺丝和切片纺丝两种。直接纺丝是通过聚合得到的高分子熔体直接进行纺丝，省去了聚合后的铸带、切料、切片干燥及再熔融等工序，大大简化了工艺流程，节省了投资，降低了生产成本，提高了生产率。但是某些聚合过程，如己内酰胺的聚合，残留在熔体内的单体和低聚物难以除掉，直接纺丝会恶化纺丝条件，而且纤维产品质量不高。因此，对于产品质量要求较高的纤维以及聚合后有特殊处理（如尼龙6需萃取单体）的品种，一般常采用切片纺丝法。

用于纤维生产的粒料树脂统称为“切片”。切片纺丝就是将切片经过干燥、加热熔融制成纺丝熔体后所进行的纺丝工艺。与直接纺丝相比，切片纺丝的工序多，但灵活性较强，产品质量较高。因此，对于产品质量要求较高的帘子线或长纤，大多采用切片纺丝法。那些不具备聚合生产能力的纺丝企业，也采用切片纺丝法。

切片纺丝熔体的制备过程包括切片干燥和熔融两个工序。切片干燥的目的是，去除水分（或小分子），提高高分子的结晶度与软化点，防止高分子在熔融时发生热裂解、热氧化裂解和水解等反应；降低水分（或小分子）气化所造成的纺丝断头率。因此，必须对切片，尤其是带有吸湿性基团的切片，在纺丝前进行干燥处理。一般切片干燥采用真空干燥法，以降低干燥温度，防止水解、裂解反应的发生。干燥后的切片含水率视切片品种而异。PA6切片，要求干燥后含水率一般低于0.05%；PET切片，由于在高温下聚酯中的酯键极易水解，故对干燥后切片含水率要求更严格，一般应低于0.01%；PP切片，由于其本身不吸湿，回潮率为零，因而不需干燥。切片干燥后，由于高分子的结晶度和软化点的提高，使切片在输送过程中不易因碎裂而产生粉末，同时也避免在螺杆挤出机中过早地软化黏结而产生“环结阻料”现象。

切片熔融是在螺杆挤出机内完成的，这一过程同塑料在挤出机中的熔融过程是一样的。塑化熔融的熔体以一定的压力输送至纺丝箱体中进行纺丝。

2. 纺丝溶液的制备

同纺丝熔体的制备类似，纺丝溶液的制备也有两种方法，一是直接用聚合后得到的高分子溶液作为纺丝原液，称为一步法；二是将聚合后的高分子溶液先制成颗粒状或粉末状的树脂，然后再用适当溶剂溶解，以获得纺丝液，称为二步法。

一步法省去高分子的分离、干燥、溶解等工序，可简化工艺流程，提高生产率，因此在技术上和经济上都比二步法有利。但某些树脂，如PVC、PVA等，由于不能直接得到均匀的纺丝溶液，因此无法采用一步法生产工艺。

采用二步法时，需要选择合适的溶剂将树脂溶解，所得的溶液在送去纺丝之前还要经过混合、过滤和脱泡等工序。

（1）高分子的溶解。线型高分子的溶解过程是先溶胀后溶解。即溶剂先向高分子内部渗入，高分子的体积不断增大，大分子间的距离增加，最后大分子以分离的状态进入溶剂，从而完成溶解过程。

由于高分子的溶解过程非常缓慢和复杂，因此用于制备纺丝溶液的溶剂必须满足下列要求：

① 在适宜的温度下具有良好的溶解性能，并使所高分子溶液在尽可能高的浓度下具有较低的黏度。

② 沸点不宜太低，也不宜过高。沸点太低，溶剂挥发性太强，会增加溶剂损耗并恶化劳动条件；沸点太高，则不宜进行干法纺丝，且溶剂回收工艺比较复杂。

③ 要有足够的热稳定性和化学稳定性，并易于回收。

④ 应尽量无毒和无腐蚀性，也不会引起高分子分解或发生其他化学变化。

合成纤维生产中常用的纺丝溶剂见表 12－2。

表 12－2　合成纤维生产中常用的纺丝溶剂

树脂	溶　剂
聚丙烯腈	二甲基甲酰胺、二甲基乙酰胺、二甲基亚砜、硫氰酸钠、硝酸或氯化锌的水溶液
聚乙烯醇	水
聚氯乙烯	丙酮与二硫化碳、丙酮与苯、环己酮、四氢呋喃、二甲基甲酰胺、丙酮
聚对苯二甲酰对苯二胺	浓硫酸、含有 LiCl 的二甲基亚砜

纺丝溶液的浓度根据树脂品种和纺丝方法的不同而异。通常，用于湿法纺丝的纺丝溶液浓度为 12%～25%；用于干法纺丝的纺丝溶液浓度则高一些，一般在 25%～35%。

因溶解过程所需时间较长，故生产中大多采用间歇式分批操作的溶解机，它是由带有夹套（可加热或冷却）的圆筒形机身、搅拌器及传动装置等组成。

（2）纺丝溶液的混合、过滤和脱泡。混合的目的是把各批纺丝溶液混合成性质（主要是浓度和黏度）均匀一致的纺丝液，以保证纺出的纤维质量均匀一致。

过滤的目的是除去杂质和末溶解的高分子物，防止喷丝孔被其堵塞。纺丝溶液的过滤，一般采用板框式压滤机，过滤材料选用能承受一定压力并具有一定紧密度的各种织物，一般要连续进行 2～4 道过滤。后一道过滤所用的滤材应比前一道更致密，这样才能发挥应有的作用。

脱泡是为了除去留存在纺丝溶液中的气泡。这些气泡在纺丝过程中会造成断头、毛丝和气泡丝而降低纤维质量，甚至使纺丝无法正常进行。脱泡过程可在常压或真空状态下进行。在常压下静置脱泡，因气泡较小，气泡上升速率很慢，脱泡时间很长。而在真空状态下脱泡，真空度越高，液面上压力越小，气泡会迅速胀大，脱泡速度可大大加快。

12.2　纺丝方法及工艺

12.2.1　熔体纺丝

熔体纺丝的工艺流程如图 12－1 所示。切片在螺杆挤出机中熔融后或由连续聚合制成的熔融液，送至纺丝箱体中的各纺丝部位，再经纺丝泵定量压送到纺丝组件，过滤后从喷丝板的毛细孔中压出而成为细流，并在纺丝甬道中冷却成型。初生纤维经集束上油后被卷绕成一定形状的卷装（对于长丝）或均匀落入盛丝桶中（对于短纤维）。

1. 熔体纺丝的主要设备及装置

熔体纺丝的主要设备及装置有：螺杆挤出机、纺丝箱体、计量泵、纺丝组件、冷却装置、纺丝甬道、集束上油装置、卷绕装置等。

（1）螺杆挤出机。熔体纺丝用的螺杆挤出机与塑料成型用的螺杆挤出机的结构组成及工作原理一致，都是把固体物料塑化熔融后，以匀质、恒定的温度和压力输出高分子熔体。

（2）纺丝箱体。纺丝箱体为一矩形载热体加热箱，箱体内装有熔体分配管、计量泵、纺丝组件。箱体的作用是保持由挤出机送来的熔体经各部件到每个纺丝位都有相同的温度和压力降，保证熔体均匀分配到每个纺丝部位上。一个纺丝箱体一般有 2、4、6 和 8 个纺丝

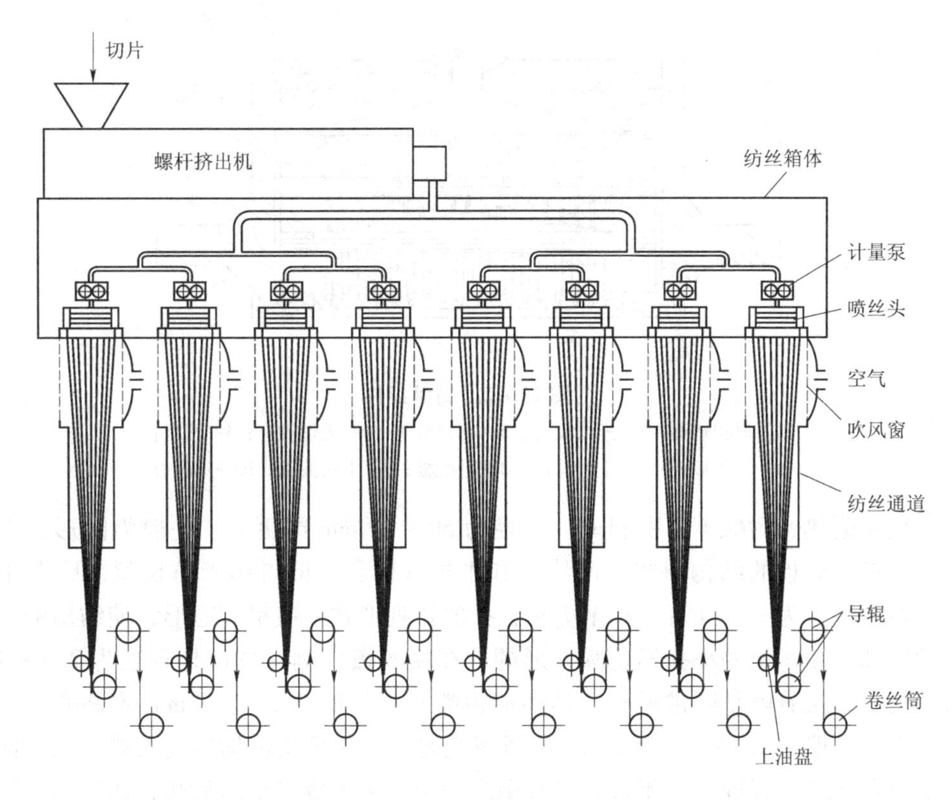

图12－1　8位熔体纺丝示意图

位，每个纺丝位有2、4、6和8个喷丝头。位与位的距离原则上要求在不影响操作、位距与卷绕机的锭距相等的情况下，应尽可能小。普通长丝纺丝箱体的位距为600 mm，短纤维的为400 mm、500 mm、600 mm。高速纺丝的为600 mm、800 mm、1 000 mm，最大可达1 200 mm。

（3）计量泵。也称纺丝泵，其作用是精确计量、连续输送高分子熔体，并与喷丝头组件结合产生预定的压力，保证纺丝流体通过过滤层达到喷丝板，以精确的流量从喷丝孔喷出。常用的纺丝泵是齿轮泵，工作转速为20～25 r/min，工作压力为1.5～2.0 MPa。

（4）纺丝组件。又称纺丝头、喷丝头，是将纺丝泵送来的熔体，经过石英砂层、过滤网和分配板，最后经喷丝板的小孔而喷成丝。可通过改变滤网（或砂层）来调节组件压力。过滤层的作用不仅仅是为滤去熔体中的杂质，而是当熔体通过滤层时会受到高速剪切，把机械能转化为热能，使熔体内部升温，有利于高分子温度和黏度的均匀。喷丝头主要由石英砂层、过滤网、熔体分配板、喷丝板等几部分组成，如图12－2所示。

石英砂层一般由粗砂层、中砂层和细砂层组成，粗砂、中砂主要是细砂的支撑层，细砂起过滤作用，过滤从纺丝泵输送过来的熔体。

上过滤网一般采用三层（或二层）不锈钢网，底层900孔/cm^2，中层2 500孔/cm^2，上层10 000孔/cm^2，底层过滤网与熔体分配板接触。

熔体分配板是一多孔的花板，一般由不锈钢制造，其作用是将高分子熔体均匀分布于喷丝板的各个喷丝孔上，使各个孔喷出的丝束具有相同的直径和流速。

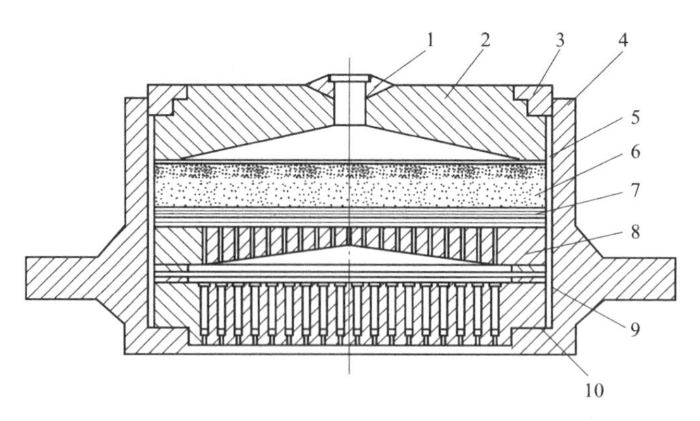

图 12－2　纺丝组件

1—厚铝垫圈；2—外螺纹套；3—薄铝垫圈；4—内螺纹套；5—压板；
6—石英砂层；7—上过滤网；8—分配板；9—下过滤网；10—喷丝板

喷丝板用耐热、耐酸不锈钢制成，直径为 50～90 mm 或更大，一般为圆形，也有采用矩形的。圆形喷丝板的结构形式有凸缘式和平板式两种，前者用于纺长丝，后者用于纺短丝。喷丝板的孔数为一至几百，甚至更多，孔的排列形式一般呈花冠形，使纺出的纤维能受到均匀的冷却。喷丝板的小孔不是圆柱形的，在喷丝板内侧的进口是直径为 2.5～3 mm 的圆柱形孔道，紧接着就是圆锥形孔，其终端距喷丝板外侧 0.2～0.3 mm 才是喷丝小孔，喷丝小孔的直径一般是 0.15～0.45 mm。圆锥形孔是为了保证熔体均匀流入喷丝孔，保持小孔内压力低至可允许的程度。近年来，已有用多角形、星形等异形断面孔，纺出的纤维有较好的抱合力和手感。

（5）冷却吹风装置。由喷丝孔挤出的熔体细流经过纺丝吹风窗时，细流和丝条向周围空气释放出的大量热量被流动的空气带走。生产过程中要求丝束的冷却速度均匀，凝固点位置固定，不受周围空气流的影响而产生强烈的晃动，以保证卷绕丝束具有良好的质量和均匀性。吹风方式有侧吹风和环吹风两种，如图 12－3 所示。涤纶高速纺的熔体挤出量大，释放的热量也多，故对冷却吹风的要求较高：风速为 0.4～0.7 m/s，风速波动 <0.5%，风的湿度为 85%，风温为 15℃～29℃且要在每个中心值上保持稳定。

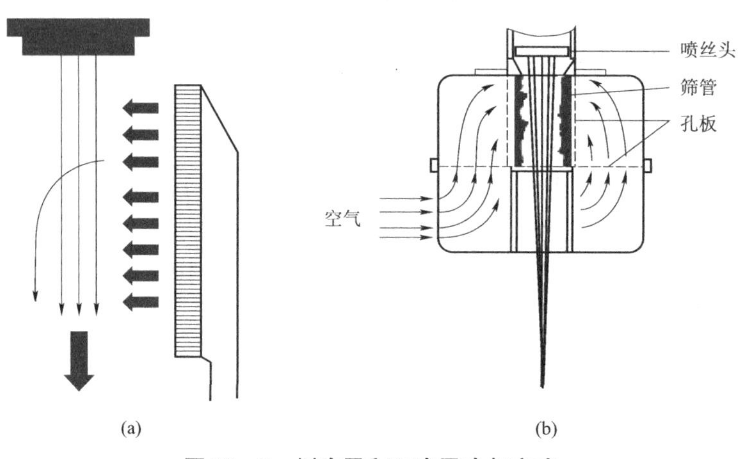

图 12－3　侧吹风和环吹风冷却方式

（a）侧吹风；（b）环式吹风

（6）纺丝甬道。纺丝甬道实质是一个等温室，其作用是防止丝束冷却过速，以及保护丝束不会因环境空气流动而抖动。

（7）集束上油装置。其目的是使纤维的表面特性能满足生产和后加工的要求。给丝束上油可消除静电，降低丝束与导丝系统的摩擦系数，提高丝束的抱合性，并使其具有较好的卷绕性。

（8）卷绕装置。卷绕装置的卷绕速度（纺丝速度）一般为每分钟几百到几千米，甚至万米，比喷丝速度大得多。卷绕速度与喷丝速度之比称为牵伸比或拉伸比，拉伸比越大，丝束在喷丝头处受到牵引力越大，取向度也越大。涤纶常规纺丝（低速纺丝）速度为 1 000 ~ 1 500 m/min，卷绕丝取向度很低，称未拉伸丝（UDY）；涤纶中速纺丝速度为 1 800 ~ 2 500 m/min，卷绕丝具有中等取向度，称半预取向丝（MOY）；涤纶高速纺丝速度为 3 000 ~ 3 600 m/min，卷绕丝具有较高取向度，称预取向丝（POY）；涤纶超高速纺丝速度为 5 500 ~ 6 000 m/min，卷绕丝具有高取向度和中等结晶结构，称高取向丝（HOY）。

2. 熔体纺丝的工艺条件及控制

影响熔体纺丝成型的因素很多，主要有以下几个方面：

（1）熔体温度。熔体温度即纺丝温度。熔体温度应在其熔点和分解温度之间选择。温度过高，熔体黏度低，流动性好，喷丝压力低，但计量泵的计量不均匀，出丝不均匀，甚至造成细流挠曲黏结。温度过低，则因黏度大而造成喷丝时压力高，挤出胀大现象严重，往往不能经受喷丝头的拉伸而断裂，形成硬丝头。涤纶的熔点为 265℃，分解温度在 300℃以上，熔体温度在 286℃ ~ 290℃较为适宜，对纺丝和拉伸都有利。

（2）冷却速度。实践证明冷却室温度以 35℃ ~ 37℃为宜。冷却室温度太高，冷却速度慢，丝束冷凝时间长而经不起拉伸，在卷绕时易发生断头；冷却室温度太低，冷却速度快，丝束会出现“夹生”现象，纤维拉伸性能不好。

（3）喷丝速度和卷绕速度。喷丝速度即熔体出喷丝孔的速度。喷丝速度高，熔体通过喷丝孔时因强烈剪切，黏度降低，出喷丝孔后的膨胀现象得到改善，在经喷丝头拉伸的过程中也不易断裂。但喷丝速度过高，熔体在喷丝孔内受到的剪切应力和剪切应变速率的乘积增大，弹性雷诺准数 Re_{el} 增大。

$$Re_{el} = \tau\dot{\gamma} \tag{12-1}$$

当弹性雷诺准数 Re_{el} 超过一定值（有人认为 $Re_{el} > 5$）时即发生熔体破裂，长纤纺丝不能正常进行。

常规熔体纺丝一般卷绕速度为 600 ~ 700 m/min，熔体细流在冷却成型过程中受到 2 ~ 4 倍的拉伸，而在高速纺丝时则受到 100 ~ 250 倍的拉伸，甚至更高，使纤维受到强烈拉伸取向。

（4）给湿及油剂处理。熔体纺丝时，丝束通过冷却室到达卷绕装置的时间很短，纤维的含湿量不可能与空气中的湿度达到平衡，如果纤维在卷绕之前不吸收水分，则卷绕后会在筒管上逐渐从空气中吸收水分，而产生卷绕松弛现象，于是当筒管很快移动时，丝卷可能会从筒管上滑脱下来。此外，完全干燥的纤维易产生静电，妨碍卷绕工作的正常进行。所以要进行给湿给油处理，在纤维从冷却室出来后，通过给油装置让丝束吸收水分和黏附一定的抗静电油剂。

12.2.2 湿法纺丝

湿法纺丝的工艺流程如图 12 -4 所示。纺丝溶液经混合、过滤和脱泡后送至纺丝机，通过纺丝泵计量，经烛芯形过滤器、鹅颈管进入喷丝头，从喷丝头毛细孔中挤出的溶液细流进入凝固浴，溶液细流中的溶剂向凝固浴中扩散，凝固浴中的凝固剂向细流内部扩散，于是高分子在凝固浴中析出而形成初生纤维。

1. 湿法纺丝的主要设备及装置

湿法纺丝的主要设备及装置有：计量泵、烛芯形过滤器、喷丝头、凝固浴槽、卷绕装置等。

（1）计量泵。其作用是定量地把纺丝溶液压入烛形过滤器，以保证纺成一定规格而且纤度均匀的纤维。常用的是齿轮泵，其结构原理、工作转速和工作压力与熔融纺丝泵相同。

（2）烛芯形过滤器。结构如图 12 -5 所示，其作用是在纺丝溶液流向喷丝头之前再进行一道纺前过滤。纺丝溶液由纺丝泵压入烛芯形过滤器的内芯外侧，通过过滤材料后汇总于滤芯内部，然后进入与滤芯内部相通的鹅颈管。

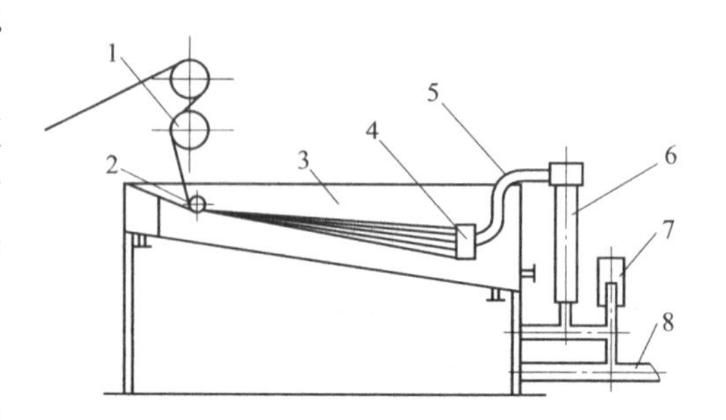

图 12 -4 湿法纺丝的工艺流程

1，2—导辊；3—凝固浴槽；4—喷丝头；5—鹅颈管；6—烛芯形过滤器；7—计量泵；8—进浆管

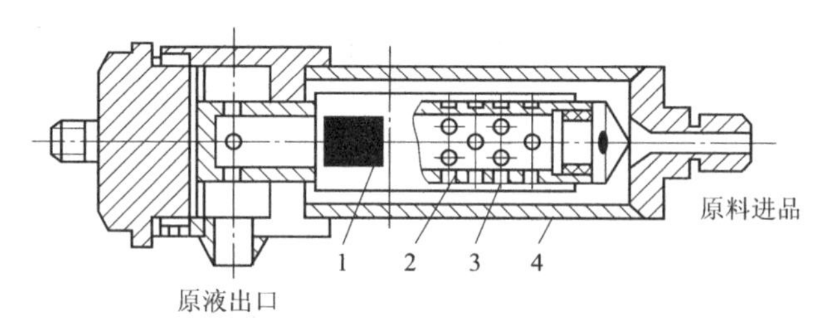

图 12 -5 烛芯形过滤器

1—滤布；2—通液孔；3—滤芯；4—烛形过滤器外壳；

（3）喷丝头。其作用就是将计量过的纺丝溶液的总流分成许多股细流，形成一定纤度的多根单纤维。腈纶短纤维生产用喷丝头孔数一般为 24 000 孔。通常所用的喷丝头孔径是 0.06 ~0.12 mm，腈纶生产常用 0.08 ~0.1 mm。

（4）凝固浴槽。湿法纺丝时，一般都用制备纺丝原液时所用溶剂的水溶液作为凝固浴。如腈纶湿法纺丝，从喷丝头喷出的细流中，溶剂 NaSCN 含量为 44%~45%，而凝固浴中 NaSCN 含量一般为 10% ~12%，这一浓度的差异就导致了“双扩散”现象的进行，即溶液细流中的 NaSCN 不断地向凝固浴内扩散，同时凝固浴中的 NaSCN 向细流中扩散，由于细流中 NaSCN 的浓度高于凝固浴中 NaSCN 的浓度，所以 NaSCN 由细流向外扩散进入凝固浴中的远远多于从凝固浴向细流内部扩散的，结果是细流内 NaSCN 的浓度不断降低，这就使 PAN 大分子逐渐相互凝聚靠拢，并将部分水分排挤出体系之外，溶液细流变成固态纤维。

（5）卷绕装置。由于溶剂扩散所需时间长，故湿法纺丝的卷绕速度低，一般为 10 ~100 m/min。

2. 湿法纺丝的工艺条件及控制

影响湿法纺丝成型的因素主要有以下几个方面：

（1）纺丝溶液。溶液纺丝要求纺丝溶液浓度要适当，无杂质和气泡。溶液浓度太低，黏度过低，溶液细流强度低，易断裂，甚至不能形成细流；溶液浓度太高，黏度过大，挤出膨胀剧烈，细条均匀性差。杂质存在会堵塞喷丝头，引起纺丝断头。气泡会引起成型中的单丝断裂，从而产生毛丝等。

（2）凝固浴。以腈纶湿法纺丝为例，凝固浴中 NaSCN 的浓度太低时，溶液细流内外的溶剂浓度差太大，溶剂扩散速度高，凝固过程剧烈，会使细流表面溶剂迅速扩散而形成很厚的皮层，增加了丝束内部溶剂向外扩散的阻力，影响纤维凝固成型；凝固浴浓度太高，则影响“双扩散”速度，凝固时间过长。实践证明，凝固浴中 NaSCN 的含量在 10% ~12% 时，凝固作用缓和，制得的纤维具有较高的耐磨性及较好的柔软性和耐曲折性。

凝固浴温度通常控制在 10℃ ~12℃。过高时，凝固作用过于剧烈，会造成纤维结构疏松，不均匀，强力低，密度小等；温度太低，成型速度太慢，易产生并丝和断头。

凝固浴浸入长度以 1 m 左右为宜。太短，丝束凝固不充分，会产生毛丝、并丝等现象；而浸入长度太长，则纤维会凝固“过头”，对拉伸不利，纤维质量也不好。

（3）纺丝速度。湿法纺丝的喷丝速度很缓慢，而且要求喷丝速度大于纤维凝固后出凝固浴的速度，即丝束在凝固浴中是松弛前进的，这样能使大分子在凝固过程中少受干扰，自由凝聚，纤维结构紧密、排列均匀。但纺丝速度不能过慢，否则在纺制一定纤度的纤维时，在拉伸阶段的拉伸倍数就需要提高很多，这样所得纤维刚性过强，缺少毛一样的蓬松手感，勾结强力也降低。

12.2.3　干法纺丝

干法纺丝的工艺流程如图 12 –6 所示。干法纺丝工艺与湿法纺丝的类似，不同之处在于：从喷丝头毛细孔中挤出的溶液细流不进入凝固浴而进入通热空气的纺丝甬道，在热空气作用下，细流中的溶剂快速挥发并被热空气流带走。细流因逐渐脱去溶剂而浓缩固化，形成初生纤维。干法纺丝速度一般为 200 ~500 m/min。

12.2.4　其他纺丝方法

1. 干湿纺丝法

干湿法纺丝是将干法和湿法结合起来的纺丝方法。纺丝溶液从喷丝头出来后，先经过一段空气浴，再进入凝固浴。此法的优点是溶液细流先通过空气浴，可提高喷丝头的拉伸作用，因而纺丝速度可比湿法纺丝高 5 ~10 倍。

2. 液晶纺丝法

刚性链高分子，如芳香族聚酰胺等可形成液晶溶液，具有特殊的流变性能，当其浓度高于临界浓度时，在一定范围内其黏度急剧下降，同时

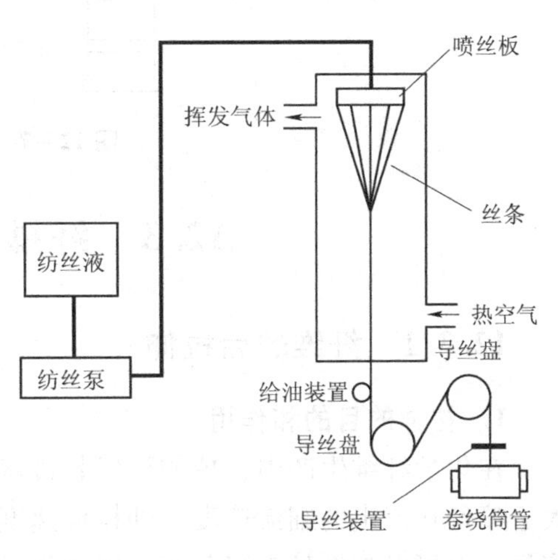

图 12 –6　干法纺丝的工艺流程

浓度高的溶液在低剪切速率下就出现剪切变稀。所以，可利用液晶溶液高浓度下的低黏度和低剪切应力下的高取向度的特点进行液晶纺丝，得到高取向度和高强度的纤维。液晶纺丝得到的聚对苯二甲酰对苯二胺纤维，其拉伸强度比常规纺丝高 2 倍。

3. 冻胶纺丝法

冻胶又称凝胶纺丝，是先制备 2% ~15% 浓度的高分子溶液，然后将该溶液经喷丝头压入温度不高于室温的气体或液体介质中冷却，生成冻胶状初生纤维。初生纤维先经萃取再进行高倍热拉伸，或者不经萃取而直接进行高倍热拉伸，最终得到含有伸直链晶体结构的超高强纤维。

4. 相分离纺丝法

先用一种高温下能溶解高分子，而冷却时能结晶析出的溶剂制成高温纺丝液，然后将高温溶液经喷丝头压入低温气体介质中冷却，细流因溶剂结晶而固化。固化丝经溶剂萃取及拉伸得到纤维。此法可得到特别细的纤维，以及含量高达 80% 填充物的纤维。

5. 静电纺丝法

如图 12 –7 所示，高分子溶液或熔体置于外加高压静电场中，针头处的高分子液滴或熔体表面会诱导带电而受到表面电荷间的静电排斥力和外加电场的库仑力的作用。在这两种静电力的相互作用下，液滴或熔体变成泰勒锥，一旦外加电场强度超过某一个临界值，静电力将克服溶液或熔体的表面张力，就会有高分子射流从泰勒锥处喷出，带有电荷的射流由于静电力的作用而鞭动和拉伸，在此过程中溶剂挥发或熔体冷却，从而在接收板上形成纤维。

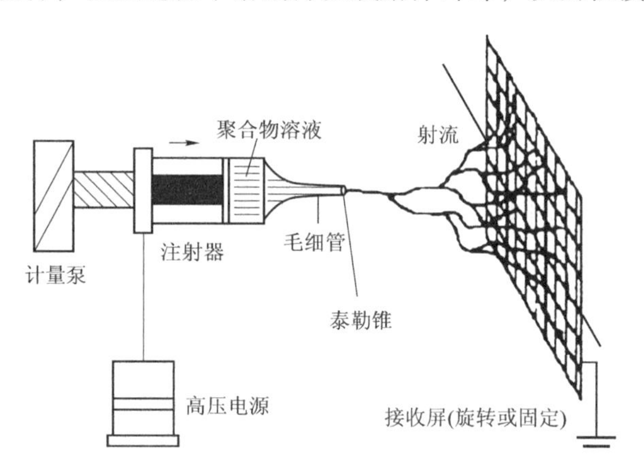

图 12 –7　静电纺丝工艺示意图

12.3　纤维的后拉伸及热定型

12.3.1　纤维的后拉伸

1. 拉伸的目的和作用

在化学纤维生产中，拉伸可以紧接着纺丝工序而连续地进行，控制卷绕装置的运动速度大于喷丝孔流出的细流速度，即拉伸速度大于喷丝的速度，使初生纤维的直径小于喷丝孔的直径；也可以与纺丝工序分开，以预先卷装在筒子上或盛丝桶中的卷绕丝或初生纤维来进行拉伸，此种称为纤维的后拉伸。

用不同的纺丝法制成的初生纤维，虽然具有纤维的基本结构和性能，特别是经过纺丝过程中的初步拉伸和定向后，纤维已具有一定的结晶度和取向度，但是其取向度和结晶度还比较低，结晶不稳定，结构也不稳定，强度和模数都不够高，而且伸长率大、易变形，故纤维的物理机械性能还不适宜作纤维成品，因此需要进一步加工处理，使纤维具有一定的物理机械性能和稳定的结构，以符合纺织加工的要求，并具有优良的使用性能。

拉伸过程是丝线受力后的延伸过程，在拉伸过程中，纤维的大分子链或聚集态结构单元发生舒展，并沿纤维轴向排列取向。在取向的同时，通常伴随着相态的变化，以及其他结构特征的变化。

各种初生纤维在拉伸过程中所发生的结构和性能的变化并不相同，但有一个共同点，即纤维的非晶区的大分子沿纤维轴向的取向度大大提高，同时伴有密度、结晶度等其他结构方面的变化。由于纤维内大分子沿纤维轴取向，形成并增加了氢键、偶极键以及其他类型的分子间力，纤维承受外加张力的分子链数目增加了，从而使纤维的断裂强度显著提高，延伸度下降，耐磨性和对各种不同类型形变的疲劳强度亦明显提高。

2. 拉伸过程进行的方式

初生纤维的拉伸可一次完成，也有进行分段拉伸。分段拉伸的总拉伸倍数是各段拉伸倍数的乘积。一般熔体纺丝纤维的总拉伸倍数为 3.0 ~ 7.0；溶液纺丝纤维拉伸倍数可达 8 ~ 12 倍；某些高强高模纤维采用冻胶纺丝法，拉伸倍数达几十到上百。

按拉伸时纤维所处环境介质不同，拉伸方式一般有干拉伸、蒸汽浴拉伸和湿拉伸三种。

（1）干拉伸。拉伸时初生纤维处于空气包围之中，纤维与空气介质及加热器之间有热量传递。干拉伸又可分为室温拉伸和热拉伸。室温拉伸一般适用于玻璃化温度在室温附近的初生纤维；热拉伸是用热盘、热板或热箱加热，适用于玻璃化温度较高、拉伸应力较大或纤维较粗的纤维，通过加热使纤维的温度升高到玻璃化温度以上，促进分子链段运动，降低拉伸应力，有利于拉伸顺利进行。

（2）蒸汽浴拉伸。拉伸时纤维被包围在饱和蒸汽或过热蒸汽之中，由于加热和水分子的增塑作用，使纤维的拉伸应力有较大的下降。

（3）湿拉伸。拉伸时纤维被液体介质包围，在拉伸成型过程中还可能有传质过程甚至有化学反应。由于拉伸时纤维完全浸在溶液中，纤维与介质之间的传热、传质过程进行得较快且较均匀。此外，还有将热水或热油剂喷淋到纤维上，边加热边拉伸的喷淋法，亦是湿拉伸的一种。

近年来，有采用熔融高速纺丝，卷绕速度在 3 500 m/min 以上，有的高达 6 000 m/min 以上，所得的卷绕丝部分或充分拉伸，接近于完全取向，可省去后拉伸工序，直接用于变形纱加工。还有高速纺丝与拉伸联合制得的全拉伸丝，即纺与拉伸一步进行。

12.3.2　纤维的热定型

纤维在冷却、固化和拉伸中，分子链相互受到的作用力是不平衡的，于是产生内应力。纤维中内应力的存在使纤维的结构处于不稳定状态，易变形，性能也不稳定，故初生纤维一般要进行热定型处理，将拉伸定型的纤维在较高温度的热介质（空气、水溶液等）中处理一段时间。通过热定型能消除纤维的内应力，提高纤维的尺寸稳定性，并且进一步改善其物理－机械性能，如勾结强度、耐磨性以及固定卷曲度（对短纤）或固定捻度（对长丝）；热定型还可使拉伸、卷曲效果固定并使成品纤维符合使用要求。

热定型可以在张力下进行，也可以在无张力下进行，前者称为张紧热定型（包括定张力热定型和定长热定型），后者称为松弛热定型。热定型方式不同，所采用的工艺条件也不一样，纤维在热定型后的结构和性能也就不同。张紧热定型后的纤维取向度大，热收缩性大；而松弛热定型后的纤维，取向度很小，热收缩性小。

热处理中取向和解取向是相互矛盾的，所以要适当控制热定型温度，并应高于使用温度30℃ ~40℃。同时也要控制热处理时间（一般为20 ~30 s），防止处理过度。

习题及思考题

1. 纺丝溶液制备时，为什么要混合、过滤和脱泡？
2. 影响熔体纺丝成型的主要因素有哪些？对纺丝过程及纤维有何影响？
3. 影响湿法纺丝成型的主要因素有哪些？对纺丝过程及纤维有何影响？
4. 初生纤维为什么还要进行后拉伸和热定型？
5. 初生纤维后拉伸方式及工艺有哪些？

第13章　高分子基复合材料的成型加工

复合材料是由两种或两种以上不同性能、不同形态的物质通过复合工艺组合而成的一种多相材料，它既保持了原组分材料的主要特点，又显示了原组分材料所没有的新性能。

复合材料通常有两相，一相为连续相，称为基体；另一相为分散相，称为增强材料。两相之间存在着相界面。基体的作用是将增强体黏结成一个整体，起到均衡应力和传递载荷的作用，使增强材料的性能得到充分发挥，从而产生一种复合效应。增强体是复合材料的主要承载部分，使基体材料的性能显著改善和增强。

高分子基复合材料是指以高分子为基体，以短晶须、黏土、滑石、云母、短纤维、连续纤维及其编织物为增强体，经复合而成的材料。由于“复合”赋予了材料各种优良的性能，如高强度、优良的电性能、耐热性、耐化学腐蚀性、耐磨性、耐燃性、耐烧蚀性及尺寸稳定性等，故广泛应用于机械、电气、化工、船舶、建筑、医疗、国防等领域，已成为航空、航天、兵器等领域的骨干材料之一。

13.1　高分子基复合材料的类型和常用基体

13.1.1　高分子基复合材料的分类

高分子基复合材料的分类有多种不同的划分标准，按增强体种类可分为：纤维增强高分子基复合材料、晶须增强高分子基复合材料、颗粒增强高分子基复合材料等。按增强纤维种类可分为：玻璃纤维增强高分子基复合材料、碳纤维增强高分子基复合材料、硼纤维增强高分子基复合材料、芳纶纤维增强高分子基复合材料及其他纤维增强高分子基复合材料。按基体高分子的性能可分为：通用型高分子基复合材料、耐化学介质型高分子基复合材料、耐高温型高分子基复合材料、阻燃型高分子基复合材料等。按基体高分子结构形式分为：热固性树脂基复合材料和热塑性树脂基复合材料。最后一种分类方法应用最为广泛。

13.1.2　高分子基复合材料常用基体

高分子基复合材料基体有热塑性树脂和热固性树脂两大类。常用的热固性树脂基体有：不饱和聚酯、环氧树脂、酚醛树脂、双马来酰亚胺、聚酰亚胺等。热塑性树脂基体包括各种通用树脂（聚乙烯、聚丙烯、聚氯乙烯、聚苯乙烯），工程塑料（尼龙、聚碳酸酯）和特种耐高温树脂（聚酰胺、聚醚砜、聚醚醚酮）。

13.2　高分子基复合材料制备及成型工艺

高分子基复合材料的制备工艺由成型和固化两个阶段组成，主要包括预浸料的制备、制件的铺层、固化及制件的后处理与机械加工等工序。在大多数情况下，高分子基复合材料的制备过程与制品的成型同时完成，即材料的制备过程就是产品的生产过程。

高分子基复合材料及其制件的成型方法有几十种，它们之间既存在着共性，又有区别，常见的成型方法有：手糊成型、真空袋成型、压力袋成型、树脂注射和树脂传递成型、喷射成型、真空辅助注射成型、夹层结构成型、模压成型、注射成型、挤出成型、纤维缠绕成型、拉挤成型、连续板材成型、层压或卷制成型、热塑性片状模塑料热冲压成型、离心浇铸成型。本节仅介绍其中的几种。

13.2.1 预浸料的制备

所谓预浸料，是将树脂浸涂到纤维或纤维织物上，通过一定的处理后储存备用的半成品。按照增强材料的纺织形式，预浸料可分为预浸带、预浸布、无纺布等；按纤维的排列方式有单向预浸料和织物预浸料之分；按纤维类型则可分为玻璃纤维预浸料、碳纤维预浸料和有机纤维预浸料等。一般预浸料在18℃下存储以保证使用时具有适宜的黏度、涂覆性和凝胶时间等工艺性能，高分子基复合材料的力学及化学性能在很大程度上取决于预浸料的质量。

常见预浸料用基体有：环氧树脂、酚醛树脂、氰酸酯树脂、双马来酰亚胺、聚酰亚胺等热固性树脂和聚砜、聚醚砜、聚苯硫醚、聚醚酰亚胺、聚醚醚酮等热塑性树脂。常见预浸料用增强体有：碳纤维（高强碳纤维、中模量碳纤维、高模量碳纤维和超高模量碳纤维），玻璃纤维（E玻璃纤维、R玻璃纤维、S玻璃纤维），芳纶纤维（Kevlar29、Kevlar49、Kevlar149）等纤维和织物（碳纤维织物、玻璃纤维织物、芳纶纤维织物、混杂纤维织物）。

1. 热固性预浸料的制备

按浸渍树脂状态不同，热固性预浸料的制备方法有湿法（溶液浸渍法）和干法（热熔法）两种。

1）*溶液浸渍法*

（1）树脂溶液的配制。就是将树脂按比例溶解于低沸点溶剂中，使之成为一定浓度的溶液。电器、电机用高分子基复合材料要求有较好的电性能和耐水性，对于这类制品常用碱催化的A阶热固性酚醛树脂为浸渍液树脂，溶解于乙醇溶剂中，为了增加树脂与增强材料的黏结力，浸渍液中往往加入一些聚乙烯醇缩丁醛树脂。胶液的浓度或黏度是影响浸渍质量的主要因素，浓度或黏度过大不易渗入增强材料内部，过小则浸渍量不够，一般配制浓度为30%左右。

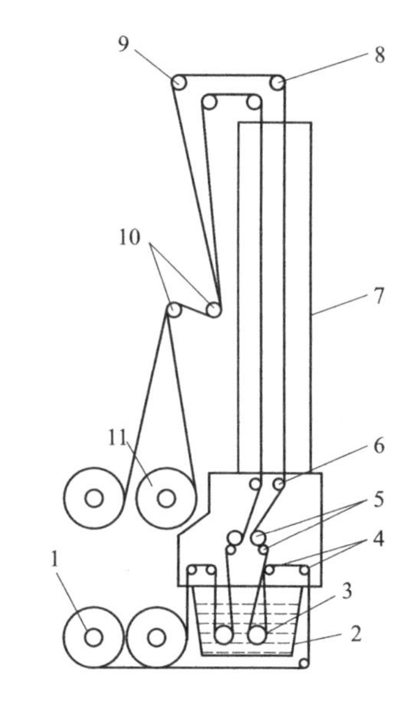

图13-1 立式浸渍上胶示意图

1—原材料卷辊；2—浸胶槽；3—涂胶辊；4—导向辊；5—挤压辊；6，8，9—导向辊；7—干燥室；10—张紧辊；11—收卷辊

（2）浸渍。就是使树脂溶液均匀涂布在增强材料上，并尽可能使树脂渗透到增强材料的内部，以便树脂充满纤维的间隙。所以，浸渍前要对增强材料进行适当的表面处理和干燥，以改善胶液对其表面的湿润性。浸渍可以在立式浸渍上胶机（图13-1）或卧式

浸渍上胶机（图13－2）上进行。浸渍过程中，要求含胶量（即浸渍料达到规定的树脂含量）一般要求为30%～55%。影响上胶量的因素是胶液的浓度和黏度、增强材料与胶液的接触时间以及挤压辊的间隙。挤压辊的作用是把胶液压入纤维间缝隙中，使上胶均匀平整，排除气泡。

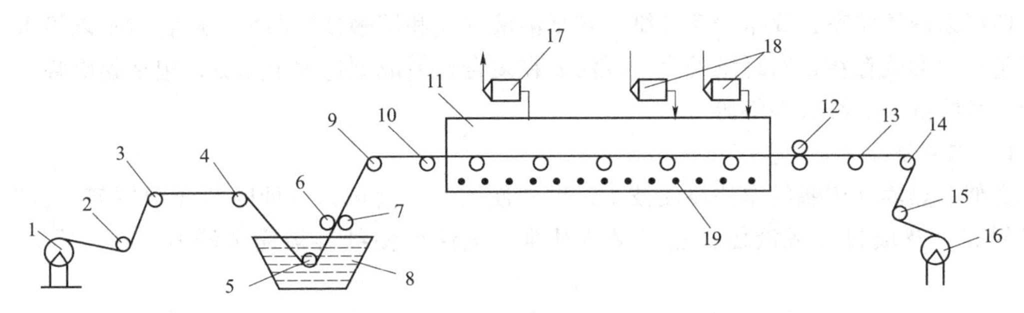

图13－2　卧式浸渍上胶示意图

1—原材料卷辊；2，4，9—导向辊；3—预干燥辊；5—涂胶辊；6，7—挤压辊；8—浸胶槽；10，13—支撑辊；11—干燥室；12—牵引辊；14，15—张紧辊；16—收卷辊；17—通风机；18—预热空气送风机；19—加热蒸汽管

2）热熔法

热熔法有直接熔融法和胶膜压延法两种工艺。直接熔融法的工艺如图13－3所示，树脂熔融后由漏斗漏到以一定速度前进的隔离纸上，刮刀使熔体均匀分布。纤维经整径（或织物经叠合）后，与熔体层一同通过压实辊，被树脂熔体充分浸渍，最后冷却收卷。

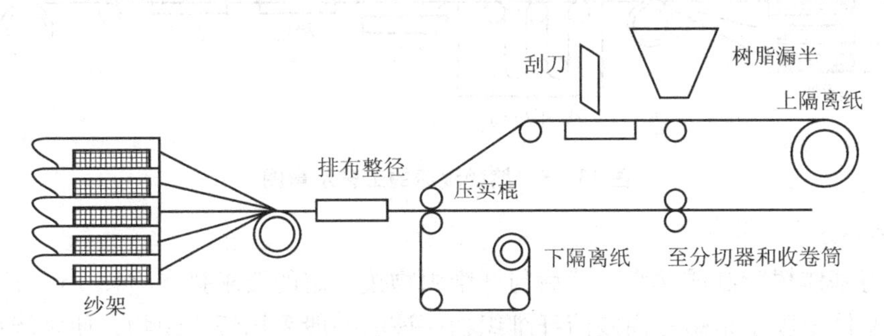

图13－3　直接熔融法的工艺

胶膜压延法的工艺如图13－4所示，树脂熔融后先涂到隔离纸上制成胶膜，整理排布后的纤维束被夹在上下两个胶膜之间，并一同通过热压辊，树脂熔融并浸渍纤维。

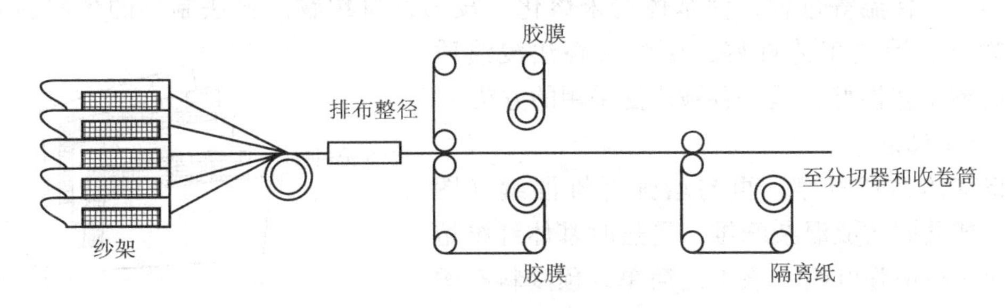

图13－4　胶膜压延法的工艺

胶膜压延法较直接熔融法效率高、树脂含量易控制，预浸料的外观质量高，但厚度大的织物难以浸透，高黏度树脂采用此法难以浸渍纤维。

2. 热塑性预浸料的制备

按浸渍树脂状态不同，热塑性预浸料的制备方法分为预浸渍技术和后浸渍技术两大类。前者树脂以液体状态，完全浸渍纤维，包括溶液预浸和熔融预浸两种。后者树脂以粉末、纤维成包层等形式存在，对纤维的完全浸渍要在复合材料成型过程中完成，包括膜层叠、粉末浸渍、纤维混杂、纤维混编等。

1）溶液浸渍

类似于热固性树脂的湿法浸渍技术，即先使树脂，溶剂，各种助剂（增稠剂、引发剂、脱模剂等）及填料形成液体，然后浸渍纤维。该法可使纤维被完全浸渍，并获得良好的分布。

2）熔融浸渍

熔融浸渍的工艺示意如图 13 –5 所示，树脂用挤出机熔融后挤入专用模具中，同时纤维从模具中通过，然后再经辊压使树脂浸渍纤维。该法简单有效，适合所有热塑性树脂，但要使高黏度树脂在短时间内完全浸渍纤维还是有一定困难的。

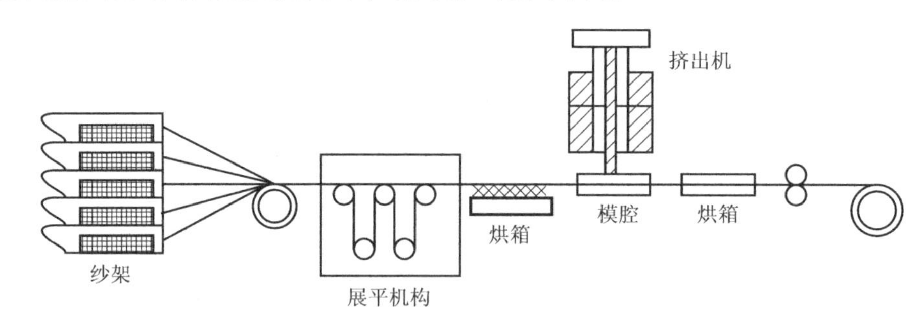

图 13 –5　熔融浸渍的工艺示意图

3）膜层叠法

该法先将基体树脂制成薄膜，然后与纤维织物按一定的要求排布（图 13 –6）后一起受压、受热，基体薄膜于是熔化而浸渍纤维织物。该法一般采用纤维织物，使之能在高温、高压浸渍过程中不易变形，适应性强，设备简单。

4）粉末浸渍

将基体树脂以粉末的形式与纤维混合，或将粉末均匀置入纤维织物的缝隙中，再通过加热、加压、保温等过程，使基体粉末熔化并浸渍纤维织物。该法制备的预浸料具有一定的柔软性，铺层工艺性好，比膜层叠法浸渍质量高，成型工艺性好，是一种被广泛采用的方法。

5）纤维混杂

先将基体纺成纤维，再与增强纤维混编（图 13 –7），或共同纺成混杂纤维，受热时基体纤维熔化，从而浸渍增强纤维。该工艺简单，预浸料有柔性，易于铺层操作，但在成型阶段需要足够高的温度、压力及足够的时间，且浸渍难以完全。

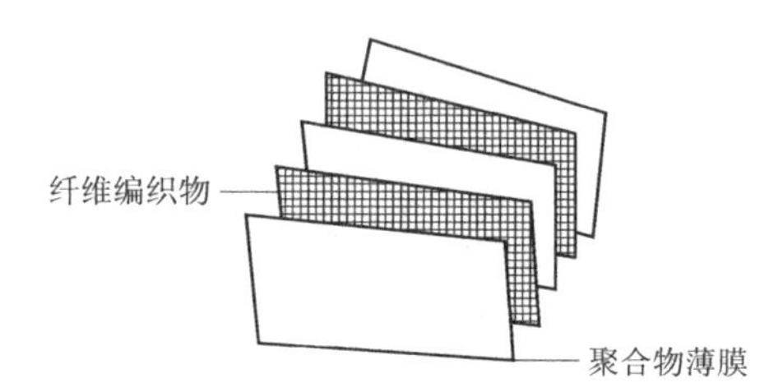

图 13 –6　膜层叠法制备预浸料结构

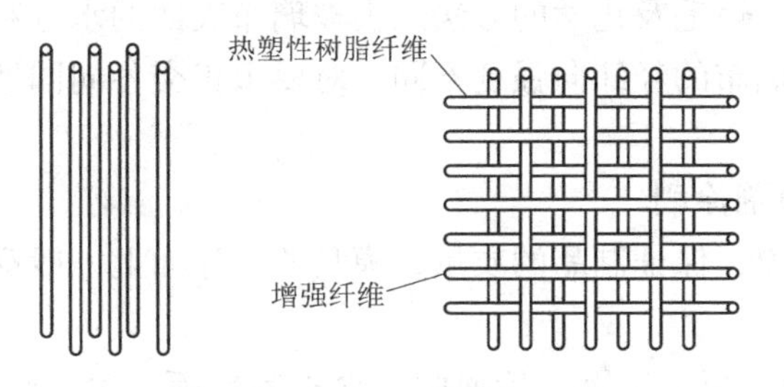

图 13－7　基体和增强体纤维混纺和混编形式

13. 2. 2　手糊成型

手糊成型是用手工在预先涂好脱模剂的模具上，预先刷上或喷上一层树脂液，随后铺一层增强材料，排除气泡后重复上述操作直至达到所需厚度，最后经固化后脱模，必要时再经过加工和修饰即可得到制品。生产工艺流程及示意如图 13－8 和图 13－9 所示。

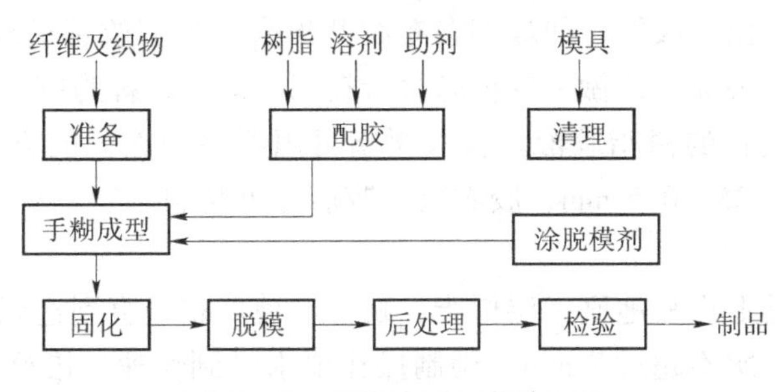

图 13－8　手糊成型工艺流程图

手糊成型是高分子基复合材料中最早采用和最简单的方法，是制造玻璃钢制品最常用的一种成型方法。手糊成型制品多是用不饱和聚酯树脂或环氧树脂胶黏剂浸渍片状连续材料制造复合材料的。以玻璃纤维布作增强材料所得的制品通称为玻璃钢。下面以玻璃钢制造为例介绍手糊成型工艺。

1. 树脂胶液的配制

作为玻璃纤维及其织物黏结剂的树脂，主要为能在室温或较低温度下固化的不饱和聚酯树脂和环氧树脂，为了便于糊制，要求配制成黏度为 0.4～0.9 Pa · s 的树脂胶液。树脂胶液组分除了固化剂、引发剂、促进剂外，还加有填料、稀释剂、颜料、触变剂等。

对于聚酯树脂胶液配方，配制时按配方先将引发剂和树脂混合均匀，成型操作前再加入促进剂搅匀使用；也可以预先在树脂液中加入促进剂，在成型操作前加入引发剂搅匀使用。

对于环氧树脂配方，配制时先将稀释剂或其他助剂加入树脂中搅拌均匀备用，使用前加入固化剂搅匀。

2. 玻璃纤维制品的准备

适于手糊成型的玻璃纤维及其织物主要有无捻粗纱及其布、加捻布、无碱玻璃布及玻璃毡。玻璃

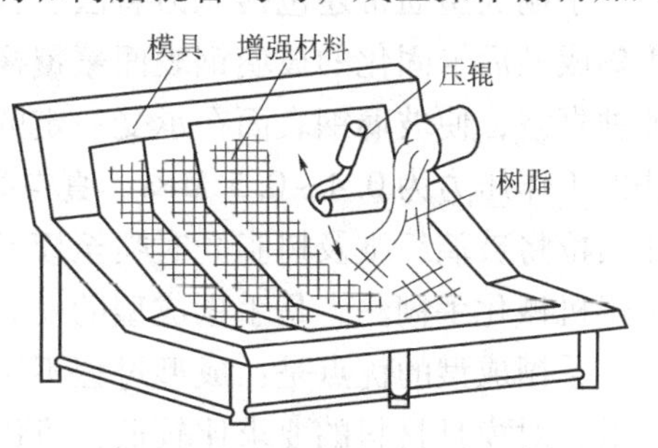

图 13－9　手糊成型工艺示意图

纤维布要通过加热烘焙、烧毛及化学的方法除去玻璃布表面的水分和浆料，然后按模型的大小和形状进行裁剪。玻璃布的经纬向强度不同，对要求正交各向同性的制品，则应将玻璃布纵横交替铺放。

3. 模具准备及脱模剂涂刷

为了防止成型时黏模，保证制品的质量，模具的工作面上一般都要涂覆脱模剂。常用的脱模剂有三大类。

① 薄膜型。如聚酯薄膜、聚氯乙烯薄膜、聚乙烯薄膜、聚乙烯醇薄膜、醋酸纤维素薄膜等。

② 溶液型。如过氯乙烯溶液、聚乙烯醇溶液、聚苯乙烯溶液、硅橡胶和硅油等。

③ 油蜡型。如黄干油、凡士林及石蜡等。

涂覆脱模剂前，模具要先干燥。溶液型和油蜡型脱模剂可进行刷涂、喷涂或擦涂，涂脱模剂后模具还要进行干燥。

4. 胶衣层的制备

聚酯树脂固化后，由于收缩会使玻璃布布纹凸出来。为了改善玻璃钢制品的表面质量，延长使用寿命，在制品表面往往做一层树脂含量较高的面层，称为胶衣层。它可以是纯树脂层，也可以是含无机填料的树脂胶液。胶衣树脂可用喷涂和涂刷的方法，均匀地涂在模具上，涂层一般控制在 0.25 ~0.5 mm，胶衣层凝胶后方可糊制。

5. 糊制成型

糊制操作即在模具上重复地刷一层树脂，贴一层玻璃布，直到达到要求厚度。厚的玻璃钢制品应分次糊制，每次不超过 7 mm。糊制操作要求做到快速、准确、含胶量均匀、无气泡及表面平整。糊制时一般要求环境温度不低于 15℃，湿度不高于 80%。

6. 固化

手糊成型后一般在常温下固化 24 h 才能脱模，脱模后再放置一周左右方可使用。但要达到更高强度，则需放置更长的时间。为了缩短生产周期，可采用加热处理来提高固化速度。环氧树脂制品的热处理温度可高些，控制在 150℃以内，聚酯树脂制品的热处理温度不能超过 120℃，一般控制在 50℃ ~80℃，热处理时必须逐步升温和降温。

7. 脱模、修整及装配

制品必须固化到脱模强度时才能脱模，脱模时注意避免划伤制品。

脱模后的制品要进行机械加工，除去飞边、毛刺，修补表面和内部缺陷。大型玻璃钢制品往往分几部分成型，然后进行拼接组装。组装连接方法有机械连接和粘接两种。

手糊成型通常还包括压力袋法、真空袋法和喷射成型法等。压力袋法和真空袋法是将经手糊成型后未固化的玻璃钢表面蒙覆橡胶袋，或连同模具装入橡胶袋内，然后通入压缩空气或抽真空，使玻璃钢表面在承受一定的压力下固化，如图 13 - 10 和图 13 - 11 所示。压力袋法的工作压力为 0.4 ~0.5 MPa。真空袋法的工作压力为 0.05 ~0.06 MPa。喷射成型法是利用喷枪将玻璃纤维及树脂同时喷至模具上而制得玻璃钢的工艺方法，如图 13 - 12 所示，属于半机械化手糊法，是手糊成型的发展方向。

手糊成型的优点是：成型过程不用高压，也不必加热，设备及工艺都比较简单，生产成本低；对模具材料的要求比较低，可以使用玻璃、陶瓷、石膏、水泥、木材和金属等材料，制造方便，成型面积可大可小，形状也可复杂或简单；由于成型时没有高压，填料纤维不易

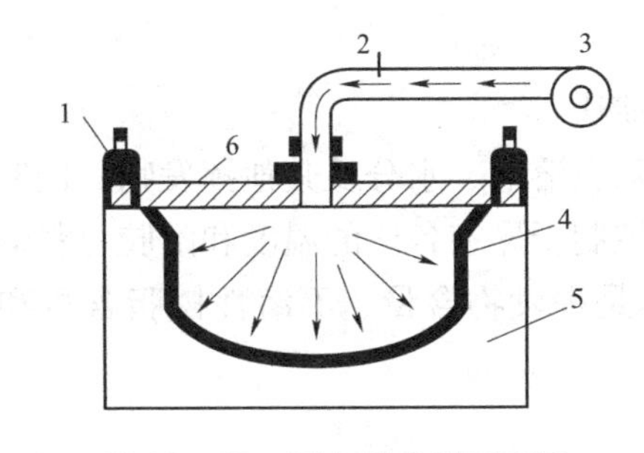

图 13－10　压力袋成型示意图

1—密封夹紧装置；2—压缩空气；3—空气压缩机

4—压力袋；5—模具；6—盖板

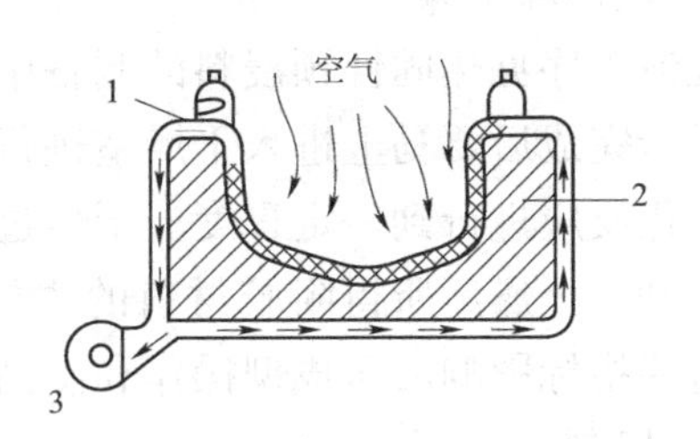

图 13－11　真空袋成型示意图

1—真空袋；2—模具；3—真空泵

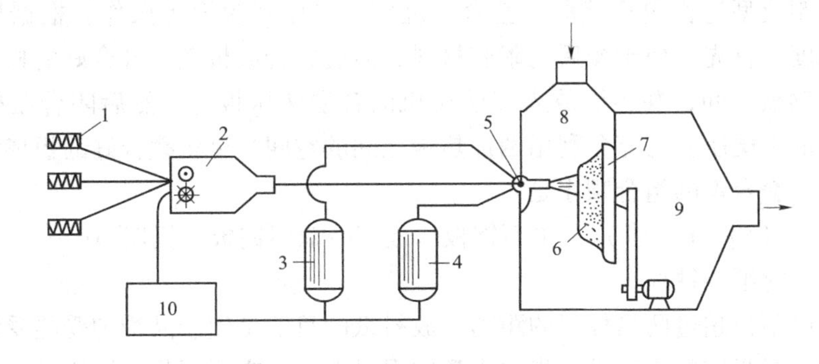

图 13－12　喷射成型示意图

1—无捻粗砂；2—玻璃纤维切断器；3—甲组分树脂储罐；4—乙组分树脂储罐；5—喷枪；

6—喷射的产品；7—回转模台；8—隔离室；9—抽风罩；10—压缩空气

断裂，可发挥其更大的增强作用，所得制品的力学性能优良。但缺点是制品的结构密实性欠佳，尺寸控制难以一致。

13.2.3　层压成型

层压成型是指在压力和温度的共同作用下将多层相同或不同材料的片状物通过树脂的黏结和熔合，压制成层压复合材料的成型方法。通常，片状连续的骨架材料先经热固性树脂溶液浸渍后干燥成为附胶材料，然后进行裁剪、层叠或卷制，最后在加热、加压作用下，使热固性树脂交联固化而成为板、管、捧状层压制品。此法多用纸、棉布、玻璃布、合成纤维布、石棉布作为增强材料，以热固性酚醛树脂、环氧树脂、氨基树脂、不饱和聚酯、有机硅、呋喃及环氧－酚醛树脂为基体。

层压成型工艺由浸渍、压制和后加工处理三个阶段组成，其工艺过程如图 13－13 所示。

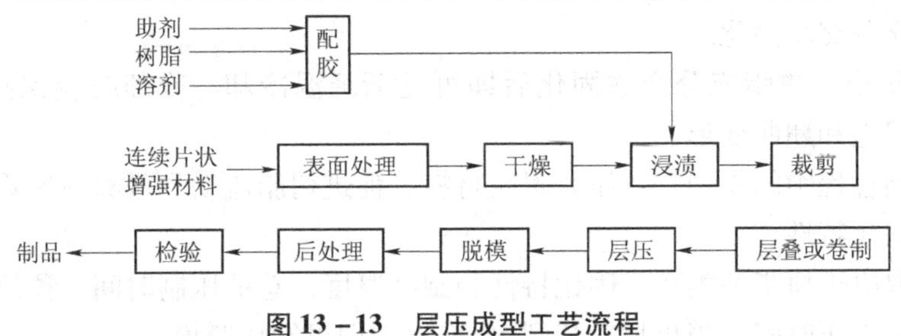

图 13－13　层压成型工艺流程

1. 浸渍和干燥

浸渍工序见热固性预浸料的制备中的溶液浸渍法。

浸渍完成后要马上进入干燥室进行干燥，以除去溶剂、水分及其他挥发物，同时使树脂发生固化反应进行到一定程度。干燥过程中主要控制干燥室各段的温度和附胶材料通过干燥室的速度。干燥后所得附胶材料的主要质量指标是挥发物含量、不溶性树脂含量和干燥度等，这些指标影响层压成型操作和制品质量。

2. 压制

压制工艺与制品有关，不同制品其压制工艺不同。

1）层压板材的压制

板材的压制成型过程包括裁剪、叠合、进模、热压和脱模等操作。根据层压制品的形状、大小和厚度，首先裁剪干燥后的附胶材料，然后叠合成板坯。叠合好的板坯置于两块打磨抛光的不锈钢板之间，并逐层放入多层压机的各层热压板上。然后闭合压机开始升温升压。压制板材的多层压机为充分利用两加热板之间的空间，可将叠合好的板坯组合成叠合本放入两热板间。叠合本的组合顺序是：

铁板→衬纸（50～100张）→单面钢板→板坯→双面钢板→板坯→……→双面钢板→板坯→单面钢板→衬纸→铁板。

叠合本厚度不得超过两热板间的距离。放衬纸的目的是使制品均匀受热受压。

热压过程，树脂熔融流动进一步渗入到增强材料中并交联固化。层压结束，树脂基本固化完全。温度、压力和时间是层压成型的重要工艺条件，并且在压制过程中，温度和压力的控制分为五个阶段，如图13－14所示。

（1）预热阶段。板坯的温度从室温升至树脂开始交联反应的温度，这时树脂开始熔化并进一步渗入到增强材料中，同时部分挥发物排出。此时施加全压的1/3～1/2，一般为4～5 MPa，若压力过高，胶液将大量流失。

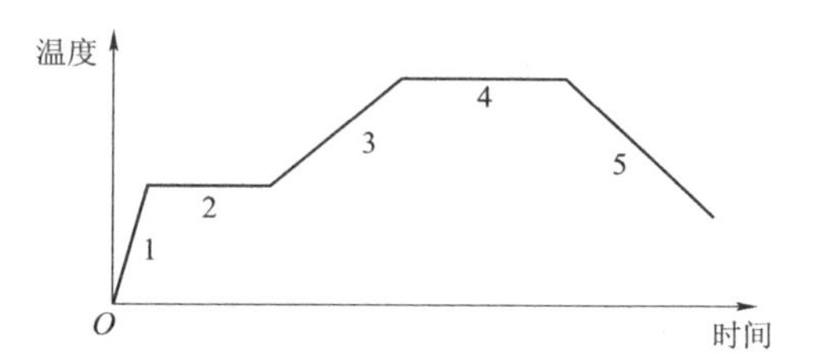

图13－14 层压工艺温度曲线示意图

（2）中间保温阶段。树脂在较低的反应速度下进行交联固化反应，直至溢料不能拉成丝为止，然后开始升温升压。

（3）升温阶段。温度和压力升至最高，此时树脂的流动性已下降，高温高压不会造成胶液流失，却能加快交联反应。升温速度不宜过快，以免制品出现裂纹和分层，但应加足压力。

（4）热压保温阶段。在规定的压力和温度下（9～10 MPa、160℃～170℃），保持一段时间，使树脂充分交联固化。

（5）冷却阶段。树脂充分交联固化后即可逐渐降温冷却。冷却时应保持一定的压力，否则制品表面起泡和翘曲变形。

压力在压制过程中的作用是：压紧附胶材料，促进树脂流动和排除挥发物。压力的大小取决于树脂的固化特性。

压制时间取决于树脂的类型、固化特性和制品厚度，总的压制时间＝预热时间＋叠合厚度×固化速度＋冷压时间。当板材冷却到50 ℃以下即可卸压脱模。

2）管材、棒材的压制

层压管材和棒材也是以干燥的附胶材料为原料，用专门的卷管机卷绕成管坯或棒坯。将管坯先在 80℃ ~100℃烘房内预固化，然后在 170 ℃进一步固化。对于层压棒，也可将棒坯放入专门的压制模具内，然后加压加热固化成型。

3）模型制品的压制

层压材料的模型制品也是以附胶材料为原料经裁剪、叠合，制成型坯，然后放入模腔中进行热压，模压工艺同热固性塑料的压缩模塑。

3. 后加工和热处理

后加工是修整去除制品的毛边及进行机械加工制得各种形状的层压制品。热处理是将制品在 120℃ ~130℃温度下处理 48 ~72 h，使树脂固化完全，以提高热性能和电性能。

13.2.4 模压成型

高分子基复合材料的模压成型工艺是将模压料放在金属对模中，在一定的温度和压力作用下，制成异形制品的工艺过程。复合材料的模压料多数是热固性树脂黏结剂浸渍增强材料后制得的中间产物，常用的树脂有酚醛、环氧、环氧－酚醛和聚酯树脂等，增强材料多数是玻璃纤维。根据模压料中玻璃纤维的物理形态可将模压成型工艺分为短纤维料模压、毡料模压、碎布料模压、缠绕模压、织物模压、定向铺设模压和片状模塑料模压。模压料一般可用预混法和预浸法两种形式制备。本节主要介绍聚酯模压料的生产及压制工艺。

聚酯模压料由树脂糊以及增强材料组成，树脂糊包含不饱和聚酯树脂、交联剂、引发剂、增稠剂等物料，增强材料主要有短切玻璃纤维及短切玻璃纤维毡。聚酯模压料最典型的是块状模压料和片状模压料工艺。

1. 块状模塑料模压成型工艺

块状模塑料（简称 BMC）是用预混法制成的聚酯树脂模塑料。模塑料成团块状，故也称料团。预混料的组成及典型配比见表 13－1。

表 13－1 聚酯树脂模塑料的组成及典型配比

材料	质量分数/%	材料	质量分数/%
不饱和聚酯树脂	20 ~35	引发剂	2 ~3
无机矿物填料	45 ~55	润滑剂	0.5 ~2
短切玻璃纤维	10 ~25	颜料	少许

玻璃纤维的长度影响模压料的加工性能和制品最终性能，太短制品强度低，而太长不利于分散均匀，也会影响加工流动性。一般玻璃纤维长度为 1.3 ~1.6 cm，最长为 3.0 cm。

BMC 的生产工艺过程如图 13－15 所示。首先将树脂、填料、引发剂等组分预先在混合釜中混合制成树脂糊，为了解决浸渍玻璃纤维时要求树脂黏度低，模压成型时又要求模塑料黏度高这一对矛盾，往往还要加入增稠剂。玻璃纤维经热处理后用切丝机切成一定长度的短切玻璃纤维后，与树脂糊在捏合机内捏合。捏合过程中主要控制捏合时间和树脂系统的黏度，捏合时间过长，纤维强度损失过大，还会导致热效应产生，影响浸润；捏合时间过短，混合不均匀。混合后所得的 BMC 必须用聚乙烯薄膜袋封存，一般可在室温下存放 3 ~4 周。

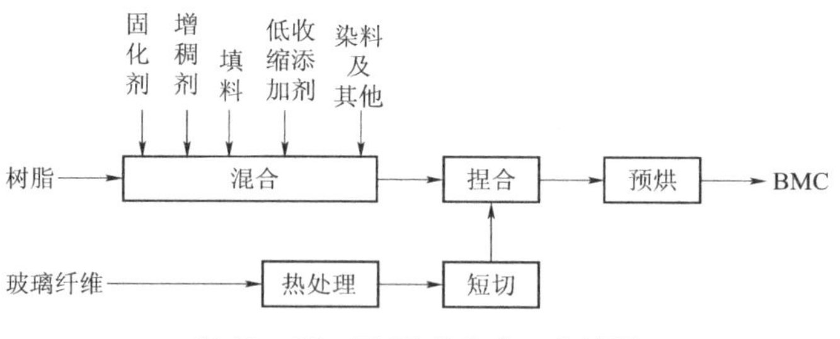

图 13-15 BMC 的生产工艺过程

BMC 的成型方法与热固性塑料的模压成型或传递模塑成型是一致的，属于高压压制成型。近年来发展了低压法成型 BMC。BMC 适于生产形状较复杂的制品，而且成型速度快、成本低，产品主要为电气制品。

2. 片状模塑料模压成型

片状模塑料（简称 SMC）是用不饱和聚酯树脂与增稠剂、无机填料、引发剂、脱模剂和颜料等组分配成的树脂糊，浸渍短切玻璃纤维或毡片，制成上下两面覆盖聚乙烯薄膜的薄片状的模塑料。SMC 是 20 世纪 60 年代发展起来的一种新型热固性玻璃钢模压材料。

SMC 的生产为连续过程，所用的增强材料有短切玻璃纤维、玻璃纤维毡。目前较多的是用玻璃纤维无捻粗纱，其成型过程示意如图 13-16 所示。连续玻璃纤维经切割器切割，散落分布于下承受膜上的树脂糊表面，随后用刮有树脂糊的上薄膜覆盖，形成树脂糊/短切玻璃纤维/树脂糊夹层结构，然后通过压辊的揉捏作用，驱除夹层内的空气并实现充分浸渍，最后卷成圆筒。片材在一定的环境条件下，经一定时间的熟化，使其增稠到可成型的黏度，制得模塑料。

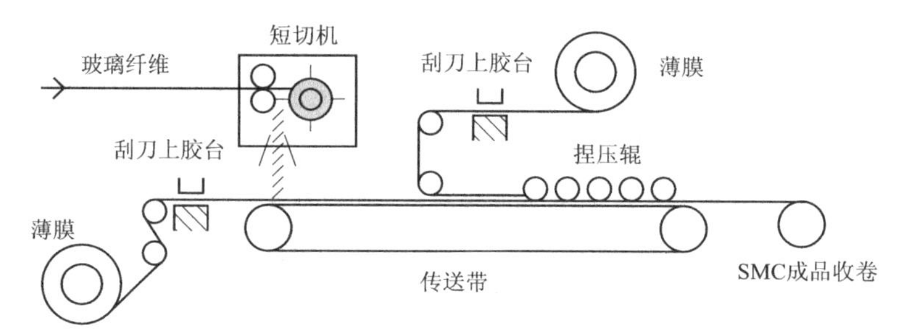

图 13-16 SMC 成型过程示意图

SMC 模压成型时，将模塑料裁剪成所需的形状，确定加料层数，揭去两面薄膜，叠合后放在模具上，按规定的工艺参数压制成型。压制过程与热固性塑料模压相似，成型压力要比 BMC 稍高。

SMC 生产工艺简单方便，生产效率高，易自动化，制品尺寸稳定性好，表面平整光滑。产品广泛用在汽车工业、电机和日用品领域。

13.2.5 树脂传递模塑成型

树脂传递模塑（简称 RTM）也称压注成型，是通过压力将混有固化剂的树脂（通常为不饱和聚酯）注入密闭的模腔，浸润其中预先铺制好的纤维织物型坯，然后固化成型的方法。其成型工艺如图 13-17 所示。

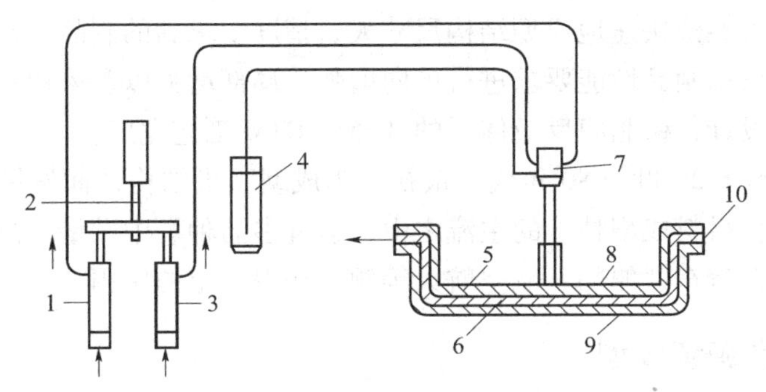

图 13－17　RTM 成型的工艺

1—比例泵；2—树脂泵；3—催化剂泵；4—冲洗剂；5—树脂基体；
6—增强材料毛坯；7—混合器；8—阳模；9—阴模；10—排气孔

RTM 成型工艺对树脂体系的要求有：室温或较低温度下具有低黏度（0.1～1 Pa.s）及一定的适用期（48 h）；树脂对增强材料具有良好的浸润性、匹配性和黏附性；树脂不含溶剂或挥发物，固化无小分子物放出；树脂在固化温度下具有良好的反应性，且后处理温度不应过高。

RTM 成型的特点是：制品尺寸由模腔决定，精度高，有精确的内外表面，不需补充加工，但工艺难度大，注胶周期长，注胶质量不易控制；制品树脂含量高，模具费用高；操作者不与胶液接触，劳动条件好；适用于具有一定厚度和尺寸要求的制件，如飞机机头实壁结构雷达罩、复合材料汽车保险杠、A320 发动机吊装尾部整流锥。

13.2.6　树脂膜熔渗工艺

树脂膜熔渗工艺（简称 RFI）是将树脂膜熔渗与纤维预制体相结合的一种树脂浸渍技术，与 RTM 工艺一样，为液体模塑工艺，也是一种不采用预浸料制造先进复合材料结构的低成本技术。其成型过程是，将树脂制成树脂膜或稠状树脂块，安放于模具的底部，其上层覆以缝合或三维编织等方法制成的纤维预制体，依据真空成型工艺的要点将模腔封装，随着温度的升高，和在一定的压力下，树脂软化（熔融）并由下向上爬升，浸渍预制体，并填满整个预制体的每个空间，达到树脂均匀分布，最后固化成型。RFI 成型技术的原理如图 13－18 所示。

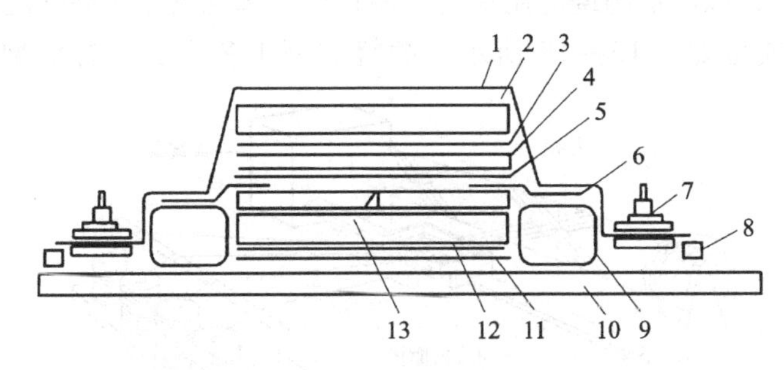

图 13－18　RFI 成型技术的原理

1—真空袋；2—透气毡；3—有孔隔离膜；4—吸胶布；5—有孔隔离膜；6—封边带；
7—真空嘴；8—密封胶；9—挡条；10—铝模具；11—树脂膜；12—预制体；13—带孔模板

RFI 是目前综合性能最佳的复合材料成型工艺之一，其主要特点有：操作简单，加工周期短，废品率低，可经济快速地成型结构尺寸大、精度要求高的制品；与 RTM 相比，设备、模具相对简单；可根据制品性能要求进行单向增强、局部增强以及采用预埋和夹心结构，能够实现材料的优化设计；树脂膜反应体系的选择比 RTM 工艺宽广。

RFI 工艺技术始于 20 世纪 80 年代，最初是为成型飞机结构件而发展起来的，近年来这种技术已进入到复合材料成型技术的主流之中，适宜多品种、中批量、高质量先进复合材料制品的成型，它已在汽车、船舶、航空航天等领域获得一定的应用。

13.2.7　纤维缠绕成型

纤维缠绕成型是将浸过树脂胶液的连续纤维（或布带、预浸纱），在一定张力作用下，按照一定规律缠绕到芯模上，然后固化成型，制成具有一定形状制品的方法。根据缠绕时树脂基体的物理状态不同，纤维缠绕成型有干法缠绕、湿法缠绕和半干法缠绕三种。

1. 干法缠绕

干法缠绕是采用预浸纱（或带）直接缠绕。缠绕时，预浸纱（或带）先经缠绕机加热软化至黏流态后再缠绕到芯模上。由于预浸纱（或带）是专业生产，能严格控制树脂含量（精确到 2% 以内）和预浸纱（或带）质量。因此，干法缠绕能够准确地控制产品质量。干法缠绕工艺的最大特点是：生产效率高，缠绕速度可达 100 ~ 200 m/min，缠绕机清洁，劳动卫生条件好，产品质量高。其缺点是：缠绕设备贵，需要增加预浸纱制造设备，故投资较大。此外，干法缠绕制品的层间剪切强度较低。

2. 湿法缠绕

湿法缠绕是将纤维集束（或纱式带）、浸胶后，即刻在张力使制下直接缠绕到芯模上。湿法缠绕的优点是：成本比干法缠绕低 40%，生产效率高（达 200 m/min）；产品气密性好，因为缠绕张力使树脂胶液将气泡挤出，并填满空隙；纤维排列平行度好，纤维上的树脂胶液，可减少纤维磨损。其缺点是：树脂浪费大，操作环境差；含胶量及成品质量不易控制；可供湿法缠绕的树脂品种较少。

3. 半干法缠绕

半干法缠绕是纤维浸胶后，到缠绕至芯模的途中，增加一套烘干设备，将浸胶纱中的溶剂除去，与干法相比，省却了预浸胶工序和设备；与湿法相比，可使制品中的气泡含量降低。

三种缠绕方法中，以湿法缠绕应用最为普遍；干法缠绕仅用于高性能、高精度的尖端技术领域。纤维缠绕成型如图 13－19 所示。缠绕成型工艺主要适合成型大型回转体制件，

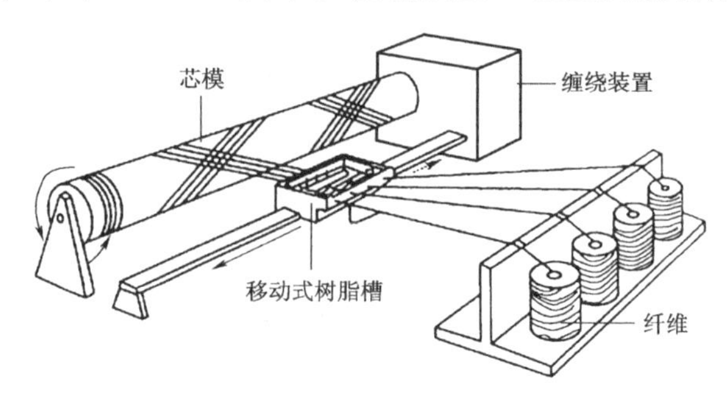

图 13－19　纤维缠绕成型

在化工、食品酿造业、运输业及航空航天等获得广泛的应用。

13.2.8　拉挤成型

拉挤成型是将浸过树脂胶液的连续纤维束或带状织物在牵引力作用下通过型模定型，然后在模中或固化炉中固化，制成具有特定横截面形状的复合材料型材的方法。其成型示意如图 13-20 所示。

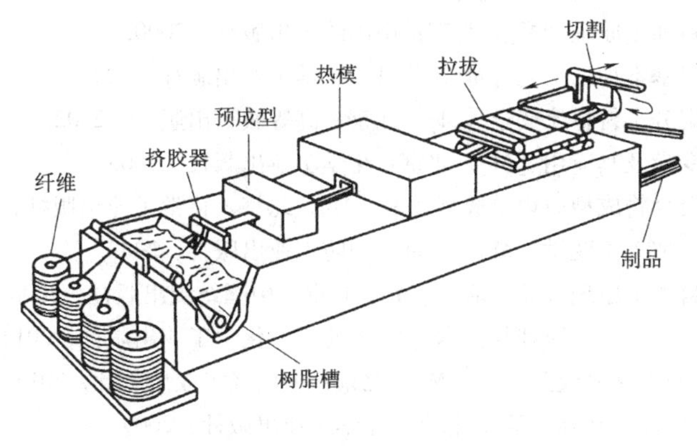

图 13-20　拉挤成型示意

拉挤成形工艺使用的树脂主要有不饱和聚酯树脂、乙烯基树脂、环氧树脂、酚醛树脂、热塑性树脂等。主要增强材料为无捻玻璃纤维粗纱、连续纤维毡及聚酯纤维毡、碳纤维和芳纶纤维及其混杂纤维。

拉挤成形工艺最大特点是制品力学性能尤其是纵向力学性能突出，结构效率高，制造成本低，自动化程度高，制品性能稳定，生产效率高，原材料利用率高，无须辅助材料。它是制造高纤维含量（一般达 40% ~80%）、高性能、低成本复合材料的一种重要方法。拉挤复合材料可以取代金属、陶瓷、木材等材料，在石油、建筑、运输、体育用品、航空航天领域得到广泛应用。

习题及思考题

1. 简述层压成型工艺。
2. 简述模压成型工艺。
3. 简述手糊成型工艺。
4. RTM 成型工艺和 RFI 成型工艺有何不同?。

参 考 文 献

[1] 王贵恒. 高分子材料成型加工原理 [M]. 北京：化学工业出版社，1982.
[2] 沈新元. 高分子材料加工原理 [M]. 北京：中国纺织出版社，2000.
[3] 王加龙. 高分子材料基本加工工艺 [M]. 北京：化学工业出版社，2009.
[4] 吴其晔，巫静安. 高分子材料流变学 [M]. 北京：高等教育出版社，2002.
[5] 徐佩弦. 高聚物流变学及其应用 [M]. 北京：化学工业出版社，2003.
[6] 瞿金平，胡汉杰. 聚合物成型原理及成型技术 [M]. 北京：化学工业出版社，2001.
[7] 梁基照. 聚合物材料加工流变学 [M]. 北京：国防工业出版社，2008.
[8] 沈新元. 高分子材料加工原理（第 2 版）[M]. 北京：中国纺织出版社，2008.
[9] 王小妹，阮文红. 高分子加工原理与技术 [M]. 北京：化学工业出版社，2014.
[10] 方少明，冯钠. 高分子材料成型工程 [M]. 北京：中国轻工业出版社，2014.
[11] 杨鸣波. 聚合物成型加工基础 [M]. 北京：化学工业出版社，2009.
[12] 史玉升，李远才，杨劲松. 高分子材料成型工艺 [M]. 北京：化学工业出版社，2006.
[13] 王慧敏. 高分子材料加工工艺学 [M]. 北京：中国石化工业出版社，2012.
[14] 黄锐，等. 合成树脂加工工艺 [M]. 北京：化学工业出版社，2014.
[15] 温变英. 高分子材料成型工艺学 [M]. 成都：四川大学出版社，2010.
[16] 耿孝正. 塑料混合及连续混合设备 [M]. 北京：中国轻工业出版社，2007.
[17] 杨明山，赵明. 高分子材料加工工程 [M]. 北京：化学工业出版社，2013.
[18] 唐颂超. 高分子材料成型加工 [M]. 北京：中国轻工业出版社，2013.
[19] 温变英. 高分子材料与加工 [M]. 北京：中国轻工业出版社，2011.
[20] 王贵恒. 高分子材料成型加工原理 [M]. 北京：化学工业出版社，2010.
[21] 陈滨楠. 塑料成型设备 [M]. 北京：化学工业出版社，2004.
[22] 罗权焜，刘维锦. 高分子材料成型加工设备 [M]. 北京：化学工业出版社，2007.
[23] 贺英. 高分子合成和成型加工工艺 [M]. 北京：化学工业出版社，2013.
[24] 林师沛. 塑料配制与成型 [M]. 北京：化学工业出版社，2004.
[25] 吴清鹤. 塑料挤出成型 [M]. 北京：化学工业出版社，2001.
[26] 吕柏源，唐跃，赵永仙，等. 挤出成型与制品应用 [M]. 北京：化学工业出版社，2013.
[27] 熊小平，张增红. 塑料注射成型 [M]. 北京：化学工业出版社，2006.
[28] 林师沛. 塑料配制与成型 [M]. 北京：化学工业出版社，2004.
[29] 戴伟民. 塑料注射成型 [M]. 北京：化学工业出版社，2001.
[30] 董祥忠. 现代塑料成型工程 [M]. 北京：国防工业出版社，2009.
[31] 胡保全，牛晋川. 先进复合材料（第 2 版）[M]. 北京：国防工业出版社，2013.
[32] 朱和国，张爱文. 复合材料原理 [M]. 北京：国防工业出版社，2013.
[33] 翁国文. 橡胶工业制品加工技术 [M]. 北京：化学工业出版社，2007.
[34] 博政. 复合材料原理 [M]. 北京：化学工业出版社，2013.